CHANYE ZHUANLI
FENXI BAOGAO

产业专利分析报告

(第88册)——电动汽车续航技术

国家知识产权局学术委员会 ◎ 组织编写

知识产权出版社
全国百佳图书出版单位
——北京——

图书在版编目（CIP）数据

产业专利分析报告.第88册,电动汽车续航技术/国家知识产权局学术委员会组织编写. —北京：知识产权出版社，2022.7
ISBN 978－7－5130－8192－4

Ⅰ.①产… Ⅱ.①国… Ⅲ.①专利—研究报告—世界②电动汽车—蓄电池—续航性—专利—研究报告—世界 Ⅳ.①G306.71②U469.720.3

中国版本图书馆 CIP 数据核字（2022）第094240号

内容提要

本书从专利的视角翔实而精准地介绍了电动汽车行业的痛点——续航技术，从全球及国内两个维度展开，对比国外行业巨头与我国创新主体关键技术分支的优劣势，相应地给出了国内行业发展的可行性建议。难能可贵的是，本书还分析了国际上影响深远的专利诉讼案件，用真实的场景再现以专利为武器的商战的残酷性。

| 责任编辑：卢海鹰　王瑞璞 | 责任校对：王　岩 |
| 封面设计：杨杨工作室·张　冀 | 责任印制：刘译文 |

产业专利分析报告（第88册）
——电动汽车续航技术

国家知识产权局学术委员会　组织编写

出版发行：知识产权出版社 有限责任公司	网　　址：http://www.ipph.cn
社　　址：北京市海淀区气象路50号院	邮　　编：100081
责编电话：010－82000860 转 8116	责编邮箱：wangruipu@cnipr.com
发行电话：010－82000860 转 8101/8102	发行传真：010－82000893/82005070/82000270
印　　刷：天津嘉恒印务有限公司	经　　销：新华书店、各大网上书店及相关专业书店
开　　本：787mm×1092mm　1/16	印　　张：20.5
版　　次：2022年7月第1版	印　　次：2022年7月第1次印刷
字　　数：450千字	定　　价：120.00元
ISBN 978－7－5130－8192－4	

出版权专有　侵权必究
如有印装质量问题，本社负责调换。

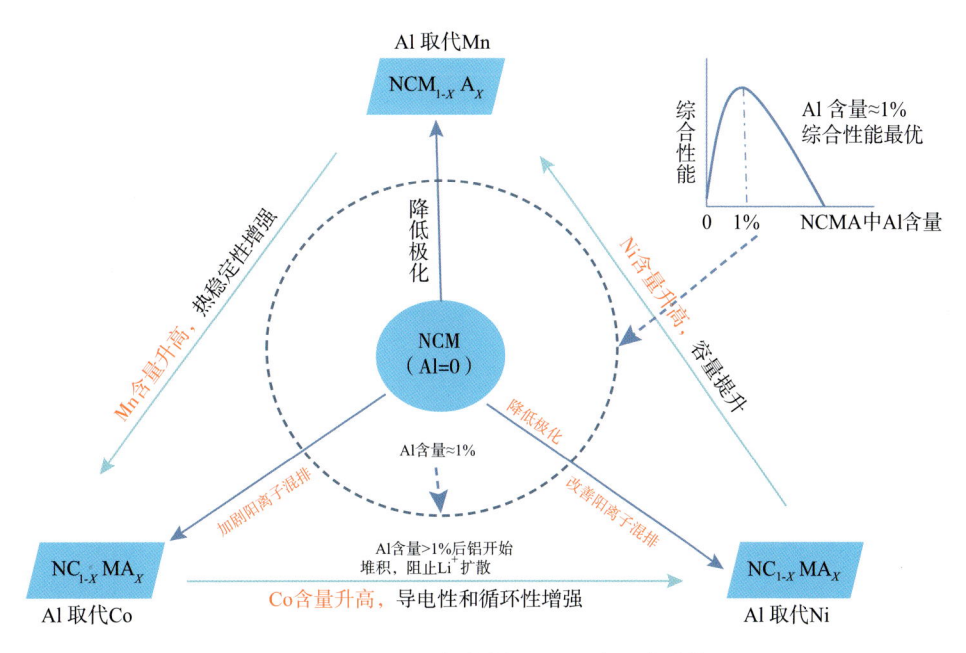

图 3-3-6　四元正极材料 NCMA 各元素功能图

（正文说明见第 59~60 页）

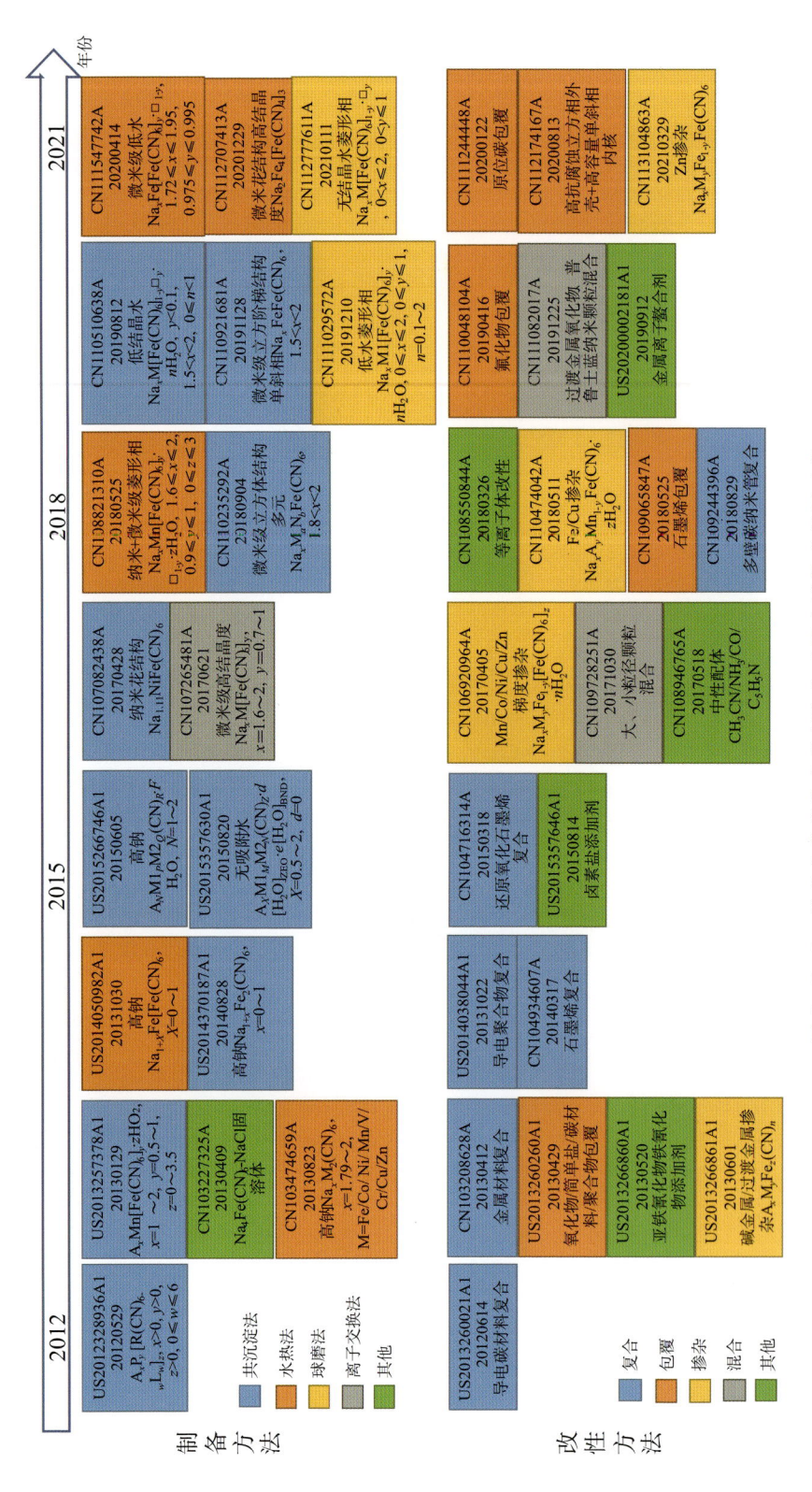

图 4-5-8 普鲁士蓝类化合物制备和改性方法技术发展路线

（正文说明见第 109~110 页）

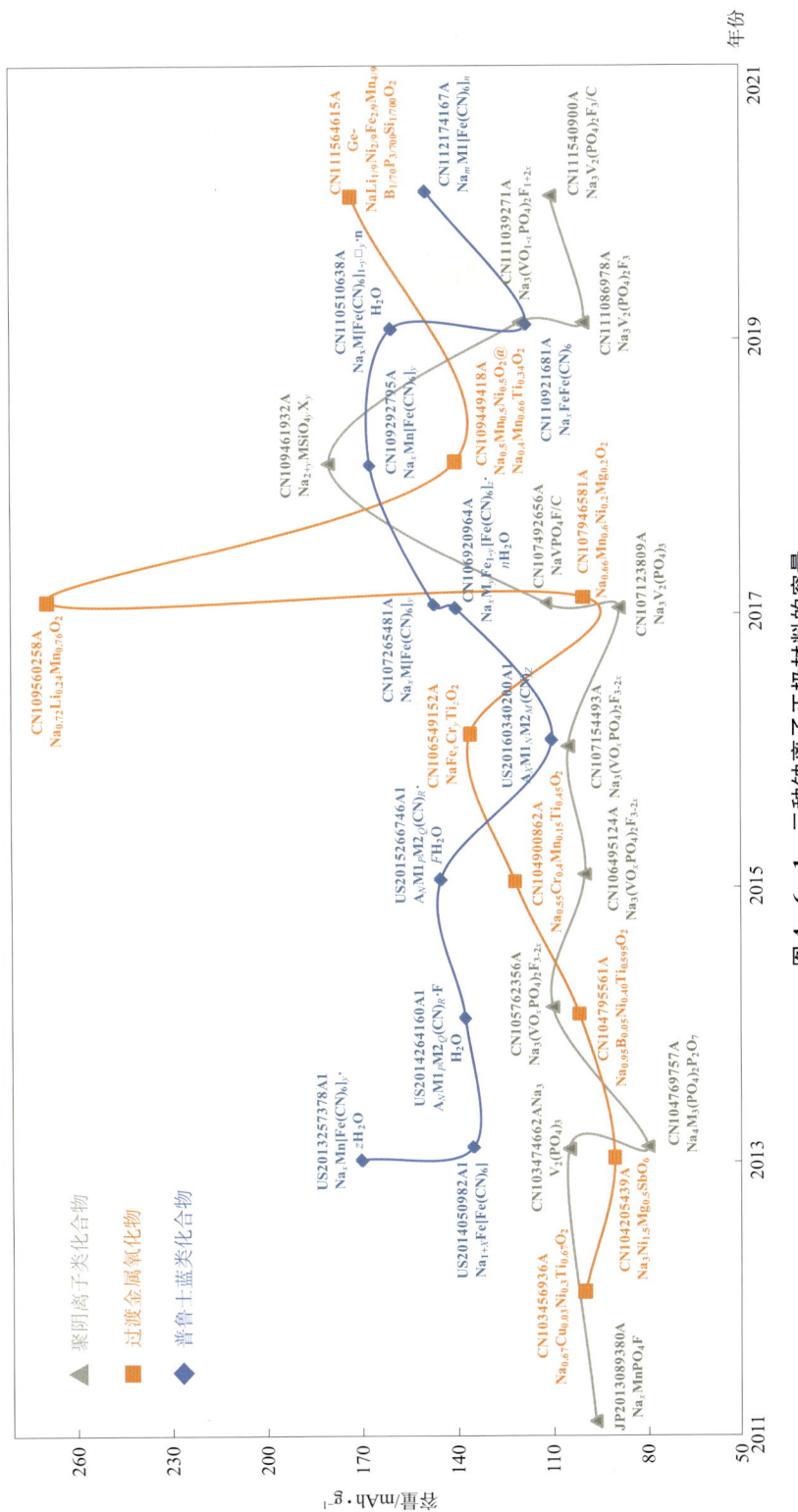

图 4-6-1 三种钠离子正极材料的容量

（正文说明见第 110 页）

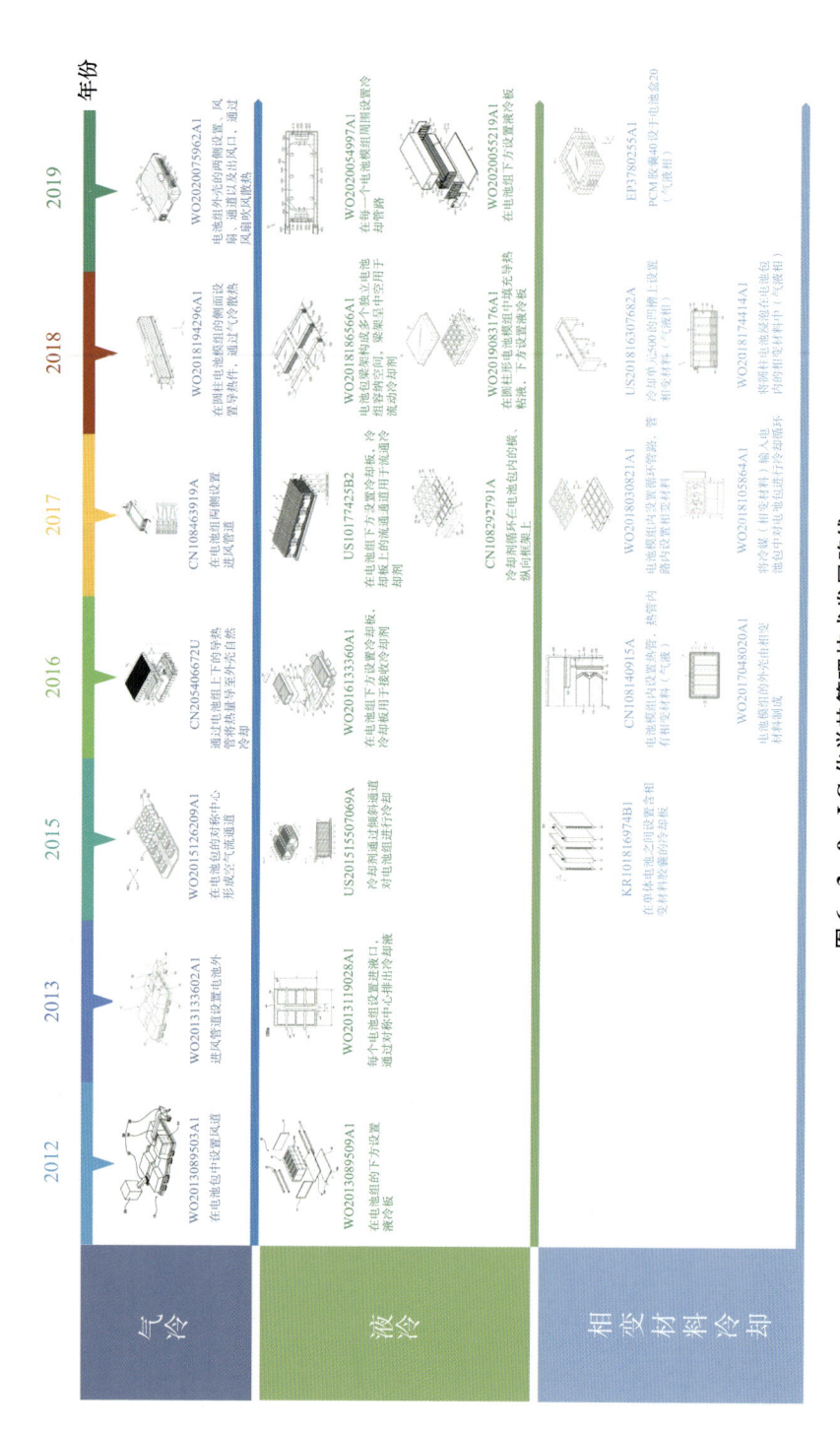

图 6-3-9 LG 化学热管理技术发展路线

(正文说明见第 176~178 页)

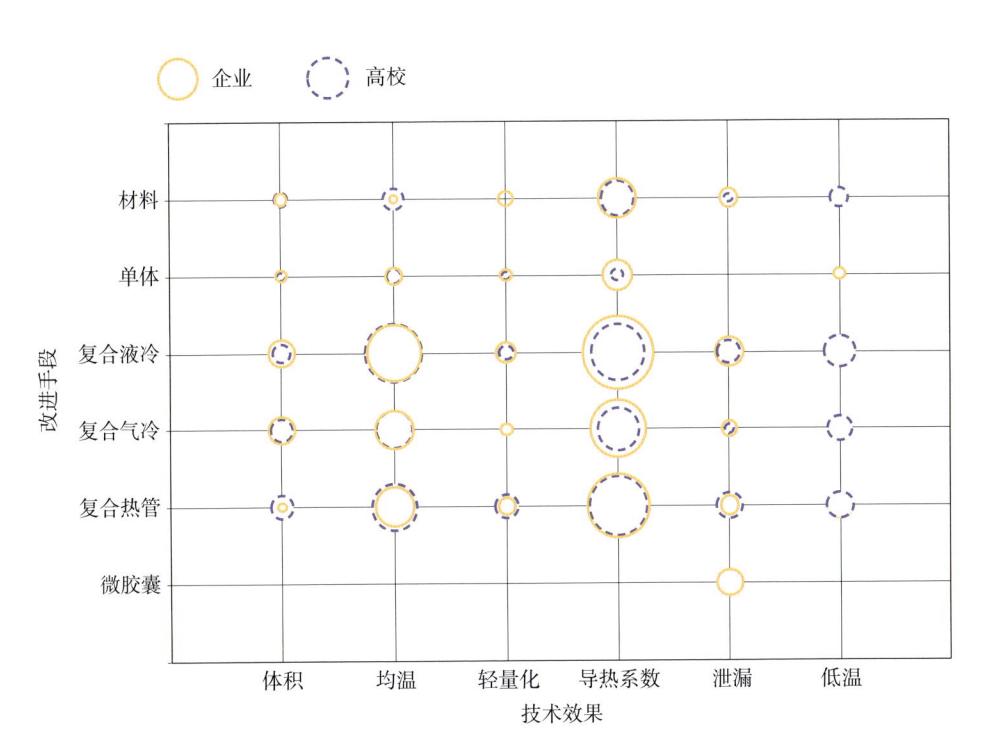

图 6－4－12　相变材料领域高校与企业技术功效图

注：图中气泡大小表示申请量的多少。

（正文说明见第 189 页）

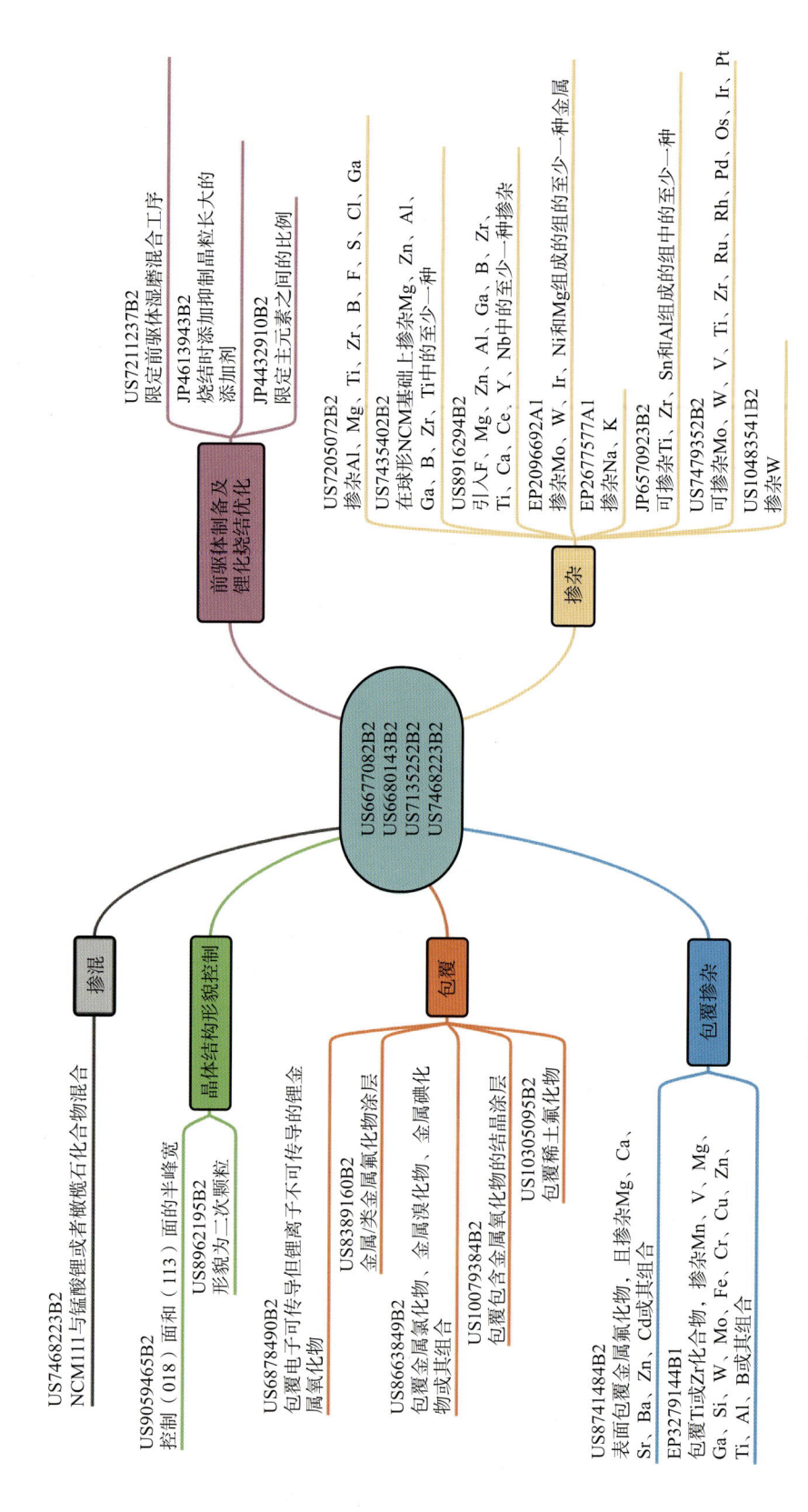

图9-1-3 第一核心专利族基于核心专利引文的主要外围专利

（正文说明见第260~261页）

编委会

主　任：廖　涛

副主任：徐治江　魏保志

编　委：雷春海　吴红秀　岳宗全　孙广秀

　　　　杨　哲　闫　娜　刘　梅　张小凤

　　　　孙　琨

前　言

　　2021年是党和国家历史上具有里程碑意义的一年，对知识产权领域来说同样有着特殊的意义。中共中央、国务院相继印发实施《知识产权强国建设纲要（2021—2035年）》和《"十四五"国家知识产权保护和运用规划》，对知识产权事业未来发展作出重大顶层设计。国家"十四五"规划纲要将每万人口高价值发明专利拥有量写入主要预期性指标，将知识产权工作摆在了更加突出的位置。立足新发展阶段，国家知识产权局学术委员会坚持国家需求导向，紧紧围绕重点产业发展和关键技术突破面临的形势要求，每年组织开展一批专利分析课题研究，出版一批优秀课题成果，不断强化专利分析的研究深度和成果运用的实际效益，以期为提高我国关键核心领域自主知识产权的创造和储备，以及新领域新业态的创新发展提供支撑和指引。

　　这一年，重点围绕新一代信息技术、新型基础设施建设、新材料、生物医药及医疗器械、高端装备等5个产业领域选取了12个关键技术，组织了25家企事业单位近200名研究人员开展专利分析研究，圆满完成了各项课题研究任务，形成了一批有广度、有深度、有创新、有特色的研究成果。基于成果的推广价值和示范效应，最终选取其中5项成果集结成册，继续以《产业专利分析报告》（第84~88册）系列丛书的形式出版，所涉及的技术领域包括高端光刻机、动力电池检测技术、热交换介质、商业航天装备制造和电动汽车续航技术等。

　　《产业专利分析报告》（第84~88册）的顺利出版凝聚了各方的智慧和力量，各部门对重点研究方向的确定给予了鼎力支持，各省级、市级知识产权局、行业协会、科研院所等为课题顺利开展给予了必要帮助，近百名行业和技术专家参与其中指导研究。希望读者能充分吸收报告精华，在专利分析方法运用、专利创造和布局策略、技术发展趋势研判、关键技术突破等方面有所启发和借鉴。由于报告中专利文献的数据采集范围和专利分析工具的限制，加之研究人员水平有限，报告的数据、结论和建议仅供社会各界参考。

《产业专利分析报告》丛书编委会
2022 年 6 月

电动汽车续航技术产业专利分析课题研究团队

一、项目管理

国家知识产权局专利局： 张小凤　孙　琨

二、课题组

承 担 单 位： 国家知识产权局专利局专利审查协作北京中心福建分中心

课题负责人： 刘　梅　刘景荣

课题组组长： 李广科

统　稿　人： 张　陟　陈淑珍

主要执笔人： 苏余鹏　冯月华　谢毓毓　罗海蔚　黄文魁　宋　佳
　　　　　　　崔彩艳

课题组成员：

国家知识产权局专利局专利审查协作北京中心福建分中心：

刘　梅　李广科　张　陟　苏余鹏　陈淑珍　冯月华　谢毓毓
罗海蔚　黄文魁　宋　佳　崔彩艳

宁德时代新能源科技股份有限公司：

刘景荣　王国静　李敏兰　王丹丹

三、研究分工

数据检索： 冯月华　谢毓毓　罗海蔚　黄文魁　宋　佳　崔彩艳

数据清理： 冯月华　谢毓毓　罗海蔚　黄文魁　宋　佳　崔彩艳

数据标引： 冯月华　谢毓毓　罗海蔚　黄文魁　宋　佳　崔彩艳

图表制作： 冯月华　谢毓毓　罗海蔚　黄文魁　宋　佳

报告执笔： 李广科　张　陟　苏余鹏　王国静　陈淑珍　冯月华
　　　　　　谢毓毓　罗海蔚　黄文魁　宋　佳　崔彩艳　李敏兰
　　　　　　王丹丹

报告统稿： 李广科　张　陟　苏余鹏　陈淑珍

报告编辑： 陈淑珍　冯月华　谢毓毓　罗海蔚　黄文魁　宋　佳

报告审校： 刘　梅　刘景荣

四、报告撰稿

李广科： 主要执笔第1章第1.1.2节，第8章第8.1.1~8.1.3节、第8.4节，第10章第10.2.7节

张　陟： 主要执笔第6章第6.2.1~6.2.2节、第6.3.3~6.3.4节、第6.5节，第7章第7.1.2节、第7.1.5节、第7.2.1~7.2.2节、第7.2.5节，第10章第10.2.5节

苏余鹏： 主要执笔第5章第5.2.1~5.2.2节、第5.6节，第10章第10.2.4节

陈淑珍： 主要执笔第1章第1.2节、第1.3.1~1.3.2节、第1.4节，第2章第2.2.1~2.2.2节、第2.3节，第3章第3.5节，第4章第4.7节，第9章第9.3节，第10章第10.1节、第10.2.8节，参与执笔第10章第10.3.1~10.3.2节

冯月华： 主要执笔第6章第6.1节、第6.2.3~6.2.4节、第6.3.1~6.3.2节、第6.4.1~6.4.3节，第7章第7.1.1节、第7.1.3~7.1.4节、第7.1.6节、第7.2.3~7.2.4节、第7.2.6节，第10章第10.2.6节，参与执笔第6章第6.5节，第10章第10.2.5节

谢毓毓： 主要执笔第1章第1.1.1节，第2章第2.1.1~2.1.5节，第4章第4.2.1节、第4.2.4节，第5章第5.1节、第5.3.1~5.3.3节、第5.4.2节、第5.5节，第10章第10.2.1节，参与执笔第1章第1.1.3节，第2章第2.3节，第4章第4.2.5节，第5章第5.6节，第10章第10.2.4节

罗海蔚： 主要执笔第3章第3.2.1~3.2.4节、第3.4.1~3.4.4节，第4章第4.1节、第4.3.1~4.3.4节、第4.4.1~4.4.3节、第4.5.1~4.5.2节、第4.6节，第9章第9.1.1~9.1.2节、第9.2节，第10章第10.2.2~10.2.3节，参与执笔第3章第

3.1.1 节、第 3.5 节，第 4 章第 4.7 节，第 9 章第 9.3 节，第 10 章第 10.2.8 节

黄文魁： 主要执笔第 1 章第 1.1.3 节，第 8 章第 8.2 节、第 8.3.1～8.3.4 节，第 10.3.1～10.3.2 节，参与执笔第 10 章 10.2.7 节

宋　佳： 主要执笔第 1 章第 1.3.3 节，第 2 章第 2.2.3～2.2.6 节，第 4 章第 4.2.2～4.2.3 节、第 4.2.5 节，第 5 章第 5.4.1 节、第 5.4.3～5.4.4 节，参与执笔第 1 章第 1.1.2～1.1.3 节，第 5 章第 5.4.2 节、第 5.5 节，第 10 章第 10.2.1 节

崔彩艳： 主要执笔第 3 章第 3.1.1～3.1.2 节、第 3.3.1～3.3.4 节

王国静： 参与执笔第 1 章第 1.1.1 节

李敏兰： 参与执笔第 1 章第 1.1.2 节

王丹丹： 参与执笔第 1 章第 1.1.2 节

五、指导专家

技术专家（按姓氏字母排序）

付　芳　华侨大学

杨　勇　厦门大学

专利分析专家

郑　凯　国家知识产权局专利局专利审查协作北京中心

六、合作单位

宁德时代新能源科技股份有限公司

目 录

第1章　研究概况 / 1
　　1.1　研究背景 / 1
　　　　1.1.1　技术发展现状 / 1
　　　　1.1.2　产业现状 / 4
　　　　1.1.3　行业需求 / 7
　　1.2　研究目的和研究内容 / 8
　　1.3　研究方法 / 9
　　　　1.3.1　技术分解 / 9
　　　　1.3.2　特色分析方法 / 11
　　　　1.3.3　数据检索和处理 / 11
　　1.4　相关解释和约定 / 13
　　　　1.4.1　专利数据解释 / 13
　　　　1.4.2　相关术语约定 / 13

第2章　专利全景分析 / 15
　　2.1　全球专利分析 / 15
　　　　2.1.1　专利申请态势 / 15
　　　　2.1.2　国家/地区分析 / 16
　　　　2.1.3　技术构成 / 18
　　　　2.1.4　技术迁移 / 22
　　　　2.1.5　全球重点申请人 / 22
　　2.2　中国专利分析 / 24
　　　　2.2.1　专利申请态势 / 24
　　　　2.2.2　地域分析 / 26
　　　　2.2.3　技术构成 / 28
　　　　2.2.4　申请人类型 / 31
　　　　2.2.5　重点申请人 / 32
　　　　2.2.6　法律状态 / 32
　　2.3　小　　结 / 33

第3章　多元正极材料 / 36
　　3.1　简　　介 / 36
　　　　3.1.1　三元正极材料 / 36
　　　　3.1.2　四元正极材料 / 37
　　3.2　专利状况分析 / 38
　　　　3.2.1　全球/中国专利申请态势 / 38
　　　　3.2.2　全球专利技术流向 / 39
　　　　3.2.3　全球重要申请人 / 42
　　　　3.2.4　中国重要申请人 / 44
　　3.3　技术发展路线 / 47
　　　　3.3.1　多元正极材料中过渡金属组分调节 / 47
　　　　3.3.2　多元正极材料的制备方法 / 47
　　　　3.3.3　多元正极材料的改性方法 / 52
　　　　3.3.4　四元正极材料技术分析 / 57
　　3.4　国内外代表性企业对比分析 / 61
　　　　3.4.1　正极材料专利布局 / 61
　　　　3.4.2　多元材料种类和技术主题分布 / 62
　　　　3.4.3　技术手段和技术功效 / 64
　　　　3.4.4　企业重点技术发展路线 / 66
　　3.5　小　　结 / 73

第4章　钠离子正极材料 / 76
　　4.1　简　　介 / 76
　　4.2　专利状况分析 / 77
　　　　4.2.1　全球/中国专利申请态势 / 77
　　　　4.2.2　技术迁移 / 77
　　　　4.2.3　重要申请人 / 80
　　　　4.2.4　技术构成 / 85
　　　　4.2.5　技术生命周期 / 85
　　4.3　聚阴离子类化合物专利技术分析 / 88
　　　　4.3.1　简　　介 / 88
　　　　4.3.2　技术功效 / 89
　　　　4.3.3　制备方法 / 89
　　　　4.3.4　改性方法 / 91
　　4.4　钠过渡金属氧化物专利技术分析 / 94
　　　　4.4.1　简　　介 / 94
　　　　4.4.2　技术功效 / 94
　　　　4.4.3　元素配比及掺杂元素的选择 / 96

4.5 普鲁士蓝类化合物专利技术分析 / 100
 4.5.1 结构分析 / 100
 4.5.2 重点技术分析 / 101
4.6 前景分析 / 110
4.7 小　　结 / 110

第5章　动力电池包 / 114

5.1 简　　介 / 114
5.2 技术专利状况分析 / 115
 5.2.1 电　　芯 / 115
 5.2.2 成组结构 / 119
5.3 成组结构技术功效与发展路线分析 / 125
 5.3.1 成组结构技术功效图 / 125
 5.3.2 轻量化技术发展路线 / 126
 5.3.3 模组发展路线 / 129
5.4 大模组/无模组的重点专利分析 / 134
 5.4.1 CTP技术分析 / 134
 5.4.2 刀片电池技术分析 / 139
 5.4.3 圆柱大模组技术分析 / 141
 5.4.4 热点技术专利对比分析 / 146
5.5 CTC底盘集成技术分析 / 147
5.6 小　　结 / 151

第6章　电池热管理 / 154

6.1 简　　介 / 154
6.2 专利状况分析 / 155
 6.2.1 全球/中国专利申请态势 / 155
 6.2.2 技术迁移 / 156
 6.2.3 重要申请人 / 158
 6.2.4 技术构成 / 163
6.3 重点企业技术发展路线 / 164
 6.3.1 比亚迪热管理技术 / 164
 6.3.2 宁德时代热管理技术 / 169
 6.3.3 特斯拉热管理技术 / 173
 6.3.4 LG化学热管理技术 / 176
6.4 相变材料专利技术分析 / 178
 6.4.1 非专利研究进展与专利技术对比分析 / 178
 6.4.2 技术功效分析 / 188
 6.4.3 技术热点和空白点重点专利技术分析 / 191

6.5 小　　结 / 197

第7章　重点企业分析 / 200
 7.1　LG化学 / 200
  7.1.1　简　　介 / 200
  7.1.2　专利申请态势分析 / 200
  7.1.3　技术构成分析 / 202
  7.1.4　技术发展 / 207
  7.1.5　发明人分析 / 210
  7.1.6　小　　结 / 213
 7.2　宁德时代 / 214
  7.2.1　简　　介 / 215
  7.2.2　申请态势分析 / 215
  7.2.3　技术构成分析 / 216
  7.2.4　技术演进路线 / 222
  7.2.5　发明人分析 / 225
  7.2.6　小　　结 / 228

第8章　行业合作与竞争 / 230
 8.1　专利合作 / 230
  8.1.1　专利转让分析 / 230
  8.1.2　专利许可分析 / 235
  8.1.3　国外企业对中国企业的许可案例分析 / 239
 8.2　专利诉讼概括 / 242
 8.3　重点案例分析 / 246
  8.3.1　魁北克水电 VS. 中国电池工业协会 / 246
  8.3.2　宁德时代 VS. 塔菲尔 / 248
  8.3.3　LG化学 VS. SK创新 / 250
  8.3.4　巴斯夫 VS. 优美科 / 252
 8.4　小　　结 / 253

第9章　正极材料核心外围专利池分析 / 256
 9.1　三元正极材料核心外围专利池分析 / 256
  9.1.1　第一核心专利族外围专利池分析 / 258
  9.1.2　第二核心专利族外围专利池分析 / 261
 9.2　钠离子正极材料核心外围专利池分析 / 263
 9.3　小　　结 / 266

第10章　主要结论与建议 / 268
 10.1　概　　述 / 268
 10.2　主要结论 / 268

10.2.1 专利全景分析 / 268
10.2.2 多元正极材料 / 270
10.2.3 钠离子正极材料 / 271
10.2.4 动力电池包 / 272
10.2.5 电池热管理 / 274
10.2.6 重点企业分析 / 275
10.2.7 行业合作与竞争 / 276
10.2.8 正极材料核心外围专利池分析 / 277
10.3 建　议 / 277
10.3.1 技术创新与专利保护建议 / 277
10.3.2 产业发展建议 / 280

附录　申请人名称约定表 / 282
图索引 / 292
表索引 / 298

第1章 研究概况

1.1 研究背景

近年来，随着经济的快速发展和社会的稳步前进，汽车在交通领域中占据了举足轻重的地位。同时，汽车尾气也是全球第二大碳排放来源，[1] 其对生态环境的影响以及对不可再生资源的消耗在全球范围内受到广泛关注。发展电动汽车作为缓解能源危机、实现可持续发展的重要途径，日益引起重视。

电动汽车主要包括纯电动汽车、插电式混合动力汽车等类型。纯电动汽车（Battery Electric Vehicle）是完全由可充电的电池提供能量，以电动机驱动的一种新能源汽车，[2] 其电力系统主要由动力电池、驱动电机和电驱控制器等部件组成。由于纯电动汽车没有发动机、变速箱等复杂机械部件，因此与传统燃油车相比，后期保养更为简单便捷，且噪声小，提高了舒适性。与燃油发动机输出功率需要考虑工况限制不同，电动机可快速输出最大功率，加速性能优于传统汽车。且使用价格较低的电力作为动力源，也增添了其成本的优势。

受益于多方面的明显优势，电动汽车产业发展迅速，目前已在汽车市场中占有了一席之地，且整体销量呈不断增长态势。美国、日本、德国的电动车品牌，如特斯拉、聆风、大众、宝马等，在国外市场上占据了一定的市场份额；而在国内市场，中国的上汽、比亚迪、广汽、长城等也占据了一定的市场地额。

2020年11月，国务院办公厅印发《新能源汽车产业发展规划（2021—2035）年》[3]，提出到2025年，纯电动乘用车新车平均电耗将至12.0kW·h/hkm，新能源汽车销售量达到汽车新车销售总量的20%左右，到2035年公共领域用车全面电动化。在2020年10月由工业和信息化部装备工业一司指导、中国汽车工程学会牵头组织编制的《节能与新能源汽车技术路线图2.0》中提出，到2035年，新能源汽车新车销量达到汽车总销量的50%以上，其中纯电动汽车的将占95%以上。可见，电动汽车将是未来汽车领域的一大主流。

1.1.1 技术发展现状

对电动汽车的探索研究可以追溯到1873年，英国人罗伯特·戴维森发明了第一辆

---

[1] 杨新法."一带一路"背景下我国新能源汽车产业发展研究 [J]. 河北农机, 2021 (5): 49-50.
[2] 邱先文. 纯电动汽车技术状况及发展趋势研究 [J]. 小型内燃机与车辆技术, 2019, 48 (6): 74-79.
[3] 国务院办公厅印发《新能源汽车产业发展规划（2021—2035年）》[EB/OL]. (2020-11-02) [2020-12-12]. http://www.gov.cn/xinwen/2020-11/02/content_5556762.htm.

电动汽车。[1] 而后电动汽车受到石油的大规模开采和内燃机技术突飞猛进的影响，在技术方面的发展几乎停滞不前，逐渐被边缘化。经历了两次石油危机后，汽车行业才重新认识到发展以电动汽车为首的新能源汽车的重要性。

相比于加油的便利性，电池的能量补充是电动汽车的瓶颈。因此目前制约电动汽车发展的关键因素之一在于续航能力。无论是国外还是国内，针对电动汽车续航里程能力提升的核心研发热点则集中在动力电池、电池管理系统和车辆能量管理技术上。

（1）动力电池

动力电池是电动汽车的能量和动力来源，其能量密度、技术水平和产品质量往往决定了电动汽车整车的技术水平和产品质量、使用寿命和安全保障，是决定电动汽车续航能力的决定因素。电池的历史已经延续了200多年，从发展历程来看，二次电池主要经历了铅酸电池、镍镉电池、镍氢电池和锂离子电池等四个发展阶段。随着绿色能源技术的发展和低碳经济的推进，二次电池发展迅猛，电池容量也逐步提升。其中，锂离子电池比能量大、电压高、放电电压平稳，是当前使用最广泛的电池类型。此外，近年来，固态电池、锂硫电池和液流电池等也得到了国内外研究者的青睐，在持续不断的研发中。随着全球电池需求量的激增，锂资源面临缺乏，与此同时，人们也不断致力于钠离子电池和钠硫电池等电池类型的开发，以解决资源受限的问题。

动力电池单体电芯主要包括正负极材料、电解液、隔膜和铜箔等部件，其中将正负极材料分别制成相应的正负极板，再进一步与其余材料共同加工制作便能形成最终的单体电芯结构。其中正极材料是影响动力电池能量密度的主要因素。对锂离子电池而言，常用的正极材料通常包括多元材料、磷酸铁锂、钴酸锂、锰酸锂、镍酸锂、镍锰酸锂和富锂材料等；常用的负极材料包括碳基、硅基和锡基材料。对钠离子而言，研究最多的正极材料包括聚阴离子类化合物、钠过渡金属氧化物和普鲁士蓝等。

而仅靠单个电芯无法单独支撑整个电动汽车的驾驶续航，因此为了满足电动汽车的工作电压，需要将若干个单体电芯以及一系列相配合的结构辅助件组装成动力电池包，才能实现电动汽车所需要的高电压、大容量。根据不同的封装方式以及电芯形状，市场上一般将单体电芯分为三种类别，分别是方形单体电芯、圆柱单体电芯和软包单体电芯。将多个电芯串并联，再加上起到汇集电流、收集数据、固定保护电芯等作用的辅助结构件，就形成了模块化电池组，[2] 即模组，再由模组形成动力电池包。

目前，行业中采用的提高动力电池能量密度的方式主要是两个方面：一是通过提高单体电芯的能量密度，例如研发能量密度更高的正负极材料、电解质材料或者对极片设计进行研究等；二是对电池包的辅助结构件以及空间排布进行优化设计，[3] 还可以

---

[1] 赵馨. 提高纯电动汽车的续航里程研究：基于电池技术研究与分析 [D]. 重庆：重庆交通大学，2018.
[2] 动力电池是由什么组成的：行业常识之结构组成篇 [EB/OL]. [2021 - 10 - 05]. https：//zhuanlan. zhihu. com/p/417262071.
[3] 宋孝炳，林志宏. 动力电池轻量化设计技术研究 [J]. 科技视界，2020（13）：68 - 69.

不断降低非储能部件的质量来实现。[1] 例如减少模组或者取消模组,将电池包与底盘集成化的设计研究,使电池包除了具有单一的存储以及保护单体电芯的功能之外,还与底盘一同构成了电动汽车的结构件。这一举措使电动汽车动力电池系统更轻量化,不论是在续航里程的提高上还是在整车的强度刚度要求上,均具有十分重要的意义。

(2) 电池管理系统

通常温度影响动力电池电化学系统的能量转换效率、功率、能量密度等性质,进一步会影响动力电池的续航里程。而电池管理系统(BMS)用于连接电动汽车和车载动力电池,能调节电池组的温度,防止电池组过热、过充、过放、短路等现象发生,保证单体电池和电池组在有保障的安全使用环境下运行,充分发挥电池的性能,提升电池的使用效率,起到增加电动汽车续航里程、延长电池寿命、提高电池组可靠性等作用,是电动汽车中的重要部分。国外对电池管理系统的研发方面起步较早,早在电动汽车研究之前,许多应用电池的领域就已经开始了对电池管理系统的研究与应用。而电动汽车的出现和对其研发升温,使对电池管理系统的研究进一步加深,进行了大量的实验及上车试用。另外,虽然国内对于电动汽车的研究起步较晚,但在 "863" 计划和 "十一五" 规划的推动下,我国在电池管理系统方面的研究也取得了一定的成果,企业与高校之间共同合作,持续推动中国电动汽车电池管理系统方面的研究。[2]

电池管理系统主要包括电池放电均衡管理和热管理:电池放电均衡管理通过使电池包中的每个电池均衡放电提高电池利用效率;电池热管理将电池温度有效控制在适宜的温度区间,避免电池热失控,从而保持电池拥有最佳性能。高效的电池热管理电动汽车也将获得更好的环境适应能力。常见的电池热管理包括空气冷却、液体冷却、相变材料冷却。

空气冷却分为自然冷却和强制冷却,自然冷却是利用空气的对流换热进行冷却,成本较低,设计简单,强制冷却因其对流换热系数高而被广泛使用。现有技术中通过数值模拟研究了方形和圆柱形电池间距对于空气冷却散热效果的影响,研究表明,随着冷却通道尺寸的增大,电池降温效果好,但是均温效果不佳;此外,还发现方形电池比圆柱形电池在空间上更紧凑、能量密度更低。

液体冷却散热效率较空气冷却更高,通常使用的冷却剂是水、乙二醇等。冷却剂比热容高,所以相对于空气冷却的效率更高。但液体冷却管道排布复杂,成本高,质量大。液体冷却主要设计思路可以分为从边界带走电池产热、使用液冷管去除相邻电池之间的热量或将液冷板布置在电池堆底部去除热量。

相变材料冷却是指在温度不变的情况下改变物质状态并且提供潜热物质,转变物理性质的过程,这个过程会吸收或释放大量潜热,使电池降温。近年来,相变材料在动力电池管理中引起研究人员的高度关注,主要从相变材料的选取制备、新型冷却结

---

[1] 李日步,王海林,吴东升,等. 纯电动汽车动力电池包轻量化技术综述 [J]. 汽车零部件,2019 (7):101 - 107.

[2] 谭泽富,孙荣利,杨芮,等. 电池管理系统发展综述 [J]. 重庆理工大学学报(自然科学),2019,33 (9):40 - 45.

构的形成以及相变材料与其他冷却方式耦合方式上进行改进。

综上，热管理作为保证动力电池性能的管理部分持续被关注和研究，其中液体冷却是目前乘用车优化的主要方案，尽管相变材料热管理技术未完全成熟，但也是未来最优潜力的电池热管理发展方向。随着电池包结构的改进和电池单体性能的提升，热管理会扮演更加重要的角色。

（3）车辆能量管理

电动汽车能量管理系统是电动汽车整车能量分配与优化、电动汽车制动能量回收系统的集成。制动能量回收是电动汽车能量管理的关键技术，通常包括电储能式制动能量回收、飞轮储能式制动能量回收和液压/气压储能式制动能量回收，例如，在车辆制动时，将驱动电机改为发电模式，并将制动能转化为电能，存储到电池系统。在电动汽车制动能量回收系统设计时，需要在保证车辆的制动性能能够满足国家法规要求的前提下，尽可能多地吸收制动能量。同时，制动系统要符合驾驶员的驾驶习惯。近年来，纯电动汽车制动能量回收技术成为研究的热点。在硬件方面，我国的芯片技术落后于欧美等发达国家，目前车辆控制器（VCU）所需的处理器芯片仍然采用国外进口；在软件方面，我国VCU可以实现基本的功能，但在故障诊断、安全管理等方面与国外还有一定的差距；在控制策略方面，驱动控制策略和能量回收控制策略不够高效，导致了我国电动汽车的动力性和续航里程与国外有一定的差距。对车辆能量进行回收等车辆能量管理技术进行优化，对于提高车辆的续航能力具有重要的意义。❶

1.1.2 产业现状

1.1.2.1 国内外相关政策

随着世界经济的发展，人类社会传统能源将面临枯竭危机，石化能源对全球环境的影响和污染日趋严重，能源安全和环境保护已经成为一个全球性的问题，而电动汽车是缓解能源安全与降低温室气体排放的重要举措。

欧美日韩作为传统的汽车工业强国和地区一直高度重视电动汽车的发展。美国早在1990年就通过了清洁空气法修正案，强调对不满足空气标准的地区必须使用包括电动汽车在内的清洁能源汽车以应对气候变化，并减少对石油的依赖；在2013年和2016年分别提出了电动汽车普及计划蓝图和关于加快普及电动汽车的计划，旨在通过技术创新方式提高电动汽车的性价比和市场竞争力，普及电动汽车的推广。欧洲地区对清洁能源的使用也十分重视：2009年英国制定低碳交通战略等文件，明确交通领域减排是低碳转型的重要途径，且实施了电动汽车购置补贴政策；德国2009年制定了国家电动汽车发展计划，计划到2030年电动汽车销售规模达到500万辆，到2050年城市交通基本不出现化石燃料汽车；欧盟在2014年出台2030年温室气体减排目标方案，给每个汽车品牌都设置具体的目标，并规定达不到目标将面临巨额罚金处罚，2019年还提出了"电池2030+（BATTERY2030+）"，制定了汽车动力电池研发的长期计划。

---

❶ 孟源. 电动汽车的技术现状及研究综述［J］. 时代汽车, 2021（8）: 80-82.

2020年底，日本发布"绿色成长战略"，设定了截至2035年在日本国内停止销售纯燃油乘用车的目标，新车销售将全部转变为混合动力汽车、纯电动汽车、插电式混合动力车，以实现2050年温室气体净零排放的目标；日本经济产业省把电池相关产业定位为战略产业，将推动单次充电可长距离行驶的下一代"全固态电池"实用化技术开发，除了确保稳定获得钴等材料外，还将在完善国内电池供应链方面提供支援。这些都是基于当前世界严峻的能源安全形势以及日趋严重的环境污染现状所作出的国家发展战略。❶ 韩国则投资4000亿韩元，用于支援零部件材料生产企业和电动汽车核心技术的研发。❷

中国为了应对能源危机和环境污染问题，也出台了多项激励政策。早在"八五"期间，国家计划委员会科技攻关项目中就列有"电动汽车关键技术研究"，并且在2001年9月，将电动汽车研究开发列入科学技术部"十五"国家"863"计划重大专项目。2012年3月出台的《电动汽车科技发展"十二五"专项规划》与2012年6月发布的《节能与新能源汽车产业发展规划（2012—2020年）》明确确立了纯电动驱动为新能源汽车发展和汽车工业转型的重要国家战略。在国家纯电驱动战略引导下，中国的电动汽车产业开始进入了快速发展的轨道。❸

在电动汽车的各零部件中，动力电池作为影响电动汽车性能最关键的零部件，对电动汽车续航能力的提升起主要作用。中国在动力电池领域的研发能力和商用水平已经处于世界第一梯队。早在2014年9月，由北京有色金属研究总院等研究院和一汽、上汽、广汽、东风、长安等车企共同成立了"国联汽车动力电池研究院"❹，定位为先进动力电池的研究开发、成果转化和行业服务，通过技术创新，带动我国动力电池产业的升级换代；工业和信息化部于2016年组织成立了"国家动力电池创新中心"，面向行业共性需求，采用市场化和政、产、学、研协同创新结合机制，旨在通过协同技术、人才、资金等资源，打通技术研发供给、商业化等链条，有效推动我国实现动力电池技术突破。❺ 同时，中国的电池企业也持续进行相关的科研和产业化攻关，以宁德时代和比亚迪为代表，宁德时代推出"NCM方形电池、CTP方案、电池自加热技术"，比亚迪推出"刀片电池"等，在提升电池能量密度方面皆作出了巨大的创新，拥有一批自主知识产权并形成了一定的产业规模。

中国的电动汽车经过近十年的发展，取得了巨大成就，在关键材料、关键部件、关键技术上都有了重大突破；在产业链的上中下游中，分布有本土的关键材

---

❶ 日本汽车业为何"压力山大"[EB/OL].（2021-06-02）[2021-07-09]. https://kd.youth.cn/a/Lb-PoDZMqvza4RY3.
❷ 杨雯. 中外新能源汽车产业创新模式与创新能力比较[D]. 北京：北京理工大学，2015.
❸ 李茜，王昊，葛鹏. 中国新能源汽车发展历程回顾及未来展望[J]. 汽车实用技术，2020（9）：285-288.
❹ 国联汽车动力电池研究院有限责任公司[EB/OL].[2021-10-12]. https://www.wutongguo.com/cp1E01F5065A.html.
❺ 国家动力电池创新中心成立[EB/OL].（2016-07-02）[2021-10-12]. http://energy.people.com.cn/GB/n1/2016/0702/c71661-28518406.html.

料企业、核心零部件企业、整车制造企业、设计企业等。在国家政策的积极引导下，我国电动汽车产业正在沿着规划的路线稳定前行，带动着产业链上下游共同、快速的发展。

1.1.2.2 市场

汽车产业作为国民经济的重要支柱产业，产业链长、关联度高、就业面广，在国民经济和社会发展中发挥着重要作用。电动汽车技术的发展不仅引领着新一代的能源革命，改变了人们的出行生活，还带动了新一轮的经济增长。中国的电动汽车从零起步，经过多年不断发展，不仅实现了产销规模的快速增加，还实现了大规模的产业化，带动了上下游产业链的良性联动，大大提升了电动汽车在国民经济中的作用。

在政策的"东风"下，中国的新能源汽车市场也迎来了行业的春天。不论是在私家车领域还是在公共交通、货运等领域，新能源汽车尤其是电动汽车，都表现出了巨大的市场潜能。

如图1-1-1所示，中国的新能源汽车2013年年销量为1.8万台。2020年虽然遭受疫情影响，新能源汽车销量受到巨大冲击，但是通过国家政策的调整，特别是发布《财产部、工业和信息化部、科学技术部、国防发展和改革委员会关于完善新能源汽车推广应用财政补贴政策的通知》，延长新能源汽车补贴期限至2022年底后，新能源汽车销量在2020年依然稳步提升，2020年年度销售量达到136.7万台[1]，短短7年，销售量呈数十倍增长。由此可以看出，我国的新能源汽车市场正处于爆发式的增长阶段，越来越多的中国消费者开始接受新能源车辆，新能源汽车的消费市场日趋成熟。另外，中国的汽车市场年销售量在2000万辆左右，新能源汽车占整体销售量比例仍然较低，但随着政策的推进以及新能源汽车的普及，未来新能源汽车的销量也必将持续高涨。

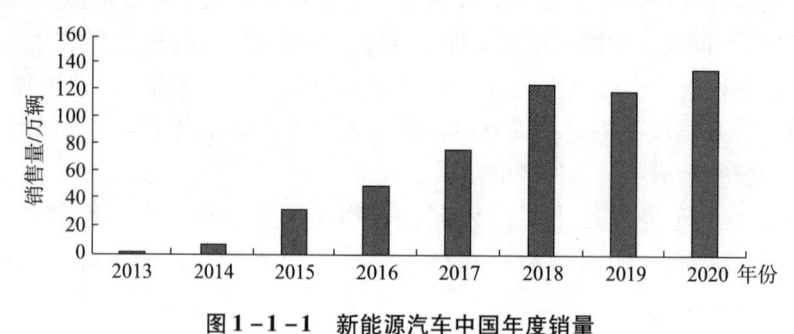

图1-1-1 新能源汽车中国年度销量

2020年，全球新能源汽车销量约为324万辆，[2] 中国的新能源汽车销售量占比超过

---

[1] 2020年全球及中国新能源汽车行业产销量与竞争格局分析 [EB/OL]. (2021-02-09) [2021-04-10]. https://www.huaon.com/channel/trend/688184.html.

[2] 2020年全球新能源汽车市场产销现状及区域竞争格局分析 全球产销量呈现上升态势 [EB/OL]. (2021-05-27) [2021-07-10]. https://bg.qianzhan.com/trends/detail/506/210527-7bfccd92.html.

1/3。由此可以看出，中国是世界主要的新能源汽车市场。当前活跃在中国市场的车企有特斯拉、本田、日产、丰田等国际造车巨头，同时国内的新能源汽车企业如蔚来、比亚迪、奇瑞、吉利等车企也表现不俗，占据较大的市场份额。

在中国的动力电池市场方面，如图 1-1-2 所示，2021 年第一季度中国的电池企业电池销量占比为 45%，韩国占比为 31%，总体上呈现中韩两国相互竞争的局面。❶

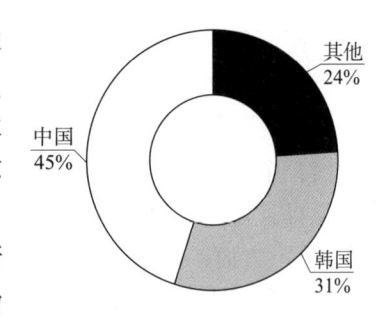

图 1-1-2　2021 年第一季度动力电池销量中国占比

1.1.3　行业需求

随着全球能源危机和大气污染问题的不断加剧，世界汽车产业都在寻求转型。电动汽车以其清洁、无污染的特性成为各国研究的主要方向并且发展迅速。

随着新能源电动汽车的发展与普及，相关的基础设施建设、电动汽车续航能力、新能源汽车的稳定性和安全问题、建立健全动力电池回收体系等都亟待获得更进一步的投入、研究和发展。其中，电动汽车续航能力是影响电动汽车发展的主要制约因素，因此，行业内存在提高续航能力的迫切需求，具体可分为以下三个方面。

在技术方面，电动汽车续航能力的提高是一个系统性问题，从电池材料到单体电芯、电池包到电动汽车整车，产业链上的诸多环节涉及的技术繁多交杂，如何通过技术创新来推动汽车续航能力提升，是整个电动汽车行业亟须了解的。例如，动力电池产业链中，正极材料是市场规模最大、产值最高的环节，且其性能决定了电池的能量密度、寿命、安全性、使用领域等，正极材料成为动力电池的核心关键材料，对正极材料进行研发是提高动力电池能量密度的重中之重；随着锂资源的缺乏，对于当前最广泛使用的锂离子电池，需要寻找替代方案；而且动力电池包所涉及电芯及其成组结构技术的研发改进和市场应用需满足特有的要求，使得电池包更简单、更集成，在体积有限的情况下使电动汽车具有更高的续航里程。此外，近年来电动汽车热失控事件也时有发生。随着对续航能力要求的不断提升，电芯数量的增多和密集堆放均对散热提出了更高的要求，同样低温环境下里程焦虑也一直存在，技术上也未有突破，因此与动力电池包配套的热管理方式逐渐被业界所关注。因此，梳理电动汽车重点技术脉络，发掘技术空白点，对于国内创新主体对未来技术的改进具有重要意义。

在专利方面，世界各国企业均注重逐步建立和完善电动汽车续航技术相关的自主知识产权体系。我国在相关重点技术方面是否具有优势或者存在被国外企业"卡脖子"的问题、行业龙头企业的研发方向与专利布局情况、行业的核心专利及其外围专利情

---

❶ 2021 年全球动力电池行业竞争格局及市场份额分析　中日韩占据全球前三名市场份额［EB/OL］．（2021-06-09）［2021-07-10］．https://qianzhan.com/analyst/detail/220/210609-ceedded0.html．

况、如何避免侵权风险等均是电动汽车相关企业亟须了解的。了解专利的整体情况，有助于创新主体优化专利布局，助力创新主体走出国门。

在行业竞争与合作方面，随着电动汽车续航行业的发展，行业的竞争也日益激烈：一方面，企业需要了解如何通过行业之间的合作，尤其是通过专利许可和转让的合作，来增强自身在行业中的地位，加强与友商以及上下游厂家间的捆绑，避免被"卡脖子"；另一方面，企业也需要了解更多专利诉讼，尤其是专利侵权诉讼的相关规则，从而更好地利用法律来维护自身权益，并且规避法律风险。如何通过行业之间的合作来增强自身在行业中的地位，以及如何利用法律来维护自身权益、规避法律风险，也是国内电动汽车相关企业亟须了解的。

1.2 研究目的和研究内容

为了缓解能源危机和环境污染问题，电动汽车已经成为未来汽车领域的主流，而续航里程是制约电动汽车发展的重要因素。针对电动汽车行业对提高续航里程的迫切需求，本课题将研究对象确定为电动汽车续航技术，对影响电动汽车续航里程的关键因素进行研究，从而为电动汽车行业的发展提供参考。其中，将电动汽车限定为依靠动力电池供电的汽车，包括纯电动汽车、插电式混合动力汽车，不包括纯耗油汽车、燃料电池汽车等其他形式，包括轿车、卡车、公交车等。续航里程是动力电池从满电状态到空电状态的单次过程中的行驶距离。为了对电动汽车续航技术进行研究，课题组通过多方情报收集，对相关政策文件、行业报告、课题报告、期刊、硕博士论文、行业诉讼无效案件、主要企业的官网资料等进行整理；在详细研究了行业相关资料后，深入合作单位、相关企业进行调研；向行业专家进行咨询，深入了解行业痛点和需求，制定了符合行业习惯的技术分解表；之后通过数据检索、清理和分析等工作，最终形成本报告。

本报告主要包括以下内容：

（1）技术分解，开展专利全景分析。根据电动汽车续航技术的主要技术特点及行业习惯，将该技术划分成3个一级分支（动力电池、电池管理系统和车辆能量管理）、38个二到四级分支。在此基础上，课题组全面检索了各级分支的国内外相关专利，从全球和中国两个角度分析了这些专利所反映的专利申请态势、主要竞争区域、技术构成、申请人状况等电动汽车续航技术的整体发展情况，摸清电动汽车续航技术的国内外专利发展现状，厘清国内外在该行业的差异，分析续航领域的研究空白。

（2）聚焦影响续航里程的4个关键技术分支，点面结合开展深入研究。在产业调研、专家咨询和专利整体发展状况分析的基础上，结合影响电动汽车续航里程的关键点，选出了动力电池中的"多元正极材料""钠离子正极材料""动力电池包"以及电池管理系统中的"电池热管理"这4个重点技术分支进行深入分析。其中，包括全球/中国专利申请态势的总体分析，并针对不同技术分支的特点，分别开展相应的研究，包括研究重点技术的发展路线、技术功效、技术热点与空白点，国内外代表性企业的技术特点、不同技术的应用前景、代表性企业产品与专利的对应研究，非专利与专利的对比研究等，为行业提供技术支撑。其中，针对以结构为特征的动力电池包分支，深入挖掘产品对应的专利，使技术点更形象化，便于创新主体深入了解产品实物的专利实质，利于理解和掌握；针对尚未广泛商用的钠离子正极材料和电池热管理中相变材料，在研究专利文献的同时，还分析研究未申请专利保护的非专利研究成果，补充前沿技术，利于促进技术产业化应用。

（3）紧扣国内外重点申请人，为企业明确短板优势提供明确参考，助力行业优化布局。深入分析国外重点申请人 LG 化学和国内重点申请人宁德时代在国内外的专利布局、技术构成、重点技术发展路线、发明人情况等，为国内企业制定相关专利战略提供参考。

（4）开展行业合作与竞争全面分析。总结归纳本行业转让、许可和诉讼的特点，并对几起国内外热点诉讼案例进行重点分析，从而为国内企业制定知识产权战略提供参考。

（5）针对关键技术特点开展特色分析。针对当前国内多元正极材料受制于国外企业的行业痛点，梳理了多元正极材料的核心专利，以及该核心专利对应的外围专利，在核心专利到期失效可以无偿使用的背景下，为国内创新主体提供避免落入核心专利对应的外围专利的保护范围的风险预警；同时，针对尚未广泛应用的钠离子正极材料，目前其核心专利部分为国内企业拥有，课题组也对相关核心专利及对应的外围专利进行了梳理，以为国内创新主体提供参考。

1.3 研究方法

1.3.1 技术分解

为了制定更符合行业习惯的技术分解表，课题组开展了以下工作：①对非专利资料进行收集研究，包括期刊文章、硕博士论文、行业的宏观报告、主要企业的官网资料等；②对合作单位进行需求调查，深入相关企业进行现场调研，并对行业专家进行咨询，了解企业的相关需求以及行业对相关技术的分类习惯；③深入分析多个专利分类体系中的相关技术分类。

影响续航里程的关键技术主要包括三个：一是动力电池技术，早在 1976 年就开始萌芽并飞速发展至今，影响电池储存电量，是整车续航能力的决定因素；二是电池管理系统技术，通过使电池包中的每个电池均衡放电及电池热管理来提高电池利用效率，使电池保持最优性能；三是车辆能量管理技术，对制动能量（例如刹车能量）进行回收，提高续航里程。据此，课题组确定了研究对象的技术分解表，将上述三大影响因素"动力电池、电池管理系统和车辆能量管理"作为 3 个一级技术分支。同时根据技术特点和行业习惯对该 3 个一级技术分支进行细分，划分成 13 个二级分支，并且对重点技术，又进一步划分三级和四级分支，包括 12 个三级分支、14 个四级分支，技术分解具体见表 1-3-1。

表1-3-1　电动汽车续航技术分解表

一级技术分支	二级技术分支	三级技术分支	四级技术分支
动力电池	锂离子电池	正极材料	磷酸铁锂
			多元材料
			钴酸锂
			锰酸锂
			镍酸锂
			镍锰酸锂
			富锂材料
		负极材料	碳基材料
			硅基材料
			锡基材料
	钠离子电池	正极材料	聚阴离子类化合物
			钠过渡金属氧化物
			普鲁士蓝
	固态电池	固态电解质	—
		极片设计	—
	动力电池包	电芯	—
		成组结构	—
	镍氢电池	—	—
	锂硫电池	—	—
	钠硫电池	—	—
	液流电池	—	—
电池管理系统	电池放电均衡	—	—
	热管理	液体冷却	—
		相变材料冷却	—
		空气冷却	—
车辆能量管理	电储能式制动能量回收	制动系统结构	—
		控制策略	提高能量回收效率
	飞轮储能式制动能量回收	—	—
	液压/气压式储能式制动能量回收	—	—

1.3.2 特色分析方法

1.3.2.1 核心外围专利池布局分析

核心专利是制造某个技术领域的某种产品必须使用的技术所对应的专利，而不能通过一些规避设计手段绕开，在生产交易活动中侵犯这类专利专利权的风险最大且诉讼风险最高。

对于电动汽车续航能力，影响最大的因素是动力电池中的正极材料。本报告对三元正极材料和钠离子正极材料的核心专利及其外围专利进行梳理（具体参见第9章），分析其国内外布局情况，从而为创新主体在生产交易中考虑自己产品是否存在专利侵权风险提供预警；其中，这些核心专利有的已经到期失效，可以无偿使用，创新主体可以在此基础上进行改进和创新，但在使用过程中依然要避免侵犯这些专利的依然处于有效期的同族专利，还要避免侵犯基于核心专利的外围专利的专利权。梳理外围专利，可以使创新主体在利用已失效核心专利时，避免落入这些核心专利的外围专利的保护范围内，提供风险预警。本报告从以下两个角度梳理核心专利的外围专利：一是通过追踪核心专利申请人及发明人的技术发展脉络确定；二是通过核心专利的引证文献获取核心专利的外围专利。

1.3.2.2 专利非专利结合

非专利文献可以补充专利文献，提供的信息比专利文献更加丰富，因此在专利分析中可以考虑对非专利文献进行研究，以使专利分析结果能够给行业带来更大的帮助。

本报告为了充分研究四元正极材料中铝的添加对四元正极材料性能的影响（具体参见第3.3.4节），引入了研究更加详细的非专利文献的分析结果，从而让创新主体能够更好地了解在四元正极材料的研发中，如何设置铝元素的添加比例。

此外，在电池热管理技术中相变材料的分析中，由于相变材料还未广泛商用，产业化程度不高，但行业对其期望较大，较多技术处于实验室阶段，因此本报告对该技术的非专利文献的研究情况进行分析（具体参见第6.4.1节）。将其与专利文献的情况进行对比，分析相变材料应用的困难以及为克服困难提出的前沿技术方案，使企业与高校互通有无，为它们的合作提出参考，促进相变材料前沿技术的产业化应用。

1.3.3 数据检索和处理

本报告的专利文献数据主要来自国家知识产权局智能化升级检索系统。其中，中国专利数据库主要来自中国专利全文文本代码化数据库（CNTXT），全球专利数据库主要来自外文数据库（VEN）、美国专利全文文本数据库（USTXT）、国际专利全文文本数据库（WOTXT）、欧洲专利全文文本数据库（EPTXT）以及德国专利全文文本数据库（GBTXT）、德温特世界专利索引数据库（DWPI）等。诉讼相关数据来自国家知识产权局专利局复审和无效审理部网站、北大法宝和中国裁判文书网。

1.3.3.1 数据检索

课题组对本报告采用"分-总""总-分"相结合的检索方式，对不同分支根据不同的特点选择相应检索策略，通过分类号、关键词的不同组合方式来展开检索，并以主要申请人为入口进行针对性检索。其中，针对各电池材料分支，采用的主要是 H 部的分类号，同时也拓展至 C 部分类号以及相关化学式；在热管理分支检索中，其分类号存在更新转移情况，由此也拓展到以 H01M 60 和 H01M 50 为主的一系列分类号。检索过程主要针对全文库，从而防止遗漏专利文献量，其间通过同在算符、摘要字段、标题字段、重点关键词的出现频次及词距等手段来有效去噪，并根据查全、查准的结果不断调整各级数据池的检索策略，以便获得符合要求的各级数据池。检索结果申请量如表 1-3-2 所示。

表 1-3-2　电动汽车续航技术检索结果

技术分支	检索结果 中国/件	检索结果 全球/项	检索截止日 中国	检索截止日 全球
动力电池	29379	51930	2021/8/18	2021/8/18
电池管理系统	8366	14028	2021/8/18	2021/8/18
车辆能量管理	3722	10706	2021/8/18	2021/8/18

1.3.3.2　查全率和查准率验证

查全率和查准率是评估检索结果优劣的指标。查全率用来评估检索结果的全面性，查准率用来衡量检索结果的准确性。验证各技术分支的查全率和查准率可以作为判断是否终止检索的依据。也就是说，整个检索策略就是：检索—验证—分析原因—调整检索—验证，如此反复，以达到可接受的查全查准率，参见表 1-3-3。

表 1-3-3　电动汽车续航技术专利查全查准率验证结果

技术分支	中国 查全率	中国 查准率	全球 查全率	全球 查准率
动力电池	93.1%	90.8%	91.4%	92.2%
电池管理系统	92.4%	90.1%	92.0%	94.9%
车辆能量管理	91.1%	90.9%	91.3%	90.6%

查全率的评估方法是：（1）选择一名重要申请人，一般为该技术领域申请量排行在前十位的申请人或行业内普遍认可的重要申请人，检索该申请人全部申请，通过人工确认其在本技术领域的申请文献量形成母样本。对于所选择的该申请人，需要注意：①该申请人是否有多个名称；②该申请人是否兼并收购或者被兼并收购；③该申请人是否有子公司或者分公司。（2）在检索结果数据库中以该申请人为入口检索其申请文

献量形成子样本。（3）子样本/母样本×100% =查全率。

查准率的评估方法是：（1）在结果数据库中随机选取一定数量的专利文献作为母样本；（2）对母样本的每篇专利文献进行阅读确定其与技术主体的相关性，和技术主题高度相关的专利文献形成子样本；（3）子样本/母样本×100% =查准率。

1.4 相关解释和约定

此处对本报告中出现的以下术语或现象，一并给出解释。

1.4.1 专利数据解释

本报告的数据检索截至 2021 年 8 月 18 日。由于发明专利申请自申请日（有优先权的，自优先权日）起 18 个月才被公布（提前公开的除外），实用新型专利申请在授权后才被公告，PCT 专利申请可能自申请日起 30 个月或者更长时间才进入国家阶段（其对应的国家公布时间更晚），因此，在实际的检索结果中，2019 年之后的申请在检索截止日之前部分未公布或者公告导致数据不完整，不能完全代表该年真正的专利申请趋势，反映到本报告中涉及申请量年度变化的趋势中，将出现自 2019 年之后申请量有明显下降，故 2019 年之后的年份不具备确切的代表性。

1.4.2 相关术语约定

项：同一项发明可能在多个国家/地区提出专利申请，DWPI 数据库将这些相关的多件申请作为一条记录收录。在进行专利申请数量统计时，对于数据库中以一族（这里的"族"指的是同族专利中的"族"）数据的形式出现的一系列专利文献，计算为"1 项"。一般情况下，专利申请的项数对应于技术的数目。

件：在进行专利申请数量统计时，例如为了分析申请人在不同国家、地区或组织所提出的专利申请的分布情况，将同族专利申请分开进行统计，所得到的结果对应于专利申请的件数。1 项专利申请可能对应 1 件或多件专利申请。

同族专利：同一项发明创造在多个国家/地区申请专利而产生的一组内容相同或基本相同的专利文献出版物，称为一个专利族或同族专利。从技术角度来看，属于同一专利族的多件专利申请可视为同一项技术。在本报告中针对技术和专利技术原创国进行分析时，对同族专利进行了合并统计；针对专利在国家/地区的公开情况进行分析时，各件专利进行了单独统计。

专利所属国家/地区：本报告专利所属的国家/地区是以专利的首次申请优先权国家/地区来确定的，没有优先权的专利申请以该项申请的申请国家/地区确定。

全球申请：申请人在全球范围内的专利局的专利申请。

在华申请：申请人在中国国家知识产权局的专利申请。

中国申请：中国申请人在中国国家知识产权局的专利申请。

国外申请：外国申请人在中国国家知识产权局的专利申请。

日期规定：按照申请日（非优先权日）统计每年的专利数量。

有效：在本报告中"有效"专利是指到检索截止日为止，专利权处于有效状态的专利申请。

失效：在本报告中"失效"专利是指到检索截止日为止，已经丧失专利权，或者自审查完毕时未获得授权的专利，包括专利申请被视为撤回或撤回、专利申请被驳回、专利权被无效、放弃专利权、专利权因费用终止、专利权届满等。

第 2 章 专利全景分析

本章从全球和中国的角度,对电动汽车续航技术进行专利全景分析。其中,全球专利分析涉及全球专利申请态势、国家/地区分析、技术构成、技术迁移、全球重点申请人;中国专利分析涉及中国专利申请态势、地域分析、技术构成、申请人类型、重点申请人、专利法律状态等分析内容。通过专利全景分析,助力创新主体把握电动汽车续航技术的行业整体情况。

2.1 全球专利分析

2.1.1 专利申请态势

由于专利公开的滞后性,在分析专利趋势时,近两年(2019 年和 2020 年)的数据会呈现降低态势。

通过对电动汽车续航全球专利申请量进行分析,如图 2-1-1 所示,全球专利申请整体呈现持续增长趋势,技术发展经历了技术萌芽期、技术储备期和快速发展期。

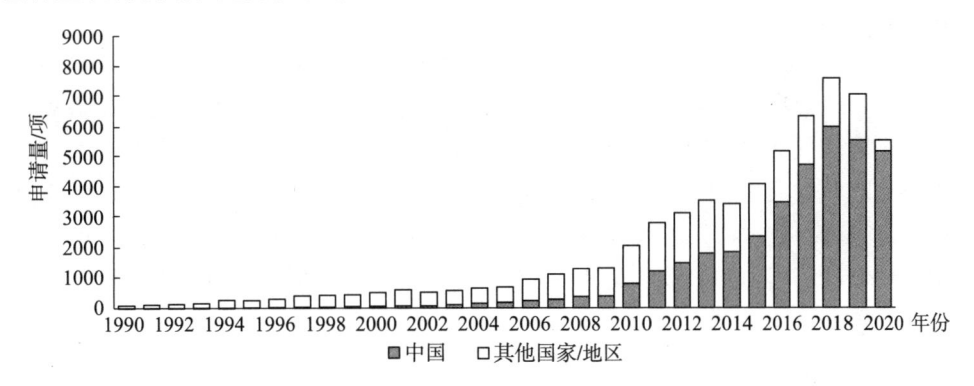

图 2-1-1 电动汽车续航技术全球专利申请趋势

(1) 技术萌芽期(1873~1999 年)

电动汽车和动力电池在技术上出现较早,在 19 世纪(1873 年)就已诞生,但由于内燃机汽车的发展,使得电动汽车不被广泛关注。1996 年,美国通用汽车推出的以铅酸电池为动力源的电动汽车,被称为第一代现代版的电动汽车。通用汽车作为汽车行业巨头,在电动汽车领域也发挥了重要的引领作用。1999 年,全球关于电动汽车续航技术的专利申请呈现为逐年增加的趋势,年平均专利申请量为 105 项,电动汽车产业逐渐得到重视，吸引申请人关注和研发。

（2）技术储备期（2000~2005年）

2000年，电动汽车主要采用镍氢电池作为动力电池源，在市场中保持平衡，全球范围内的电池技术的年申请量维持在300~400项，并未出现快速增长；而电池管理技术和车辆管理技术受到关注，用于提升续航里程，年申请量增长较快，其中电池管理技术的年申请量由40多项增长至200多项，车辆管理技术的年申请量也增加了一倍。

（3）快速发展期（2006~2019年）

2006年前后，锂离子电池（大幅提升安全性能，具有良好电性能）打破了以镍氢电池为主要电池源的市场格局，成为镍氢电池最有力的竞争对手，自此，锂离子电池技术则成为电动汽车最为重要的动力电池研发方向。结合图2-1-1可以看出，电动汽车续航技术全球专利申请自2006年开始进入快速增长期，并呈现阶段性增长的态势。从2006年开始（948项）到2009年（1335项），处于第一阶梯，这一阶段日本和美国的申请量领先；2010年开始（2076项）到2014年（3458项），处于第二阶梯；2015年开始（4115项）到2019年（7097项），处于第三阶梯。同时，第二阶段和第三阶段中的PCT申请量也明显增加，这意味着技术全球化程度加剧，全球竞争激烈。

在第一阶梯（2006~2009年）和第二阶梯（2010~2014年）内，年申请量逐年上升，且上升趋势相对较缓。在全球范围内明确了电动汽车发展的必要性，如美国能源部于2013年1月发布"电动汽车普及计划蓝图"，计划利用10年时间提高电动汽车的性价比以及市场竞争力，但仍缺少明确的"研发-生产"的技术转化链条。

在第三阶梯（2015~2019年）内，年申请量呈指数式上升。一是由于电动汽车的市场反馈已略有积累，生产者对技术改进的需求和手段更加明确；二是全球禁油的趋势愈发明显。欧盟在2014年已出台了严苛的减排法规，欧洲相应地设定了禁售和取缔燃油车的计划，日本发布实现2050年温室气体净零排放的目标，中国发布的《节能与新能源汽车产业发展规划（2012—2020年）》提到了对电动汽车的产能、产销、动力电池模块比能量、成本以及相关企业发展等方面的要求，在全国范围内推广电动汽车的应用。在全球范围内的政策引导下，生产者纷纷加大研发创新的投入力度，带来了专利保护的热潮。

2.1.2 国家/地区分析

图2-1-2展示了全球电动汽车续航技术专利申请数量在主要国家/地区的分布情况。从总体分布的角度分析，中国共申请49483项专利，位居申请量榜首，包括国内企业的申请以及国外企业在中国首次提出的申请，尽管其中仅有6408项提出了PCT申请，但庞大的申请量无疑证明了中国已经成为目前全球最重要的专利申请国。

此外，日本与美国以微弱差距分别列居第二位和第三位，其中PCT申请分别为5452项（占比为38.1%）和6602项（占比为46.8%）；而韩国与欧洲则排名第四位和第五位，结合图2-1-2也可以看出，二者的PCT申请也属于本国/地区申请的主要方向。总的来说，中国、日本、美国、韩国和欧洲这五个国家/地区占据了全球电动汽车续航技术申请量的 76.2%，除中国外其他四个国家/地区更加着重于全球市场的开拓。

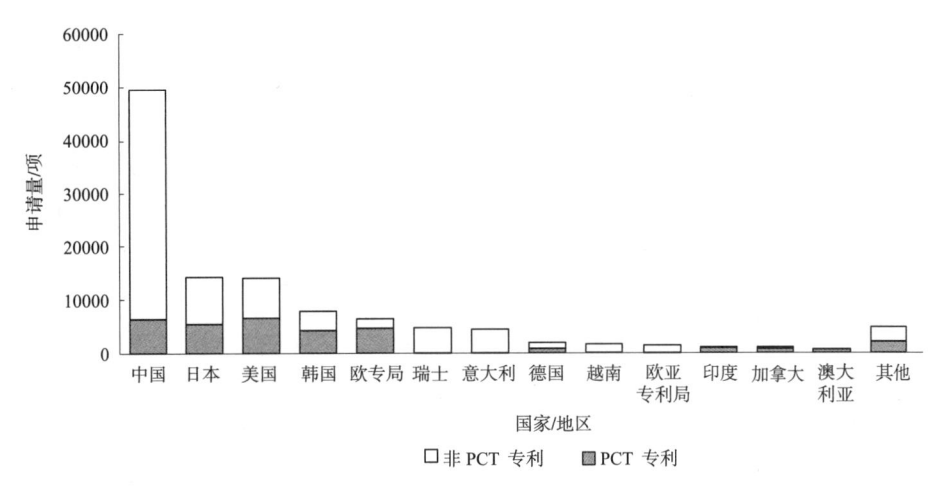

图 2-1-2 电动汽车续航技术全球主要国家/地区分布

进一步分析这五个国家/地区，从图 2-1-3 可以看出，日本和美国是电动汽车续航技术发展的先驱，于 20 世纪六七十年代便有了零星的专利申请。这是由于在 20 世纪 70 年代世界石油市场发生了戏剧性的转变，石油价格上涨燃油汽车使用成本大幅度提高，造成了汽车领域发展的停滞，因此这一阶段人们开始意识到新能源的重要性。此时期的专利申请大部分都集中在动力电池的材料选择和优化方面，相比之下，日本在该领域的研究和应用业绩更为突出。

20 世纪 80 年代后，在第二次石油危机的冲击下，全球汽车企业终于明确以电动汽车为首的新能源汽车为未来发展方向，因此主要国家/地区的专利申请量呈现较为明显的增长趋势，并于 2000 年前后形成一个小的申请高峰，为电动汽车续航技术发展奠定了基础。

2000~2013 年电动汽车续航技术进入了平稳发展阶段。此时期行业处于起步阶段，主要国家/地区不仅研究动力电池材料，而且越来越关注电池结构以及电池管理系统和车辆能量管理等电动车系统的优化方面，相关专利申请量的增长速度逐渐加快，同时，中国市场于 2007 年起数量开始超过其余四国/地区的申请量，说明 2007 年后中国对电动汽车续航技术的研究比较活跃。

而在 2014 年的小幅震荡之后，主要国家/地区专利申请量又一次激增，一直持续到 2018 年，可以说专利申请量基本为往年的 2 倍以上。这阶段锂离子电池成为行业内的研究热点，其中中国专利申请的贡献度也是逐年上升。

结合图 2-1-4 可知，近五年来除中国以外，主要国家/地区电动汽车续航技术领域的专利活跃度基本稳定在 19%~29%。这在一定程度上是受到了该领域主力军——锂离子电池的研究已经趋于成熟，而其他材料的充电电池仍然无法进行大规模产业化的影响。

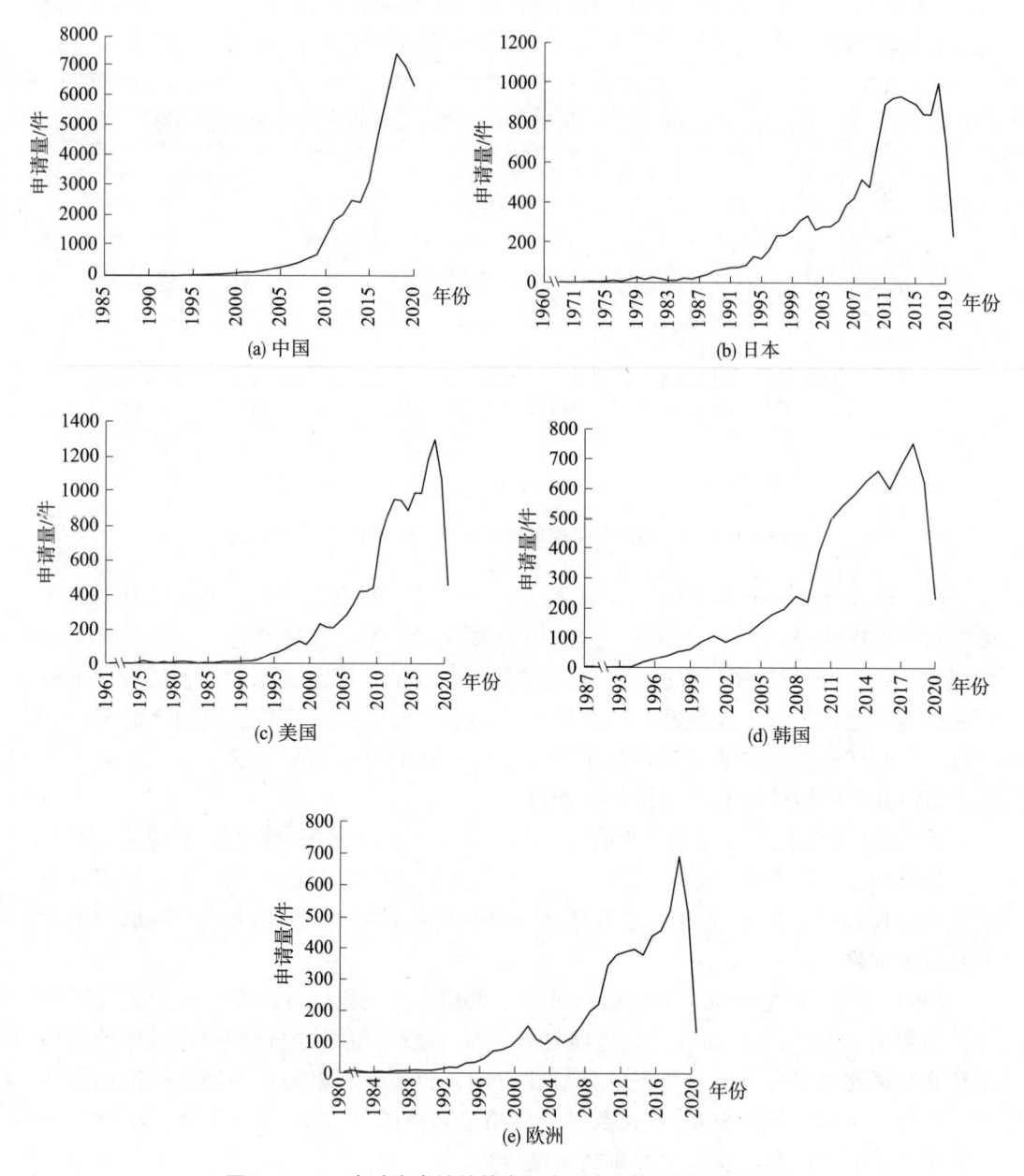

图 2-1-3　电动汽车续航技术五大国家/地区专利申请趋势

2.1.3　技术构成

　　动力电池、电池管理系统和车辆能量管理这 3 个一级技术分支的申请量分布如图 2-1-5 所示。其中动力电池包括锂离子电池、动力电池包、固态电池、钠离子正极材料及其他类型电池 5 个技术分支，电池管理系统包括电池放电均衡和热管理 2 个技术分支，车辆能量管理主要按照电储能式制动能量回收进行分析。

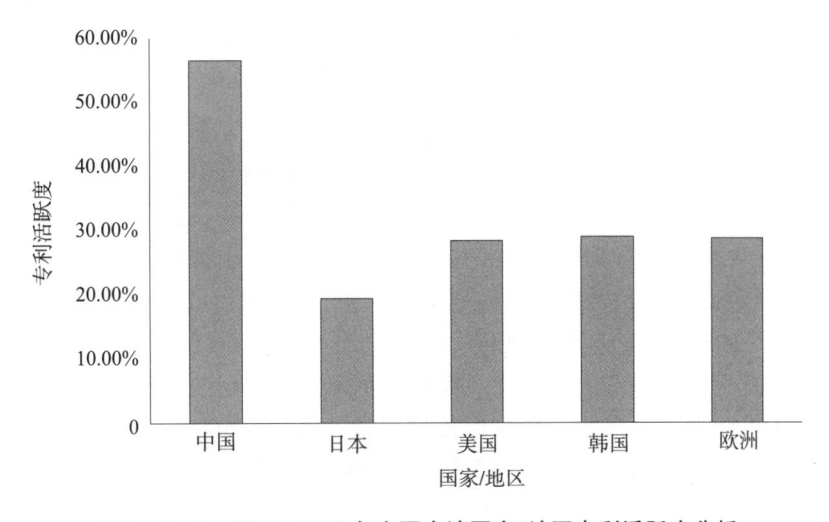

图 2-1-4 2016~2020 年主要申请国家/地区专利活跃度分析

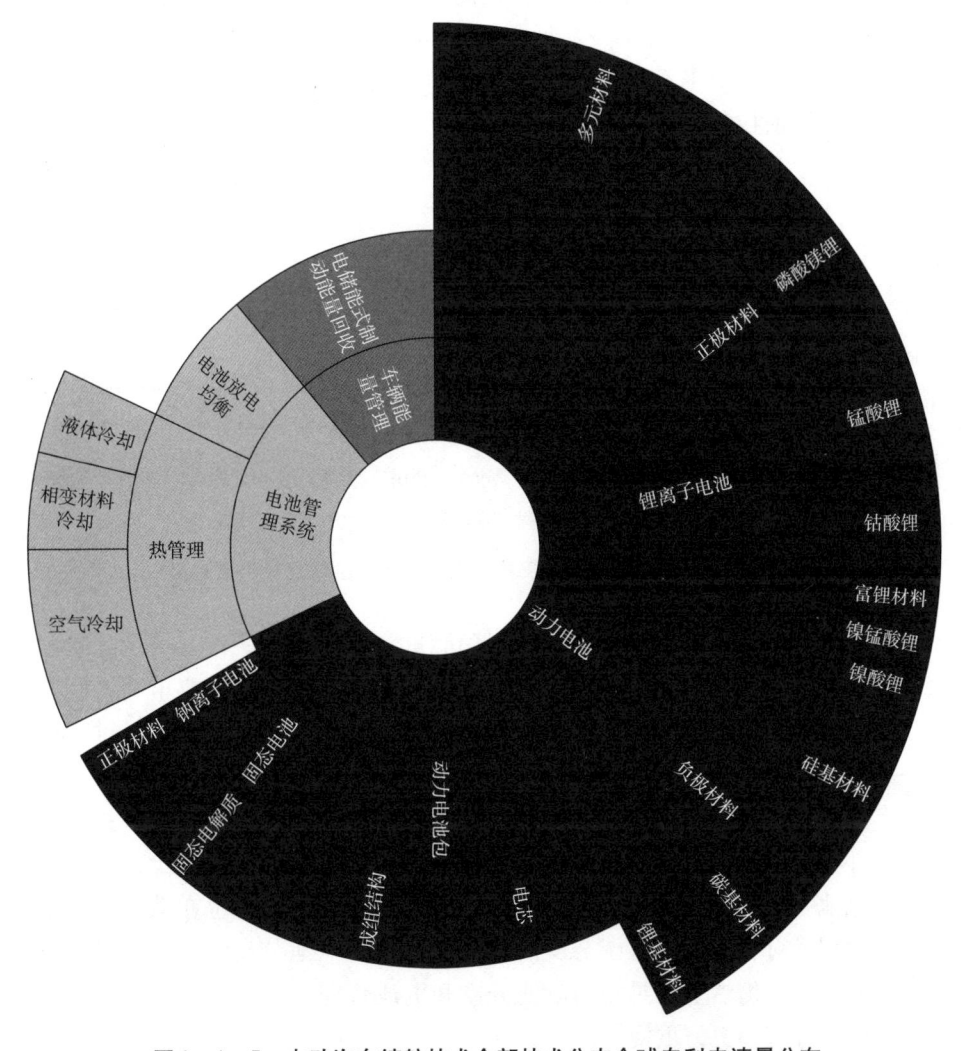

图 2-1-5 电动汽车续航技术全部技术分支全球专利申请量分布

动力电池分支的申请量占比为66%，这是由于电池能效是纯电动汽车续航能力的决定因素，故相关研究热点主要集中于怎样提升电池的质量与容量，即通过改进电池材料和结构而提升动力电池包的能量密度和轻量化程度。电池管理系统分支的申请量占比为19%，其中电池放电均衡和热管理技术均直接影响车载电池组的放电性能，同时，电池的热管理能够与车辆整体结合，从而提升整车热能转换效率，减轻车载电池组的供电负担。车辆能量管理分支的申请量占比为15%，主要涉及制动能量回收的技术应用，能够提升车载电池的能量利用率。

电动汽车产业中涵盖了众多不同类别技术的整合，且不同的技术发展状况也存在差异。如图2-1-6所示，2010年后，动力电池分支的专利数量开始飞速增长，对整个产业的影响较大，近10年的申请量增长趋势也与整体的申请量趋势更接近，能够反映在电动汽车续航技术的目前发展阶段内，从业者对动力电池本身的创新研究更为关注。此外，电池管理系统中热管理和电池放电均衡方面也呈现协同发展的趋势，有阶段性的发展高峰，但受限于电池包的配套控制要求，并未体现出激增的态势。车辆能量管理分支，于2010年出现相对发展后，近10年内处于基本平稳的发展阶段，年申请量保持基本稳定，因其对电动汽车续航能力的影响程度有限，且存在发展瓶颈，该技术分支并不属于现阶段的发展热点。

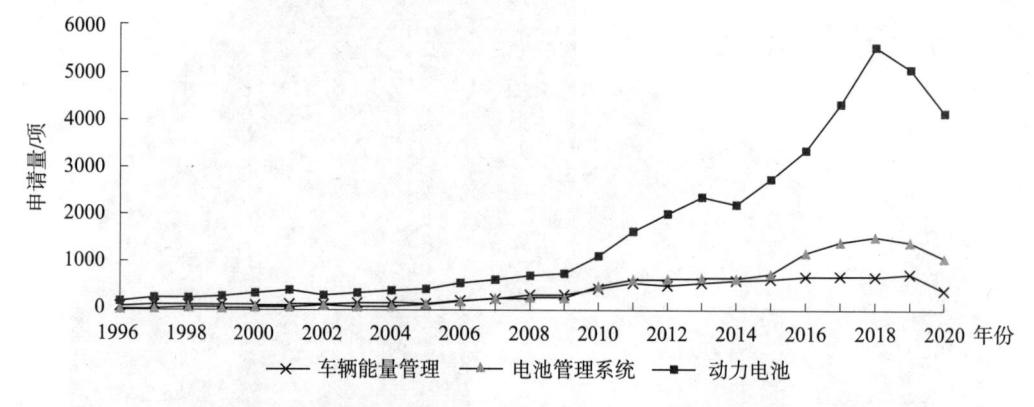

图2-1-6 电动汽车续航技术一级技术分支全球专利申请趋势

本小节从动力电池、电池管理系统、车辆能量管理三方面所涉及的全球专利申请量出发，展开申请人的比较分析。电动汽车续航技术全球专利的主要申请人既有电池企业，也有汽车企业和研发机构，对于不同技术分支的专利申请各有侧重，具体如图2-1-7所示。

对汽车企业中的丰田、日立、比亚迪、日产和现代这五个申请人进行技术分布研究发现，国外车企丰田、现代在车辆管理技术分支的技术布局相对较少，而对于动力电池分支和电池管理系统分支的关注点则各有不同，丰田和日产也在动力电池分支上有所涉猎，而现代对电池管理系统分支的关注少于动力电池分支。中国车企比亚迪在电动汽车续航方面，仍然坚持对动力电池分支和电池管理系统分支的技术研发和专利保护，对车辆能量管理更为重视。

在电池企业中，LG 化学、松下和宁德时代均对车辆能量管理技术的分析研究较少，专利技术的集中度较高，且主要集中于动力电池包分支，在具体电池材料和结构方面也各有所长。三星在车辆能量管理分支的专利申请相对较多。此外，LG 化学、松下和三星对电池管理技术分支也有约 10% 的申请量，以满足电池包的定制化生产。

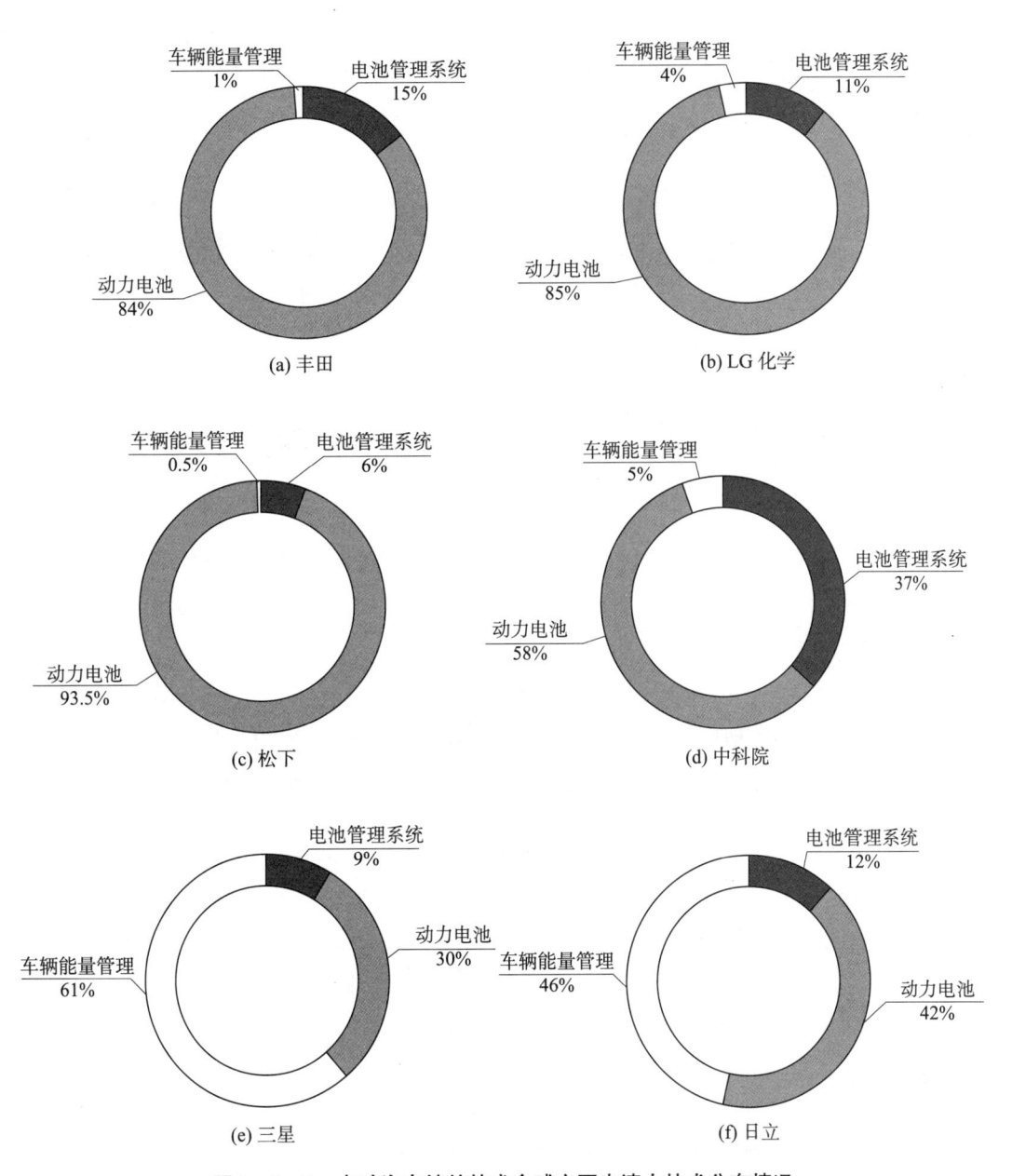

(a) 丰田
车辆能量管理 1%
电池管理系统 15%
动力电池 84%

(b) LG 化学
车辆能量管理 4%
电池管理系统 11%
动力电池 85%

(c) 松下
车辆能量管理 0.5%
电池管理系统 6%
动力电池 93.5%

(d) 中科院
车辆能量管理 5%
电池管理系统 37%
动力电池 58%

(e) 三星
电池管理系统 9%
动力电池 30%
车辆能量管理 61%

(f) 日立
电池管理系统 12%
动力电池 42%
车辆能量管理 46%

图 2-1-7　电动汽车续航技术全球主要申请人技术分布情况

车辆能量管理 2%
电池管理系统 15%
动力电池 83%
(g) 宁德时代

电池管理系统 30%
车辆能量管理 51%
动力电池 19%
(h) 比亚迪

车辆能量管理 22%
电池管理系统 11%
动力电池 67%
(i) 日产

电池管理系统 8%
动力电池 92%
(j) 现代

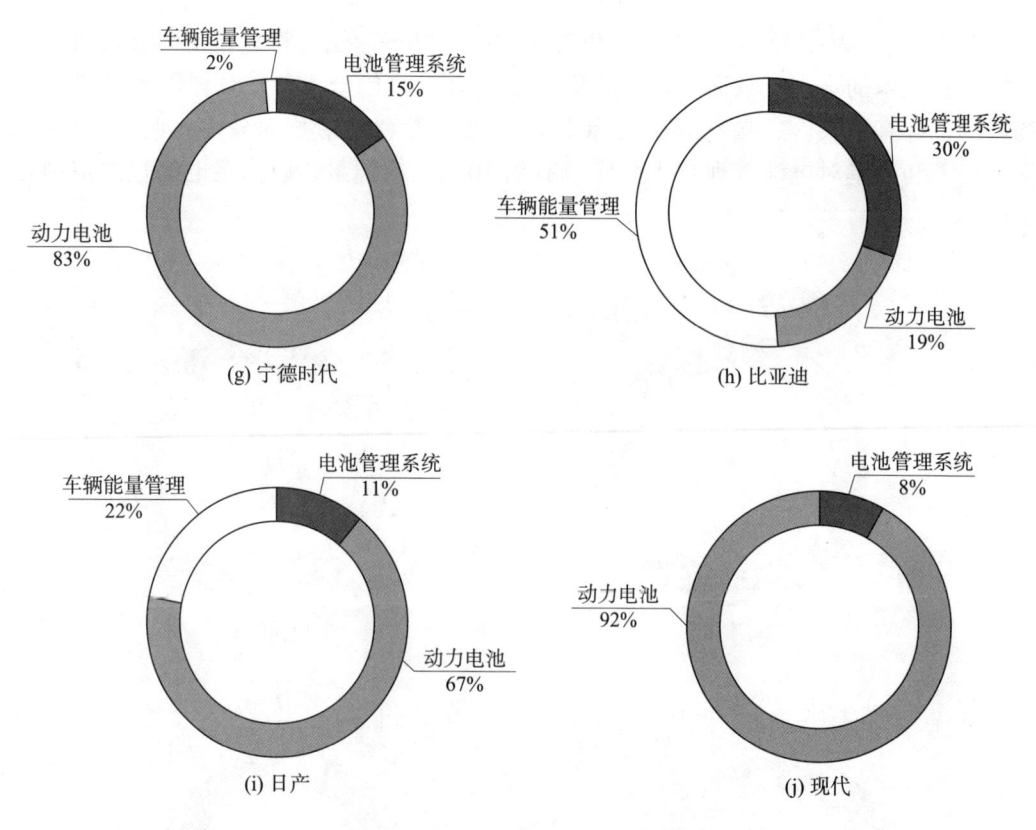

图 2-1-7　电动汽车续航技术全球主要申请人技术分布情况（续）

2.1.4　技术迁移

图 2-1-8 展示了电动汽车续航技术全球迁移情况。

从技术来源国家/地区的角度分析，中国专利申请量远远超过国外专利申请量，说明了国内申请人对行业发展的重视程度。而其他国家/地区专利申请量排名与全球电动汽车续航技术专利申请数量分布相一致。

从技术目标国家/地区的角度分析，排在前五位的分别为中国、美国、日本、韩国和欧洲，其中，日本和美国是全球电动汽车续航技术重要输出国。总体来说，各技术来源国家/地区的专利申请量大多用于本国家/地区内部。中国仅有 7.5% 占比的专利走向了世界，而其余国家/地区则在各地均有布局，并且对中国市场都比较重视。这也预示了中国市场的专利布局之争会愈演愈烈。

2.1.5　全球重点申请人

目前电动汽车续航技术的申请人在世界各地均有分布，主要为日本、中国、韩国和美国的申请人。如图 2-1-9 所示，车企中申请量排名前五位的申请人为丰田、日立、比亚迪、现代、日产。丰田的全球专利申请量以绝对优势位列第一，在动力电池和车辆能量管理分支均有较多早期申请，布局占有先机，且累计专利申请量很高，但

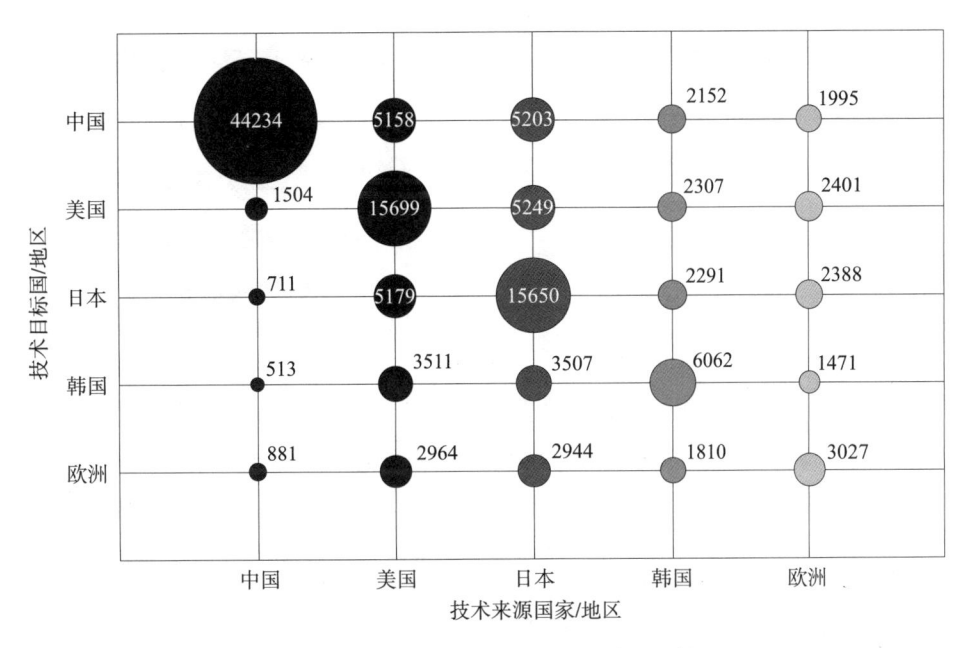

图 2-1-8 电动汽车续航技术全球迁移情况

注：图中数字表示申请量，单位为项。

经过发展决策导致的停滞后并不占有绝对优势；汽车类企业均有 1/3 以上的申请处于车辆能量管理分支，且第二至第四位的申请人专利申请量相对接近，汽车生产商虽然涌现出多家优秀企业，但申请人之间并未拉开明显差距，市场竞争的局势并未稳定。电池类企业中申请量排名前五位的申请人为 LG 化学、松下、宁德时代、三星、中科院。其中 LG 化学的专利申请量最为突出，且前五位龙头企业已占据大部分市场份额，优势相对突出。

图 2-1-9 中所示的全球专利申请量排名前十位的申请人中有 3 位中国申请人，分别为宁德时代、中科院、比亚迪，分别位列第四、第六和第八，从创新主体来看，涵盖了电池企业、高校/研究机构、汽车企业，说明我国电动汽车续航技术在产业头部占有一席之地，并且中游和下游均有涉猎，并未出现明显产业断层。另外，前十位申请人的专利申请量占全球专利申请量的比例为 18%，这显示出电动汽车续航领域的全球专利技术相对集中，但尚未形成垄断。

PCT 申请是企业走向国际市场的重要途径，能够反映申请人核心技术竞争力和技术出口情况。图 2-1-10 示出了排名靠前的具有代表性的 10 位申请人的 PCT 申请量分布。可以看出 LG 化学的申请中 PCT 类型占比最高，达到约 37%，反映出其技术出口较多，远超其他申请人；中国申请人的 PCT 申请含量相对较低，与其他申请人共同争抢中国电动汽车市场份额。在后续分析中本报告将 LG 化学作为重点申请人，对其专利布局进行详细分析。

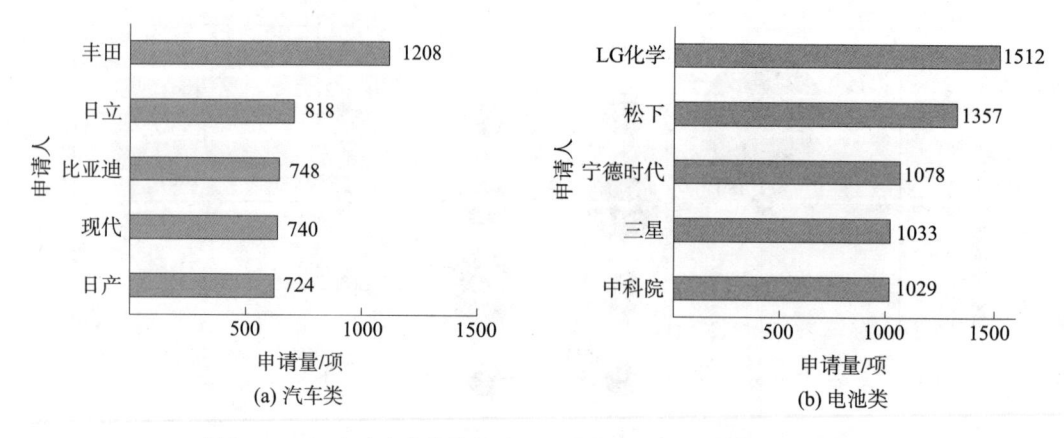

图 2-1-9 电动汽车续航技术的汽车类和电池类主要申请人情况

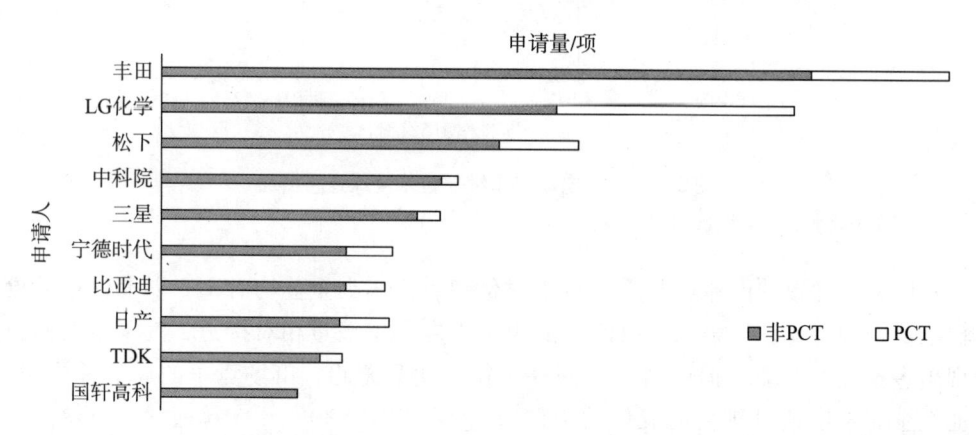

图 2-1-10 电动汽车续航技术全球专利申请中主要申请人的 PCT 和非 PCT 申请量分布

2.2 中国专利分析

2.2.1 专利申请态势

从图 2-2-1 可以看出，中国的电动汽车续航技术专利申请呈现总体上涨的趋势，大致经历了三个阶段。

（1）起步期（1985~2000 年）。这段时间属于电动汽车续航技术研究的萌芽期，中国国内的汽车工业仍然以生产燃油车为主，整体属于刚起步的阶段。此时专利申请主要集中于车辆的动力电池方面，研究方向为从正、负极材料及其制备工艺的改进出发，提升动力电池的性能，从而延长续航能力。其中，电池专利的申请人主要以日本的传统电池企业为主，例如松下和日本电池株式会社。此时的年申请量较低，申请人年申请量在 100 件以下。

（2）缓慢增长期（2001~2009 年）。中国在 2001 年 9 月将电动汽车研究开发列入科学技术部"十五"国家"863"计划重大专项，标志着中国电动汽车的发展进入一个

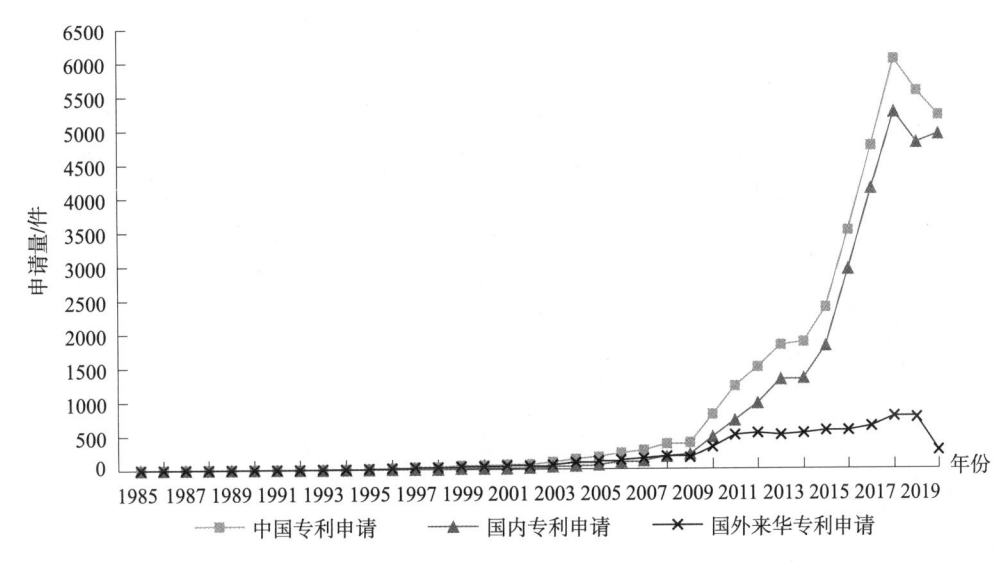

图 2-2-1　电动汽车续航技术中国专利申请量趋势

新的阶段。该阶段的主要申请人以日韩等传统技术强国为主，在大部分时间，国外申请人的专利申请数量高于国内申请人的专利申请数量，国外申请人以松下、LG化学等传统电池企业为主。在这个阶段，主要的研究方向仍旧是改进电池的性能从而提高整体续航能力。代表技术有从正极材料出发，提出的关于"镍氢电池、锂硫电池、多元材料、磷酸铁锂等"的专利申请，也有部分关于"电池包的结构及其布置、电芯的制造方法"的专利申请，从结构和工艺出发研究如何提升电池能量密度。

值得一提的是，国内的申请人在这个阶段不断奋起直追，申请量一路提升，2008年实现申请量赶超国外来华申请数量。在这个阶段，国内的电池企业以比亚迪、深圳比克电池为代表，在电芯的结构、电池的正极材料方面进行集中研究，提出了一系列专利申请，并获得了相当多的技术成果，代表技术如电芯结构、电池的正极材料"钴酸锂、锰酸锂"等。国内的车企如重庆长安汽车、中国一汽集团等，则在整车的能量管理方面发力，代表技术为"制动能量回收"。

从整体上看，这个阶段专利申请量较低，专利年申请量为100~400件，虽然申请量不大，但是不论是国内还是国外的申请人，研究方向呈现多点开花的状况。在政策的"东风"下，各企业、研究机构、高校的研发热情被激发，为后续的发展打下了良好的基础。

(3) 快速发展期（2010年至今）。随着环境恶化以及石化资源的日渐枯竭，主要国家/地区皆出台严厉的车辆排放政策，并且将电动汽车的发展视为国家发展战略，电动汽车的发展进入快速发展期。中国在2012年3月出台的《电动汽车科技发展"十二五"专项规划》与2012年6月发布的《节能与新能源汽车产业发展规划（2012—2020年）》中明确确立了纯电动驱动为新能源汽车发展和汽车工业转型的重要国家战略。追随着中国国内的电动汽车发展战略，汽车制造企业开始从传统的燃油汽车制造向电动汽车制造转型，国内的电动汽车产销规模进一步扩大，政策和市场对电动汽车高续航能力的需求进一步提升,市场研发主体争先恐后进行续航能力提升的研究,中国的专利申请量得到井喷式的提升。

在这个阶段,动力电池的发展进一步得以完善,在正负极材料、电池包结构等方面的研究成果不断涌现,大大提高了车辆的续航能力。中国国内的电池企业如宁德时代、比亚迪等在动力电池领域进行了深入研究,投入了大量的资金以及研发力量,从而产生了大量的技术成果。在申请量方面,中国国内专利申请量远超国外来华的专利申请量,并且在2018年达到了巅峰,申请量达到5255件,在2018年之后中国专利申请量有一定程度的回落。因为在这一阶段,各项技术平稳发展,同时部分专利尚未公开。总体而言,国内外申请人对提升电动汽车续航能力的研发热情持续高涨,专利申请量相较于上一个阶段突飞猛进。国内企业在行业的"东风"下,抓住了机会,在电动汽车动力电池领域实现弯道超车,具有一定的行业话语权。研发主体对提升动力电池能量密度方面进行了前瞻性研究,如固态电池、钠离子电池等。

2.2.2 地域分析

2.2.2.1 主要来源国家/地区专利申请

专利申请来源国家/地区的专利申请量往往反映该国家/地区在该技术领域的研发实力。从图2-2-2可知,专利申请量排名前五位的技术来源国家/地区依次为:日本、韩国、美国、德国、法国。其中,来源于日本的专利申请最多,约占国外来华申请量的1/2,这与日本最早开展电动汽车技术的研究密不可分,其拥有住友、松下、丰田、本田等众多行业内的龙头企业,在提升电动汽车续航能力方面的研究始终处于行业领先地位。申请量排名第二的是韩国,韩国拥有一批优秀的电池企业,如LG化学、三星SDI、SK。韩国的企业一直高度重视电动汽车的续航技术,投入了大量的研究力量,其实力不容小觑。申请量紧随韩国之后的是美国,美国企业在电动汽车动力电池

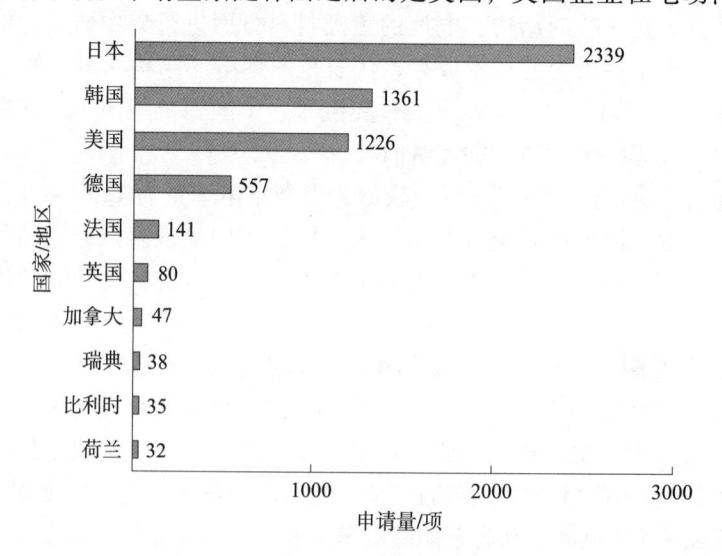

国家/地区	申请量/项
日本	2339
韩国	1361
美国	1226
德国	557
法国	141
英国	80
加拿大	47
瑞典	38
比利时	35
荷兰	32

图2-2-2 电动汽车续航技术国外来华申请的主要来源国家/地区分布

领域包括掌握锂离子三元正极材料核心专利的3M以及众多全球知名的汽车制造企业。美国在电动汽车续航技术方面的研究也始终跟紧日韩的步伐，且作为传统的汽车工业强国，影响力大，仍然值得关注。整体来看，国外来华电动汽车续航技术的申请量主要集中于日本、韩国、美国三个国家，专利集中度较高。

2.2.2.2 中国主要省市分布

从图2-2-3可以看出，在中国电动汽车续航技术的专利申请中，申请量排名前五位的分别是广东、江苏、北京、浙江和上海，其中来源于广东的专利申请量排名第一，有5861件。这既与广东省内拥有较多的电池企业、汽车制造企业有关，如深圳比亚迪、深圳比克电池等，也与广东对电动汽车产业的大力扶持有较大的关系。早在2018年广东就出台了《广东省人民政府关于加快新能源汽车产业创新发展的意见》，设立新能源汽车重大科技创新专题，2018~2020年每年统筹安排3亿元资金予以扶持。

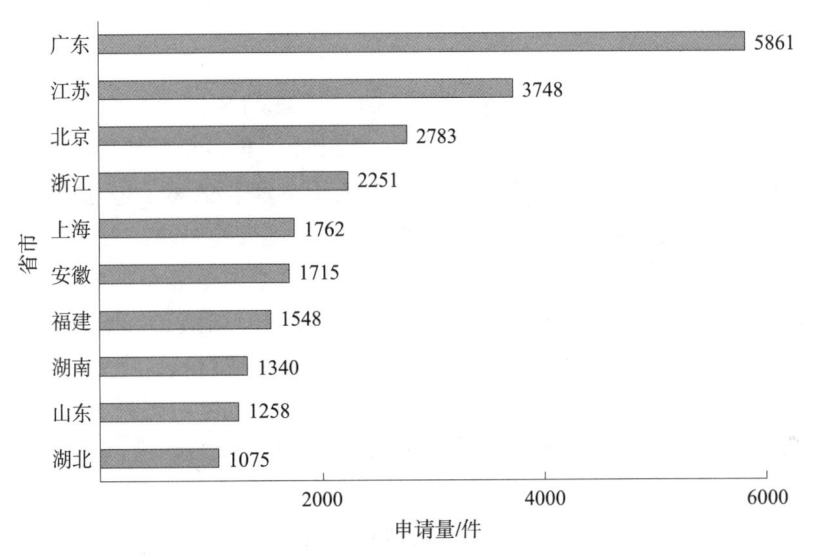

省市	申请量/件
广东	5861
江苏	3748
北京	2783
浙江	2251
上海	1762
安徽	1715
福建	1548
湖南	1340
山东	1258
湖北	1075

图2-2-3 电动汽车续航技术中国专利申请主要来源省市分布

排名第二的是江苏，有3748件相关专利申请。江苏长期作为中国的经济强省，拥有不俗的电子工业基础，在电动汽车的"三电技术"相关产业进行了较大力度的扶持，并且提出到2025年，在新能源领域要培育一批拥有自主知识产权和国际竞争力的国际知名品牌。同时，江苏拥有汽车动力电池的主要研发生产企业蜂巢能源、力神电池和中航锂电等。此外，韩国LG化学、SKI等也把主要工厂选在了江苏。这些都在江苏电动汽车续航技术的专利申请量增长中起到了关键作用。

排名第三的是北京，作为中国的政治与经济中心，北京不仅拥有国内知名的汽车制造企业（如北京汽车），还拥有众多全国顶尖的高校、科研院所。这些都为北京电动汽车续航技术领域的发展提供了强有力的支持。

紧随北京其后的是浙江和上海，申请量也分别达到了较为可观的2251件、1762件，说明这两个省份在电动汽车续航技术领域的研发较为领先。浙江在动力电池领域的代表性企业有容百科技，在电动汽车领域的代表性企业有零跑；上海的代表性企业主要集中在电动汽车领域,有蔚来汽车、上汽等,同时上海为了发挥汽车行业产业链长、带动效应明显的优势,出台了《上海市智能制造行动计划(2019—2021年)》以及《上海市加快新能源汽车产业发展实施计划(2021—2025年)》等一系列政策,明确了将电动汽车的发展作为中长期发展目标。

排名前十的省份还包括安徽、福建、湖南、山东、湖北,专利申请量皆在1000件以上,说明其在电动汽车续航技术专利的研究也具有较大的投入,如来自安徽的国轩高科、福建的宁德时代、湖南的中南大学等均具备一定的发展潜力,值得关注。

2.2.3 技术构成

为进一步了解电动汽车续航技术不同技术主题的专利申请情况,课题组对电动汽车续航技术的一级技术分支进行统计分析细分,特别对于动力电池的关键技术进行了统计分析。

2.2.3.1 各技术主题占比

图2-2-4示出了电动汽车续航领域中国申请量的各技术分支占比。如图所示,在上述3个技术分支中,动力电池占比最多,达68%,超过总申请量的2/3。同时,动力电池又可根据电池类型的不同具体细分为锂离子电池、钠离子电池、固态电池、动力电池包、镍氢电池、锂硫电池、钠硫电池和液流电池几个分支。如图2-2-5所示,锂离子电池在动力电池领域占比高达56%,说明锂离子电池是目前的研究重点,其次是动力电池包和固态电池,分别占比21%和20%,同样具有较大的研发潜力。锂离子电池进一步划分为锂离子电池正极材料和锂离子电池负极材料,电池正极材料是决定电池性能的关键材料,其本身的特性决定了锂离子电池充电时间的长短,是动力锂电发展的瓶颈。锂离子电池正极材料又可分为多元材料、磷酸铁锂、钴酸锂、锰酸锂、镍酸锂、镍锰酸锂和富锂材料。如图2-2-6所示,其中,多元材料占20%,说明锂离子电池正极材料的研究热点在于多元材料。此外,如图2-2-5所示,作为未来发展方向之一的钠离子电池,目前的总申请量还不多,占比仅为1%。

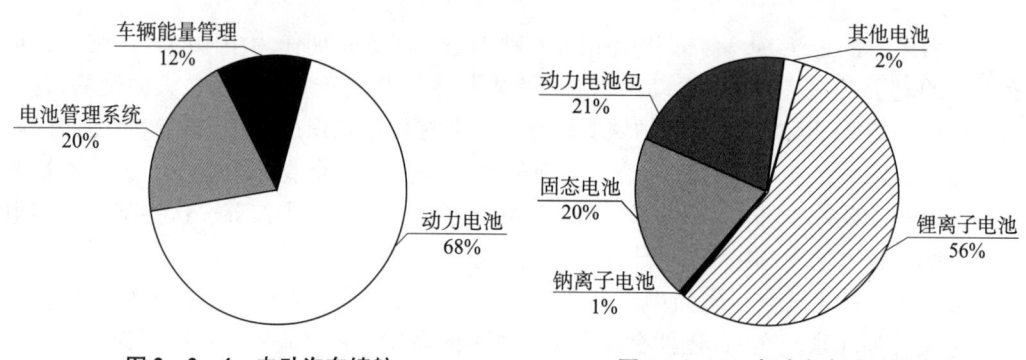

图2-2-4 电动汽车续航技术中国技术构成

图2-2-5 电动汽车续航技术中国动力电池技术构成

电池管理系统技术专利申请量占电动汽车续航技术总申请量的20%。由于电池性能受温度的影响较大,过高的温度会影响电池晶格结构稳定性,缩短电池使用寿命;

过低的环境温度会降低电芯材料的活性，降低电池的可用容量及效率，因此对电池管理系统领域的分析主要集中在对电池放电均衡和热管理方向，如图2－2－7所示，热管理和电池放电均衡分别占比65%和35%。最后是车辆能量管理技术，占比12%，通过对整车能量进行管理与能量回收以提高车辆续航里程，如图2－2－8所示，提高能量回收效率为其中的主要分支。

图2－2－6　电动汽车续航技术中国锂离子电池技术构成

图2－2－7　电动汽车续航技术中国电池管理系统技术构成

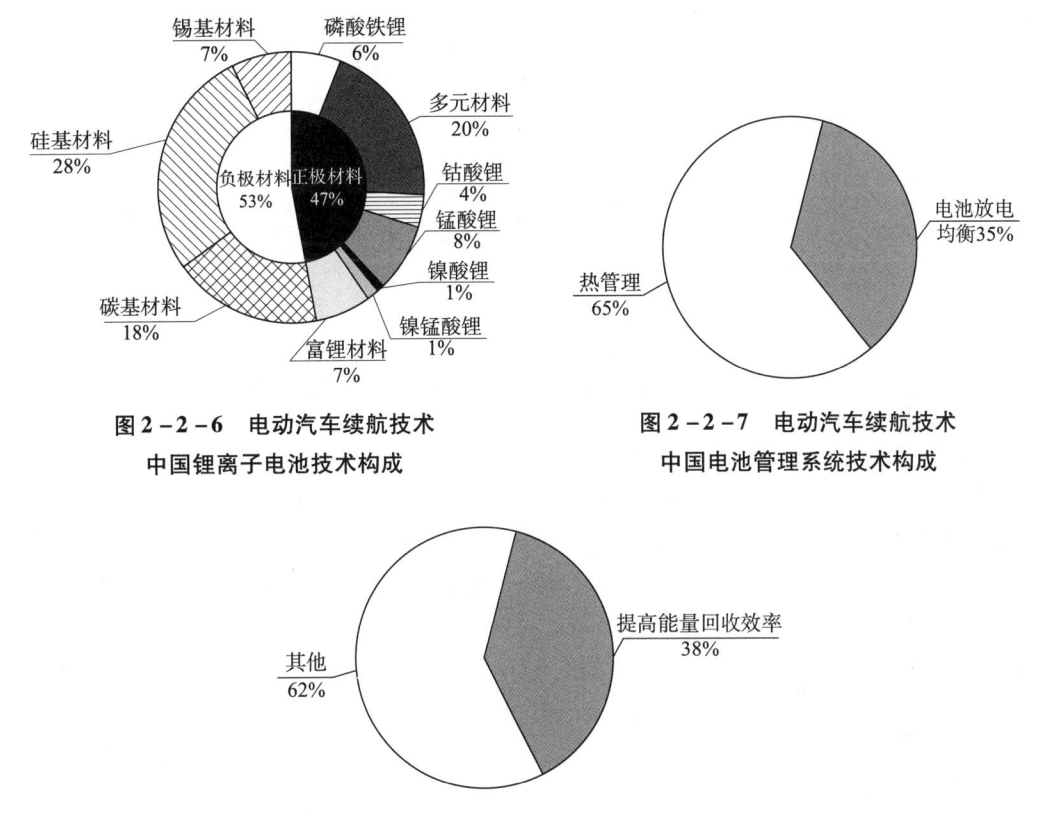

图2－2－8　电动汽车续航技术中国车辆能量管理技术构成

2.2.3.2　各技术主题态势分析

图2－2－9示出了电动汽车续航领域中国主要技术分支申请态势，进入21世纪以来，三个技术分支的年专利申请量均出现了增长。对比图2－1－6所示出的全球专利申请量态势，二者均呈现出了相同的比例关系，即动力电池这一技术分支的专利申请量最高，其次是电池管理系统，最后是车辆能量管理；不同的是，初期阶段，即2008年之前，动力电池技术分支的申请量并未明显多于其他两个分支，表明中国的电动汽车市场在这之前并未大幅展开，整体开始时间晚于全球。在申请趋势上，动力电池分支的技术最早呈现明显的上升趋势，其态势与整体申请量的态势几乎一致；电池管理系统分支和车辆能量管理分支的增长率相对平缓，尤其在2008年前后，动力电池分支的年申请量大于这两个分支的年申请量之和，但在2015年后，电池管理系统分支的申请量也呈现指数型增长，车辆能量管理分支的年申请量仍维持缓慢增长。

图 2-2-9 电动汽车续航技术中国各技术分支申请量年度对比

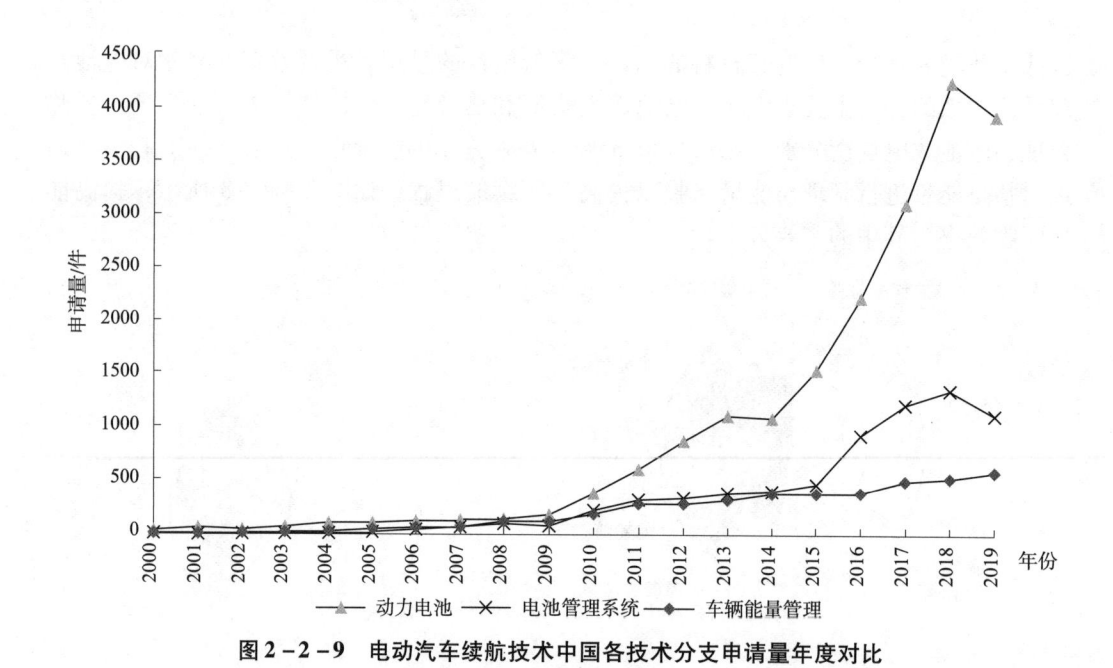

图 2-2-10 示出了动力电池分支下各二级技术分支的专利申请态势。如图所示，作为动力电池中的重要类型，锂离子电池的申请态势与动力电池申请态势基本保持一致，而其他材料的电池，如固态电池、钠离子电池和其他电池的专利年申请量明显低于锂离子电池的年申请量，开始增长的时间也晚 4~5 年；动力电池包的结构类专利年申请量也偏低，但从 2016 年开始进入了快速增长，且年增长率逐步提升，表明了技术研究重点由集中在材料上转变为发散到结构方向。

图 2-2-10 电动汽车续航技术中国动力电池各技术分支申请量年度对比

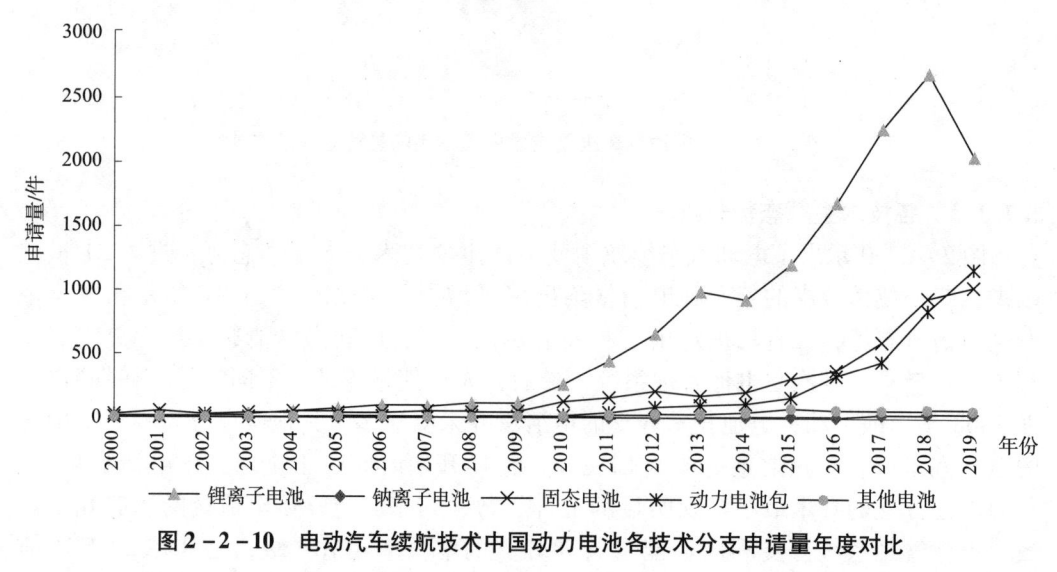

图 2-2-11 示出了锂离子电池正极材料下的各技术分支的专利申请态势。如图所示，多元材料的申请态势与锂离子电池申请态势基本保持一致，也是各技术分支中年

申请量最多的技术分支。同时多元材料由于结构稳定、安全性能高和成本低的特点，具有更为广阔的应用空间，年专利申请量已持续增长 10 年以上。其他类型材料中，锰酸锂、富锂材料和磷酸铁锂是年申请量位于第二梯队的技术分支，年申请量维持在接近 200 件，属于行业内持续关注的材料类型。钴酸锂、镍锰酸锂和镍酸锂的年专利申请量较低，技术积累较少，尚未达到广泛商用的门槛。

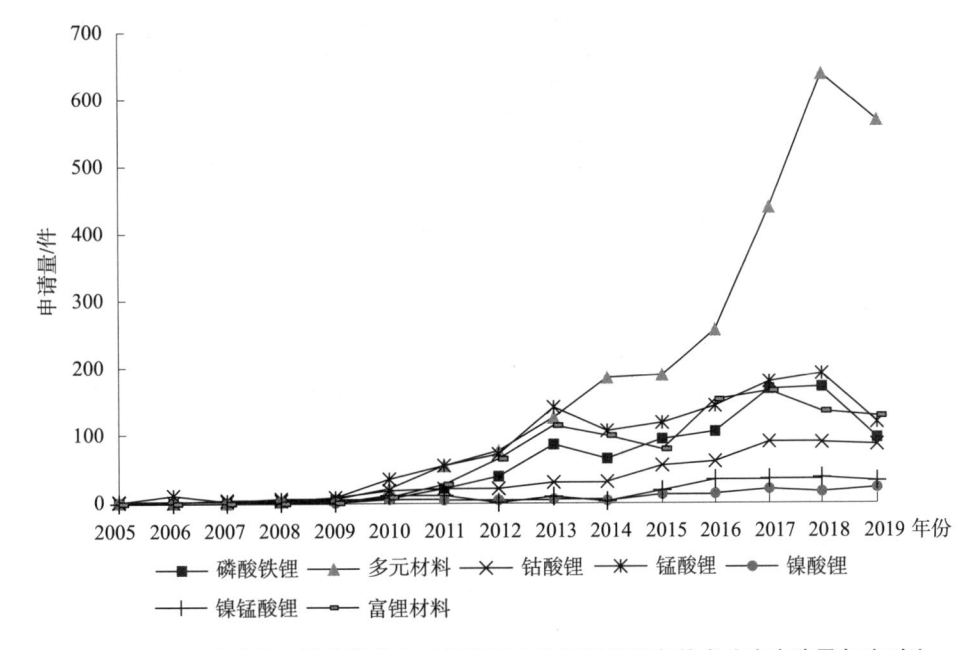

图 2-2-11 电动汽车续航技术中国锂离子电池正极材料各技术分支申请量年度对比

2.2.4 申请人类型

课题组以申请人为入口，对电动汽车续航领域的创新主体类型进行了分析。图 2-2-12 示出了电动汽车续航领域中国国内申请人类型。如图所示，64% 的国内申请人来自企业，30% 的国内申请人来自高校/科研机构，个人申请仅占国内总申请量的 6%。在国内申请人类型中，企业申请人数量约占总申请人的 2/3，可以看出，电动汽车续航是一个产业化需求十分强烈的技术。

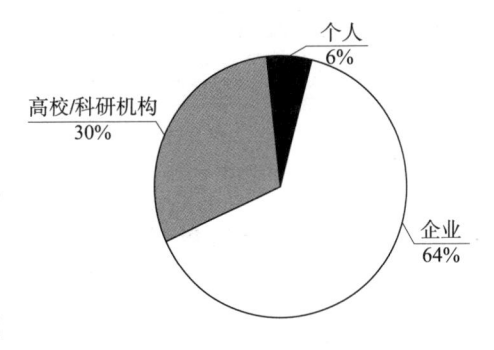

图 2-2-12 电动汽车续航技术国内申请人类型

图 2-2-13 示出了电动汽车续航领域国外来华申请人类型。如图所示，个人仅占 2%，说明电动汽车续航领域对研发人员的专业化水平要求较高。其中，93% 的国外来华申请人来自企业，是国外来华申请人的主力，说明了中国市场受到其他国家/地区的

重视，布局量大，同时也说明了国外企业的专利保护意识较强，更加注重专利成果转化。

2.2.5 重点申请人

目前，电动汽车续航技术的中国专利申请人仍以国内为主。如图 2-2-14 所示，申请量排名前几位的申请人为宁德时代、中科院、比亚迪、国轩高科、中南大学和蜂巢能源。动力电池生产商已占据大部分市场份额，其中宁德时代以 1052 件申请位列第一，申请量明显领先于其他企业，属于龙头企业，但比亚迪、国轩高科和蜂巢能源的申请量与龙头企业差距并不显著，这显示出电动汽车续航领域的中国专利技术集中度一般，远未达到垄断，优势企业并未形成稳固梯队，国内专利技术的前景广阔。中科院和中南大学作为科研院所的代表，在电动汽车续航领域有众多的研究成果，如中科院在钠离子正极材料等领域取得重要进展。而排名前六的国内申请人中，车企只有比亚迪，可见中国车企对于电动汽车续航技术的研究还有待深入。

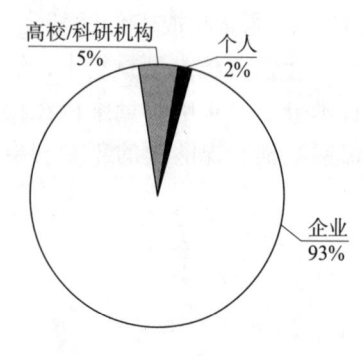

图 2-2-13 电动汽车续航技术国外来华申请人类型

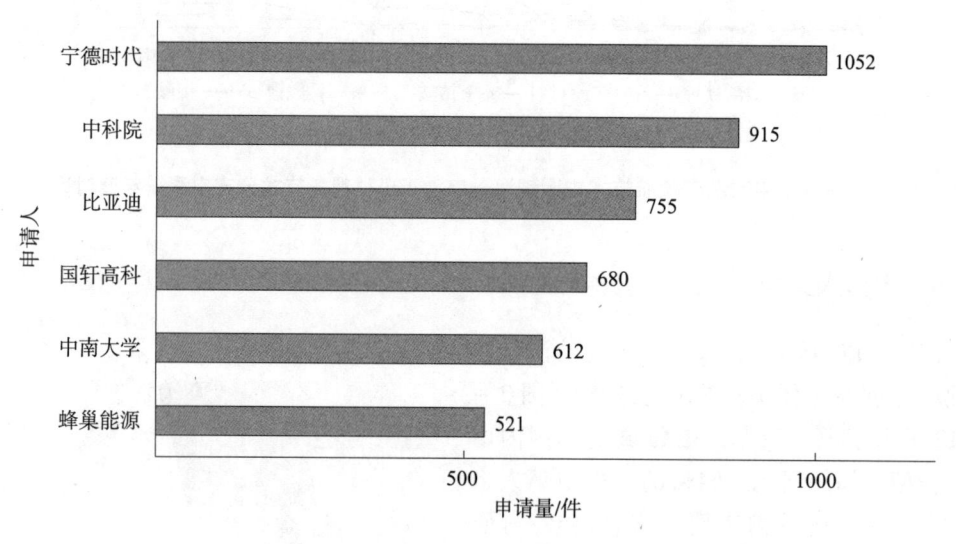

图 2-2-14 电动汽车续航技术中国重点申请人申请量分布

2.2.6 法律状态

（1）电动汽车续航领域专利有效性分析

图 2-2-15 示出了电动汽车续航领域专利有效性分布情况。如图所示，在电动汽车续航领域中国专利申请中，有效专利有 15715 件，占申请总量的 42%。在审专利有 12952 件，占总申请量的 34%；失效专利 9156 件，占总申请量的 24%，有效专利申请中有 66.7% 为发明专利，33.3% 为实用新型专利。可以看出该领域申请人对专利的保

护意识较强,同时在审专利数量庞大,说明电动汽车续航领域大多是新技术,有大量的申请人参与到这一领域中来,正处于一个蓬勃发展的时期。

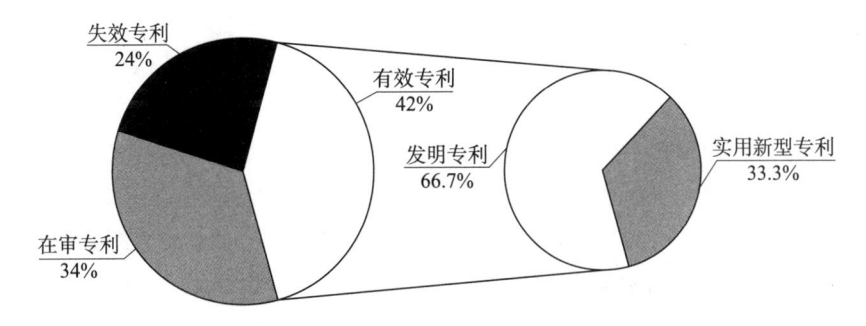

图 2-2-15 电动汽车续航技术中国专利有效性分布

(2) 各技术分支专利有效性分析

图 2-2-16 示出了电动汽车续航技术中国各技术分支的专利有效性分布情况。如图所示,动力电池分支的有效、在审和失效专利量均明显多于其余两个分支,其中有效专利量为 9956 件,在审专利量为 9277 件,失效专利量为 5670 件,说明在中国,动力电池分支依然是目前的研发重点和研发热点。车辆能量管理的专利有效、在审以及失效专利量均低于其余两个分支,说明车辆能量管理技术发展较为缓慢,并非当前研究重点。电池系统管理和车辆能量管理技术的失效专利量与在审专利量相差不大。动力电池技术的失效专利量明显少于在审专利量,一方面说明动力电池作为电动汽车续航领域的热点技术处于快速发展阶段,另一方面也体现了专利权人对该领域专利的重视程度。

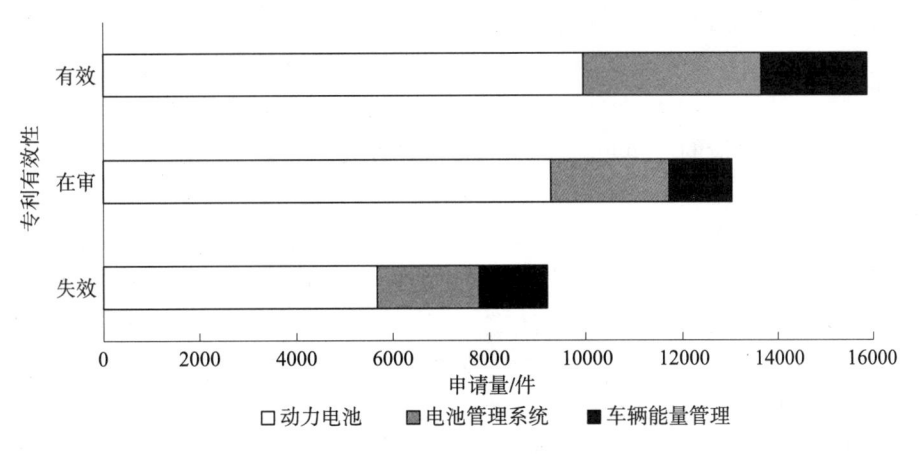

图 2-2-16 电动汽车续航技术中国各技术分支的专利有效性分布

2.3 小　　结

本章主要从全球以及中国的电动汽车续航技术专利申请大数据出发,展开了专利全景分析，包括全球/中国申请态势、国家/地区分析、地域分析、技术迁移、技术构成、全球/中国重点申请人、中国专利申请人类型、中国专利数据法律状态等。通过分析，得出了以下结论。

（1）全球/中国申请态势

全球电动汽车续航技术专利申请趋势可分为3个阶段：动力源以铅酸电池为主的技术萌芽期（1873~1999年）、动力源以镍氢电池为主的技术储备期（2000~2005年）和动力源以锂离子电池为主的快速发展期（2006~2019年），快速发展期是源自锂离子电池应用于电动汽车的安全技术突破。早期申请量主要来自日本和美国，在各国家/地区政策激励下，2015年以来呈指数增长；而中国起步相对较晚，2010年后才发展迅速，近几年增速远高于全球申请增速，逐渐占领高地。

中国电动汽车续航技术专利申请趋势也可分为3个阶段：起步期（1985~2000年）、缓慢增长期（2001~2009年）和快速发展期（2010年至今）。起步期和缓慢增长期的专利申请主要涉及电池材料和结构性能方面的技术，这两个阶段的大部分时间国外申请人的专利申请量多于国内申请人的专利申请量，2008年国内申请人的专利申请量实现赶超；快速发展期的专利申请量呈井喷式提升，正负极材料、动力电池包结构等方面的研究成果不断涌现，大大提高了电动汽车的续航能力，同时涌现了如宁德时代、比亚迪等市场份额大且技术领先的优势企业。

（2）技术集中情况与技术迁移

从全球来看，中国、日本、美国、韩国和欧洲这五个国家/地区占据了全球电动汽车续航技术专利申请量的76.2%，且前三依次是中国、日本和美国，专利集中度较高。其中，中国是最大的技术来源地，但是专利申请中只有少量为PCT或者在他国家/地区进行布局，即向其他国家/地区输出很少，国外布局意识有待提升。除了中国外，其他四个国家/地区更加着重于全球市场的开拓，同时中国也是各国家/地区的专利布局重地。

从对国外来华申请的分析可知，国外来华申请主要集中于日本、韩国、美国三个国家，尤其是日本，约占国外来华申请的1/2。

在中国电动汽车续航技术的专利申请中，申请量排名前十的省份分别是广东、江苏、北京、浙江、上海、安徽、福建、湖南、山东和湖北，这与这些省份的重点企业、高校/科研机构以及扶持发展政策紧密相连。排名前几位省份的代表性申请人有来自深圳的比亚迪、江苏蜂巢能源、北京北汽、浙江容百科技、上海蔚来汽车、安徽国轩高科、福建宁德时代、湖南中南大学等。

（3）技术构成

针对动力电池、电池管理系统和车辆能量管理这3个一级技术分支的分析发现，全球和中国的技术构成占比类似，动力电池分支申请量均占据2/3左右；随后是电池管理系统，占20%左右；最后是车辆能量管理。

其中，动力电池分支主要在近10年来飞速发展，对整个产业的影响巨大，是行业研究的重心。动力电池分支中，锂离子电池申请量占比最高，是目前应用最广泛的电池类型，其次分别是动力电池包和固态电池；作为锂离子电池的可能替代产品，钠离子电池的总申请量并不多，还有待进一步研发商用。在锂离子电池四级分支中多元正极材料的申请量最高。

电池管理系统分支由于 2015 年来电池包成组结构的快速发展以及安全事故频发逐渐获得重视，且电池热管理分支申请量占比远超电池放电均衡分支申请量占比，作为影响电动汽车续航里程的关键技术，具有广阔的研发空间。

车辆能量管理分支对电动汽车续航能力的影响程度有限，在 2010 年的制动能量回收技术带来小幅发展后，近 10 年内处于基本平稳的发展阶段，年申请量保持基本稳定，目前没有出现突破性的发展。该方向并非目前电动汽车续航技术领域研究的重点发展方向。

(4) 全球/中国重点申请人

为了方便比较，课题组根据产业链（下游车企和中游电池企业）对全球专利数据分别统计。在车企中，排名前五的分别为丰田、日立、比亚迪、现代和日产，其中中国的比亚迪排名第三；在电池企业中，申请量排名前五的申请人为 LG 化学、松下、宁德时代、三星、中科院，其中 LG 化学的专利申请量最为突出，而中国的宁德时代和中科院分别位列第三和第五。而中国重点申请人中排名前五的分别是宁德时代、中科院、比亚迪、国轩高科和中南大学，涵盖了高校/研究机构、电池企业、汽车企业，说明我国在电动汽车续航技术的技术研发和产业化应用方面均有较好表现。可见，我国在电动汽车续航技术整体上具有一定优势。

(5) 中国专利申请人类型和法律状态

对中国专利数据进行分析发现，在国内申请人类型中，企业申请人数量占总申请人数量的 64%，而国外来华申请人中企业占 93%。可见，电动汽车续航技术产业化需求十分强烈，且中国市场受到其他国家/地区广泛重视，布局量众多。

中国专利申请中有效专利申请的 66.7% 为发明专利，可以看出该领域的申请人对专利的保护意识较强；且动力电池的有效专利数量和在审专利数量明显多于其他两个一级技术分支，说明在中国动力电池是目前的研发重点和热点。车辆能量管理的在审专利数量远低于有效专利数量，且低于失效专利数量，说明车辆能量管理方面发展缓慢，并非目前电动汽车续航技术领域研究的重点发展方向。

第 3 章 多元正极材料

正极材料是锂离子电池锂源的提供者，从根本上决定了电池的比能量和能量密度。目前锂离子电池正极材料主要包括磷酸铁锂（$LiFePO_4$）、钴酸锂（$LiCoO_2$）、镍酸锂（$LiNiO_2$）、锰酸锂（$LiMnO_2$）、多元材料等。其中，磷酸铁锂用于延长电池的充放循环寿命，但在能量密度方面存在发展和应用瓶颈；钴酸锂具有优异的寿命特性和充放电效率，但是结构稳定性差且钴资源昂贵；镍酸锂具有高可逆容量，且相对便宜，但与钴酸锂相比，其热稳定性较差，当暴露于空气和湿气时安全性迅速减弱，易导致电池破裂和着火；锰酸锂的热稳定性优异，但容量小、循环特性差和高温特性差；多元材料是含有多种过渡金属的锂过渡金属氧化物，包括镍钴锰三元 NCM、镍钴铝三元 NCA、四元材料等，凭借较高的能量密度，成为当下电动汽车车型广泛采用的正极材料。本章聚焦多元正极材料，结合国内外行业现状进行专利技术分析，以期为国内相关创新主体的研发提供参考。

3.1 简　　介

3.1.1 三元正极材料

三元正极材料主要包括镍钴锰三元 NCM 和镍钴铝三元 NCA。US4340652A 作为三元正极材料的基础专利申请于 1980 年，其中锂电池正极材料为 Li－M－O 三元化合物，M 是过渡金属，过渡金属可以包括铁、钴、镍。对于 Li－M－O 的三元化合物，在高充电状态下，镍离子处于高氧化价态，很容易与电解液发生副反应，放出热量及气体，影响材料的安全性能。随着研究的进一步深入，多元素掺杂成为改善材料结构性能及电化学性能的重要手段。1991 年申请的 JP4267053A 在三元化合物 Li－M－O 中加入 Mn，得到的材料充放电循环性能更优。与 $LiCoO_2$、$LiNiO_2$、$LiMnO_2$ 相比，Co 和 Mn 共掺杂得到的三元材料 NCM 综合了三种层状材料的优点，其性能优于任意单一组分正极材料，表现出明显的三元协同效应。三种元素对三元材料电化学性能的影响各有不同，Ni 的引入提高了材料的容量和电压；Co 的引入改善了阳离子混排的比例，稳定材料的层状结构；Mn 的加入降低正极材料成本，提高正极材料的安全性能。[1]

三元 NCM 材料中 Ni、Co 和 Mn 属于同周期的邻近元素，具有相似的外层电子结构，因此锂离子电池正极材料 $LiNi_xCo_yMn_{1-x-y}O_2$ 具有与 $LiCoO_2$ 相似的晶体结构，为

---

[1] 王昭. 锂离子电池富锂锰基三元正极材料的研究 [D]. 北京：北京理工大学，2015.

α-NaFeO$_2$型层状岩盐结构，属于六方晶系、R3m空间群。其中，Li分布在锂层3a位，Ni、Co和Mn三种元素自由分布占据过渡金属层的3b位，O占据MO$_6$（M=Ni、Co或Mn）共边八面体的6c位，Ni、Co和Mn三种元素在材料中的化合价分别为+2、+3、+4价。在充放电的过程中，Mn的价态不发生变化，只有Ni和Co参与电化学反应，氧化还原反应电对分别为Ni^{2+}/Ni^{4+}和Co^{3+}/Co^{4+}。其中LiNi$_{1/3}$Co$_{1/3}$Mn$_{1/3}$O$_2$的充放电反应为：LiNi$_{1/3}$Co$_{1/3}$Mn$_{1/3}$O$_2$=LiNi$_{1/3}$Co$_{1/3}$Mn$_{1/3}$O$_2$+xLi$^+$+xe^-LiNi，当0≤x≤1/3时主要是Ni^{2+}/Ni^{3+}的氧化还原反应，当1/3≤x≤2/3时是Ni^{3+}/Ni^{4+}的氧化还原反应，当2/3≤x≤1时是Co^{3+}/Co^{4+}的氧化还原反应，Mn在整个过程中不参与氧化还原反应，电荷的平衡通过氧的电子得失来实现。在充放电过程中，Mn^{4+}不参与反应，能提供稳定的母体，从而解决循环和存储稳定性问题，没有Jahn-Teller效应，因此不会出现层状结构向尖晶石结构的转变，LiNi$_{1/3}$Co$_{1/3}$Mn$_{1/3}$O$_2$既具有层状结构较高的容量的特点，又保持层状结构的稳定性。

Co和Al共掺杂得到的三元正极材料NCA在性质及电化学性能方面表现尤为突出。1997年申请的US6379842B1在三元化合物Li-M-O中加入Al，该材料结合了LiNiO$_2$、LiCoO$_2$、LiAlO$_2$的优点，比容量高、安全性能好、价格便宜。在该材料中，Ni的存在提升了材料的比容量；Co的存在极大地抑制了阳离子混排现象，提升了材料的倍率性能；Al在充放电过程中保持价态不变，能够很好地稳定材料结构，同时Al的掺杂降低了材料的总体成本。三元正极材料NCA通过Ni-Co-Al的协同作用成为最具有发展前景的锂离子电池正极。

高镍三元正极材料NCA（LiNi$_x$Co$_y$Al$_{1-x-y}$O$_2$，x≥0.8）由于具有较高的可逆容量（≥200mAh/g）、较高的电压（≥4.3V）和较低的成本被认为是最具应用前景的正极材料之一。目前，NCA材料已成功地应用于特斯拉电动汽车的动力系统，但是仍存在循环性能差和安全性能不佳等问题。这主要是由于以下原因：（1）处于高氧化态的Ni^{3+}和Ni^{4+}在高温条件下极不稳定，容易与电解液反应，导致材料表面结构发生变化，影响NCA材料的比容量和循环性能；（2）Ni^{2+}半径（0.069nm）与Li$^+$半径（0.076nm）相近，在充电过程中随着Li$^+$的脱出，部分Ni^{2+}迁移至Li$^+$空位，产生锂镍混排，导致材料不可逆容量的损失；（3）材料循环过程中形成的微应变会引起晶间裂纹，导致电解液进入晶界，引起材料的结构退化和容量衰减。[1]

3.1.2 四元正极材料

随着动力电池能量密度的逐渐提高，NCA和NCM凭借着高容量的特性成为下一代高比能锂离子电池正极材料的有力角逐者。NCA材料在循环性能上优于NCM材料，但在循环过程中颗粒容易发生粉化和破碎。NCM材料在循环中则面临过渡金属元素溶解和溶解的过渡金属迁移到负极表面，造成负极SEI膜持续生长等问题。这些不可避免

---

[1] 周心安，傅小兰，王超，等. 高镍三元正极材料镍钴铝酸锂的改性方法[J]. 功能材料，2021，52（1）：1064-1069.

的问题阻碍动力电池的进一步发展。为解决上述存在问题,研究表明,对三元正极材料进行一定量的 Al 元素掺杂能明显提高 Li^+ 的扩散系数。由于 Al－O 的化学键比 Li－O 的化学键强很多,Al 元素的掺入可扩大层状材料的层间距,有助于 Li^+ 的扩散。同时,由于 Al 元素属于非活性元素,在充放电过程中,不会得失电子,所以对材料晶体结构起到了骨架作用,使其在充放电循环过程中能保持良好的层状结构。虽然早在 1996 年申请的 JP9237631A 已经公开了将镍钴锰铝的复合氧化物通过共沉淀法制备得到四元正极活性材料 NCMA,但此后很长一段时间该材料并没有引起研究者的重视。2016 年,韩国汉阳大学的 Un－Hyuck Kim（第一作者）、Chong S. Yoon（通信作者）和 Yang－Kook Sun（通信作者）明确提出了在 NCM 材料中掺入部分 Al 元素,通过梯度浓度和 Al 元素掺杂方法,显著改善了 NCM 材料的长期循环稳定性。特别是 Al 元素的掺杂显著提升了二次颗粒晶界的强度,减少了长期循环中二次颗粒的粉化和破碎,并减少了循环中阳离子混排,抑制了岩盐结构相的生成,提升了 NCM 材料的长期循环稳定性。同时,Al 掺杂还显著提升了 NCM 材料的热稳定性,对于提升锂离子电池的安全性具有重要的意义。此后,NCMA 逐渐成为各创新主体的研究热点。该团队在接下来的几年研究中,也将 NCMA 中 Ni 含量由 2016 年的 0.6 提升至 0.89,且 NCMA 材料的循环性能和热稳定性都比 NCM 材料具有明显的优势,是新一代的高容量正极材料的有力角逐者。

3.2 专利状况分析

3.2.1 全球/中国专利申请态势

多元正极材料领域全球/中国专利申请量态势如图 3－2－1 所示。从图中可以看出,虽然多元正极材料领域中国专利申请出现较晚,但其发展趋势与全球专利申请发展趋势总体相同,均可分为以下三个阶段。

(1) 低速发展期（1995～2009 年）

多元正极材料领域专利最早申请于 1980 年。自 1980～1994 年的十余年间,多元正极材料领域专利年申请量均不超过 10 项,处于萌芽期。1995～2009 年处于低速发展期,全球专利年申请量逐步增至 200 项左右,中国专利申请量明显低于全球专利申请量,起步较晚。

(2) 快速发展期（2010～2015 年）

2010 年起多元正极材料迎来快速发展,至 2015 年的短短 6 年时间,全球专利年申请量出现了飞跃,增至近 700 项,是 NCM 技术成熟和市场增长的显著标志。其中,日本新能源产业的技术综合开发机构（NEDO）于 2010 年开启了 RISING－2 项目;我国 2013 年正式出台新能源汽车补贴政策,由此中国新能源汽车产业迎来了高速发展,2013～2015 年,国内动力电池企业从最初的 40 余家迅速成长至 200 余家。

(3) 高速发展期（2016 年至今）

2016 年至今处于高速发展期,专利年申请量迅速增加,并于 2018 年突破 1200 项大关。其中，中国申请量也突破 800 件大关，这与国家政策密不可分。2017 年，工业和信息化部抬高对电池能量密度的要求，国内新能源汽车按照续航里程划分不同补贴档位，并且设置能量密度、能耗等技术指标，相应设置不同补贴系数，鼓励新能源汽车往高续航里程、高能量密度、高节能环保方向发展。在政策的助推下，多元正极材料受惠明显，凭借较高的能量密度，发展势头良好。

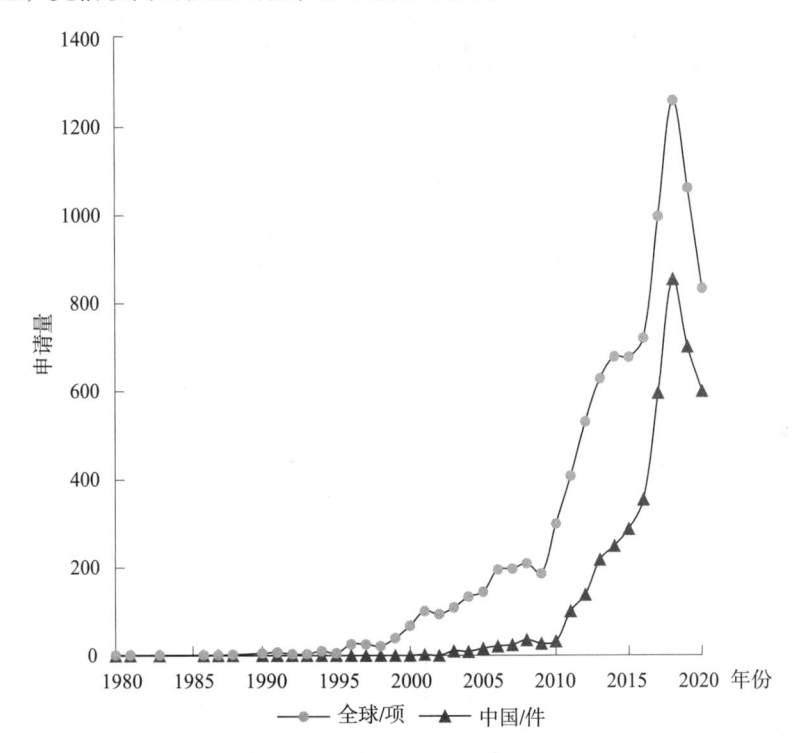

图 3-2-1 多元正极材料领域全球/中国专利申请态势

由此可见，多元材料作为锂离子电池中最有前景的正极材料，自问世以来，相关专利申请量始终处于正向发展趋势，且势头良好。相信未来多元正极材料领域将会有更多的专利申请，也将会为电动汽车续航能力的提高提供更多解决方案。

3.2.2 全球专利技术流向

3.2.2.1 技术来源国家/地区

多元正极材料领域全球专利申请来源国家/地区和排名前五位的国家/地区全球专利申请量趋势分别如图 3-2-2 和图 3-2-3 所示。从图 3-2-2 中可以看出，多元正极材料领域的专利技术主要来源于中国、日本、韩国、美国四个国家，汽车工业发达的德国也掌握有少量专利技术。其中，虽然日本、韩国以专利申请量占比 26%、15% 分别位居第二、第三，但两国专利申请最早，具有明显的优势，相关技术已经比较成熟。中国虽然专利申请总量占比最大，但在 2000 年以后才开始申请相关专利，表明我国在该领域的发展暂时相对落后。可喜的是，在政策推动下，我国企业对于多元正极材料的重视程度逐渐加大，不断加大研发投入，努力追赶上日韩巨头的步伐。从图3-2-3可以看出，虽然中国起步较晚，但是2015年以后申请量增速远超其他国家/地区，发展迅速。

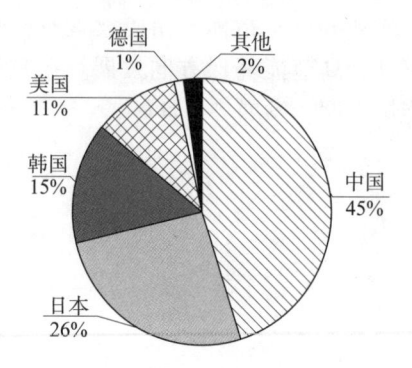

图3-2-2 多元正极材料领域全球专利申请来源国家/地区

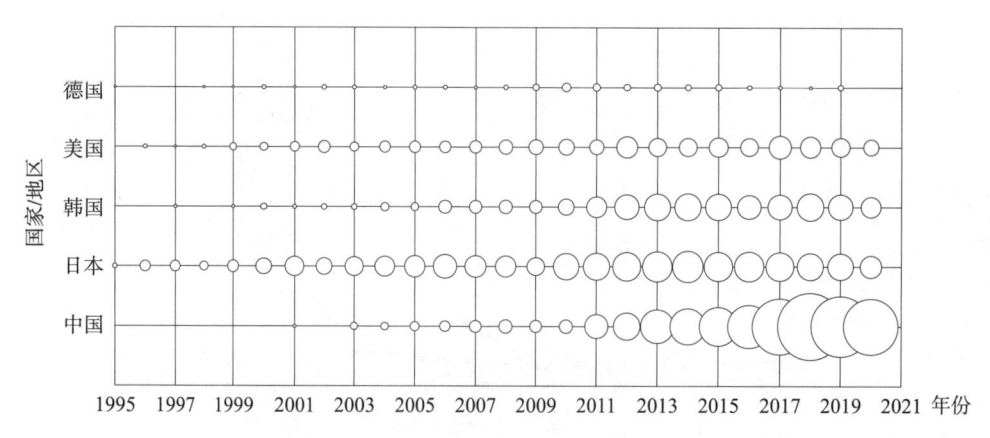

图3-2-3 多元正极材料领域申请量排名前五位的国家/地区全球专利申请量趋势

注：图中气泡大小表示申请量的多少。

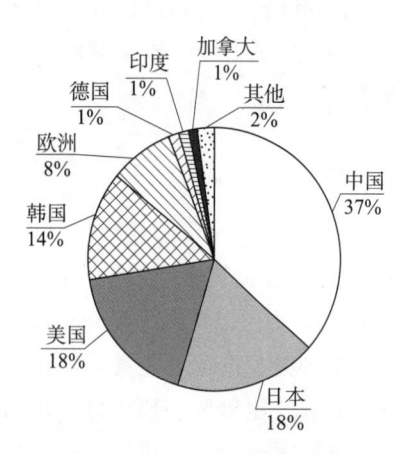

图3-2-4 多元正极材料领域全球专利申请目标国家/地区

3.2.2.2 技术目标国家/地区

多元正极材料领域全球专利申请目标国家/地区如图3-2-4所示。从图中可以看出，中国既是多元正极材料领域最大的技术来源国家，也是最大的技术目标国家。其中，在中国申请的专利数量占全球专利申请量的比值为37%，表明主要国家/地区到中国进行专利申请与布局的意愿较为强烈。日本、美国和韩国这几个技术来源大国同样也是技术目标大国，三者专利申请数量之和高达全球专利申请量的一半。其中，与在技术来源国家/地区排名中韩国高于美国略有不同的是，在技术目标国家/地区排名中美国略高于韩国，与日本接近。欧洲也是多元正极材料领域专利布局的重要市场，专利申请量占比为8%。此外，还有德国、印度和加拿大等国家。

图3-2-5示出了多元正极材料领域重点国家/地区的技术流向。从图中可以看出，中国虽然是多元正极材料领域最大的技术来源国，但是向国外的技术输出却比较少。其中，在美国申请专利数量最多，为185项，其次是欧洲、日本和韩国，均不超过80项，表明中国在多元正极材料领域的海外专利布局意识仍有待提升。日本和韩国的国土面积较小，两个国家都非常重视在其国土之外的市场进行专利布局，成为第一、第二大技术输出国。其中，日本在美国、中国、韩国和欧洲分别申请了964项、767项、496项和373项专利，韩国在美国、中国、欧洲和日本分别申请了673项、473项、371项和325项专利。美国也较为重视多元正极材料领域海外专利布局，在欧洲、中国、日本和韩国共申请了超900项专利。

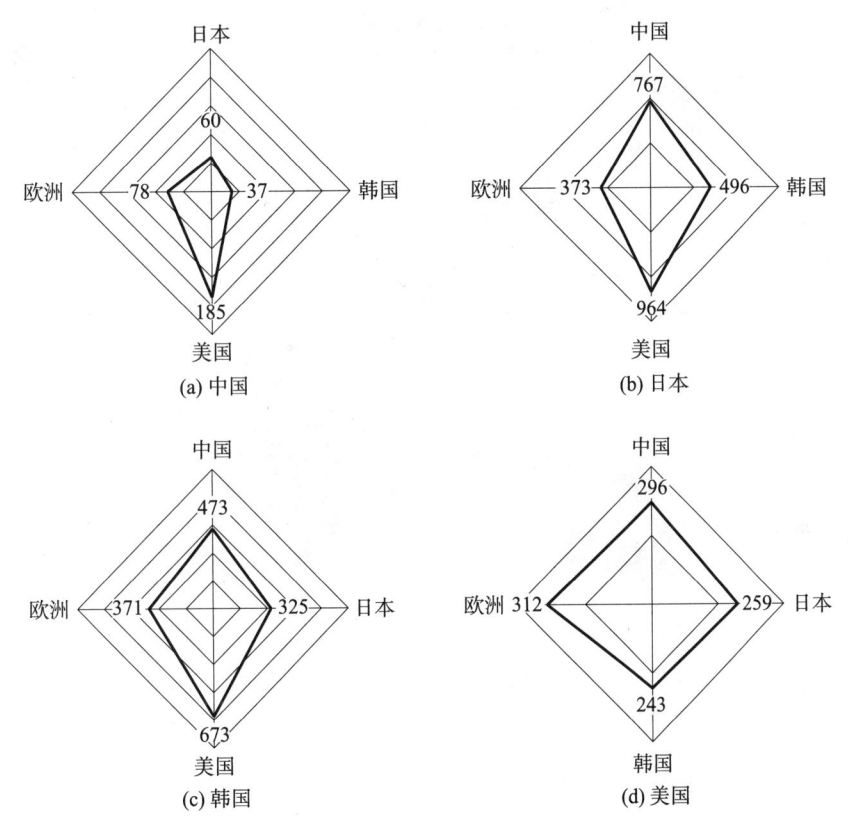

图3-2-5 多元正极材料领域重点国家/地区技术流向

注：图中数字表示申请量，单位为项。

3.2.2.3 五局流向图

图3-2-6示出了多元正极材料领域专利申请五局流向图。从图中可以看出，除中国外，欧洲、韩国、美国和日本在多元正极材料领域的专利申请半数以上均流向了其余四个国家/地区。其中，欧洲的技术流向最为平均，无论是在本局还是在其余四局的专利申请占比均在20%左右。日本相对于其余四个国家/地区均为专利"顺差"，表明其技术输出程度极高。韩国和美国向其余四个国家/地区的技术输出程度也相对较高。

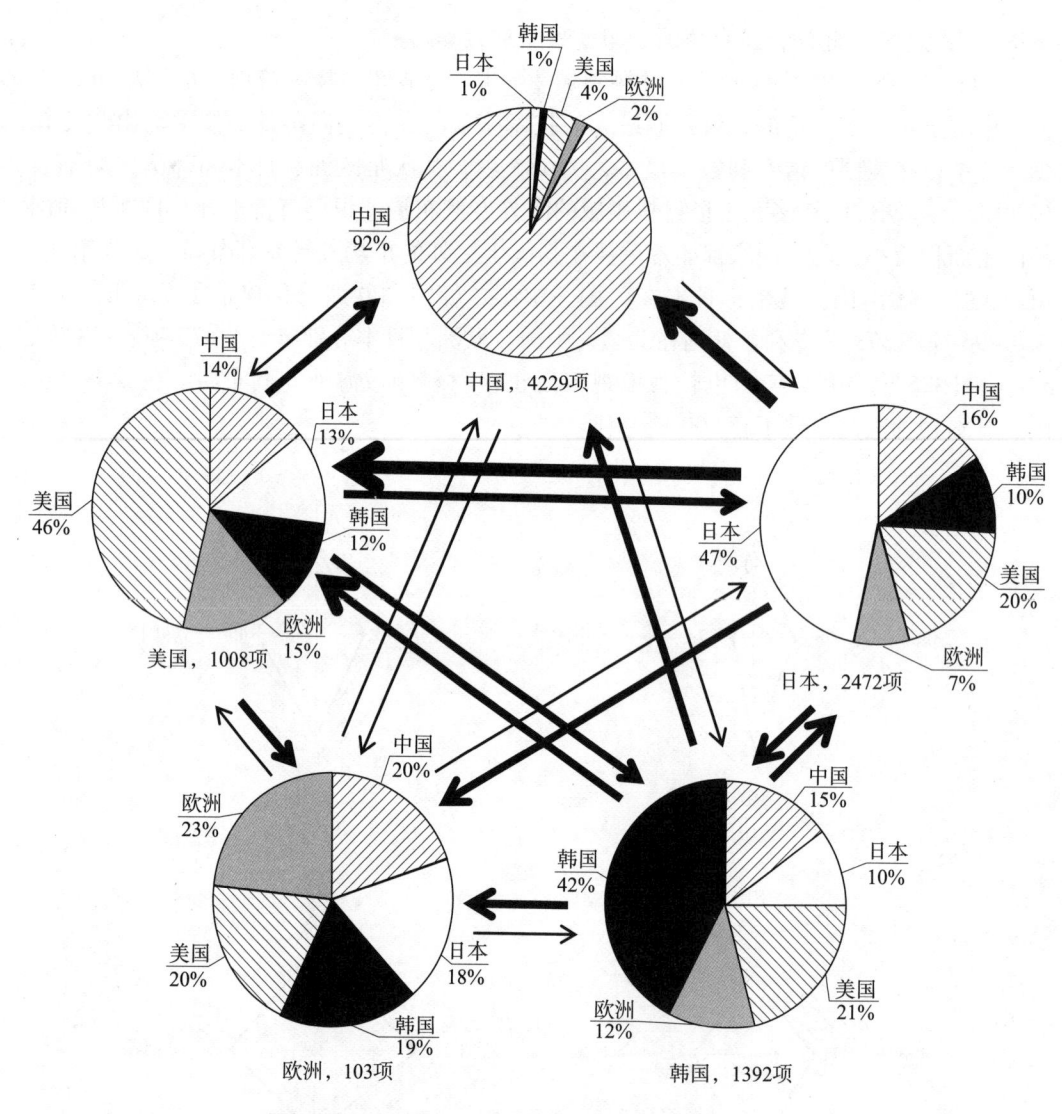

图 3-2-6 多元正极材料领域专利申请五局流向图

注：箭头的粗细表示技术输出程度的大小。

3.2.3 全球重要申请人

多元正极材料领域全球专利申请量排名前 20 位的申请人和排名前十位的申请人全球专利申请量趋势分别如图 3-2-7、图 3-2-8 所示。

从图中可以看出，多元正极材料领域全球主要申请人排名第一位和第二位的分别是韩国 LG 化学和三星。LG 化学和三星是全球领先的锂离子电池生产企业，其中，三星在 1996 年就开始了多元正极材料领域的专利申请，并延续至今；LG 化学自 2002 年开始才申请相关专利，却以不可小觑的势头在多元正极材料领域专利申请量上一路高歌猛进，直至遥遥领先。

而且，全球申请人排名第三至八位均为日本企业，分别是住友、丰田、松下、日

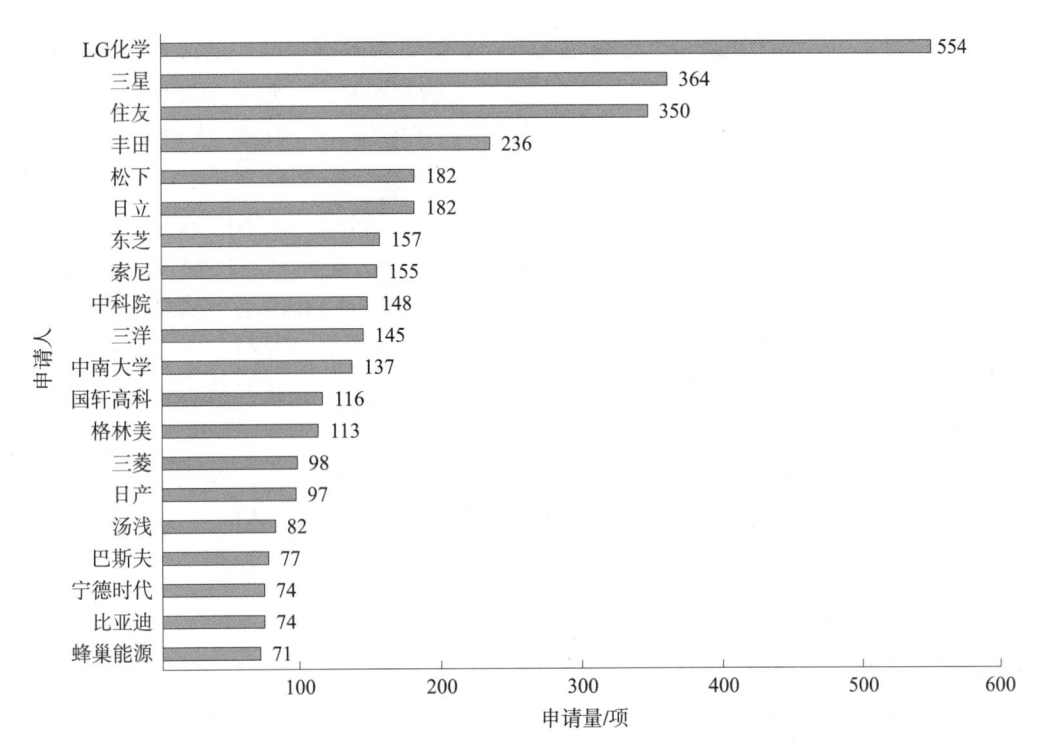

图3-2-7 多元正极材料领域全球主要申请人排名

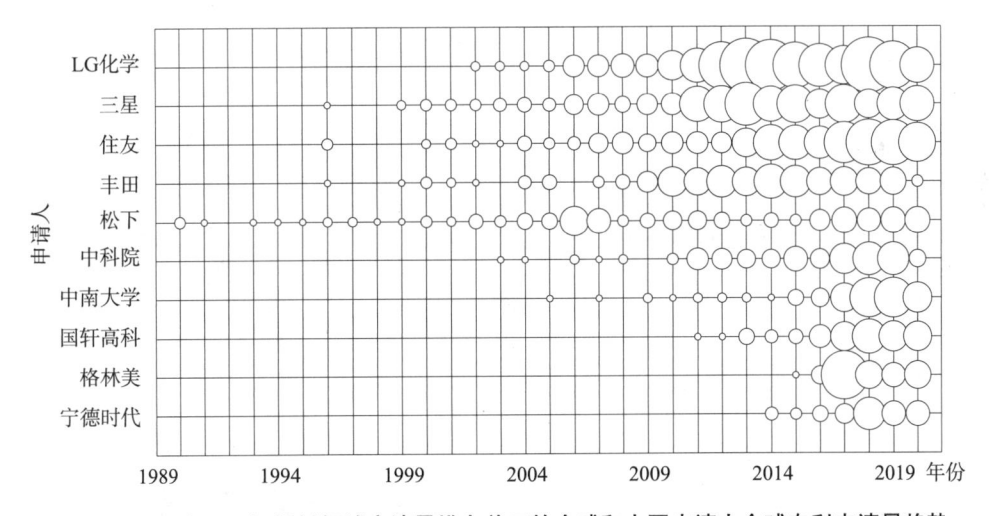

申请人 申请量/项：
- LG化学 554
- 三星 364
- 住友 350
- 丰田 236
- 松下 182
- 日立 182
- 东芝 157
- 索尼 155
- 中科院 148
- 三洋 145
- 中南大学 137
- 国轩高科 116
- 格林美 113
- 三菱 98
- 日产 97
- 汤浅 82
- 巴斯夫 77
- 宁德时代 74
- 比亚迪 74
- 蜂巢能源 71

图3-2-8 多元正极材料领域申请量排名前五的全球和中国申请人全球专利申请量趋势

立、东芝和索尼，这些日本企业的专利布局具有高度前瞻性，如正极材料企业住友、整车企业丰田、电池企业松下均从20世纪90年代就开始涉足多元正极材料领域的研发。中国在正极材料方面起步较晚，在全球申请人排名中，我国申请人排名并不靠前，高校中科院和中南大学分别位居第九位和第11位，中国企业国轩高科、格林美、宁德时代、比亚迪和蜂巢能源也均排名前20位。其中，中科院和中南大学在2004年前后开始研究多元正极材料；格林美作为产业链上游的多元前驱体供应商，在2015年首次申请多元正极材料相关专利；而国轩高科、宁德时代等产业链下游的国内动力电池企业龙头为了降本提效，分别在2011年、2014年开始延伸布局正极材料环节，近年来更是纷纷加速布局NCM811电芯，为NCM811动力电池的量产做好技术储备，不断持续提升国际竞争力。

此外，欧美重要申请人中，德国巴斯夫排名第17位，虽然在全球申请量排名并不靠前，且从2012年才开始组建电池材料业务部门，但其获得了美国阿贡实验室多项多元正极材料核心专利的授权许可，在正极材料方面占据了举足轻重的地位。除巴斯夫外，欧美重要申请人还包括美国3M和比利时优美科。美国3M虽然申请总量不多，并未在全球前20位内，但基础研发实力雄厚，最早申请多元材料专利，是多元材料核心专利的拥有者之一。优美科的申请总量也不多，但其通过购买3M的核心专利并加以改进，不断扩大市场占有率。

整体来看，全球专利申请量排名前20位的申请人呈现中国、日本、韩国三足鼎立之势，相应地，全球正极材料的生产主要集中在中国、日本、韩国三国，占据了近90%市场份额。

3.2.4 中国重要申请人

多元正极材料领域国内和国外来华申请人中国专利申请趋势如图3-2-9所示。1995年和2001年，国外和国内申请人分别首次在中国申请多元正极材料相关专利。随后的10年内，两者中国专利申请量均有一定程度的增长。2012年，受益于国内新能源汽车的快速发展，国内申请人中国申请量首次高于国外申请人中国申请量，且自此之后迎来高速发展，势如破竹，国外申请人中国申请量则逐渐趋于平稳。

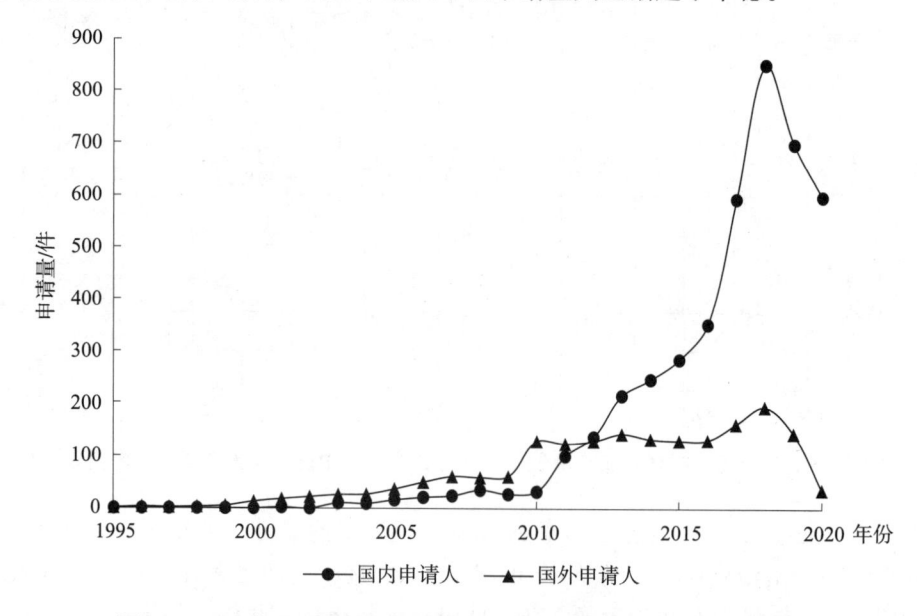

图3-2-9 多元正极材料领域国内和国外申请人在华专利申请趋势

图3-2-10示出了多元正极材料领域中国专利申请在华输入情况。可以看出，2/3的中国专利申请来自国内申请人，1/3的中国专利申请来自国外申请人，表明我国

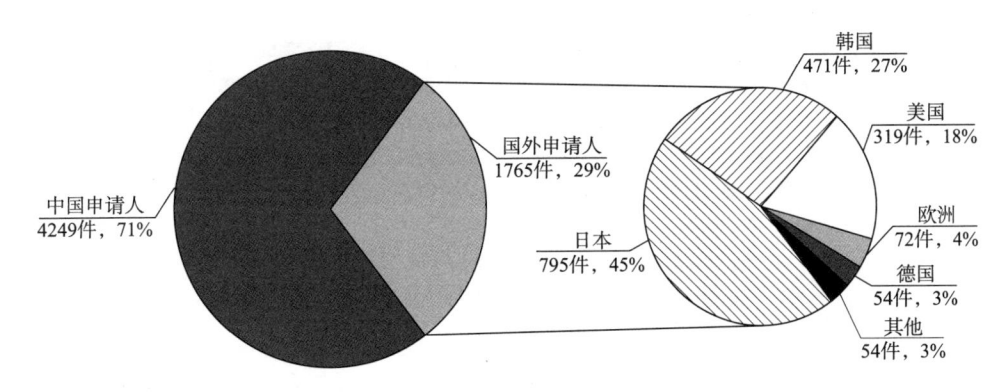

图 3-2-10 多元正极材料领域中国专利申请在华输入情况

在多元正极材料领域的研发投入较大。国外来华申请人申请的1765件中，有795件来自日本，471件来自韩国，319件来自美国，72件来自欧洲，54件来自德国，还有54件来自其他国家/地区。可见，中国动力电池市场已经进入"三国杀"时代，即日韩巨头杀入，中国企业迎头追赶。

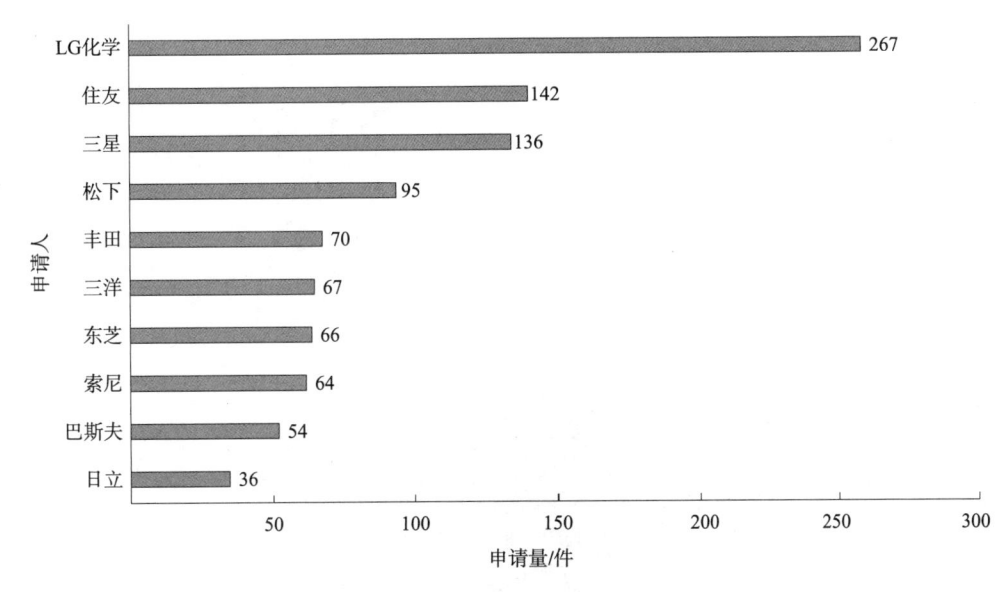

图 3-2-11 为多元正极材料领域来华主要申请人申请量排名。可以看出，LG化学、住友、三星、松下、丰田、三洋、东芝、索尼、日立等日韩企业既是多元正极材料领域全球主要申请人，又是多元正极材料领域来华主要申请人，表明这些日韩企业具有较强的海外布局意识，且都希望在中国市场上占据一席之地。除此之外，德国巴斯夫也是多元正极材料领域来华主要申请人之一，全球化的产能布局是其核心优势之一。

图 3-2-11 多元正极材料领域来华主要申请人申请量排名

多元正极材料领域国内主要申请人排名如图 3-2-12 所示。可以看出，专利申请量排名第一位的是中科院，第二是中南大学，此外还有哈尔滨工业大学、北京理工大学等，表明我国高校对于多元正极材料的研发具有较高的热情。格林美、国轩高科、

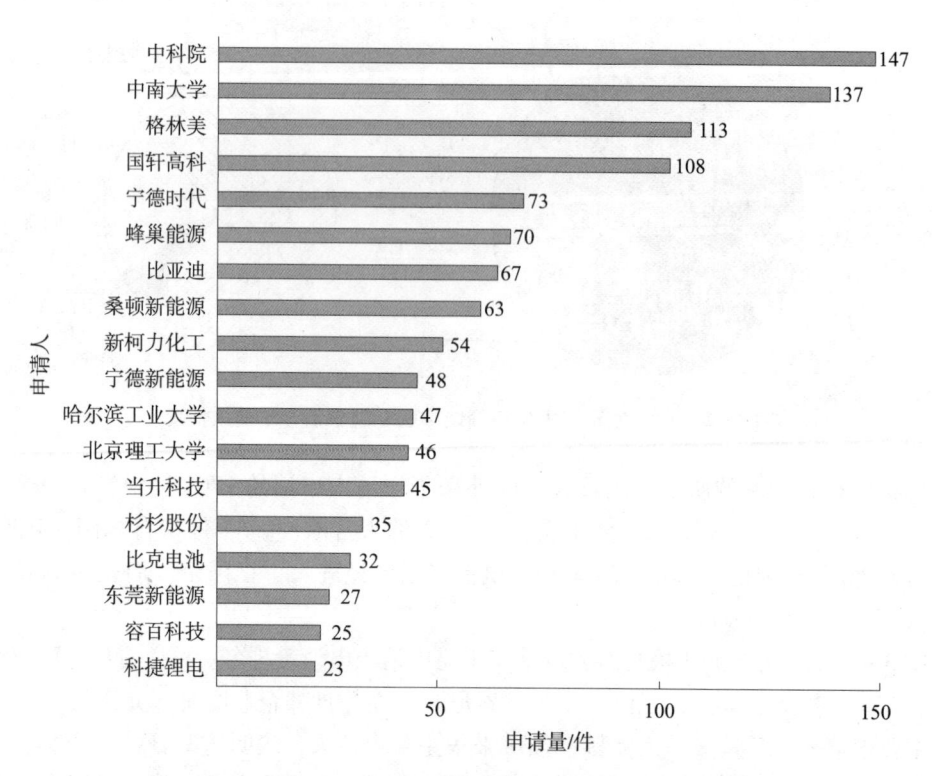

图 3-2-12 多元正极材料领域国内主要申请人申请量排名

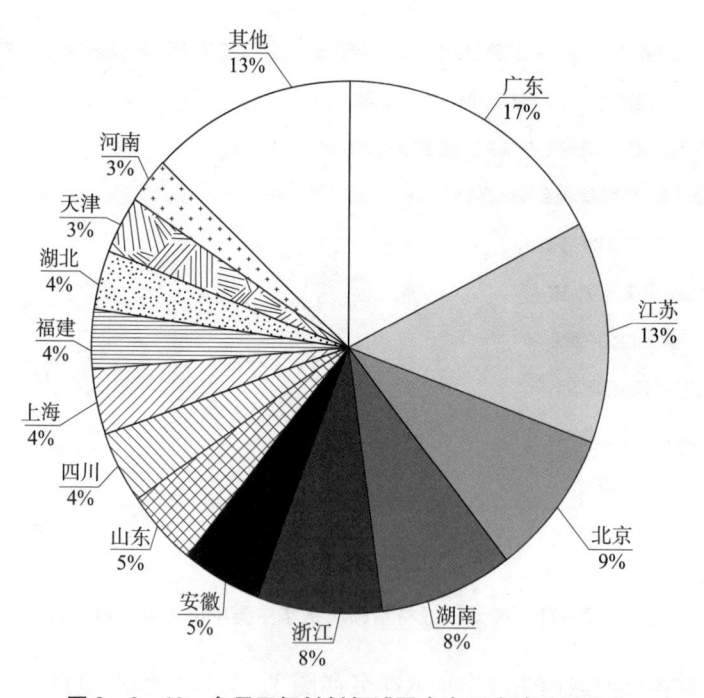

申请人	申请量/件
中科院	147
中南大学	137
格林美	113
国轩高科	108
宁德时代	73
蜂巢能源	70
比亚迪	67
桑顿新能源	63
新柯力化工	54
宁德新能源	48
哈尔滨工业大学	47
北京理工大学	46
当升科技	45
杉杉股份	35
比克电池	32
东莞新能源	27
容百科技	25
科捷锂电	23

图 3-2-13 多元正极材料领域国内专利申请地域分布

- 广东 17%
- 江苏 13%
- 北京 9%
- 湖南 8%
- 浙江 8%
- 安徽 5%
- 山东 5%
- 四川 4%
- 上海 4%
- 福建 4%
- 湖北 4%
- 天津 3%
- 河南 3%
- 其他 13%

宁德时代、蜂巢能源和比亚迪既是全球申请量排名前20的企业，也是我国排名前十的企业。结合图3-2-13多元正极材料领域国内专利申请地域分布可以看出，国内正极材料企业之间竞争比较激烈，多个省及直辖市均在多元正极材料领域有一席之地。其中，广东的申请量位居第一，这与深圳、东莞等城市发达的电子产业密切相关，如申请量排名前20的比亚迪、比克电池和东莞新能源等。江苏具有格林美、蜂巢能源和科捷锂电等多家企业，申请量排名第二。北京、浙江、安徽和福建等沿海或经济较为发达的省市，以及湖南、四川等中西部内陆省份，也分别具有当升科技、容百科技、国轩高科、宁德时代、杉杉股份、新柯力化工等代表性企业，表明多元正极材料领域的技术研发并未受到明显的地域影响，也尚未形成固定的产业集群，垄断程度不高。

3.3 技术发展路线

3.3.1 多元正极材料中过渡金属组分调节

目前市场上应用最广泛的多元正极材料主要是NCM+和NCA+系列材料，其中NCM+三元材料有333、442、424、523、622、811等，对于这样型号产品也早有专利布局。图3-3-1示出了不同配比的多元材料的发展历程及其对应的容量变化，其中，为了采用统一基准对比，克容量数据来源于非专利文献。[1][2] 如图3-3-1所示，随着市场对续航能力要求越来越高，在三元正极材料中过渡金属组分调节方面的专利布局，有Ni含量不断提高的趋势，从而获得较高的能量密度，超高镍、高镍去钴是NCM+多元材料主流的发展方向。具体地，早在1999年，JP4514265B2首次提出了NMC333组分的三元材料；2005年，CN100527480C中提出了NMC424组分的三元材料；2010年KR101328989B中提出了NCM811组分的三元材料，同年KR1323126B中首次提出了NCM622组分的三元材料；2013年CN1045231039C中提出了NCM811组分的三元材料；2018年，LG化学申请的KR20200070648A制备在所有过渡金属中具有90atm%或更高的镍原子分数的Ni-Mn-Al前体，并将Ni-Mn-Al前体、Co原料和Li原料混合并热处理混合物，将正极材料中Ni含量占比推向高峰，使多元材料中Ni含量从NCM333中的33.3%提升至NCMA超高镍中90%以上，克容量可达到238mAh/g的水平，通过大量铝掺杂使如此高镍含量多元材料得以应用。

3.3.2 多元正极材料的制备方法

制备方法对材料的理化性能起关键作用，不同制备方法得到的材料的优缺点不同。

---

[1] 姜华伟，刘亚飞，陈彦彬，等．锂离子电池三元正极材料研究及应用进展[J]．人工晶体学报，2018(10)：2205-2211．

[2] YOON C S, RYU H H, PARK G T, et al. Extracting maximum capacity from Ni-rich Li[Ni$_{0.95}$Co$_{0.025}$Mn$_{0.025}$]O$_2$ cathodes for high-energy-density lithium-ion batteries[J]. Journal of materials chemistry A, 2018, 6: 4126.

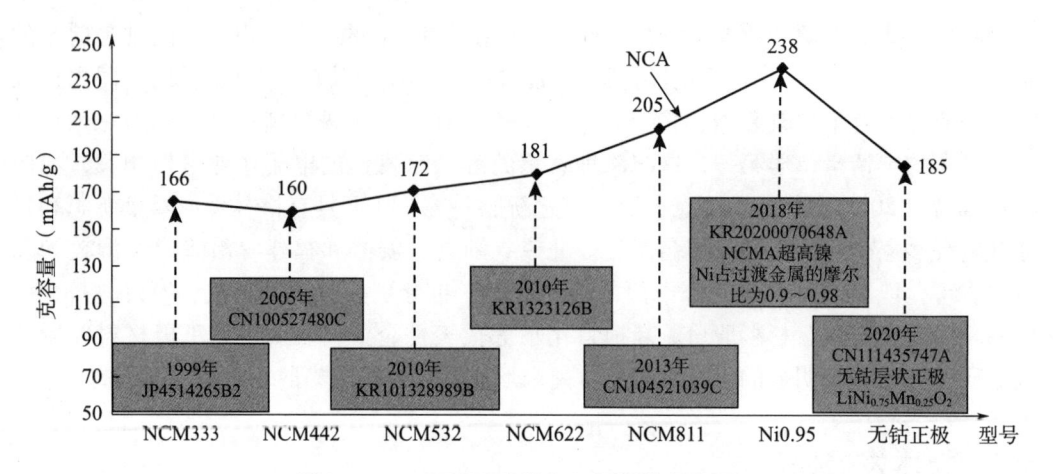

图 3-3-1 不同配比的多元材料的发展历程

根据申请人、多元正极材料技术发展阶段和重要技术节点、同族数目和被引频次等因素，课题组选取了多元正极材料制备方法的重要专利进行详细分析。

对于多元材料的制作工艺，最早的专利技术采用高温固相法制备多元材料，在固相法之后出现了共沉淀制备工艺，形成了高温固相法和共沉淀法两条工艺路线；在之后的研究中多元正极材料的制备不断出现新的方法，如喷雾干燥法、溶胶凝胶法，以及微乳液法、熔融盐法、微波法、模板法等。并且多元材料的合成大多分为两步进行，先采用如共沉淀法、溶胶凝胶法或者喷雾干燥法等方法合成多元前驱体，再将前驱体与锂盐混合后高温烧结合成相应的多元正极材料，多元材料制备方法技术发展路线如图 3-3-2 所示。下面将对几种常见的制备方法的优缺点进行介绍。

（1）高温固相法

高温固相反应是通过在高温条件下，固体原子或离子之间扩散完成的，通常采用机械球磨的方式将物料按一定比例混合之后，通过高温烧结得到多元材料。其中物料通常为金属氧化物、氢氧化物、碳酸盐、醋酸盐等原材料。例如 JP3667468B 公开了将混合物在 200~350℃ 的温度下进行热处理；CN111640928A 制备用到了高温固相法中的两步法，其中第一次焙烧的温度为 650~800℃，第二次焙烧温度为 400~600℃。高温固相法是所有制备方法中最简单易行的，属于易于工业化的方法，在设备要求和成本问题等方面具有较大的优势。其中，反应物混合均匀、充分接触，才能保证制备得到的材料的均一性，并成为限制高温固相法广泛使用的关键因素。而在原料研磨混合时，由于耗时长且混合均匀度有限，产品在组成、结构、粒度分布等方面存在较大的差异，材料电化学性能不易控制。

（2）共沉淀法

共沉淀法是指向原料溶液中加入沉淀剂，使溶液中各组分按照一定的化学计量比均匀沉淀下来。共沉淀法按照合成工艺的不同，可以分为直接共沉淀法和间接共沉淀法。直接共沉淀法是将锂化合物与 Ni、Co、Mn 化合物同时共沉淀，经过滤洗涤干燥后再进行高温烧结得到正极材料。例如，CN106935824A 直接在镍源、钴源、锰源以及锂

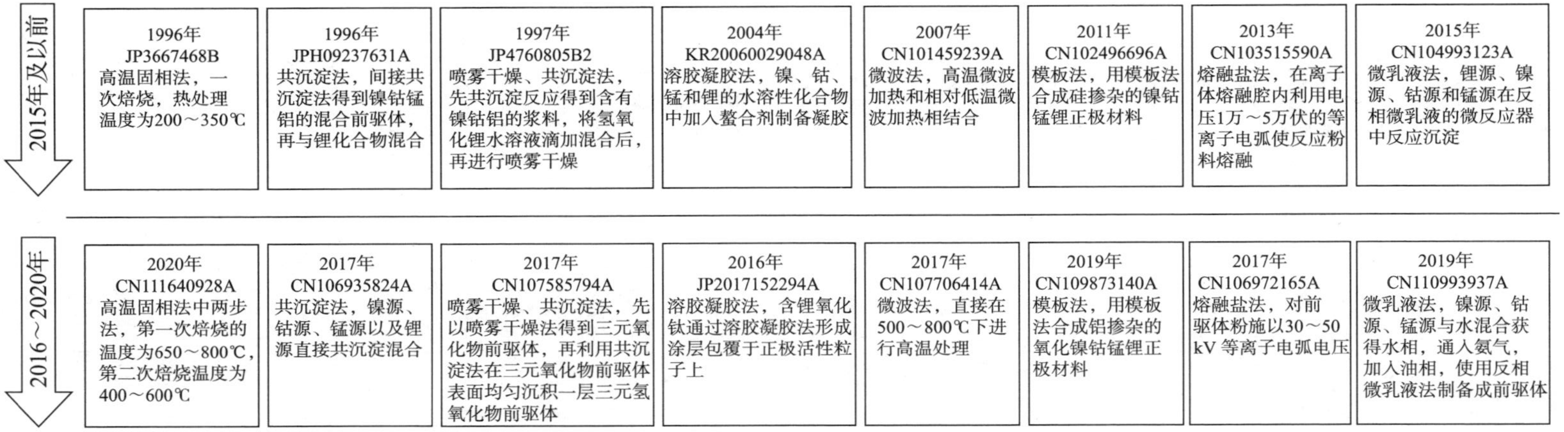

第3章 多元正极材料

年份	专利号	内容
1996年	JP3667468B	高温固相法，一次焙烧，热处理温度为200~350℃
1996年	JPH0923763lA	共沉淀法，间接共沉淀法得到镍钴锰铝的混合前驱体，再与锂化合物混合
1997年	JP4760805B2	喷雾干燥、共沉淀法，先共沉淀反应得到含有镍钴铝的浆料，将含氧化锂水溶液滴加混合后，再进行喷雾干燥
2004年	KR20060029048A	溶胶凝胶法，钴、镍、锰和锂的水溶性化合物中加入螯合剂制备凝胶
2007年	CN101459239A	微波法，高温微波加热和对低温微波加热相结合
2011年	CN102496696A	模板法，用模板法合成硅掺杂的镍钴锰锂正极材料
2013年	CN103515590A	熔融盐法，在离子体熔融腔内利用电压1万~5万伏的等离子电弧使反应粉料熔融
2015年	CN104993123A	微乳液法，锂源、镍源、钴源和锰源的微乳液相微乳液中反应沉淀

↓ 2015年及以前

年份	专利号	内容
2020年	CN111640928A	高温固相法中两步法，第一次焙烧温度为650~800℃，第二次焙烧温度为400~600℃
2017年	CN106935824A	共沉淀法，镍源、锰源、钴源以及锂源直接共沉淀法
2017年	CN107885794A	喷雾干燥、共沉淀法，以喷雾法得到三元氧化物前驱体，再利用共沉淀法在三元氧化物前驱体表面均匀沉积一层三元氢氧化物前驱体
2016年	JP2017152294A	溶胶凝胶法，含锂氧化钛通过溶胶凝胶法形成涂层包覆于正极活性粒子上
2017年	CN107706414A	微波法，直接在500~800℃下进行高温处理
2019年	CN109873140A	模板法，用模板法合成铝掺杂的氧化镍钴锰锂正极材料
2017年	CN106972165A	熔融盐法，对前驱体粉施以30~50kV等离子电弧电压
2019年	CN110993937A	微乳液法，钴源、镍源、锰源与水混合获得水相，通入氨气，加入油相，使用反相微乳液法制备成前驱体

↓ 2016~2020年

图3-3-2 多元材料制备方法技术发展路线

源中加入金属离子络合剂，搅拌得到混合均匀的溶液。间接共沉淀法是先采用共沉淀法合成 Ni、Co、Mn 三元混合前驱体，经过滤洗涤干燥后，与锂化合物混合，通过高温固相反应得到三元材料；早在 1996 年申请的 JPH09237631A 中将镍钴锰铝的复合氧化物通过间接共沉淀法得到前驱体后，再与氢氧化锂混合制备得到正极活性材料；JP2020021685A 中通过间接共沉淀法得到镍钴锰的三元混合前驱体，再与锂化合物混合。

通过调控共沉淀反应的参数，可获得具有高振实密度、球形度良好的多元氢氧化物前驱体、从而合成出形貌规整、振实密度高的正极材料。共沉淀法虽然金属离子能在水中混合均匀，但是在制备粉体时容易团聚，需要对粉体制备的全过程进行严格的控制。同时，在制备前驱体时，由于共沉淀法制备的氢氧化物前驱体活性不高，一般需要活性较高的锂源才能合成出良好的高镍多元层状正极材料，并且材料的循环及倍率性能都较低。

（3）喷雾干燥法

喷雾干燥法是一种通过将金属氧化物机械球磨或砂磨成浆料，或者将可溶性金属盐按照化学计量比配制成均一溶液，然后通过蠕动泵将浆料或者溶液输入喷雾干燥设备，快速蒸干溶剂，进行喷雾造粒的物理方法。收集得到的固体粉末进行煅烧后即得到目标产物。

相比共沉淀法，喷雾干燥法具有流程短、对原料适应性强、工序简单、生产效率高等诸多优点。采用喷雾热解制备多元氧化物前驱体，往往因具有空心、多孔、核壳等特殊结构而活性较高，后续正极材料的合成更为简单，合成的正极材料具有较好的循环倍率性能。为了保证正极材料拥有优异的循环及倍率性能，又具有良好的层状结构、高的振实密度，也可采用喷雾干燥法与共沉淀法相结合。早在 1997 年申请的 JP4760805B2 中提出制备硝酸镍、硝酸钴和硝酸铝的混合水溶液经过共沉淀反应得到含有镍钴铝的浆料，将氢氧化锂水溶液滴加到所得的浆料中，随后对反应后混合物进行喷雾干燥；2017 年申请的 CN107585794A 中以喷雾干燥法所得三元氧化物前驱体为晶种，再采用共沉淀法在三元氧化物前驱体表面均匀沉积一层三元氢氧化物前驱体，将得到的复合异质结构的三元前驱体与锂盐混合烧结制备得到三元正极材料。

采用喷雾干燥法与共沉淀法相结合制得的多元正极材料内部为空心结构，外部为致密壳层。这种特殊的结构相比于传统共沉淀法制备的实心球形正极材料而言，材料因继承了喷雾热解技术中的空心结构而活性较高，保证材料具有较优的循环倍率性能，同时材料在高温锂化过程中仍然保持球形形貌，在一定程度上提高了材料的振实密度，从而保证了材料具有较高的首次效率和功率密度。

（4）溶胶凝胶法

溶胶凝胶法用含有螯合剂的溶剂溶解原料，经酯化、水解和缩合反应，形成溶胶凝胶体。溶胶凝胶法作为一种液相体系方法，弥补了固相法中元素分布不均的缺点，制备得到的材料能够达到原子级别的均匀分布，在多元材料制备过程中，常以可溶性金属盐为原料，通过络合剂水解缩合形成溶胶，干燥后进行高温煅烧得到目标产物。例如，KR20060029048A 中镍、钴、锰和锂的水溶性化合物与含有取代基金属的水溶性化合物的混合溶液，再向混合溶液中加入螯合剂以制备凝胶；JP2017152294A中正极活性材料的制备工艺将含锂氧化钛通过溶胶凝胶法形成涂层包覆于正极活性粒子上。溶胶凝胶法制备材料要使用大量价格昂贵的有机原料，且湿凝胶表面张力较大需要很长干燥的过程，在除去有机物的过程中，凝胶体的收缩程度大，使粉体材料的烧结性能差，从而导致材料的生产率低、成本高。

（5）微乳液法

微乳液法是通过将油相、表面活性剂和助表面活性剂等成分充分搅拌配制成混合液，再将镍、钴、锰、锂的可溶性盐溶解得到的金属离子溶液加入混合液中，搅拌混合制成反向微乳液，经沉淀洗涤后烘干得到镍钴锰酸锂的前驱体。例如CN104993123A将锂源、镍源、钴源和锰源加入油相、表面活性剂和助表面活性剂充分搅拌配制得到的混合液中，利用微乳液的微反应器沉淀制备的前驱体材料颗粒尺寸高度均匀；CN110993937A中将镍源、钴源、锰源与水混合获得水相，通入氨气，加入油相，使用反相微乳液法制备成前驱体。使用反相微乳液法可以控制材料的粒径，水相在油相中可以均匀分布，从而可以制备出颗粒大小受控制的三元材料，制备出颗粒的粒径均匀。

（6）熔融盐法

熔融盐法是通过熔融腔内的惰性气体等离子体瞬间升温，使加入送料器中的粉体迅速达到熔融状态，等离子体高速运动，颗粒之间会发生剧烈碰撞，即时生成所需要熔融状态下的材料，通过被喷射出来的气体带出熔融腔，进入冷却腔内，冷却后得到所需多元正极材料。例如，CN103515590A中将镍盐、钴盐、锰盐、锂盐的混合物加入等离子体熔融腔内，施以电压1万~5万伏的等离子电弧使反应粉料熔融粉料即时反应迅速形成三元正极材料；CN106972165A对前驱体粉施以30-50kV等离子电弧电压使反应粉料熔融，即时生成所需要的熔融状态下的材料。熔融盐法通过等离子高温熔融，可以快捷地合成高度球形三元正极材料。

（7）微波法

微波法是将镍盐、钴盐、锰盐在微波反应器中以一定的升温速率进行微波加热反应制得前驱体，前驱体与锂的化合物混合后经过高温固相反应得到多元材料的方法，微波加热均匀，反应时间短。例如，CN101459239A中通过高温微波加热和相对低温微波加热的方式，其中高温温度为800~950℃，相对低温温度为650~750℃，得到锂电池正极活性材料；CN107706414A中高镍前驱体与锂源、铝源利用微波法在500~800℃下进行高温处理得到目标产物。利用微波进行热处理，材料受热较均匀，并且可以缩短材料热处理时间，可减少Ni^{2+}的生成，节约资源。

（8）模板法

模板法是利用预制具有多孔结构的理想模板，通过前驱体与模板复合，经由高温以及酸碱刻蚀处理后，最终得到完美复制模板结构的多孔材料。例如，CN102496696A将二氧化硅模板在以锰、钴、镍配成的溶液中浸渍，与锂源焙烧后，利用氢氧化钠溶掉模板，制备得到蜂窝状多孔有序排列的正极材料；CN109873140A中该正极材料用模板法合成铝掺杂的氧化镍钴锰锂正极材料。模板法能够控制材料的尺寸大小，解决了传统固相法粒度不均的问题，制备出的材料纯度高、粒径小，分布较窄且烧结性能好。

3.3.3 多元正极材料的改性方法

本小节主要针对多元正极材料的改性方法进行分析。针对多元材料所存在不足的改性方法层出不穷。如在1999年申请的专利KR277796B1已经出现了在活性材料的表面包覆有金属氧化物，以改善活性材料的稳定性。1997年申请的JP3281829B2掺杂过渡金属使活性材料的循环性能更好。研究证明，使用金属氧化物或Li_2TiO_3、$FePO_4$等盐类对三元材料进行包覆，合成特殊结构形貌或多孔结构，或者离子掺杂改性等措施，被证明是提高三元材料综合物理化学性能的有效途径。

多元材料改性方法技术发展路线如图3-3-3所示，其中，掺杂和包覆改性一直以来均是国内外创新主体对多元材料进行改性的主要手段，目前也仍然是关注的热点。而2015年以来创新主体在研究掺杂和包覆改性的同时，也更关注单晶结构、多晶结构、核-壳结构、浓度梯度结构的结构设计、控制粒径等改性手段，其中浓度梯度结构改性受到了更为广泛的关注。下面结合图3-3-3所示的重点专利对这些改性方法进行详细分析。

3.3.3.1 掺杂改性

掺杂改性的主要机理是，以离子半径适度但离子空间电荷效应强的离子进行掺杂有效地提升锂离子的结构和其表面的稳定性。多元正极材料掺杂改性根据离子种类的不同，主要分为：阳离子掺杂、阴离子掺杂以及阴阳离子共同掺杂，其中以阳离子掺杂为主。

阳离子掺杂主要是采用与材料内金属离子半径接近的阳离子以及一些稀土元素等，常见的掺杂元素包括过渡金属（JP3281829B2）、第二主族和第三主族元素（US2008280205A）、稀土元素（CN102760884A）等，从而提高能量密度、循环性能、倍率充放电性能等。

阴离子掺杂较多的采用氟掺杂取代氧位，例如2000年申请的JP2002184402A中以氟掺杂，氟元素部分取代氧元素稳定了材料的内部结构，抑制了高比例脱锂状态下的结构坍塌，极大地提高了材料的放电比容量和综合电化学性能。2008年申请的KR2008099131A中也公开了卤素掺杂。

阴阳离子共同掺杂改性是采用阳离子和阴离子复合掺杂。例如，US7435402B2采用复合掺杂阴阳离子的方法，在不改变本身电化学性能的前提下，提升高电压充放电下的结构稳定性，有效提升材料的循环性能；CN112447965A正极活性材料在78%脱锂态时，掺杂两个以上的价态的元素，且处于最高价态掺杂元素的含量占掺杂元素总含量的40%~90%，显著提高正极活性材料的结构稳定性及高温循环稳定性；为了改善除去残留的锂杂质的洗涤工艺中，掺杂化合物在洗涤工艺期间损失的问题，2018年申请的专利KR2165119B1通过形成钨掺杂的锂过渡金属氧化物以抑制锂杂质在锂过渡金属氧化物表面上的残留，可以改善电池的寿命特性和安全性。

3.3.3.2 包覆改性

包覆改性是针对镍的锂过渡金属氧化物在循环过程中显示出快速的容量衰减以及

第3章 多元正极材料

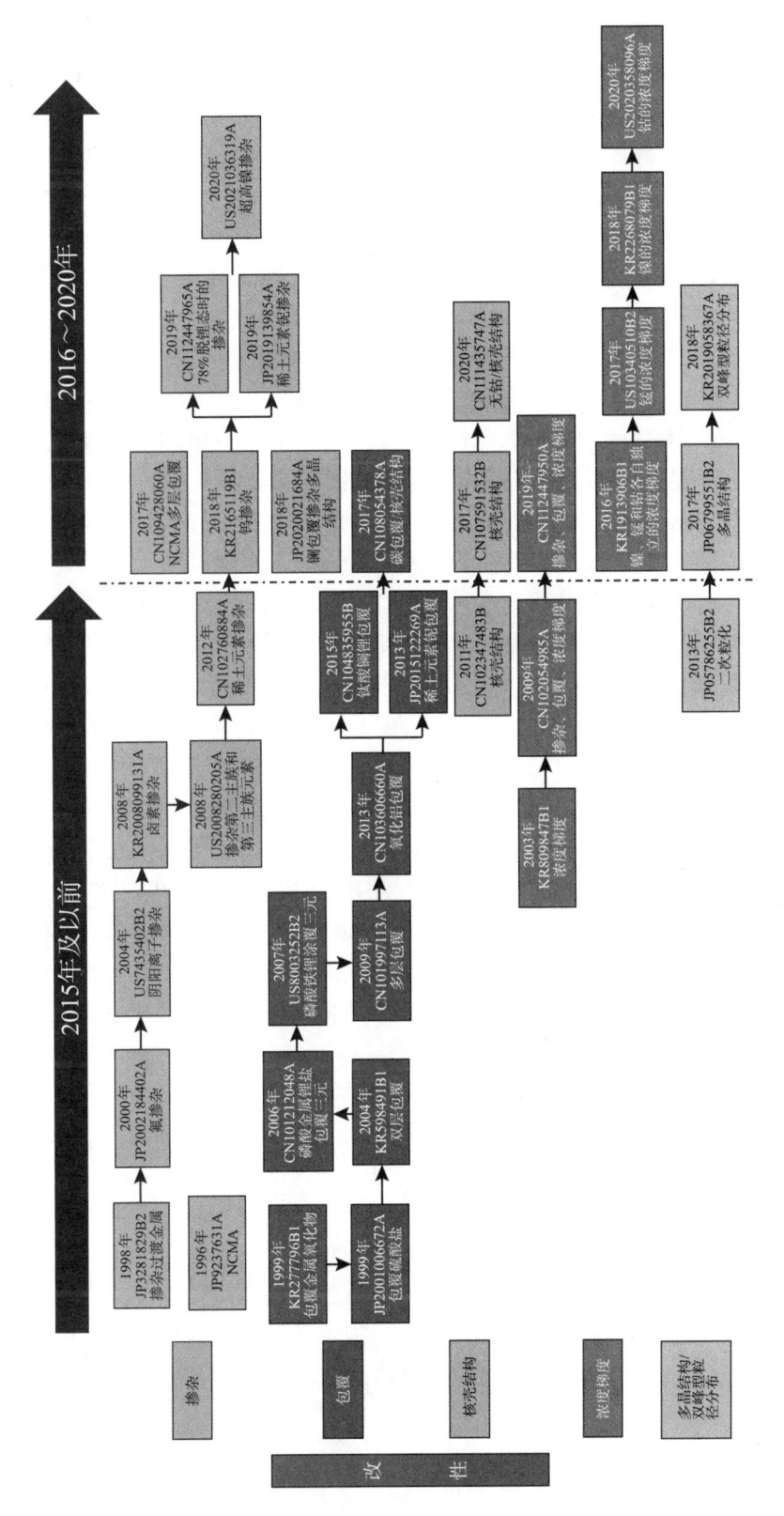

图3-3-3 多元材料改性方法技术发展路线

较快阻抗上升的问题，通过包覆保护层延长其循环寿命并改善这些富镍材料的热稳定性。另外，包覆层能够减少材料与电解液的直接接触，阻止电解液对主体材料的腐蚀，减少副反应的发生。

包覆改性是在含有锂的金属复合氧化物一次颗粒或二次颗粒的表面形成由含有锂金属复合氧化物形成的包覆颗粒或包覆层，包覆材料原料可以使用包含选自 B、Al、Ti、Zr、La 和 W 中的一种以上的元素的氧化物、氢氧化物、碳酸盐、硝酸盐、硫酸盐、卤化物、草酸盐或醇盐，优选为氧化物，包覆材料原料和含有锂金属复合氧化物的混合与锂二次电池用正极活性物质制造时的混合同样地进行。1999 年申请的专利 KR277796B1 在活性材料表面涂覆有金属氧化物；1999 年申请的 JP2001006672A 在材料表面则包覆硫酸盐以减少材料与电解液之间的接触；2017 年申请的 CN108054378A 通过碳包覆使得电池具有更优的循环稳定性、存储寿命、高温性能和安全性能；2003 年申请的 CN103606660A 采用液相法，将所要包覆的核与铝盐混合，通过原位产生碱性环境或者外加碱来沉淀金属铝，使之在核表面实现均一、连续、可控的包覆。包覆改性由双层包覆（如 2005 年申请的专利 KR598491B1）升级为多层包覆（如 2009 年申请的 CN101997113A）。该多层包覆结构的多元材料制备工艺简单，成本相对低廉，加工性能好，使用该材料制作的锂离子电池鼓胀小，容量高，高温循环稳定性和安全性能好。

$LiNi_xCo_yM_{1-x-y}O_2$（M = Mn/Al）三元材料与其他正极材料都有各自的优点，如果将它们组合，使其发挥各自的优势，则能够大大提高正极材料的综合性能。如 US8003252B2 将磷酸铁锂涂覆在三元活性材料的表面，CN101212048A 用橄榄石结构的磷酸金属锂盐包覆正极活性材料，使电池具有更好的循环充放电性能及安全性能。

对于稀土元素的包覆改性，除了 Ce、La，近年来 Nb、Ga 等稀土元素也常作为改性元素来提升高镍材料的电化学性能。2013 年申请的 JP2015122269A 中，通过用铌化合物涂覆于过渡金属氢氧化物以获得含铌过渡金属氢氧化物；2019 年申请的 JP2019139854A 中正极活性物质具有含锂和铌的化合物，含锂和铌的化合物存在于一次粒子的表面，铌的包覆通过补偿效应显著提高了晶格循环结构键能和稳定性，从而显著提高了晶格循环结构稳定性。

3.3.3.3 结构设计

研究者还发现通过材料的结构设计，比如采用单晶结构、多晶结构、核壳结构、浓度梯度结构，能够有效改善多元正极材料的电化学性能，尤其是浓度梯度，成为近年来广受关注的结构改性方法。

（1）单晶和多晶结构

单晶结构中单个颗粒较大，锂离子扩散困难，放电比容量通常较低。多晶三元正极材料通常是由一次颗粒团聚形成的二次颗粒，随着循环次数的增加，二次球中的一次颗粒有着不同的晶面取向和滑移，晶粒间晶格膨胀和收缩的各向异性导致其在循环后期可能会出现二次颗粒的破碎，并在一次颗粒间产生微裂纹。这将使材料与电解液的接触面积增大，加剧与电解液的副反应。

2017 年申请的专利 JP06799551B2 中锂金属复合氧化物粉末由一次粒子和一次粒子

凝聚而形成的二次粒子构成，如图3-3-4所示，其中一次粒子为单晶或集合有微晶的多晶，二次粒子是将一次粒子集合而形成的粒子，正极活性物质中含有空隙多的二次粒子，与电解液的接触面积变大，锂离子的脱离（充电）和插入（放电）在二次粒子的内部容易进行，由此获得了优异的初次充放电效率。在由一次粒子团聚获得二次粒子的基础上，2018年申请的JP2020021684A通过具有钙钛矿结构的镧化合物颗粒以分散的方式存在于含锂过渡金属的复合氧化物的二次颗粒的表面处和/或其一次颗粒之间的间隙或晶界处，电子移动电阻降低效果，材料具有更优异的容量。

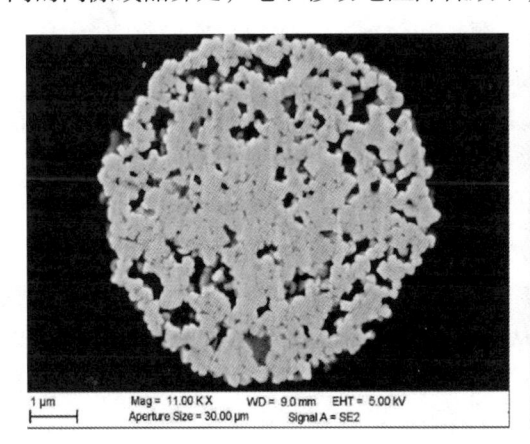

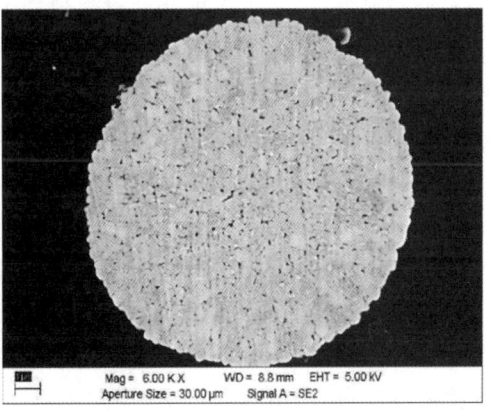

图3-3-4 JP06799551B2中二次粒子结构示意图

（2）核壳结构

对于结构设计中的核壳结构，由核提供高容量，壳采用低镍材料在电化学循环过程中提供结构稳定性和热稳定性，核壳结构能够有效改善高镍材料的结构劣化问题，实现良好的改性效果。但核壳结构也存在内部元素浓度梯度骤变的缺点，经过长时间的充放电循环后，核壳材料体积变化的差异会引起结构失配，核与壳界面处形成较大的空洞层，容易发生剥离和破裂，导致容量突然下降。

CN102347483B采用核壳多层复合结构，包括核心部分和多层依次包覆于核心部分外层的壳部分，核心部分和多层的壳部分分别富集不同成分，从而使核心部分与多层的壳部分实现功能复合与互补；CN108054378A核壳结构的锂电池复合正极材料的核心由锂电池正极材料制成，壳层为固态电解质材料和碳材料形成的复合导电网络层，具有循环性能良好、倍率性能优异、高温性能好和安全性高等优点；CN107591532B核壳结构的壳包括内壳和外壳，其中内壳为氟化铝，外壳为银，氟化铝/银双层包覆镍钴锰酸锂正极材料具有优异的循环性能和高的首次充放电效率，安全性能极佳；CN111435747A无钴层状正极材料为核壳结构，且形成核壳结构的外壳的材料包括氮化钛，形成核壳结构内核的材料不包括钴且为单晶结构，在降低正极材料价格成本的同时，还可使正极材料的倍率性能提升。

（3）浓度梯度结构

核壳结构容易剥离和破裂的缺点，损害了材料的电化学性能，浓度梯度结构可以使核壳之间的浓度形成一个过渡，产生一个稳定的表面层，使三元正极材料在长时间循环中表现出高容量和优异和稳定性能。2003年申请的专利KR809847B1公开了颗粒壳部中的镍钴锰与核中过渡金属的含量相差10%以上；除了单独采用浓度梯度改性的手段，浓度梯度还常常与掺杂、包覆改性手段共用，例如，CN102054985A通过适当的烧结条件和/或掺杂适当的离子制备出锰酸锂前驱体，在前驱体上包覆适当的化合物，其中包覆元素浓度呈梯度分布，材料具有较好的常温循环性能和优异的高温存储性能，材料的制备方法简单，易于操作和控制，易于工业化生产；2019年申请的CN112447950A公开了正极活性材料包括本体颗粒和包覆在本体颗粒外表面的含M1元素氧化物包覆层，本体颗粒的体相均匀掺杂有M2元素，本体颗粒的表面层为掺杂有M3元素的外掺杂层，本体颗粒中M3元素具有由本体颗粒的外表面至核心方向减小的质量浓度梯度，使锂离子二次电池同时兼顾较高的能量密度及高温循环性能。

浓度梯度型结构改性还包括渐进式浓度梯度改性。线性浓度梯度中过渡金属的浓度从核到表面呈线性变化，但总体镍含量大幅降低到核心和表面的平均值，这种结构并不利于锂嵌入和脱出过程。研究者对此提出了渐进式浓度梯度改性，镍的浓度从颗粒的中心向外层逐渐降低，锰或钴的浓度从中心向外逐渐增加，渐进式浓度梯度可以有效提高颗粒在循环后的稳定性。例如，2017年申请的专利US10340510B2芯部Mn含量比颗粒表面的Mn含量高25摩尔%以上，有助于保持层状结构正极活性材料的稳定性，从材料芯部到表面Ni的浓度逐渐减小，芯部的镍含量较高，增加了正极活性材料的容量，从颗粒芯部向表面逐渐降低镍浓度也有利于提高正极活性材料的稳定性，Co的浓度逐渐增加，Co从芯部到表面的增加提高了循环稳定性；US2020358096A中锂过渡金属氧化物的颗粒中心和颗粒表面包含Ni和Co，颗粒具有Co浓度梯度，Co浓度梯度从颗粒表面到颗粒中心连续变化，颗粒表面Co的含量高于颗粒中心Co的含量，且颗粒表面Co/Mn的摩尔比与颗粒表面到颗粒中心距离1/4或3/4处Co/Mn的摩尔比的比率为1.1~1.4，Co的浓度梯度的连续变化可以提高循环稳定性和热稳定性。

3.3.3.4 其他

多元正极材料改性的技术手段还包括控制颗粒粒径分布。KR2019058367A正极材料具有包括大直径颗粒和小直径颗粒的双峰型粒径分布，并且大直径颗粒和小直径颗粒的平均粒径之差为3μm以上，正极材料具有优异的容量特性，因其具有双峰型粒径分布，从而具有高辊压密度和能量密度。

在高镍三元正极材料的基础上，为了获取更高容量的活性材料，KR20200070648A提出在前驱体中镍的含量占过渡金属的0.90~0.98，三元正极材料的研究方向由高镍锂电正极材料向超高镍锂电正极材料过渡。当镍含量>0.85时，微裂纹成为正极容量衰减的主要因素，随着镍含量越来越接近1.0，微裂纹变得越来越严重，这种结构不稳定性可以通过合理布置一次粒子来减轻。US2021036319A对于镍含量为0.90~0.98的前驱体进行掺杂，掺杂可改变表面能，影响一次，颗粒的形貌，随着掺杂量增加一次，颗粒变得更细长，并沿径向分布，有利于放射状的一次颗粒与二次颗粒均匀接触，消除局部应力集中，有效吸收各向异性应变，降低颗粒循环后的开裂程度，从而提高循环稳定性。

多元正极材料开始由高镍锂电正极材料向超高镍锂电正极材料过渡，而随着镍含量越来越接近 1.0 微裂纹变得越来越严重的技术问题如何解决会是未来研究的方向。

3.3.4 四元正极材料技术分析

在 NCM 材料中掺入部分 Al 元素，可以显著改善 NCM 材料的长期循环稳定性和热稳定性，对于提升锂离子电池的安全性具有重要的意义。近年来 NCMA 四元正极材料成为创新主体研究的热点，本小节将针对该材料进行详细分析。

3.3.4.1 NCMA 的技术功效分析

对 NCMA 四元正极材料的全球专利申请进行技术手段与技术功效的标引和整理分析，得到图 3-3-5 所示的四元正极材料 NCMA 技术功效。

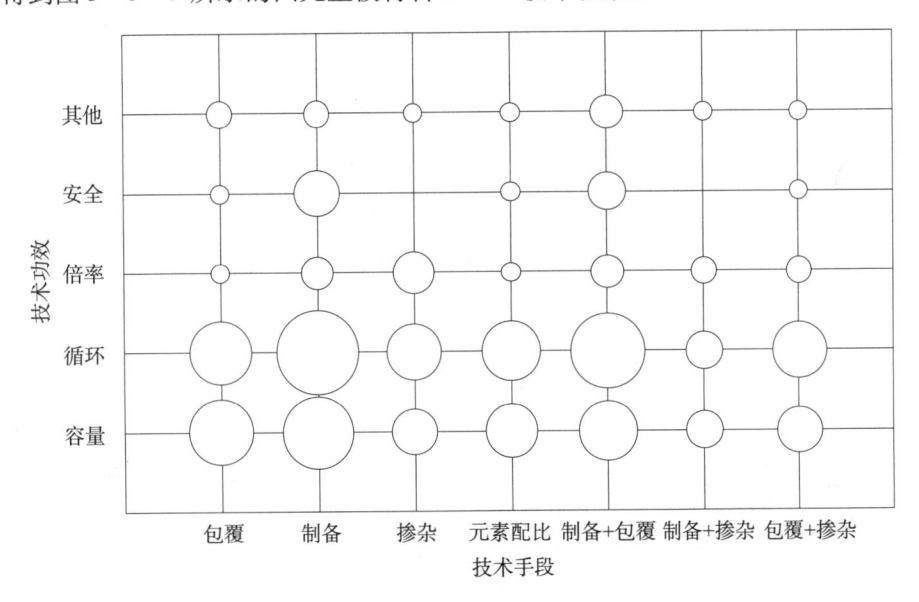

图 3-3-5 四元正极材料 NCMA 全球专利申请技术功效

注：图中气泡大小代表申请量的多少。

分析发现，对 NCMA 的研究主要集中在制备方法的改进、掺杂、包覆改性以及它们相互之间的组合，元素配比这几种技术手段，而解决的技术问题主要是提高材料容量及循环稳定性这两方面。

结合图 3-3-5 分析可知，首先，对 NCMA 材料的制备方法进行优化以提高材料性能是目前国内外研究最多的技术手段。其主要解决的技术问题为提高材料的容量及充放电循环性能。例如，CN103227322A 采用球形模板法，制得了具有均匀球形结构的四元锂离子电池正极材料 $LiNi_{0.8}Co_{0.15}Al_{0.03}Mn_{0.02}O_2$，由于模板的作用，制备的四元锂离子电池正极材料有利于储存电解液，并克服芯部活性物质反应不完全造成的容量损失，从而提高了材料的储能能量。CN109704413A 将球形前驱体混合后进行一次煅烧（预煅烧和升温煅烧直接完成）制得的四元正极材料有效抑制了高镍正极材料与空气中水分、二氧化碳的副反应，改善了材料表面稳定性，从而提高材料的储存性能，有利于高镍正极材料的商业化应用。WO2021015679采用溶胶凝胶法制备的正极材料形态均匀，可综合提升材料的电化学性能。

其次，涉及包覆改性、包覆和制备方法相结合的专利申请量也较多，通过各种包覆手段来改善材料的离子电导率、电子电导率及材料表面的稳定从而提升正极材料的容量、循环性能并兼顾到倍率、安全及其他方面性能。例如，CN112531147A采用低温原子沉积技术在正极活性物质表面包覆一层惰性包覆层。该包覆层一方面能够减少正极活性材料与空气中的水分和二氧化碳直接接触的机会，从而降低正极活性材料对制备过程所需环境的要求；另一方面，惰性包覆层的设置能有效降低正极活性物质在关键工序对水分和二氧化碳的敏感程度，节约了为获得严苛的生产环境而付出的成本，最为重要的是减少了正极活性物质副反应的发生，使组装的锂离子电池中金属阳离子混排和循环性能的损失得到降低，从而提高电池的综合性能。CN109920988A，通过两次共沉淀法先制得三元正极材料的前驱体，再将前驱体与Al源高温煅烧，制得四元材料Li[$Ni_{0.886}Co_{0.049}Mn_{0.050}Al_{0.015}$]$O_2$后，再利用肼处理缺陷氧化石墨烯进行包覆，从而提升电子电导率，有效抑制了材料与电解液接触而发生的副反应，提高了材料的循环稳定性、充放电截止电压以及材料的比容量。JP2019175630A，通过在四元活性材料上包覆含锂复合氧化物制成的涂层，改善高电压状态下的循环稳定性。CN107170973A和CN106972165A则均采用等离子高温熔融技术制备相应的正极材料，利用其快离子导体的特性，并结合包覆改善材料的倍率性能及循环性能。

此外，综合考虑对材料电化学性能的改善，通过元素掺杂手段解决的技术问题会更为全面。其中，根据采用的改性方式划分，又可将掺杂改性进一步分为单独掺杂改性、掺杂与包覆共同改性以及掺杂与制备的共同改性三种。在四元正极材料中，掺杂金属与掺杂非金属又会对正极材料带来不同的效果。例如，CN112225263A中通过在四元正极材料前驱体NCMA-OH的基础上掺杂金属元素铷，由于正极材料中掺杂铷，铷离子的半径比锂离子大，掺杂铷后取代了锂离子的位置，会形成空位，晶格空隙增大，有利于锂离子的扩散和传导，有利于促进产生更多的嵌锂和脱锂的空间，从而促进了电导率的提高，提升正极材料的倍率性能。CN105990577A为克服现有镍钴锰酸锂三元正极材料电化学性能差的缺点，通过极少量的铝、氟共掺杂，即将极少量的铝元素取代部分镍元素、氟元素部分取代氧元素，从而稳定了材料的内部结构，提高了锂离子的可逆脱嵌/嵌入能力，改善了材料的循环性能，使该锂离子电池正极材料具有较高的放电比容量和优异的循环性能。但无论是金属元素掺杂还是非金属元素掺杂，在技术效果方面较少考虑安全性能。

另外，同时涉及元素掺杂及制备方法和工艺的改进这两种技术手段的专利可以获得较好的综合性能，但是这部分专利申请也较少考虑安全性能。例如，CN109873140A先采用模板法合成了四元正极材料NCMA，再通过石墨烯的复合包覆，提高材料的离子电导率和电子电导率，从而得到循环性较好、容量较高、能量密度较大的复合正极材料，但并未提及安全性能。值得注意的是，同时涉及掺杂及包覆改性这两种技术手段的专利申请数量较少，但一般可同时解决多种存在问题。例如，CN110120505A 和 CN111422919A 通过在核心层的外部包覆含硼锂离子导体的材料，其中，该核心层由四元正极 NCMA 掺杂金属元素构成，由于含硼锂离子导体为欠锂态，可提供额外的嵌锂空位，能够改善锂离子正极材料的首次效率，从而提高首次放电容量；而且，包覆层具有良好的致密性，可有效隔绝电解液与核心层，防止二者直接接触，减缓电解液对核心层的腐蚀，改善锂离子电池正极材料的循环性能；此外，掺杂金属元素提高材料的结构稳定性，包覆层具有高化学稳定性，均能在一定程度上提高材料的循环稳定性和安全性。

结合以上重点专利的技术功效综合分析来看，涉及制备方法的改进方式最多；改进方向一般只针对材料的某一电化学性能，改进点较为单一，且大多为现有制备工艺的组合，总体上涉及面很广，可以借鉴的文献量较多，相应地，改进方向的专利壁垒也较大。而涉及元素掺杂和包覆二者结合进行改性的专利申请数量较少，解决的电化学性能问题却很全面，一般可同时解决多种电化学性能，并兼顾到材料的安全性能。因此，该种技术手段在锂离子电池实际应用的研究上属于未来发展方向的一大突破口。

综上，从研发角度出发，可以优先考虑包覆改性和掺杂这两种技术手段相结合，原因有二：一是掺杂及包覆改性对材料的性能影响较大，且两种技术手段结合可在兼顾材料容量的同时，提高材料的循环稳定性及其他综合性能；二是单独涉及掺杂及包覆改性的专利数量相对较多，可借鉴的技术也较多，可以避免很多弯路。但同时涉及掺杂及包覆改性这两种技术手段的专利数量相对较少，如何实现"1+1>2"的效果或许是未来的一个突破点。从专利布局出发，由于涉及元素掺杂改性和元素掺杂与制备方法及工艺结合改性的技术手段对安全性能的影响方面还存在探索空间，值得广大科研人员进一步地探索和挖掘。

3.3.4.2 NCMA 的元素配比及非专利的利用

除了上述分析的改性手段，正极材料中元素配比（元素的化学计量比）也会影响到材料的各项性能。四元正极材料 NCMA 实质上是对三元材料 NCM 的掺杂改性。

图 3-3-6（见文前彩色插图第 1 页）示出了四元正极材料 NCMA 各元素功能图。在四元正极材料中，Ni、Co、Mn 三种元素的化学计量比对材料的电化学性能各有不同的影响：随着 Co 含量的升高，材料的导电性和循环性能增强，但 Co 的比例增大势必会使材料中的 Ni、Mn 降低，导致材料的容量降低、成本增加；随着 Mn 含量的升高，材料的热稳定性明显增强，但同样存在含量过高导致降低材料比容量的问题；随着 Ni 含量的升高，材料的比容量会明显提升，但 Ni 含量过高会导致循环性能和倍率性能的恶化。而在高镍材料的铝掺杂中，由于在高镍三元正极材料中，Ni^{3+} 更易得到电子，以 Ni^{2+} 形式稳定存在与材料中，而 Ni^{2+} 半径与 Li^+ 半径相近，在晶格结构中极易发生 Ni^{2+} 与 Li^+ 的相互占位情况，此时，锂层与过渡金属层出现混排现象，阳离子的混排会使晶格间距缩小，不利于锂离子的嵌脱，影响其电化学性能。高镍三元正极采用铝掺杂后可有效抑制其混排现象。例如专利申请 AU2020101813A 合成了四元材料 $LiNi_{0.8}Co_{0.1}Mn_{0.05}Al_{0.05}O_2$，采用部分 Al 取代高镍三元材料中的 Mn，显著改善了 Ni/Li

混排现象，合成的四元正极材料中 Ni-O 键的稳定性提升，Ni 的溶解降低，有效提升了材料的稳定性。再例如专利申请 WO2020122497A1，镍的含量占过渡金属中的 80%~85%，通过钴与铝原子比的合理调控来兼顾容量、高温稳定性及充放电的循环稳定性。一般来说，Al 来取代部分 Ni 或 Co，可以预期铝量的增加会导致其电化学容量的降低，即可牺牲部分容量来换取材料的循环性能。

此外，针对四元正极材料的元素配比，包括 Al 的最优掺杂量及 Al 的不同取代位对正极材料的影响，在非专利中有更详细的研究。

何博文团队[1]研究了不同铝掺杂量的 NCM622 结构和性能变化，铝掺杂量分别设置为 0、0.5%、1%、1.5%、2%，结果显示铝掺杂量为 1% 时，锂镍混排及其层状结构完整性改善最明显，材料的稳定性最高。Zhao 团队[2]研究了在 Ni 含量为 0.76 的 NCM（NMC76）中掺杂不同含量的 Al 对 NCM 性能的影响。结果显示 0.5% 铝掺杂的 NMC76 与原始 NMC76 循环稳定性相差不大，但是 1% 铝掺杂的 NMC76 的容量保持率明显提高，再进一步加大 Al 的掺入量，容量保持率不增反降；当铝掺杂量达到 5% 时，Al-NMC76 的容量和容量保持率显著恶化，由此给出了高镍四元正极材料 Al-NMC76 的最优掺铝量为 1%。在此基础上，进一步分析了上述现象的原因，总结为当微量的 Al 取代 Ni，由于晶格中的 Al 掺杂，更强的 Al-O 键减轻了微裂纹的形成并增强了整体结构完整性，从而防止了电解质渗透并保持了结构稳定性，而当铝掺杂过多时，过量的 Al 堆积为厚涂层，阻止 Li$^+$ 通过阴极表面传输。Yu Han 团队[3]研究了在 Ni 含量为 0.83 的 NCM（NCM83）中掺杂不同含量的 Al 对 NCM 性能的影响，并给出了 Al 的最优掺杂量为 0.96%，在最优掺杂量下，显著降低了阳离子混排现象，避免循环后的颗粒破碎，材料的电化学性能大幅度提升。综上分析，元素配比的合理选择至关重要，应同时兼顾其循环稳定性和容量，在高镍 NCMA 正极材料中，Al 的最优掺杂量在 1% 左右。

对于三元正极材料中 Al 取代不同元素对性能存在的不同影响，Zheng 团队[4]研究对比了 Al 分别取代 Ni、Co 和 Mn 对 NCM622 结构和性能的影响，相比于不含 Al 的 NCM 样品，Al 取代 Ni 显示最小的阳离子无序，其稳定性较好；而用 Al 取代 Co 将导致更严重阳离子混排现象；Al 取代 Mn 样品表现出优异的电化学性能，包括倍率能力和循环稳定性，比 Al 取代 Ni 和 Co 样品要好得多。相对于 NCM，Al 替代 Ni 和 Mn 可以提高平均工作电压和有效降低充放电时的极化效应，而 Al 替代 Co 对工作电压几乎没有影响，且增加了极化效应，因此采用 Al 分别取代 Ni、Co、Mn 三种元素时，Al 取代 Ni 位和 Mn 位可以有效提升正极材料电化学性能，采用 Al 适量取代 Co 则可以降低正极材料

---

[1] 何博文. 以废旧锂电池为原料 LiNi$_{0.6}$Co$_{0.2}$Mn$_{0.2}$O$_2$ 制备及其改性研究 [D]. 武汉：武汉科技大学，2020.

[2] ZHAO W G, ZOU L F, JIA H P, et al. Optimized Al doping improves both interphase stability and bulk structural integrity of Ni-rich NMC Cathode Materials [J]. ACS Applied energy material，2020，3：3369-3377.

[3] HAN Y, CHENG X, ZHAO G L, et al. Effects of Al doping on the electrochemical performances of LiNi$_{0.83}$Co$_{0.12}$Mn$_{0.05}$O$_2$ prepared by coprecipitation [J]. Ceramics international，2021，47（9）：12104-12110.

[4] LI Z Y, GVOH, MA X B, et al. Al-substitution induced differences in materials structure and electrochemical performance of Ni-Rich layered cathodes for lithium-ion batteries [J]. The journal of physical chemistry C，2019，123（32）：19298-19306.

成本。这项研究提供了富镍层状正极材料中 Ni、Co 和 Mn 组分的元素配比对正极材料对结构和性能的影响,可以进一步促进四元正极材料中对 Ni、Co、Mn 和 Al 的合理应用。

3.4 国内外代表性企业对比分析

由第 3.2 节分析可知,中国、日本、韩国、欧洲、美国是多元正极材料领域主要的技术来源国家/地区,主要申请人也均来自上述国家/地区。因此,分别将 LG 化学、住友、优美科和宁德时代四家企业作为韩国、日本、欧美、中国的代表性企业,对其在正极材料尤其是多元正极材料领域的专利布局、重点技术和发展路线进行对比分析。

3.4.1 正极材料专利布局

图 3-4-1 为国内外代表性企业正极材料专利布局,其中虚线为所有年份的申请量,实线为近五年的申请量。从图中可见,LG 化学、住友、优美科和宁德时代在磷酸铁锂、多元材料、钴酸锂、锰酸锂、镍酸锂、镍锰酸锂和富锂材料等方面均有布局,但是布局略有不同。

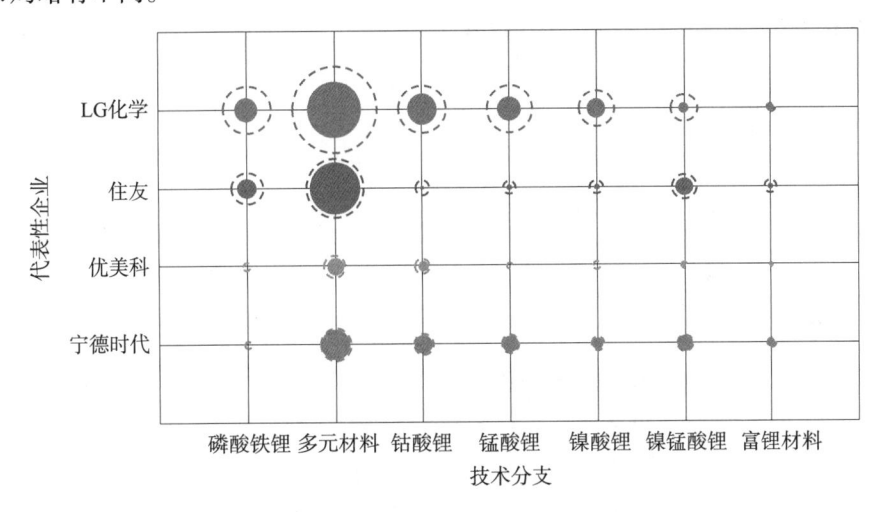

图 3-4-1 正极材料国内外代表性企业技术分支专利布局

注:图中虚线表示所有年份申请量,实线表示近五年的申请量。

从申请量上看,近五年 LG 化学以多元材料为最主要研发方向,其次是钴酸锂。就多元材料而言,其主要朝着高镍低钴方向发展,从 2003 年提出 NCM111(CN100593253C)到 2018 年提出镍含量为 90% 的 NCMA(KR1020200070648A),镍含量不断升高。在低钴方向上,由于当钴的比率变小时,电池的输出特性出现降低的倾向,为推动低钴正极材料发展,其 2019 年提出具备浓度梯度且表面处的粒子生长方向和晶体的 c 轴方向满足特定角度的低钴 NCM + 粒子(WO2019216694A1),即使使用少量的钴,也可以获得优异的输出特性,且具有高容量和结构稳定性。

此外,值得注意的是 LG 化学近五年在富锂材料方向的布局。富锂锰基正极材料具有较高的能量密度，但因其中锰的比率变高，在反复充放电时锰溶出至负极，使循环特性恶化，同时还具有倍率性能差、容量衰减快等问题。虽然截至目前，尚未有公开资料显示 LG 化学实现了富锂锰基正极材料的量产，但早在 2006 年就开始了对富锂锰基的专利布局（CN101228653A），而且在近五年发展迅速，其提出在富锂锰基上复合锂钨化合物或钨，以提高能量密度和倍率性能（KR20190038314A）；在富锂锰基表面涂覆贫锂 NCM，以提高容量和倍率性能（KR20190046617A）；将包覆掺杂后的富锂锰基＋与 NCM＋进行混合，并通过大小颗粒搭配，来提高容量、高温稳定性和循环性能（KR20190051862A）；并通过制备一次粒子小的富锂锰基，通过提高电极密度来提高容量（JP2020107602A）。富锂锰基正极材料也是其目前研究的重点方向之一。

住友近五年研究方向则主要集中在多元材料和镍锰酸锂。在多元材料方面，作为 NCA 正极材料技术全球第一的企业，其将 NCA 材料独家供应给松下电池，并最终用于特斯拉 Model 3。电动汽车产能的不断扩张带来巨大的动力电池以及相关材料的需求，使得住友更加专注于多元材料技术的研发和保护。另外，钴镍金属之间价差巨大，为了降低成本，高镍低钴的镍锰酸锂材料也是住友在正极材料领域布局的主要方向。

优美科是全球第一的正极材料龙头企业，布局最多的是三元材料和钴酸锂。虽然其总申请量并不高，但却拥有多项三元材料核心专利。基于这些核心专利，优美科近五年针对多元材料开展一系列基础性和改进性研究，以助力材料产业链布局和产能扩张。

宁德时代脱胎于新能源科技有限公司，2011 年开始进入动力电池行业，选择了主攻多元锂路线，是具有全球竞争力的中国动力电池龙头。

有上述分析可知，多元材料是这四家国内外代表性企业的布局重点。因此，接下来对 LG 化学、住友、优美科和宁德时代近五年申请的重点专利进行详细分析。

3.4.2 多元材料种类和技术主题分布

图 3-4-2 示出了国内外代表性企业近五年在华授权专利中多元材料种类分布图。由该图可知，从授权专利数量而言，住友和 LG 化学分别位居第一和第二；而从各自的研究重点而言，除优美科布局重点在 NCA 外，住友、LG 化学和宁德时代均更注重 NCM 材料的研发。近年来，LG 化学、住友、优美科和宁德时代等国内外企业不断加大高镍多元材料领域的研发投入，力求通过材料及工艺改进解决高镍 NCM 和 NCA 材料存在的问题，以打破产业化壁垒，同时进一步提高市场占有率。

从图 3-4-3 中可知，LG 化学布局全面，近五年重点专利主要涉及正极材料及其改性方法，制备工艺次之，可见其在材料本身方面技术储备量大、依赖度较低。而且，LG 化学作为韩国锂电龙头企业，除正极材料本身之外，也有部分专利涉及正极极片设计、正极添加剂和锂离子电池中的应用。在正极添加剂方面，通过最大化提高正负极配比中活性物质含量，进而得到高能量密度的电芯，如在正极材料中加入锂氧化物添加剂或锂离子传导性陶瓷材料添加剂，形成锂金属负极（WO2019004731A1、WO2019013511A2）；采用碳纳米管作为导电剂，既可以减少导电剂添加量，又能减少黏结剂的使用量，从而进一步提高电池的能量密度（WO2019164343A1）等。在正极极片设计和锂离子电池中的应用方面,通过极片的制备来以达到防止电池性能劣化、提高安全性能的目的。如 WO2019103573A1 提出在正极双重涂布活性材料和氧化锂类化合物,从而提高电芯的容量;WO2019078626A1 提出预锂化负极,并控制正负极不可逆容量和电压参数,以提高电芯的能量密度和寿命。

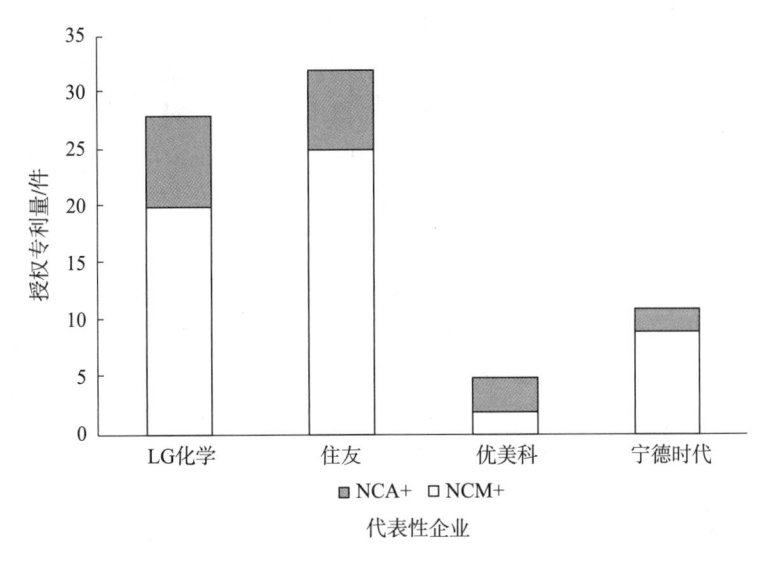

图 3-4-2 国内外代表性企业近五年重点专利多元材料种类分布

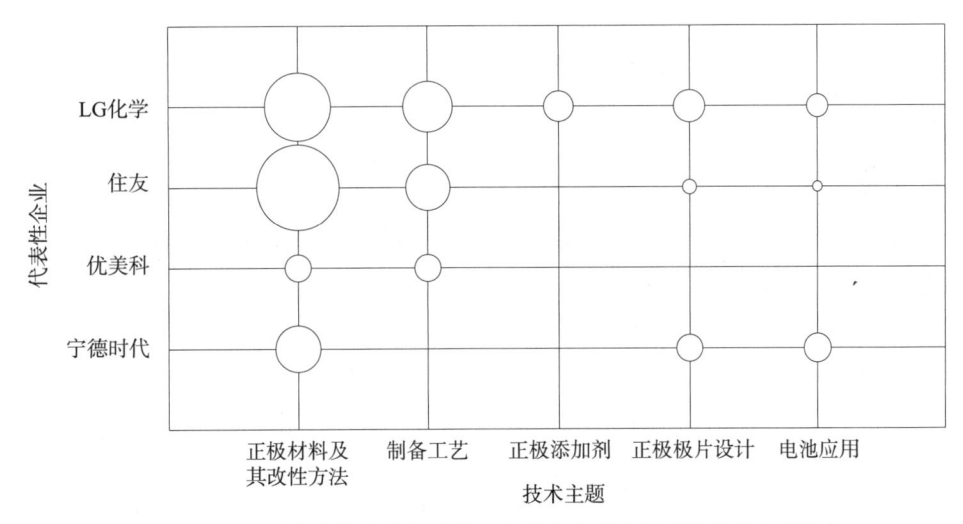

图 3-4-3 国内外代表性企业近五年重点专利多元材料相关主题分布

注:图中气泡大小表示申请量多少。

住友和优美科均十分擅长于对材料性能的改进以及生产工艺的革新。从图中可以看出,住友和优美科近五年授权专利多涉及正极材料及其改性方法、制备工艺,而较少涉及正极极片设计、电池应用和正极添加剂的研究。

宁德时代除通过子公司产能扩张增加其正极材料自供率之外,还较为依赖正极材料供应商和多元前驱体供应商。从图中可以看出,宁德时代在正极材料制备工艺方面专利布局稍有欠缺，除了在正极材料及其改性方法方面进行研究之外，还申请了较多正极极片设计和电池应用相关专利。宁德时代通过极片设计、正负极活性材料和电解液的合理搭配来提高电池的安全和循环性能：如通过控制正极极片的 OI 值，提高循环和安全性能（CN108878892A）；设计包含具有特定关系的富锂锰基正极、电解液和负极的电池，能够获得较好的高温、安全和循环性能（CN110265721A）；采用 NCM+/NCA+ 与富锂锰基的混合正极，且负极活性物质层和/或电解液中包括含硫化合物，能够在负极活性物质层形成稳定的含硫元素的固体电解质界面膜，从而达到提高安全和循环性能的目的（CN110265632A）；通过合理匹配 NCM/NCA 正极和负极材料的粉体压实密度，提高循环性能（CN108807974A）；通过合理设计 NCM/NCA 正极和负极极片的 OI 值，提高循环和安全性能（CN108832075A）；在极片上涂覆包含高分子基体、导电材料和无机填料的涂层，以保障电池的安全性（EP3654419A1）。

总体而言，国内外代表性企业近年来仍然以多元材料及其改性方法、制备工艺为其研发重点，部分企业对正极添加剂、正极极片设计和电池应用也稍有关注，这与企业自身定位密切相关。接下来，对 LG 化学、住友、优美科和宁德时代近五年重点专利采用的制备和改性手段及其技术功效进行重点分析。

3.4.3 技术手段和技术功效

图 3-4-4 和图 3-4-5 分别显示了国内外代表性企业近五年重点专利多元正极材料技术手段和技术功效分布。从图中可知，国内外企业采用表面涂覆、掺杂、浓度梯度、混合和颗粒形貌控制等多种制备和改性手段，在不断提高多元正极材料容量的同时，努力解决材料本身存在的容易发生相转变、氧气及相关气体产生、阳离子混排、离子表面致密层的形成、过渡金属溶出、微裂纹等影响电化学性能的问题。

LG 化学基于长期的技术储备，能够熟练运用表面涂覆、掺杂、浓度梯度、混合和颗粒形貌控制等技术手段，对多元正极材料进行改性和制备，在致力于提高容量的同时还重点关注如何提高多元材料的稳定性；此外，对于高温性能、循环性能、输出性能、倍率性能、首次充放电性能和安全性等也略有关注。住友的研究重点在于颗粒形貌控制，通过特定的制备工艺得到特定的多元正极材料二次颗粒，并对其进行进一步的表面涂覆、掺杂、浓度梯度和混合改性，兼顾多元正极材料的容量、循环、输出性能，并稍加关注稳定性、高温性能、安全性和首次充放电性能等，而较少关注倍率性能。优美科同样重点关注颗粒形貌，并主要采用表面涂覆的手段进行改性；同时，也涉及掺杂和浓度梯度，而较少采用混合的手段。对于技术功效，优美科在关注容量的同时还主要关注多元材料的循环性能，以及稳定性、输出性能等，对于倍率性能、首次充放电性能和安全性则较少关注。宁德时代主要运用掺杂的手段，并与表面涂覆、颗粒形貌、浓度梯度和混合等手段有机结合；对多元正极材料进行制备和改性，以提高多元材料的循环性能、安全性、稳定性、容量和高温性能，较少关注倍率性能、输出性能和首次充放电性能。

总体而言，国内外代表性企业近五年关注的重点仍是如何进一步提高多元正极材料的容量，同时，由于高镍多元材料具备不稳定的缺点，它们也普遍关注如何在保持

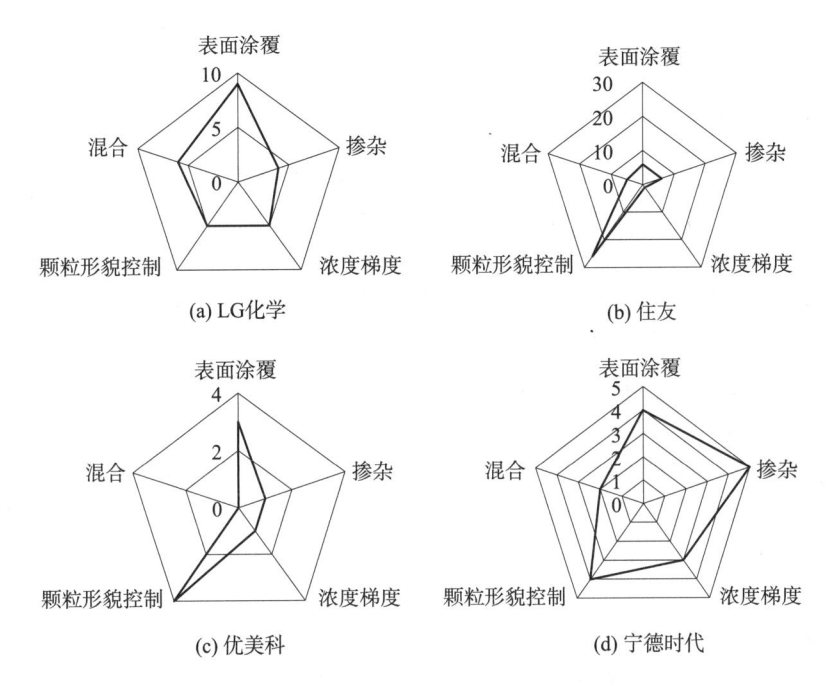

(a) LG化学
(b) 住友
(c) 优美科
(d) 宁德时代

图 3-4-4　国内外代表性企业近五年重点专利多元正极材料技术手段分布

注：图中数字表示申请量，单位为项。

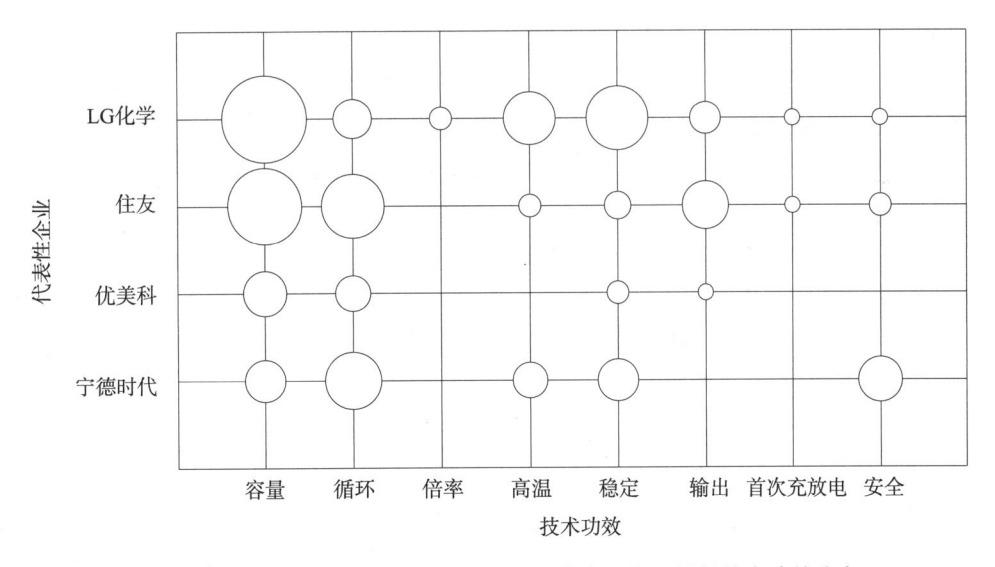

图 3-4-5　国内外代表性企业近五年重点专利多元材料技术功效分布

注：图中气泡大小表示申请量的多少。

多元正极材料容量的同时提高其稳定性。此外，由于正极材料应用于动力电池后的循环性能也与电动汽车总续航能力密切相关，国内外代表性企业也均针对如何提高循环性能进行大量研究。

接下来，对LG化学、住友、优美科和宁德时代近五年的重点技术发展路线进行分析。

3.4.4 企业重点技术发展路线

3.4.4.1 LG化学

LG化学高镍NCM+/NCA+多元正极技术发展路线如图3-4-6所示。从图中可以看出，LG化学近五年一方面不断提高镍含量，以提高多元正极材料的容量；另一方面，采用制备工艺改进和包覆、掺杂、浓度梯度、混合、单晶化等多种改性方法并行的技术路线对高镍NCM+/NCA+多元正极材料进行改进，在保持高容量的同时，提高其结构稳定性、化学稳定性和热稳定性。

高镍多元材料的结构稳定性、化学稳定性和热稳定性较低，同时，随着镍含量的增加，正极材料表面以LiOH和Li_2CO_3形式存在的锂副产物增加，发生的膨胀现象会导致电池的寿命和稳定性降低。为解决上述问题，KR20180077026A公开了高温稳定性优异的高镍NCM/NCA正极材料（$LiaNi_{1-x1-y1-z1}Co_{x1}M1_{y1}M2_{z1}M3_{q1}O_2$，M1选自Mn、Al，M2、M3选自Ba、Ca、Zr、Ti、Mg、Ta、Nb、W、Mo，$1.0 \leq a \leq 1.5$，$0 < x1 \leq 0.2$，$0 < y1 \leq 0.2$，$0 \leq z1 \leq 0.1$，$0 \leq q1 \leq 0.1$且$0 < x1+y1+z1 \leq 0.2$）的制备方法，通过在漂洗后进行特定条件下的高温热处理，减少锂副产物的残留量，提高结构稳定性，从而获得在重复充电时也具有优异的容量特性，且具有低电阻增加率的结构稳定的二次电池。

在优化制备工艺的同时，WO2018124781A1还提出在高镍N0.7CM+或NCA+的表面涂覆包含高含量钴的输出特性和稳定性优异的富钴层，以得到结构稳定且在重复充电时也具有优异的容量特性和低电阻增加率的高镍多元材料。

材料包覆层的选择对于材料性能的改进也至关重要。WO2019147017A1提出在高镍N0.6CM+颗粒表面涂覆玻璃态涂层，即硼、铝、硅、钛和磷中的至少一种锂氧化物，以提高容量、稳定性和高温寿命。WO2019168301A1提出在高镍N0.6CM+或NCA+的表面涂覆富钴层和锂硼氧化物，以在保持高容量的同时提高其高温稳定性。WO2019164313A1进一步提出在高镍N0.65CM+或NCA+表面涂覆钴、硼和镧、钛及铝中的至少一种锂金属氧化物，以提高容量和稳定性。WO2021015511A1提出在N0.7CMA+表面涂覆含Na/Al第一涂层和含B第二涂层，进一步提高容量和高温寿命。

除了表面涂覆外，掺杂也是常用改性方式。KR20180099542A提出在N0.8CM+或NCA+中掺杂钨，在高容量的同时确保寿命特性和高温安全性。WO2019078506A2提出在高镍N0.6CM+或NCA+中掺杂Li_2ZrO_3、$Li_6Zr_2O_7$、Li_8ZrO_6、$LiTiO_3$、$LiTaO_3$、$Li_2Si_5O_7$、$Li_2Si_5O_7$和/或$LiNbO_3$，以提高容量和结构稳定性。WO2020004988A1在N0.6CM+中掺杂钴和钛，锂层和过渡金属层交替布置且具有特定厚度，提高容量、输出、循环、稳定效果。

浓度梯度和混合也是改善材料性能的重要手段。WO2019103363A1提出具有核-壳结构和镍浓度梯度的N0.8CM+或NCA+，在保证高容量的同时提高稳定性。WO2019103460A1将具备镍、钴、锰浓度梯度的N0.6CM+或NCA+大小颗粒进行混合，以提高容量和高温稳定性。

为提高材料容量，还在提高镍含量的基础上，通过添加铝构成四元材料以及通过改变颗粒大小来提高其稳定性。例如KR20200070648A提出镍含量为90%的超高镍低

第3章 多元正极材料

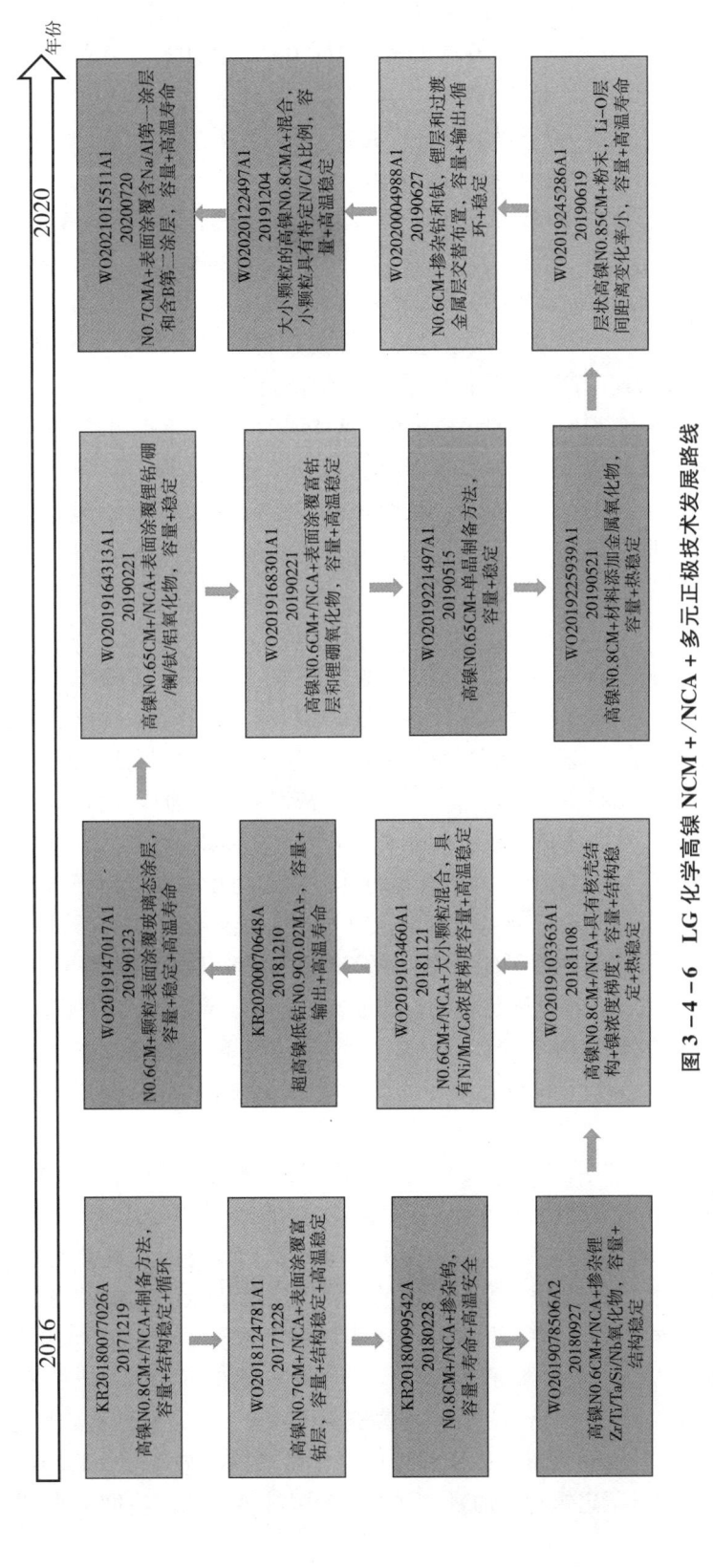

图3-4-6 LG化学高镍NCM+/NCA+多元正极技术发展路线

注：图中箭头表示申请时间的先后。

钴 NCMA + 多元材料（$Li_x[Ni_yMn_zAl_wCo_vM_u]O_2$，$0.90 \leq x \leq 1.50$，$0.90 \leq y \leq 0.98$，$0.01 \leq z < 0.1$，$0.01 \leq w < 0.1$，$0.005 \leq v \leq 0.02$，$0 \leq u \leq 0.02$），在具有优秀的容量特性的同时还具有优异的初始充放电特性、速率特性和高温寿命。WO2020122497A1 进一步提出将大小颗粒的高镍 N0.8CMA + 进行混合，其中小颗粒具有特定的 Ni、Co、Al 比例，在保持高容量的同时提高材料的高温稳定性。

一次粒子聚集形成的 NCM 二次粒子比表面积大、粒子强度低、锂副产物含量高，在电池运行期间产生大量的气体，导致稳定性降低。为了解决该问题，WO2019221497A1 通过控制高镍 N0.65CM + 单晶的粒径，降低比表面积，提高粒子强度，抑制轧制期间粒子的破裂，并通过降低锂副产物的量来减少与电解质的副反应，从而减少在电池运行期间产生的气体的量并且确保热稳定性。

为进一步改善高镍多元材料的热稳定性，WO2019225939A1 提出了在高镍 N0.8CM + 正极材料中添加金属氧化物 MoO_3、V_2O_5、ZrO_2、TiO_2、WO_3、CuO、NiO、MnO_2、Co_3O_4、Bi_2O_3、Sb_2O_3、Ga_2O_3 或 GeO，从而获得了具有高容量和优异热稳定性的正极。WO2019245286A1 提出了 Li – O 层间距离变化率小的层状高镍 N0.85CM + 粉末，能够获得优异容量特性和高温寿命特性。

3.4.4.2 住友

图 3 – 4 – 7 为住友 NCM + 多元正极技术发展路线。从图中可以看出，住友近五年对于 NCM + 主要采取二次粒子技术路线，通过颗粒形貌控制、多层和核壳结构设计、包覆、掺杂和混合等多种手段，提高其容量、循环特性、稳定性和输出特性等各方面的性能。

正极材料的容量维持率与电动汽车续航能力密切相关。为提高材料的容量维持率，住友提出了大量对二次粒子进行改进的专利：WO2018043653A1 提出一次粒子凝聚而成的 NCM + 二次粒子，二次粒子表面和核心均具有特定的孔隙率，粒子与电解液的接触面积增大，使锂离子的脱离（充电）和插入（放电）能够在二次粒子的内部进行，从而获得了高温循环下优异的容量维持率。WO2018052038A1 进一步提出 NCM + 二次粒子，其中一次粒子表面存在锂硼化合物，能够提高容量。WO2018123817A1 提出了具有 α – $NaFeO_2$ 型的晶体结构的 NCM + 二次粒子，在高电压下的循环性能较好。JP06368022B1 提出具有特定的细孔半径的 NCM + 二次粒子，能够提高高温和长时间充电下的循环性能。

此外，住友也设计了多层及核 – 壳结构的二次粒子以得到更好的性能。例如 WO2018097137A1 提出表面附近存在具有比板状一次粒子更小的微细一次粒子凝集而形成的低密度层的 NCM + 二次粒子；JP2018104276A 提出具有板状或针状一次粒子凝聚形成的中心部、由微细一次粒子凝聚形成的低密度层和板状一次粒子凝聚形成的高密度层的 NCM + 二次粒子，多层的结构设计能够提高容量、循环和输出特性。此外，WO2019163847A1 提出具有在粒子表面和粒子内部 Ni 比率不同的特定的核 – 壳结构且粒度分布控制在特定范围的 NCM +，具有高充放电容量，循环和热稳定性也优异。

包覆和掺杂也是提升 NCM + 二次粒子电化学性能的有效手段。JP2018142402A 提出对 NCMW 二次粒子限定钨的添加量，并限定升温速度、烧成温度，使钨均匀地存在

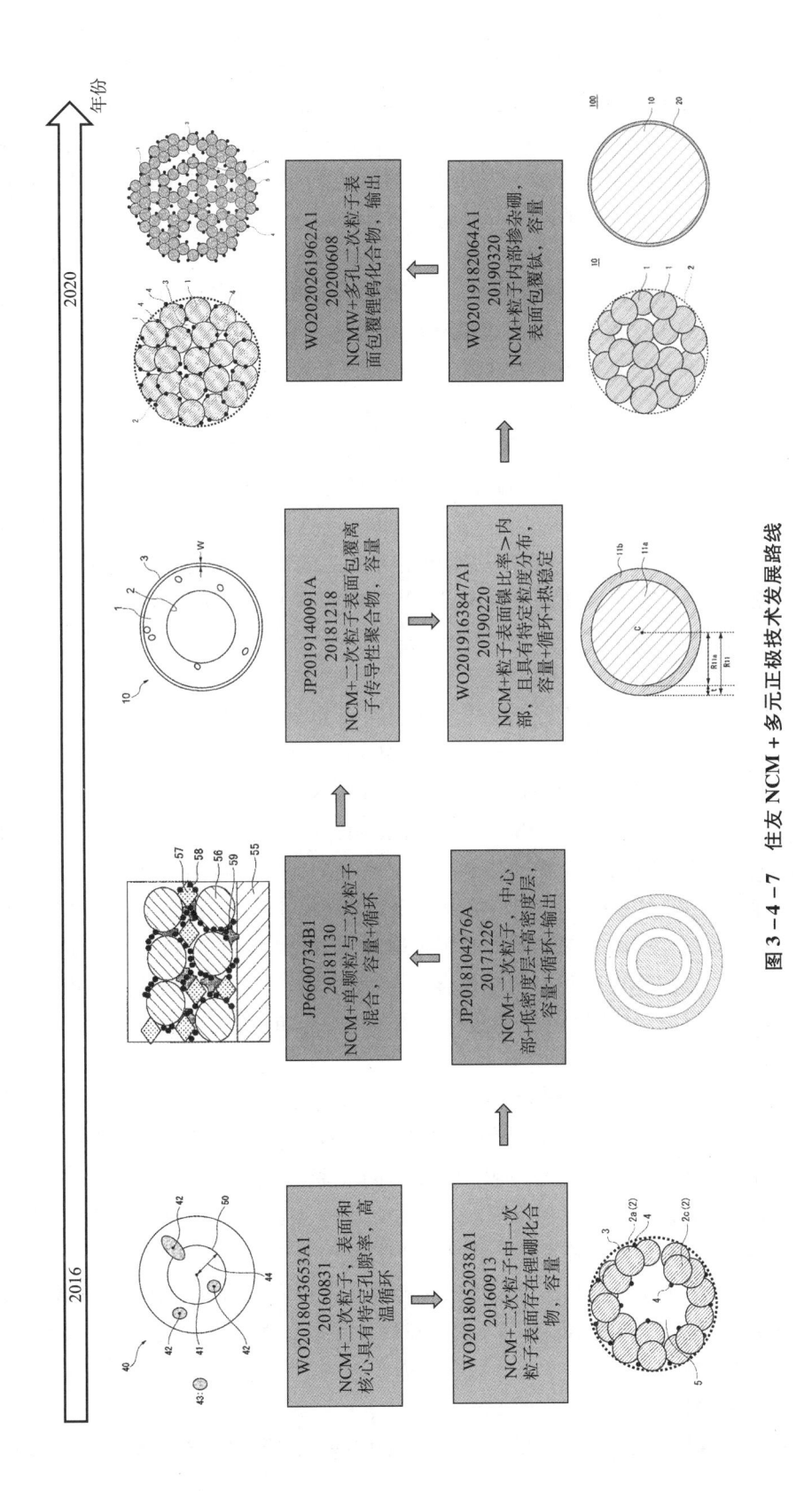

图 3-4-7 住友 NCM + 多元正极技术发展路线

于NCMW复合氧化物的粒子内部，提高输出特性；JP2019140091A提出NCM+二次粒子包覆离子传导性聚合物聚乙二醇（PEG）、聚环氧乙烷（PEO），提高初期放电容量；JP2020087858A提出NCM+或NCA+二次粒子掺杂Zr，提高循环和容量；WO2019182064A1提出NCM+粒子内部掺杂硼，表面包覆钛，具有高容量且抑制正极合剂糊剂的凝胶化；WO2020261962A1提出多孔NCMW+二次粒子包覆钨酸锂，进一步提高输出特性。

除二次粒子本身外，住友也将二次粒子与其他粒子混合。JP6600734B1提出将NCM+单晶与二次粒子混合，提高容量和循环性能。WO2018043671A1将NCM+一次粒子与二次粒子混合，具有较多的空隙，初次充放电效率优异。WO2019163846A1将具有核-壳结构的NCM+粒子，与均匀的NCM+粒子混合，提高容量和热稳定性。

此外，住友近五年对NCA+多元材料也进行了一些改进，主要集中于二次粒子、包覆以及高镍NCA的研究，以提高容量和循环性能。例如，JP2018014199A提出具有特定平均粒径的NCA二次粒子，具有高容量和循环性能；JP2019133937A提出具有特定晶体取向的NCA二次粒子，提高初期放电容量；JP2020033234A提出NCA+包覆过渡金属氧化物前驱体，提高初期放电容量；WO2019177032A1提出高镍NCA制备方法，提高容量和循环性能。

3.4.4.3 优美科

优美科NCM+/NCA+多元正极技术发展路线如图3-4-8所示。从图中可以看出，优美科近五年对于NCA+多元材料和NCM+多元材料采用了不同的改进路线。

对于NCA+多元正极材料，优美科主要通过对NCA+前驱体及制备工艺进行优化来提高材料容量等性能。JP2017188292A提出使用经控制的前体粒子并经过适当的烧成工序，得到具有特定的粉末粒径，能够获得具有高容量、高输出特性且抑制气体产生的NCA材料。JP2017197405A、JP2017199562A分别提出使具有特定粒径的NCA粉末与对甲苯磺酸金属盐、山梨酸金属盐或苯甲酸金属盐等特定的有机金属盐的水溶液接触而进行改性，去除烧成后残存的锂化合物，抑制气体产生，从而提高放电容量和循环维持率。WO2018234112A1提出通过将铝离子均匀分布在β-氢氧化镍的晶格中，从而获得高容量的NCA材料。

对于NCM+多元材料，优美科主要采用单晶化和核壳结构设计，结合浓度梯度的手段对NCM+多元材料进行改性，使容量高、循环性能更好。EP3428124A1提出具有N0.6CMA芯、$LiNaSO_4$涂层和NCM表面层的正极材料，以提高容量和稳定性。WO2019120973A1提出NCM+单晶颗粒，锂与过渡金属的比率接近1.0或略大于1.0，同时具有钴浓度梯度，能够提高循环性能。WO2021001501A1提出具有高镍N0.6CM+芯和含有特定含量的硫酸根离子的表面层，能够在保持高容量的同时提高其循环性能。WO2021001500A1提出具有N0.5CM+芯、$LiAlO_2$涂层和NCMA表面层的正极材料，提高容量和循环性能。

3.4.4.4 宁德时代

宁德时代NCM+/NCA+多元正极技术发展路线如图3-4-9所示。从图中可以看

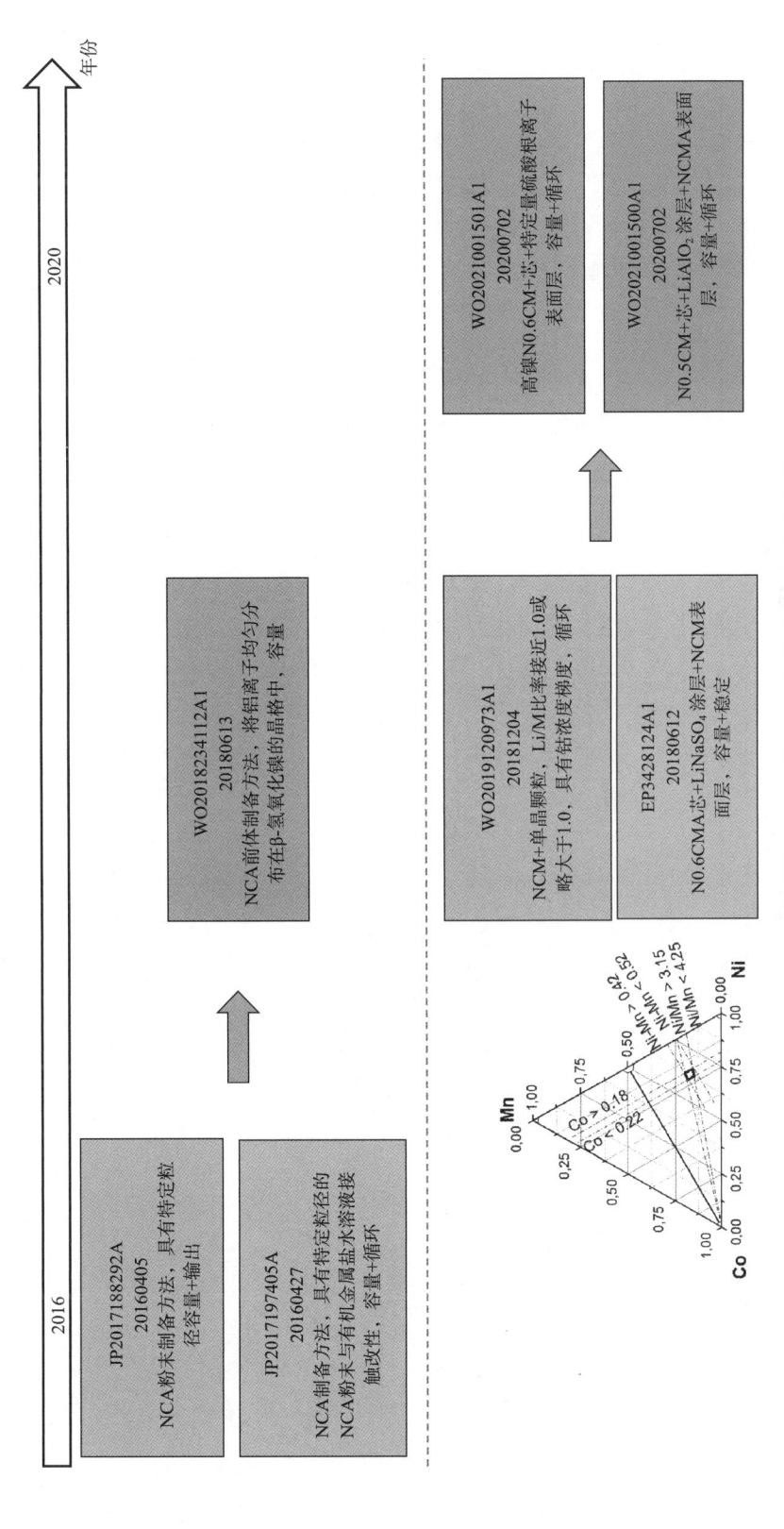

图 3-4-8 优美科 NCM + /NCA + 多元正极技术发展路线

图 3-4-9　宁德时代 NCM+/NCA＋多元正极技术发展路线

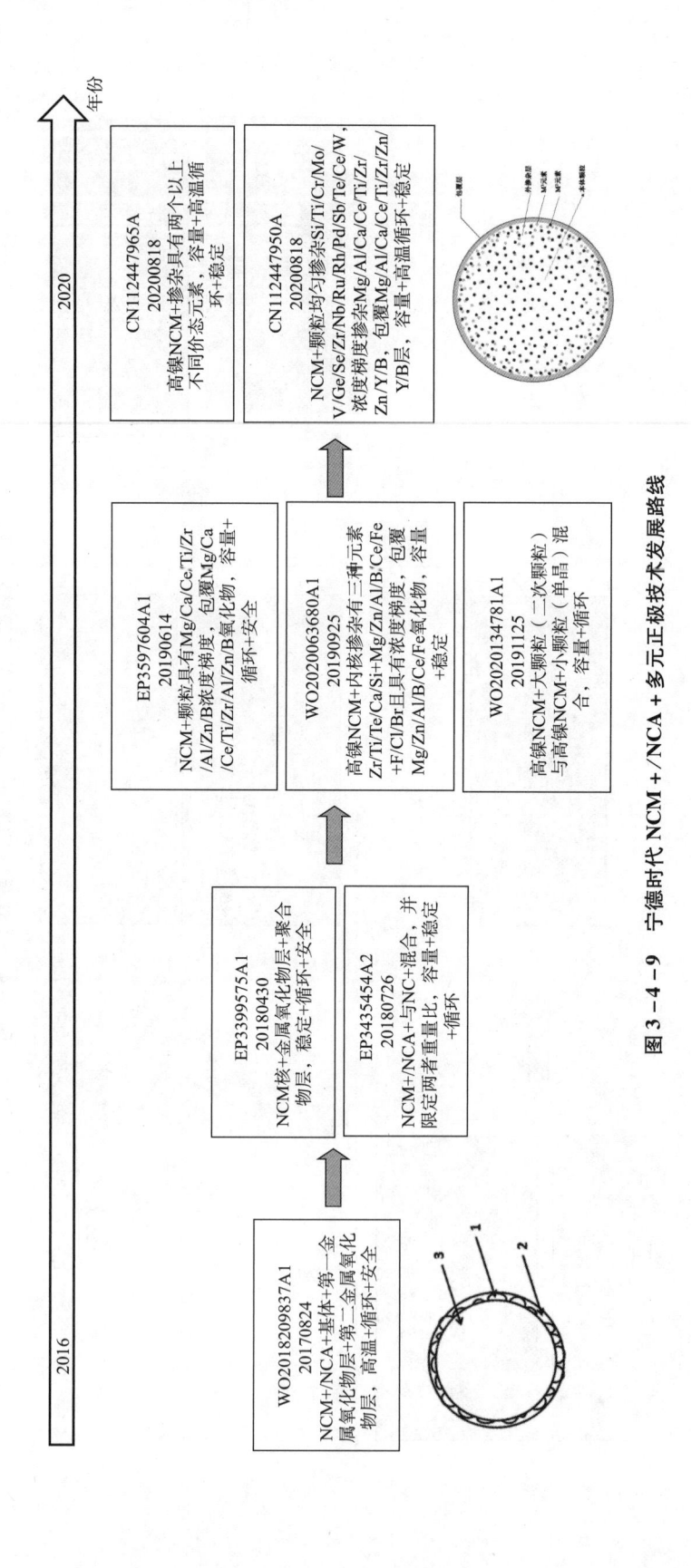

出，宁德时代近五年采取多层结构设计、混合的方法，并将颗粒形貌控制、包覆、掺杂、浓度梯度和混合等多种手段联用，对 NCM+/NCA+ 多元材料进行改性，以提高其循环和安全性能。

在多层结构设计方面，WO2018209837A1 提出在 NCM+/NCA+ 基体上形成 Li、Al、Zr、Mg、Ti、Y、Si、Ca、Cr、Fe、Zn、Nb、Sn、Ba、Cd 第一氧化物层和 Li、B、P、As、Pb、V、Mo、Sn 第二氧化物层，提高高温、循环和安全性。EP3399575A1 进一步提出在 NCM 核上形成金属氧化物层和聚丙烯酸、聚甲基丙烯酸甲酯、聚丙烯酰胺、聚丙烯酸锂等聚合物层，提高稳定、循环和安全性。

在混合方面，EP3435454A2 将 NCM+/NCA+ 与 NC+ 混合，并限定两者重量比，来达到高容量和较好的稳定、循环性能。WO2020134781A1 将高镍 NCM+ 大颗粒（二次颗粒）与高镍 NCM+ 小颗粒（单晶）混合，提高压实密度，从而在保证高容量的同时提高其循环性能。

在多种手段联用方面，EP3597604A1 提出具有 Mg、Ca、Ce、Ti、Zr、Al、Zn 及 B 浓度梯度的 NCM+ 颗粒，并包覆 Mg、Ca、Ce、Ti、Zr、Al、Zn 及 B 氧化物，提高容量、循环和安全性能。WO2020063680A1 进一步提出掺杂有三种元素 Zr、Ti、Te、Ca 或 Si+Mg、Zn、Al、B、Ce 或 Fe+F、Cl 或 Br 且具有浓度梯度的高镍 NCM+ 内核，并包覆 Mg、Zn、Al、B、Ce、Fe 氧化物，能够提高容量和稳定性。CN112447965A 提出在高镍 NCM+ 中掺杂具有两个以上不同的价态的元素，来提高其容量、高温循环和稳定性。CN112447950A 提出均匀掺杂 Si、Ti、Cr、Mo、V、Ge、Se、Zr、Nb、Ru、Rh、Pd、Sb、Te、Ce 及 W，浓度梯度掺杂 Mg、Al、Ca、Ce、Ti、Zr、Zn、Y 及 B 的 NCM+颗粒，并包覆 Mg、Al、Ca、Ce、Ti、Zr、Zn、Y 及 B 层，提高容量、高温循环和稳定性。CN112447967A 提出均匀掺杂过渡金属+卤素/非金属的 NCM+ 二次颗粒，其由核心至外表面含有多层径向排布的一次颗粒，并包覆 Mg、Al、Ca、Ce、Ti、Zr、Zn、Y 及 B，提高容量、高温循环和稳定性。

3.5 小　　结

本章对多元正极材料的全球/中国专利申请态势、全球专利技术流向、全球和中国重要申请人等方面进行大数据分析，全面了解该技术的总体状况；梳理了多元材料的组分调节、制备方法和改性手段的技术发展路线，深入研究 NCMA 四元材料重点专利的技术功效，并结合非专利文献重点研究了 NCMA 的元素配比情况，对 LG 化学、住友、优美科和宁德时代等国内外代表性企业的技术特点进行对比分析，为行业提供参考。通过分析，得到如下结论。

（1）多元正极材料专利总体状况

从全球/中国专利申请态势来看，多元正极材料自问世以来，其全球和中国的专利申请量均始终处于正向发展趋势且趋势总体相同，均可分为 1995～2009 年的低速发展期（在此阶段，中国专利申请量明显低于全球专利申请量，起步较晚）、2010～2015 年的快速发展期和 2016 年至今的高速发展期，2018 年全球专利申请量突破 1200 件大关，中国专利申请量也已突破 800 项大关。在政策的助推下，多元正极材料受惠明显，凭借较高的能量密度，发展势头良好。

从全球专利技术流向来看，多元正极材料领域的专利技术主要来源于中国、日本、韩国、美国四个国家，汽车工业发达的德国也掌握少量专利技术。虽然日本、韩国的专利申请量分别位居第二、第三，但它们在多元材料领域起步较早，已经进行了大量的专利布局，具有垄断性优势；中国虽然专利申请总量最大，但专利申请较晚，在该领域的发展缺乏核心专利。中国是多元正极材料领域最大的技术目标国，主要国家/地区到中国进行专利申请与布局的意愿较为强烈，中国向国外的技术输出却比较少；日本、美国、韩国和欧洲也是多元正极材料领域专利布局的重要市场，且这些国家/地区均十分重视多元正极材料领域海外专利布局，其中，日本相对于其余四局均为专利顺差，表明其技术输出程度极高。

从全球和中国重要申请人来看，多元正极材料领域的韩国重要申请人包括 LG 化学、三星等，作为全球领先的锂离子电池生产企业，2000 年前后开始多元正极材料领域专利布局。日本重要申请人包括住友、丰田、松下、日立、东芝、索尼和三洋等。中国重要申请人包括中科院、中南大学等高校和国轩高科、格林美、宁德时代、比亚迪和蜂巢能源等企业，可见我国高校和企业对于多元正极材料的研发均具有较高的热情。欧美重要申请人包括德国巴斯夫、美国 3M 和比利时优美科等。其中，巴斯夫全球化的产能布局是其核心优势之一，3M 基础研发实力雄厚，拥有多项多元材料核心专利。整体来看，全球专利申请量排名前十的申请人呈现中国、日本、韩国三足鼎立之势，全球正极材料的生产也主要集中在这三国。而中国动力电池市场也已经进入"三国杀"时代，即日韩巨头"杀"入，中国企业迎头追赶。目前我国正极材料企业格局较为分散，企业之间竞争比较激烈，多个省及直辖市均在该领域有一席之地，表明多元正极材料的技术研发并未受到明显的地域影响，也尚未形成固定的产业集群，垄断程度不高。

（2）多元正极材料技术发展路线

从多元材料组分来看，多元正极材料包括镍钴锰三元 NCM、镍钴铝三元 NCA、四元材料等，并呈高镍低钴的趋势发展。目前市场上应用广泛的多元材料 NCM333、NCM424、NCM523、NCM622、NCM811 的比容量分别在 166、160、172、181、205mAh/g。随着镍的含量突破 90%，通过 Al 的添加来改善稳定性问题，NCMA 的比容量可达到 238mAh/g，能量密度逐步提升，NCMA 成为当前高镍多元材料研究热点。

从多元正极材料制备工艺来看，最早的专利技术采用高温固相法，在固相法之后出现了共沉淀制备工艺，形成了高温固相法和共沉淀法两条工艺路线，在之后的研究中不断出现新的制备方法，如喷雾干燥法、溶胶凝胶法，以及微乳液法、熔融盐法、微波法、模板法等。且多元正极材料的合成大多分为两步进行，先采用如共沉淀法、溶胶凝胶法或者喷雾干燥法等方法合成多元前驱体，再将前驱体与锂盐混合后高温烧结合成相应的多元正极材料，其中，提高多元前驱体的物化性能对提高多元正极材料性能尤为关键。

从多元正极材料改性方法来看，包覆、掺杂、混合、浓度梯度、颗粒形貌控制和结构设计是常用的改善多元材料性能的手段，其中，掺杂和包覆改性一直以来均是国内外创新主体关注的重点。而2015年以来创新主体在研究掺杂和包覆改性的同时，也更关注单晶结构、多晶结构、核-壳结构、浓度梯度结构的结构设计、控制粒径等改性手段，尤其是浓度梯度改性和颗粒形貌控制，而将多种改性手段联合使用以全方位提升高镍多元材料的综合性能是未来的重要发展趋势。

对NCMA四元材料重点专利技术功效分析发现，相关专利主要是通过改进制备方法和元素掺杂以提高其容量及循环稳定性。通过与非专利文献的结合分析发现，NCMA各元素中，Al取代Ni有利于改善阳离子混排，降低极化，Al取代Mn有利于降低极化，表现出优异倍率能力和循环稳定性，Al取代Co将导致更严重阳离子混排现象。可见，高镍NCMA中Al的最佳取代位点为Mn，最优掺杂量在1%左右。

(3) 国内外代表性企业对比分析

从正极材料专利布局来看，虽然多元正极材料相关技术已经较为成熟，但其仍然是国内外代表性企业未来几年在锂离子电池正极材料领域的布局重点。其中，NCA、NCM811、NCMA等高镍多元正极材料是现有多元正极材料体系的主流发展方向，国内外企业近年来不断加大在该领域的研发投入，力求通过材料及工艺改进解决高镍NCM和NCA材料存在的问题。除正极材料本身之外，LG化学也有部分专利涉及正极极片设计、正极添加剂和在锂离子电池中的应用，宁德时代也对正极极片设计和电池应用稍有关注。

对于多元正极材料，国内外代表性企业关注的重点仍是如何进一步提高容量，同时，由于高镍多元正极材料具备不稳定的缺点，它们也普遍关注如何在保持容量的同时提高其稳定性。此外，由于正极材料应用于动力电池后的循环性能与电动汽车总续航能力密切相关，国内外代表性企业也均针对如何提高循环性能进行大量研究，主要采用的手段有表面涂覆、掺杂、浓度梯度、混合和颗粒形貌控制等。未来较有前景的锂离子正极材料还包括无钴材料、富锂锰基材料等。

从重点技术发展路线来看，LG化学近五年一方面不断提高镍含量，以提高多元材料的容量；另一方面，采用制备工艺改进和包覆、掺杂、浓度梯度、混合、单晶化等多种改性方法并行的技术路线对高镍NCM/NCA多元正极材料进行改进，在保持高容量的同时，提高其结构稳定性、化学稳定性和热稳定性。住友近五年对于NCM主要采取二次粒子技术路线，通过颗粒形貌控制、多层和核壳结构设计、包覆、掺杂和混合等多种手段，提高其容量、循环特性、稳定性和输出特性等各方面的性能。优美科近五年对于NCA多元材料和NCM多元材料采用了不同的改进路线：一方面，对NCA前驱体及多元正极材料的制备工艺进行优化；另一方面，采用单晶化和核壳结构设计，结合浓度梯度的手段对NCM多元材料进行改性，以得到容量高、循环性能好的NCM/NCA多元材料。宁德时代近五年采取多层结构设计、混合的方法，并将颗粒形貌控制、包覆、掺杂、浓度梯度和混合等多种手段联用，对NCM/NCA多元材料进行改性，以提高其循环和安全性能。

第4章 钠离子正极材料

4.1 简　介

早在1870年，法国作家儒勒·凡尔纳在《海底两万里》中首次提出了用Na构造二次电池的想法。1978年，法国Delmas等首次研究Na_xCoO_2层状氧化物正极材料的脱嵌钠电化学性能。1980年，Hagenmuller等报道了四种不同结构的层状Na_xCoO_2的储钠性能，四种结构分别为：$0.55 \leqslant x \leqslant 0.60$（P'3）；$0.64 \leqslant x \leqslant 0.74$（P2）；$x=0.77$（O3）和$x=1$（O3）。之后也陆续有关于储钠正极的报道，但是自从1990年后，锂离子电池实用化吸引了人们的注意力，而本身在能量密度指标上并不占优势的钠离子电池研究则在随后的20年中几乎处于停滞状态。

随着全球电池需求量的迅速增长，锂资源开始面临着资源约束问题，人们又一次将目光转向更具资源优势的钠离子电池，开发出一系列储钠电池材料。钠离子电池在工艺及技术方面与锂离子电池非常相近，但是锂离子具有所有金属离子的最小半径之一的特点，与许多材料的间隙空间相容，而钠离子的半径较大，在电极材料的嵌入脱出更困难，所以寻找合适的电极材料来进行储钠成为一个巨大的挑战。与负极材料相比，正极材料的选择更为关键，需要满足原料丰富、比容量高、工作电压高及结构稳定等条件。可见，发展高性能的嵌钠正极材料是提高钠离子电池比能量和推进其应用的关键。

2006年日本Okada等首次报道$NaFeO_2$的可逆充放电行为，2007年加拿大Nazar等提出Na_2FePO_4，2011年全球首家钠离子电池公司Faradion在英国成立，2014年中科院物理所胡勇胜等首次发现Cu^{3+}/Cu^{2+}电对电化学活性并提出Cu基正极材料，2017年中科海钠科技有限责任公司（以下简称"中科海钠"）成立，并于2018年推出全球首款钠离子电池电动车，其采用的钠离子正极材料为钠过渡金属氧化物。钠过渡金属氧化物可分为隧道型氧化物和层状氧化物，其中，层状氧化物具有较高的容量和充放电电压，但充放电过程中存在着许多相变，长期的循环将导致结构的坍塌。[1]

此外，研究较为广泛的钠离子正极材料还包括聚阴离子类化合物、钠过渡金属、氧化物、普鲁士蓝类化合物等。

聚阴离子类化合物中电化学性能比较突出有磷酸盐［如$Na_3V_2(PO_4)_3$］、焦磷酸盐（如$Na_2MP_2O_7$）和硫酸盐［如$Na_2Fe_2(SO_4)_3$］。这类化合物作为正极材料具有如下的特点：框架十分稳固，可以获得更高的循环性与安全性，但是这类化合物存在电

---

[1] 方永进，陈重学，艾新平，等. 钠离子电池正极材料研究进展 [J]. 物理化学学报，2017 (1)：211-241.

子电导率和体积能量密度低的问题。

普鲁士蓝类化合物具有较高的电压和可逆容量，并且成本较低，具有潜在的应用前景，但是循环稳定性有待改善，材料极易形成缺陷，影响材料整体的容量和电化学性能，且高温受热易分解，存在一定的安全隐患。

本章拟从钠离子正极材料专利分析角度出发，结合行业现状，聚焦行业痛点，挖掘技术难点，分析技术前景，提出推动钠离子电池产业化建议。

4.2 专利状况分析

本节共分为五小节，主要包括对钠离子正极材料的全球/中国专利申请态势、技术迁移、重要申请人、技术构成、技术发展生命周期五个方面分析。

4.2.1 全球/中国专利申请态势

如图4-2-1和图4-2-2所示，总体而言，钠离子正极材料在全球范围和中国范围的专利申请态势规律基本相同。在2000年前，该领域的研发并没有受到重视，[1] 20世纪70年代出现了钠离子正极材料方面的研究，然而这段时期相应的技术仅处于技术萌芽期；2000～2010年，在能源危机的影响下，部分国家/地区逐步在电动汽车领域投入越来越多的成本以致力于解决能源问题，但早期电动汽车大多采用锂电池作为动力电池，因此尽管行业在飞速发展，钠离子正极材料领域的研究仍处于缓慢增长阶段；随着市场对于高容量廉价的锂离子电池替代品的需求越来越高，2011～2017年，钠离子电池的专利申请量呈现较为可观的增长，虽然存在一定震荡，但总体仍然呈现快速发展趋势，也促使钠离子电池成为"后锂离子电池"领域的重要分支；但2018年后，钠离子正极材料行业的关注度虽然日益上涨，但是最终还是受到钠离子电池仍然无法商业化等因素以及专利申请存在未完全公开的情况影响，专利申请量上出现了较为明显的滑坡。

我国的申请量在全球申请量中占比较大，且国内高校和企业对于钠离子电池的研发热情较高，因此我国钠过渡金属氧化物、普鲁士蓝材料技术的发展趋势基本决定了全球钠离子正极材料技术的发展趋势。

4.2.2 技术迁移

技术来源国家/地区能够反应不同国家/地区的技术实力，而目标国家/地区则反映了不同国家/地区的市场发展程度。通过对钠离子正极材料全球专利申请的来源国家/地区和目标国家/地区进行分析，课题组得到了聚阴离子类化合物、钠过渡金属氧化物和普鲁士蓝材料作为钠离子正极材料相关技术的全球技术迁移情况，见图4-2-3至图4-2-5。

---

[1] 刘建文，姜贺阳，孙驰航，等. P2结构层状复合金属氧化物钠离子电池正极材料［J］. 化学进展，2020（6）：803-816.

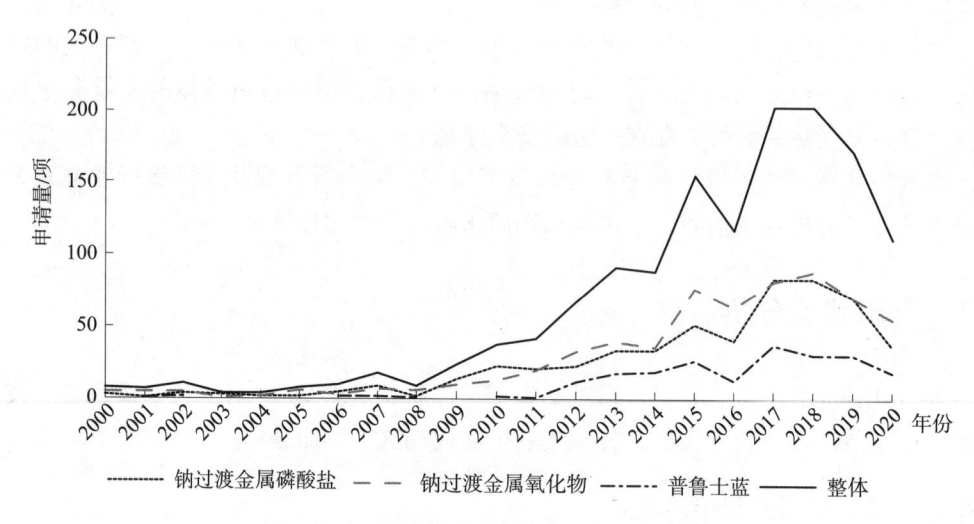

图 4-2-1　钠离子正极材料全球专利申请态势

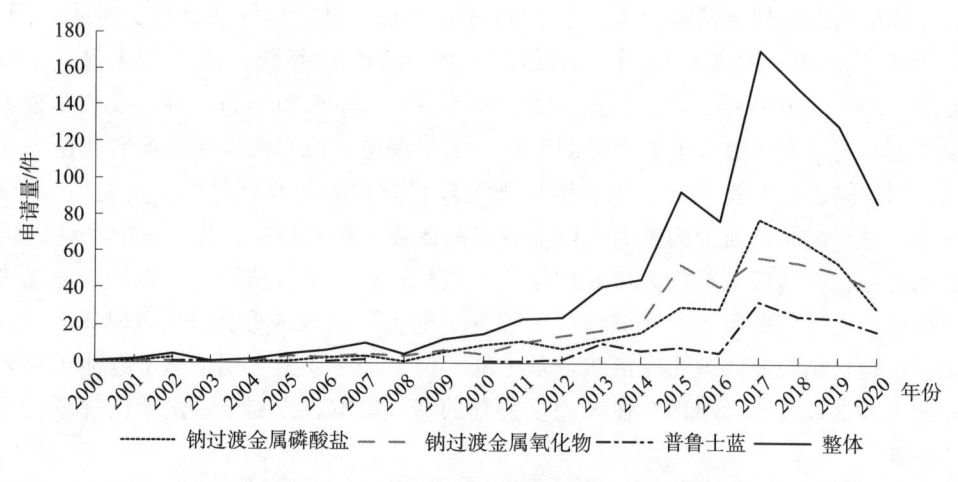

图 4-2-2　钠离子正极材料中国专利申请态势

从图 4-2-3 显示的聚阴离子类化合物技术迁移情况可以看出，中国、美国和日本属于该领域的重要技术来源国，其中美国的专利申请总量最高，而日本向外输出的专利量最多。此外，还可以看出，中国在该领域的专利流向其他国家/地区较少，少量流向美国和欧洲，而美国和日本均在五个国家/地区中均匀布局，这也表明了中国专利申请的布局意识相对于同为重要技术原创国的美国和日本来说仍有待提高。另外，韩国以及欧洲虽然具有较高的专利布局意识，然而在聚阴离子类化合物领域的专利申请量相对来说较少，在技术上并不存在较高的优势。

图 4-2-4 反映了钠过渡金属氧化物的技术迁移情况。与聚阴离子类化合物领域类似，中国、日本和美国仍然属于技术来源国的第一集团，且虽然中国在本国内的专利申请量居高，日本和美国排名紧随其后，但受专利布局的策略影响，日本和美国在

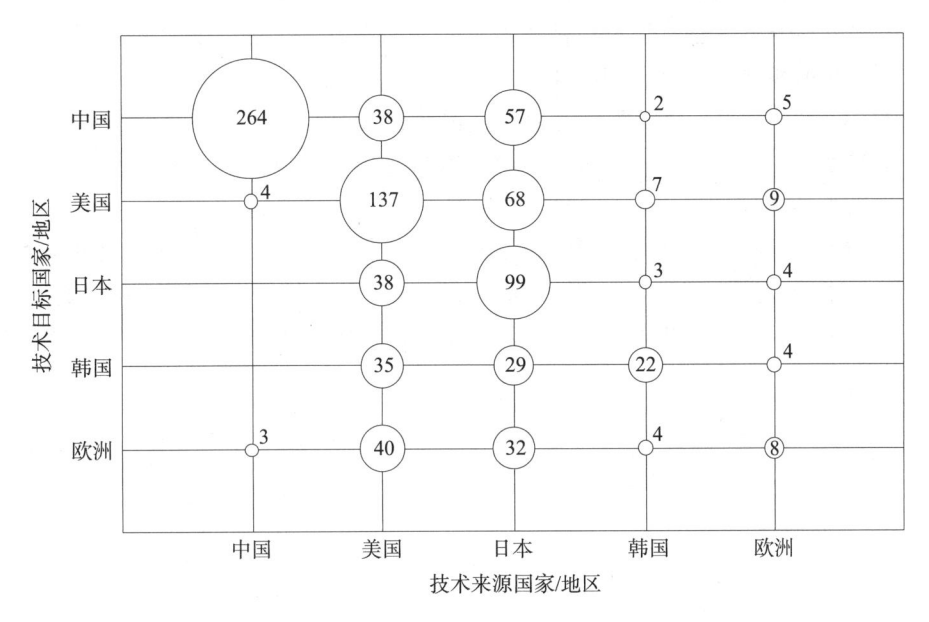

图4-2-3 聚阴离子类化合物技术迁移情况

注：图中数字表示申请量，单位为项。

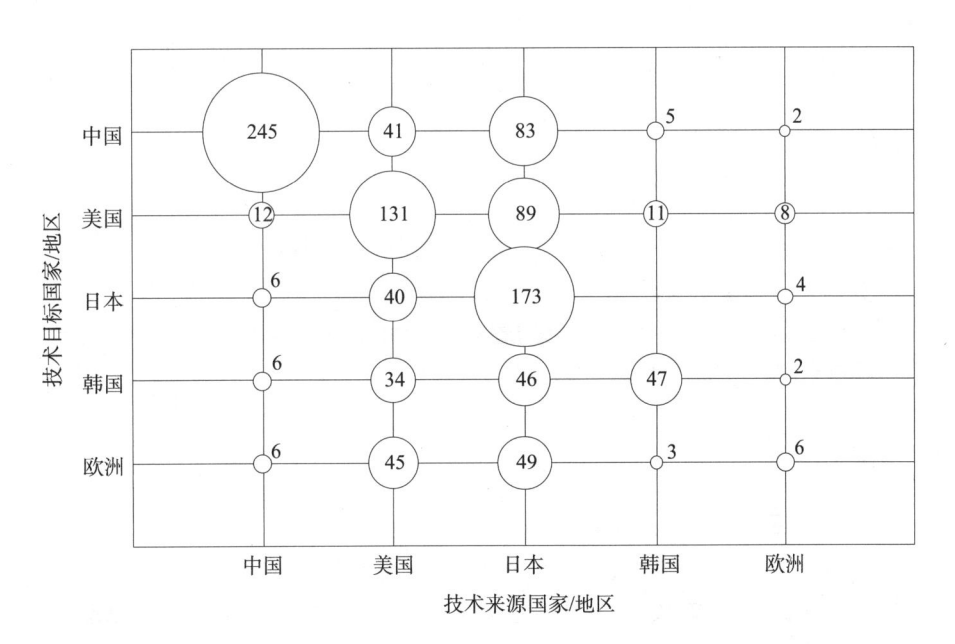

图4-2-4 钠过渡金属氧化物技术迁移情况

注：图中数字表示申请量，单位为项。

专利申请总量上超过了中国，位居钠过渡金属氧化物领域中第一位、第二位，成为最主要的技术来源国和输出国。根据图中可知，这些国家/地区在美国和中国布局的专利申请数量领先于其他国家/地区，也就是说美国和中国属于全球范围内钠过渡金属氧化物领域中的主要市场。另外，与聚阴离子类化合物不同的是，在钠过渡金属氧化物领域中，中国专利申请的输出数量虽然不多，但可以看出也是尽力地进行了布局，向美国、日本、韩国和欧洲等国家/地区均有输出。

图4-2-5显示了普鲁士蓝类化合物技术迁移情况。相比前面两个领域可以发现，普鲁士蓝类化合物技术迁移情况的专利申请数量与之相差甚大，且中国国内申请的专利基本运用于本国内部，这一定程度上说明了中国针对普鲁士蓝的研究基本集中在国内，对外出口的技术很少。而美国、日本、韩国和欧洲在这些国家/地区均采取了相应的布局策略。其中，美国的专利布局策略相比于其余三个国家/地区更加均衡，是普鲁士蓝类化合物重要的技术来源国，同时也是该领域最大的技术输出国和主要市场。

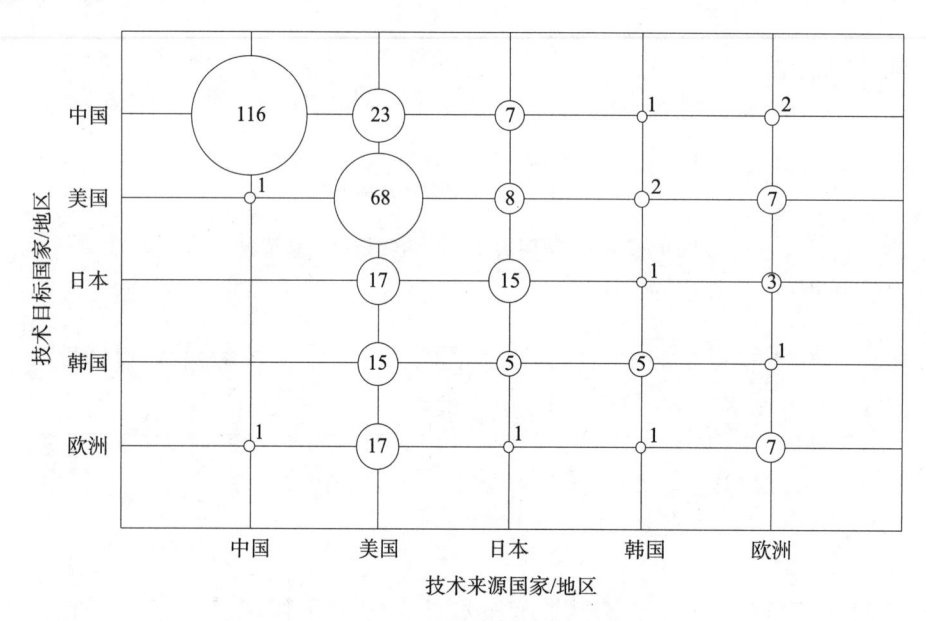

图4-2-5 普鲁士蓝类化合物技术迁移情况

注：图中数字表示申请量，单位为项。

4.2.3 重要申请人

4.2.3.1 钠离子正极材料重要申请人

图4-2-6是全球范围内钠离子正极材料申请人排名情况。如该图所示，在前十申请人中，申请人主要来自中国、日本和美国，可见这三国对该领域的关注度较高。

在前十申请人中，中国申请人占比最多，其中中科院和中南大学的专利申请量不相上下，分别位于第一位和第二位。排名第三、第四和第五的分别是来自日本的住友、东芝和丰田，可见日本在钠离子正极材料领域具备较大的竞争优势。同时，在前十位申请人当中，来自日本和美国的申请人均为企业，与国内的代表性企业宁德时代相比，申请量均具有明显优势，体现了我国仍然存在很大的产业化发展空间。

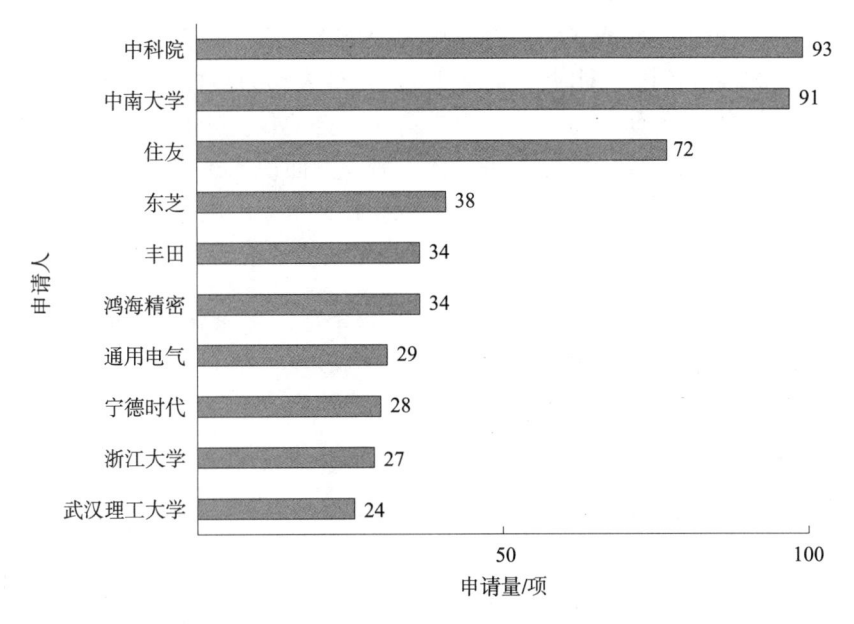

图 4-2-6 钠离子正极材料全球申请人排名

申请人（申请量/项）：
- 中科院 93
- 中南大学 91
- 住友 72
- 东芝 38
- 丰田 34
- 鸿海精密 34
- 通用电气 29
- 宁德时代 28
- 浙江大学 27
- 武汉理工大学 24

4.2.3.2 聚阴离子类化合物重要申请人

图 4-2-7 示出了聚阴离子类化合物全球申请人排名。由图可知，在全球前十申请人中，中国申请人占据半数（其中宁德时代与住友、东芝并列第八），其中中南大学和中科院的专利申请数量位列第一和第二，同时，两者的研究团队在相关材料领域发表了多篇高水平论文，体现了我国高校/科研机构在聚阴离子类化合物的研究优势。

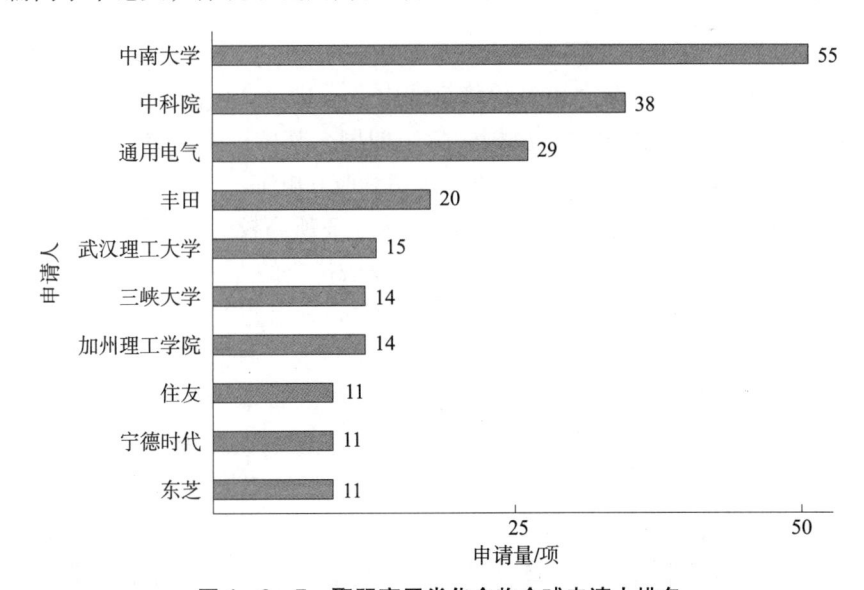

图 4-2-7 聚阴离子类化合物全球申请人排名

申请人（申请量/项）：
- 中南大学 55
- 中科院 38
- 通用电气 29
- 丰田 20
- 武汉理工大学 15
- 三峡大学 14
- 加州理工学院 14
- 住友 11
- 宁德时代 11
- 东芝 11

在全球前十申请人中，来自中国的企业有宁德时代，来自美国的企业有通用电气，而来自日本的企业有电池制造企业住友和东芝，还包括汽车制造企业丰田。

图4-2-8示出了聚阴离子类化合物国内申请人排名。由图可知，前十位申请人中有5位为高校/科研机构，同时排名前四位的申请人均为高校/科研机构，说明了该项技术仍然是国内高校的研究热点。国内申请人中企业仅有宁德时代一家。这一方面说明了我国企业还没有形成足够的竞争优势，另一方面说明了我国企业可与高校进行联合开发，促进产学研一体化布局，从而提高核心竞争力。同时，来自日本的企业住友、东芝、电气硝子株式会社和来自美国的通用电气的申请量均位于前十位申请人中。

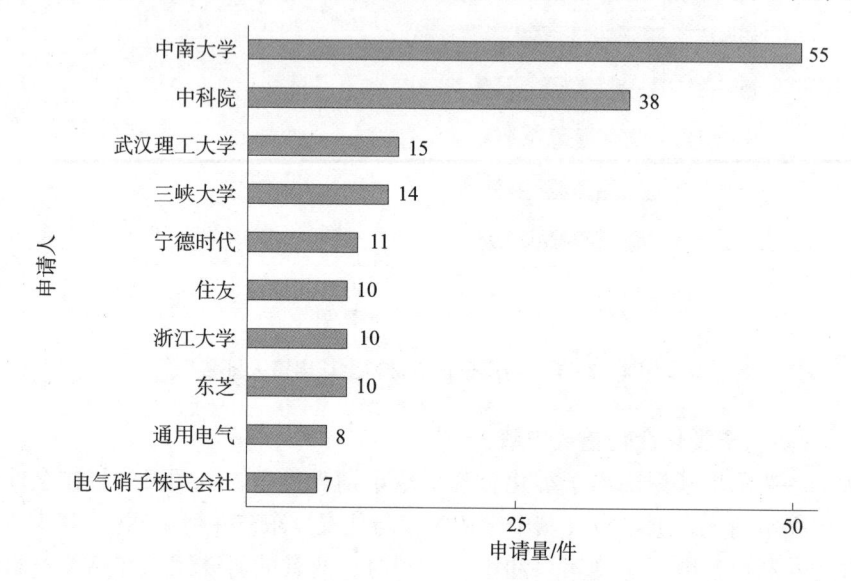

申请人	申请量/件
中南大学	55
中科院	38
武汉理工大学	15
三峡大学	14
宁德时代	11
住友	10
浙江大学	10
东芝	10
通用电气	8
电气硝子株式会社	7

图4-2-8 聚阴离子类化合物中国申请人排名

4.2.3.3 钠过渡金属氧化物重要申请人

图4-2-9示出了钠过渡金属氧化物全球申请人排名。由图可知，在前十申请人中，申请人主要来自中国、日本、英国、韩国四国。其中，来自日本的申请人最多，包括5家企业，分别是住友、东芝、松下、丰田和昭和电工，且住友的申请数量位列第一。中国的申请人包括中科院、中南大学和天津大学3所高校/科研机构，且中科院和中南大学的申请数量分别位列第二、第三。英国企业法拉典的专利申请数量位列第六，韩国的申请人为韩国电子通信研究院，其专利申请数量位列第九（其中与昭和电工并列）。

从申请人数量来看，中国与日本的申请人数量和主要申请人的申请量总和相差不大，韩国的申请人数量和主要申请人申请量较少。但与日本申请人均为企业不同，中国和韩国的申请人均为高校/科研机构，说明了在该领域的研发投入方面，中国和韩国企业的投入较为薄弱，高校/科研机构的研究成果转化率有待进一步加强。

图4-2-10示出了钠过渡金属氧化物中国申请人排名。由图可知，中国申请人占据半数以上，分别包括中科院、中南大学、天津大学、复旦大学和武汉理工大学5所高校/科研机构和中科海钠1家企业。与全球申请人中中国国内申请人主要集中在高校/科研机构的情况相比，在钠过渡金属氧化物领域中国企业中科海钠表现较为亮眼，在国内企业中具有领军优势。同时，在该领域的日本代表性企业住友、东芝、丰田、

TDK 和英国代表性企业法拉典均位于该领域中国申请人前十位,体现了这些代表性企业对中国市场的重视。

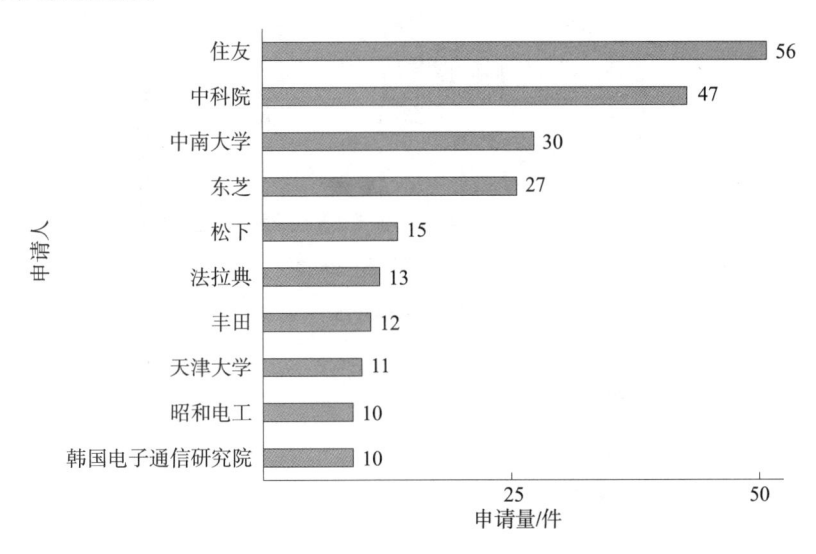

申请人	申请量/件
住友	56
中科院	47
中南大学	30
东芝	27
松下	15
法拉典	13
丰田	12
天津大学	11
昭和电工	10
韩国电子通信研究院	10

图 4-2-9 钠过渡金属氧化物全球申请人排名

申请人	申请量/件
中科院	47
中南大学	30
住友	25
东芝	18
法拉典	13
天津大学	11
复旦大学	9
丰田	8
中科海钠	7
武汉理工大学	7
TDK	7

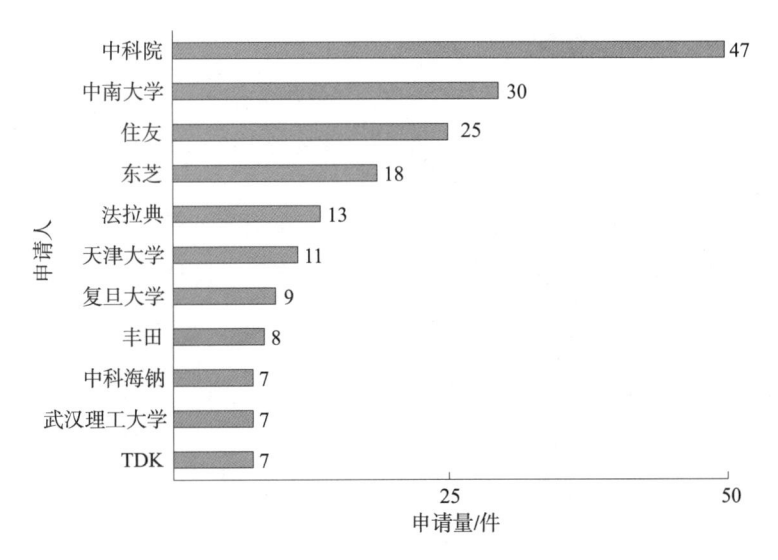

图 4-2-10 钠过渡金属氧化物中国申请人排名

4.2.3.4 普鲁士蓝重要申请人

图 4-2-11 示出了普鲁士蓝全球申请人排名。由图可知,在前十申请人中,鸿海精密的专利申请量最多,占据榜首的位置;来自美国的申请人分别是排名第二的美国能源部和排名第九的 Natron Energy;来自中国的高校/科研机构分别是排名第三的浙江大学、排名第五的中科院、排名第六的上海交通大学和中南大学,来自中国的企业分别是排名第四的宁德时代和排名第五的国家电网;来自日本的企业为排名第十的住友。这说明在该领域中美两国具有较大的发展优势。

图 4-2-12 示出了普鲁士蓝中国申请人排名。由图可知，在前十位申请人中，中国的高校/科机构所占据半数以上，体现了国内在该领域主要处于研发阶段；国内企业中宁德时代表现亮眼，申请量排名第二，在所有企业中申请量排名第一，宁德时代在该领域的研发其有领军优势；来自外国的申请人仅有住友一家企业，且专利申请量较少，说明了国外企业在国内尚未形成较为完善的专利布局，中国企业可加大研发投入，进一步提高自身优势。

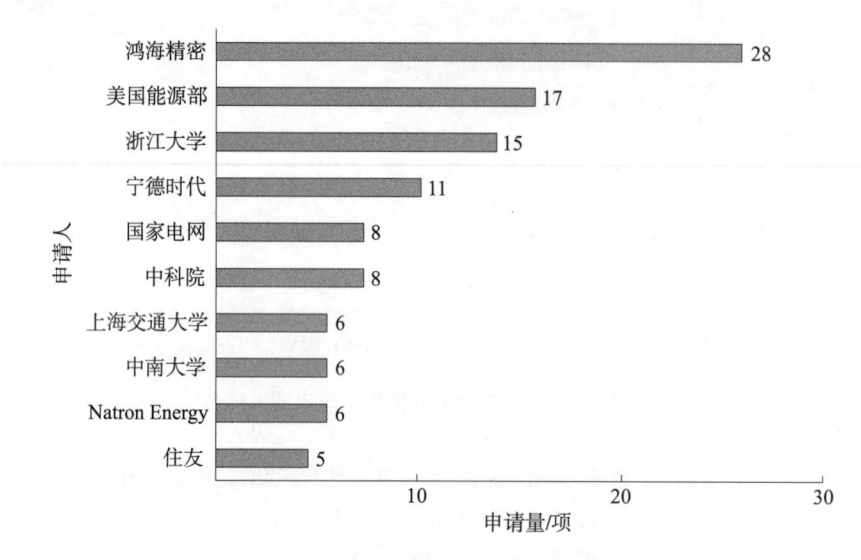

图 4-2-11 普鲁士蓝类化合物全球申请人排名

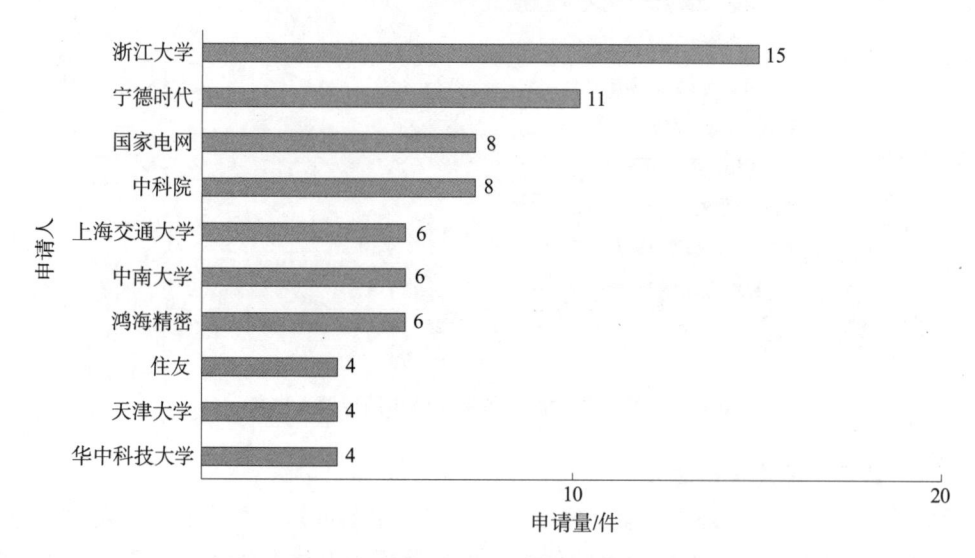

申请人	申请量/项
鸿海精密	28
美国能源部	17
浙江大学	15
宁德时代	11
国家电网	8
中科院	8
上海交通大学	6
中南大学	6
Natron Energy	6
住友	5

图 4-2-12 普鲁士蓝类化合物中国申请人排名

申请人	申请量/件
浙江大学	15
宁德时代	11
国家电网	8
中科院	8
上海交通大学	6
中南大学	6
鸿海精密	6
住友	4
天津大学	4
华中科技大学	4

4.2.3.5 钠离子正极材料新增申请人

分析 2017 年之后钠过渡金属氧化合物、聚阴离子类化合物以及普鲁士蓝类化合物三种材料领域申请人情况可以发现，2017 年之后新增的申请人主要集中在国内。其中钠过渡金属氧化合物新增加的申请人有钠创新能源、南开大学和西安交通大学;聚阴离子类化合物新增加的申请人有复旦大学、天津大学和福建师范大学;普鲁士蓝类化合物新增申请人有天津大学、钠创新能源和合肥工业大学。可见,国内创新主体在钠离子材料领域研究投入较大,其中表现较为突出的企业为浙江的钠创新能源。该企业自2018年成立以来迅速发展,申请了较多钠离子电池相关专利,与中科海钠共同作为目前国内钠离子电池研究和产业化的前沿代表,同时积极与上海交通大学进行联合开发,进一步提升其在该领域的发展速度。

4.2.4 技术构成

由图4-2-13可知,在全球钠离子正极材料的三个主要分支中,涉及钠过渡金属氧化物的专利申请量占比为45%,涉及聚阴离子类化合物的专利申请量占比为40%,涉及普鲁士蓝类化合物的专利申请量占比为15%。由图4-2-14可知,在中国的专利申请中,涉及钠过渡金属氧化物的专利申请数量占比为43%,涉及聚阴离子类化合物的专利申请量占比为41%,涉及普鲁士蓝类化合物的专利申请量占比为16%。由此可知,钠离子正极材料相关的中国申请的技术构成与全球申请的技术构成比例几乎一致。

图4-2-13 钠离子正极材料全球技术构成分布

图4-2-14 钠离子正极材料中国技术构成分布

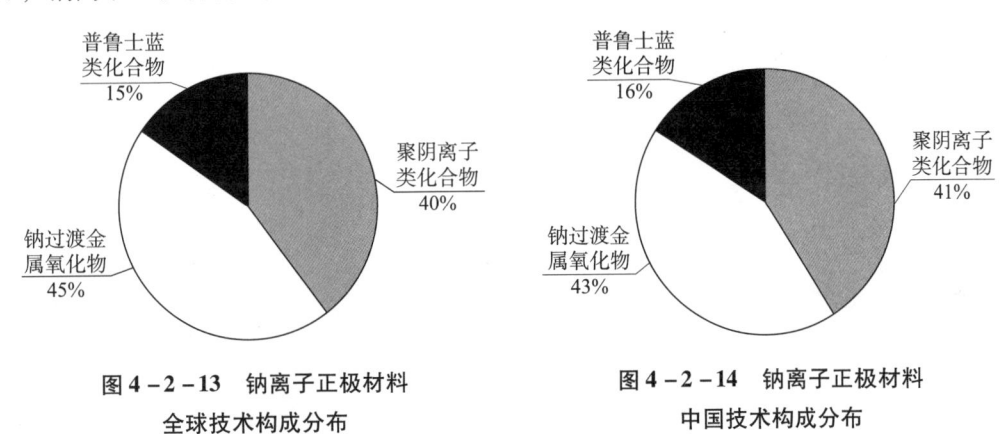

图4-2-15示出了钠离子正极材料技术不同技术分支的地域分布情况。由图可以得知,中国和美国在钠过渡金属氧化物和聚阴离子类化合物分支的专利申请较多,且比例相对较为平均;日本和韩国更偏重钠过渡金属氧化物这个方向的技术;欧洲整体的技术原创较少,也未体现出明显偏重。

4.2.5 技术生命周期

图4-2-16至图4-2-18示出了钠离子正极材料技术生命周期。由图可知,钠过渡金属氧化物、聚阴离子类化合物和普鲁士蓝类化合物三个技术分支的生命周期并不相同。

图4-2-16给出了聚阴离子类化合物的技术生命周期发展趋势,从图中可以看出不同申请人/专利权人在不同年份的申请总量变化关系。1969~2006年,由于对钠离子电池的技术研究较少,因此相应的申请人和申请总量也相应较少,基本维持在5件以

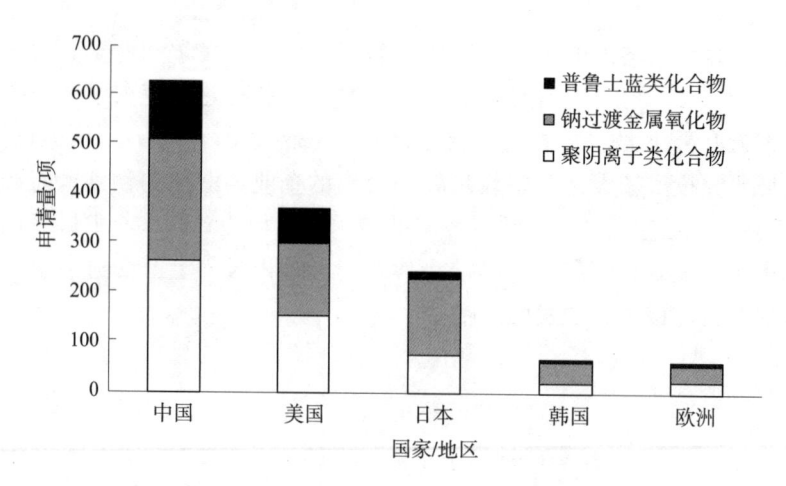

图 4-2-15 钠离子正极材料全球技术原创地域分布

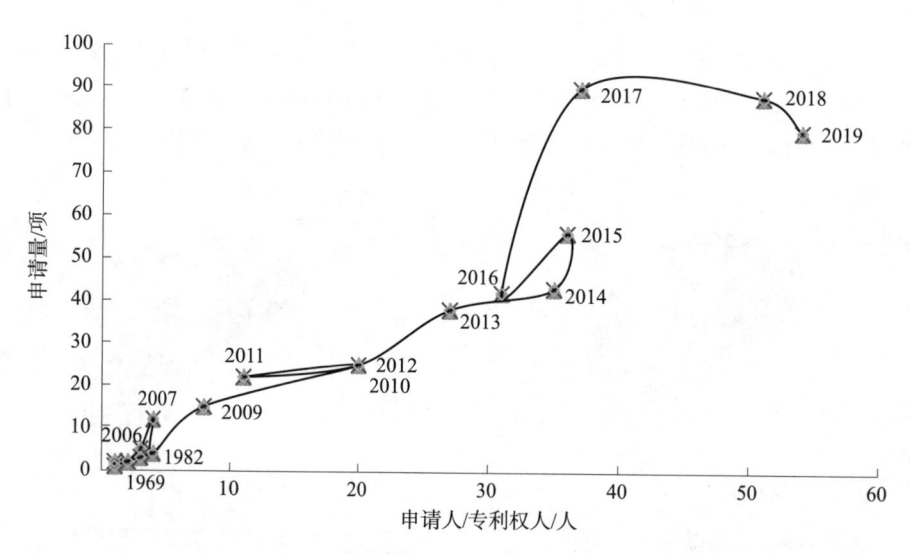

图 4-2-16 聚阴离子类化合物全球技术发展生命周期

注：图中数据表示年份。

下。2007年开始，聚阴离子类化合物技术开始呈现增长的趋势，申请人和申请总量展现出了一种波动上涨的发展趋势，并于2015年达到一个小高峰。2016年该领域的研究热度有短暂下降，这也可能是因为技术短暂进入技术集中性发展阶段。2017年呈现一个飞跃式上升，申请人和申请总量达到顶峰。而2018~2019年，钠离子电池由于能源匮乏以及锂离子电池成本上涨，聚阴离子类化合物领域受到了越来越广泛的关注。

图 4-2-17 给出了钠过渡金属氧化物的技术生命周期发展趋势。如图所示，1976~1988年，对钠过渡金属氧化物的研究较少，因此其专利申请人和申请量都较少，1989年专利数量有一明显增加，主要因为这一阶段日本的日立和昭和电工开始涉足该领域。2005~2013年专利申请量和申请人均同步发展，并于2013年达到一个小高峰；2014~2015年的专利申请量和专利申请人数量均出现激增式增长，说明有越来越多的

第4章 钠离子正极材料

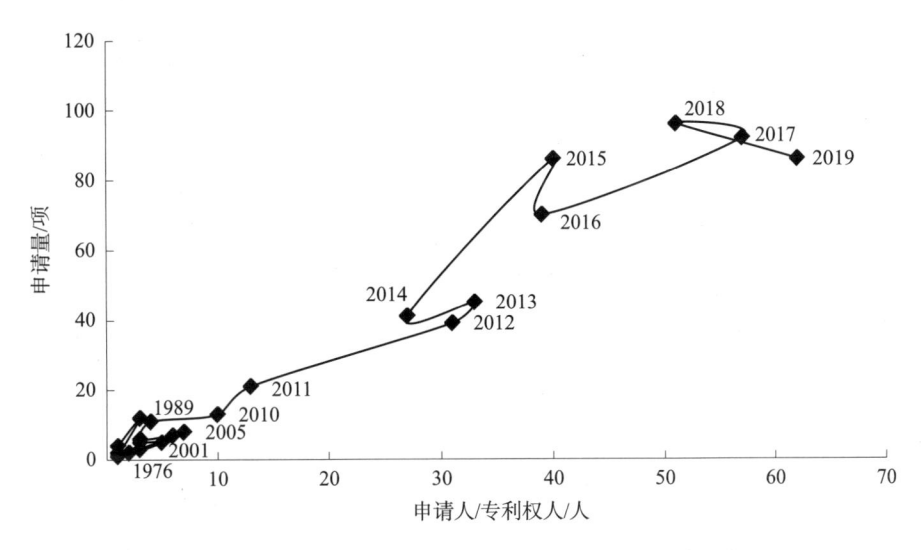

图4-2-17 钠过渡金属氧化物全球技术发展生命周期

注：图中数据表示年份。

企业开始关注这一领域，其中国内的中科院和国外的代表性企业 Faradion 表现较为突出。2016~2017年该领域稳步发展；2017~2018年专利申请人减少，专利申请量增加并达到峰值，说明了随着技术持续发展，该领域开始技术集中化。2018年之后专利申请人持续增加，说明有越来越多的申请人关注该领域。

如图4-2-18所示，普鲁士蓝类化合物作为正极材料的出现时期相比于前两种材料而言较晚，2002年美国公司 VALENCE TECHNOLOGY 提出了首件申请，但该材料应用的电动汽车的研究申请仍然很少，每年申请量维持在个位数，这种情况一直延续至

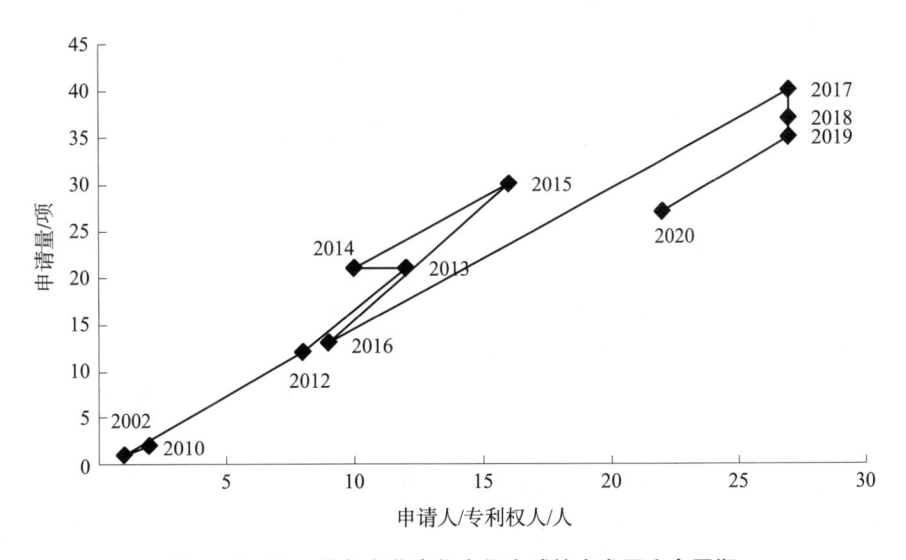

图4-2-18 普鲁士蓝类化合物全球技术发展生命周期

注：图中数据表示年份。

2011年。从2012年开始,该技术的申请人数量和申请量同比大幅提高,其中,申请量的增长趋势一直延续,在2017年达到顶峰。但是申请人数量的变化却并非持续增长,2012~2016年,专利申请人的数量在10~16人的小范围内浮动,在发展生命周期内呈现出短暂的平台期状态。2017年,行业内对普鲁士蓝技术的关注度逐渐提高,专利申请人数量突增至27人,并且这部分企业保持了对这一技术的研发态势,图4-2-18也体现出,从2017年至今,申请人数量并未明显下降,但专利年申请量略有下降。这也意味着以普鲁士蓝为正极材料的钠离子电池技术尚未取得能够支撑其市场商用的关键技术突破,业内仍有企业和高校持续进行研发。

4.3 聚阴离子类化合物专利技术分析

4.3.1 简 介

聚阴离子材料工作电压高(对钠电压可高达4V),并且结构稳定,缺点是离子电导率和电子电导率较低,而且较大的分子质量也拉低了比容量。其中,两种快离子导体材料$Na_3V_2(PO_4)_3$和$Na_3V_2O_{2x}(PO_4)_2F_{3-2x}$因具有相当好的倍率性能和循环寿命在众多聚阴离子材料中脱颖而出。

聚阴离子类化合物主要有过渡金属(焦)磷酸盐、氟磷酸盐等,过渡金属磷酸盐基于结构稳定性得到研究者的广泛关注,具有较好的循环稳定性和较高的安全性能。磷酸盐类化合物常以橄榄石结构磷酸盐和NASICON型(快离子导体型)结构稳定存在。NASICON结构化合物$Na_3M_2(PO4)_3$(M = Ti、V、Cr、Mn、Fe、Co、Ni、Cu和Zn)是磷酸盐正极材料的一种,具有三维开放离子运输通道和优异的离子传输特性,因此成为最具优势的钠电正极材料之一。而它突出的离子传输特性与其独特的NASICON结构是分不开的。

NASICON结构化合物具有六方晶格,空间群为R3c,每个MO_6八面体与6个PO_4四面体相连构成NASICON骨架。碱金属离子Na^+可占据两种不同的位置:六配位A1(6b)和八配位A2(18e),八配位A2(18e)上的Na在充放电过程中容易发生钠离子脱嵌,贡献电池容量;而六配位A1(6b)上的Na在充放电过程中是不发生Na离子脱嵌的,因此限制了NMP的比容量,NMP的理论比容量有待于提高。

NASICON结构的磷酸钒钠$Na_3V_2(PO_4)_3$原料便宜,储量丰富,具有良好的离子电导率、高的充放电容量以及优异的结构稳定性,从而受到广泛的关注。磷酸钒钠的基本三维框架由VO_6八面体和PO_4四面体通过共用角上的氧原子互相连接而成,每个金属V原子被6个PO_4四面体所包围,V原子中的电子传输被隔绝,导致其电子电导率极低,使其倍率性能较差。而$Na_3V_2(PO_4)_3$电极材料存在两个不同的电压平台(3.3V和1.6V),则赋予了电极材料在全电池应用中极大的潜力。

氟磷酸钒钠$Na_3V_2(PO_4)_2F_3$具有四方晶格,空间群为P42/mnm,由$M_2O_8F_3$八面体和PO_4四面体构成一种三维的结构,由PO_4四面体和VO_4F_2八面体构建成延展的三维框架提供钠离子扩散传输通道，适合钠离子快速地迁移，每两个 $M_2O_8F_3$ 八面体由一个 F 原子链接，而 Na 原子分布于这种静电力网格中的两个通道内，Na^+ 占据三维框架的两个不等价的晶体位置，使材料的空间结构非常稳定。磷酸根聚阴离子配合电负性高的 F 元素，使可逆脱嵌钠电压平台在 3.7~4.1V，对应 $V3^+/V4^+$ 氧化还原反应，钠离子传输可逆性好，电化学性能好，具有较高的热稳定性及安全性能。表 4-3-1 列出了常见聚阴离子类化合物正极材料的情况。

表 4-3-1 常见聚阴离子类化合物正极材料

结构	代表物质	工作电压/V	首次放电比容量/mAh·g^{-1}
橄榄石	$NaFePO_4$@PTh	2.2~4.0	142（0.1C）
NASICON 结构	$Na_3V_2(PO_4)_3$	2.3~3.9	83.1（5C）
四方	$Na_3V_2(PO_4)_2F_3$@rGO	2.0~4.0	127.5（0.2C）
斜方	Na_2FePO_4F@C	2.0~3.8	108.6（0.1C）
三斜	$Na_2FeP_2O_7$@C@rGO	2.0~4.0	78（1C）
正交	$Na_2CoP_2O_7$		

4.3.2 技术功效

聚阴离子类化合物的结构稳定，具有较好的循环稳定性和安全性能，但电子电导率较低造成了其倍率性能较差。图 4-3-1 为全球重点专利中涉及聚阴离子化合物的重点改进方向。从图上可以看出，针对以上特征，近年来研究的方向主要集中在聚阴离子类化合物的制备以及改性（包括包覆、掺杂和纳米结构），以提高其电化学性能。其中研究最多的是对制备方法进行改进，其次是对包覆的研究；而从功效改进看，研究最多的是通过各种改进方法提高聚阴离子类化合物的容量、倍率和稳定性。针对制备方法和改性手段这两个重点研究方向，后面两小节将结合重点专利进行详细分析。

4.3.3 制备方法

在钠离子正极材料的制备中，由于原材料选择和制备工艺对于材料纯度的影响很大，传统的制备方法主要为高温固相法、水热法、溶剂热法、溶胶凝胶法。

高温固相法包括一步法和两步法。1999 年，LeMeins 等人首次通过一步法高温加热 VPO_4 和 NaF 混合物的方法得到 $Na_3(VPO_4)_2F_3$ 单晶；2013 年申请的 CN103594716A 通过高温固相法的两步法制备钠离子正极材料，制备工艺中通过一次煅烧得到 VPO_4/C 前驱体，再将 VPO_4/C 与 NaF 按化学计量比混合球磨后，进行二次煅烧，得到的钠离子正极材料具有分散性好、纯度高、溶解充分、颗粒粒径均匀等诸多特点；2012 年申请的 KR101948549B1 也公开了一次煅烧得到过渡金属焦磷酸盐的前驱体，研磨粉碎后，在惰性气体中对前驱体进行二次煅烧制备得到焦磷酸钠过渡金属。经过低温和高温两阶段处理得到的过渡金属焦磷酸钠组成均匀性良好。但高温固相法存在煅烧时间长、

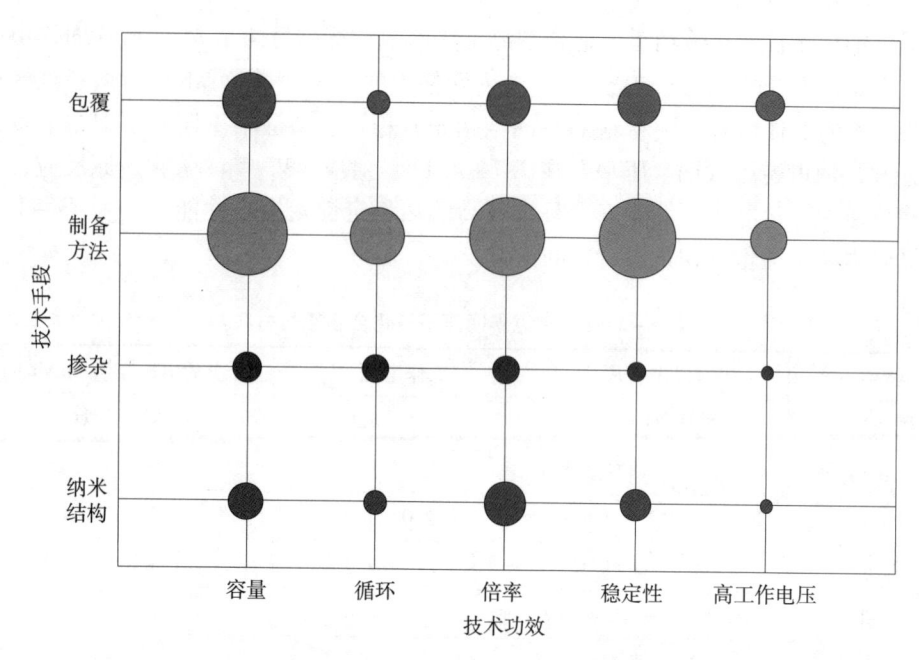

图4-3-1 钠离子电池聚阴离子类化合物正极材料技术功效

注：图中气泡大小表示申请量的多少。

原料混合不均匀、一致性较差等问题。

水热法提供了一个高温高压环境，晶体生长处于非压迫状态，制得的晶体粉体具有晶粒发育完整、粒度小、颗粒团聚较轻等优点，且该方法不需要特殊设备。2018年申请的CN108807899A公开了钠源、去离子水、尿素混合得到混合溶液，将$Na_3V_2(PO_4)_3$的混合溶液逐滴缓慢加入其中，混合溶液装入水热釜中，在120~180℃下水热反应，烘干研磨后得到前驱体粉末。水热法提高了钠离子正极材料的电化学性能，降低了制备难度和成本。

溶剂热法是将原料加入溶剂中进行反应。2010年申请的JP5561547B2公开了将钠源、锰源、磷酸源和氟源在含有金属螯合物的溶剂中混合，在预定温度下加热得到前驱体，其中溶剂为多元醇溶剂，提高了钠离子在颗粒中的扩散性能，钠离子材料表现出优异的电化学性能；2017年申请的CN109755489A公开了使用低温绿色的溶剂热球磨法制备$Na_3V_2(PO_4)_2F_3$，将钠盐、钒源、磷酸盐、氟盐和还原剂加入温度为100~300℃水热釜中，加入溶剂，再加入添加剂反应，材料放电比容量和倍率性能优异。溶剂热法所用的有机溶剂价格较为昂贵，能耗较大，成相过程较为复杂且中间过程不可控。

溶胶凝胶法工艺较为简单，能耗较低，可以在原子级别上对前驱体物料进行混合。2013年申请的JP2015026483A公开了制备$Na_4M_3(PO_4)_2P_2O_7$表示的组成的正极活性材料，将钠盐、M源、磷酸盐在酸性溶液中溶解混合后，将溶液加热制备得到溶胶凝胶前驱体；2018年申请的CN110226252A中将钠源、铁源、磷源与碳源、螯合剂、抗氧剂和水混合，搅拌蒸干得到均一分散的溶胶凝胶前驱体。溶胶凝胶法可构建形貌可控的三维碳网络，且工艺流程简单、设备投入少、连续化程度高，成本可控，易于工业放大。

除了上述常用的制备方法，近年来研究者们也在不断推出新的方法，如微乳相法、静电纺丝法、模板法、喷雾干燥法。2014年申请的CN105762355A制备含PO_4^{3-}的微乳相，以钠源化合物、钒源化合物、氟源化合物以及微乳相为原料，将原料溶解或分散于有机溶剂中，反应后洗涤干燥得到氟磷酸钒钠粉体，所制得的氟磷酸钒钠盐具有结晶性好和纯度高的特点，同时其纳微材料电化学性能良好；2015年申请的专利CN104600310A公开了将前驱体溶液加入注射器中，在正高压15～20kV，负高压0～-2kV的条件下进行静电纺丝，用铝箔接收纳米纤维，将纳米纤维烧结得到由微小的无机盐纳米颗粒组成的介孔纳米管，介孔纳米管材料在钠离子电池中表现出了非常优异的高倍率、长寿命性能；2016年申请的CN108134082A公开了利用价廉的原材料合成具有层状形貌、结晶度高的中间相为模板，控制终产物纳米尺度层状形貌磷酸钒钠的形成，纳米片状缩短了电子传递和离子迁移路径，降低了电池内阻，材料表现出优异的倍率性能和循环稳定性；2020年申请的CN111540900A通过喷雾干燥获得$Na_3V_2(PO_4)_2F_3$微球，喷雾干燥法过程简单、周期短、能耗低，可实现大规模生产。

4.3.4 改性方法

对于聚阴离子类化合物，电子传输往往成为聚阴离子型材料参与电化学反应时的约束步骤，大大限制了其倍率性能发挥。如何提高$Na_3V_2(PO_4)_3$电极材料的电化学性能，特别是倍率性能和循环稳定性亟待研究，主要的改性方法集中在纳米结构、包覆和掺杂。

（1）纳米结构

纳米结构涉及材料的形态对表面、电极界、钠离子传输距离、活性位点、电子导电网络的影响。正极材料的纳米化是通过构筑多孔、片状形貌或者不同维度的纳米结构，如纳米线、纳米棒等来增大材料的比表面积，以促进电子和离子在界面的传输速率。纳米化是将颗粒至少在一个维度上限制在纳米尺度，通过纳米化可以减小电子、离子的迁移，从而提高导电性。CN103779564A公开了形貌分别为颗粒、管状与片层状的钠离子电池材料，制备的纳米颗粒、纳米管和纳米片形貌均一并且具有良好导电性能，以及优异的倍率、较高的比容量和良好的循环稳定性。

虽然纳米颗粒可以缩短离子迁移的距离，进而提升反应的动力学，但由于比表面积大，表面能高，材料具有较高的接触阻抗。在充放电过程中，由于离子的迁移、扩散，纳米颗粒可能会发生电化学团聚现象。

（2）包覆

目前，针对纳米颗粒出现团聚的现象，常常通过活性材料外层包覆碳材料来实现纳米结构的调控。包覆是通过在材料表面包裹一层导电率高的材料，从而提高材料整体导电性。在钠电聚阴离子型正极材料的表面改性中，碳包覆是最常见的提高倍率性能的手段。

碳材料容易获取，导电性良好，包覆在聚阴离子化合物颗粒的外层能够构成优良的导电网络，增大活性材料的比表面积，缩短钠离子扩散距离，促进离子传输。同时，碳材料较耐电解液腐蚀，可减少电解液与活性材料的副反应，减小充放电过程中材料体积膨胀带来的影响，提高材料的循环寿命。基于以上优点，多种形态的碳材料被用于与聚阴离子化合物材料复合，最常见的是将有机物与材料前驱体混合并通过热分解在产物颗粒表面原位包覆碳层。2014年申请的专利JP6741390B2公开了由$Na_xM_y(SO_4)_z$表示硫酸钠盐化合物（其中M表示选自由Sc、Ti、V、Cr、Mn、Fe、Co、Ni、Cu、Zn、Y、Zr、Nb、Mo、Tc、Ru、Rh、Pd和Ag组成的组的一种或多种元素）的活性材料的表面包覆有碳质涂层，并且碳质涂层的覆盖率达到60%以上，显著改善了材料的循环性能，同时电子传导性和耐水性也得到提高；2018年申请的CN111293307A将碳包覆的前驱体和钠源、氟源、磷酸盐一起加入含有混合溶剂的密封反应容器中进行超声处理得到混合物，碳导电网络使该材料的导电性增加，有利于实现钠离子的在电极材料中快速稳定地脱嵌，使该材料表现出良好的倍率性能和放电比容量。2019年申请的CN110299528A $Na_4Fe_3PO_4P_2O_7F_3$通过均匀的无定形碳包覆，提高了氟化磷酸焦磷酸铁钠的热稳定性和化学稳定性，有效解决相稳定性问题，有利于改善其容量发挥、倍率性能和循环性能。

但由于残留碳多为无定形状态，石墨化困难，因此电子导电性还有很大的提升空间，而且受制备条件影响大，容易包覆不均匀。碳包覆改性倾向于采用导电性更好的碳，如纳米球（零维）、碳纳米管（一维）、石墨烯或其他纳米碳层（二维）；其中，石墨烯是碳原子sp^2杂化形成的二维碳材料，因其具有大比表面积、良好的导电性能及高机械强度和柔韧性，是理想的微纳米颗粒包覆材料。2018年申请的CN108963235A采用喷雾干燥-煅烧的方法合成$Na_3MnTi(PO_4)_3/C@rGO$微米球材料，石墨烯包覆微纳米颗粒时可为其提供电子传导路径，并有效抑制微纳米颗粒的流失，同时石墨烯柔韧可卷曲的特性对微纳米颗粒与Na^+发生反应时的体积膨胀起到了一定的缓冲、限域作用。$Na_3MnTi(PO_4)_3/C@rGO$微米球材料具有优异的高倍率特性，是钠离子电池的潜在应用材料。

（3）掺杂

碳包覆容易出现包覆不均匀、厚度不易控制、材料性能不佳等问题，研究者也在研究通过离子掺杂提高材料的电导率。离子掺杂主要是通过金属、非金属离子的掺杂来提高物质的本征导电性。2008年申请的专利JP5460979B公开了球状或棒状颗粒的过渡金属磷酸盐中掺杂有B、Al、Mg、Ga、In、Si、Ge、Sn、Nb、Ta、W、Mo等元素，得到的正极材料具有优异的高放电容量；2016年申请的CN108134081A公开钠离子电池用正极材料$Na_3V_{2-x}M_x(PO_4)_2F_3$，其中M为稀土金属，形成的稀土金属元素-O的带隙较V-O小，使电子由价带被激发到导带更容易，有利于电子传导；同时，选取半径更大的稀土金属离子掺杂钒位点，在保证氟磷酸钒钠晶体结构的前提下，扩大了晶胞间隙，加快钠离子的嵌入和脱出，有利于提高电池的倍率性能和放电比容量。另外，在氟磷酸钒钠正常充放电电压区间，稀土金属离子呈惰性，取代钒位点后并不发生价态变化，可以起到稳定支撑晶胞结构、提高材料结构稳定性的作用。具体的技术路线参见图4-3-2。

第4章 钠离子正极材料

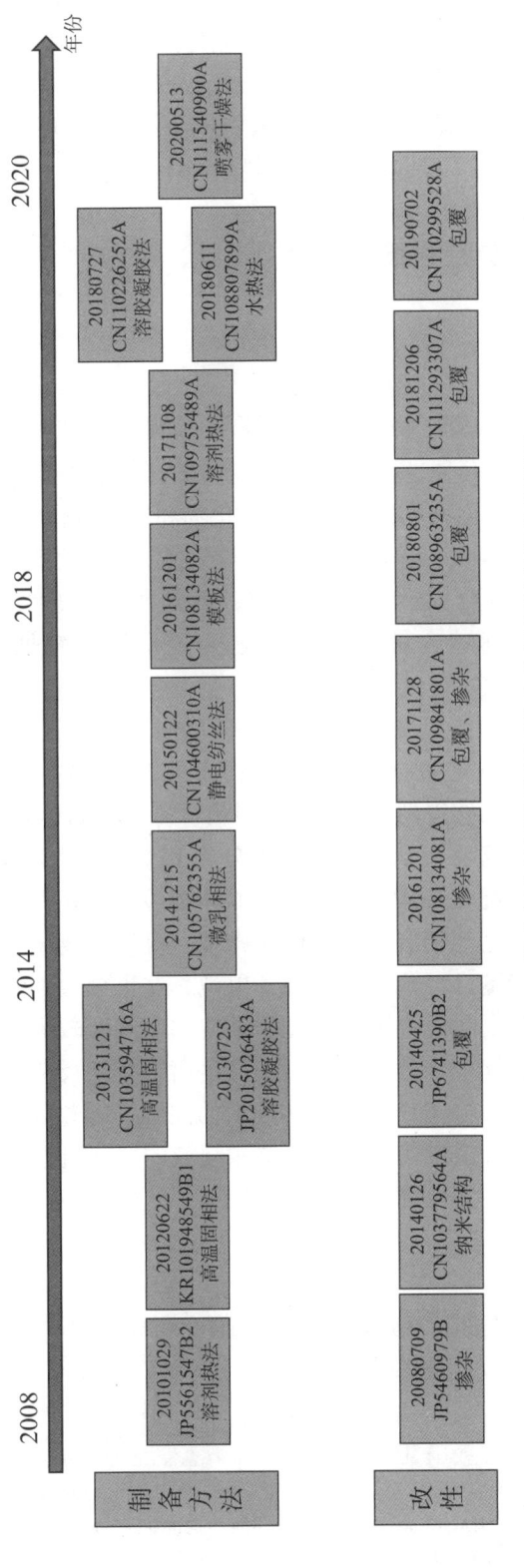

图 4-3-2　钠离子电池聚阴离子型化合物正极材料技术路线图

近年来提高导电性的方法也从单一的包覆、掺杂和纳米化发展为多种途径结合来提高材料的导电性。2017年申请的CN109841801A公开了碳包覆$Na_xR_yM_2(PO_4)_3$材料，R为掺杂元素Li、K、Rb、Cs、Fr、Be、Ca、Mg、Sr、Ba、B、Al、Zn中的一种或两种以上，通过在Na位点进行适量元素R掺杂改变Na位点周围的能量环境，实现了M1位点部分Na的脱嵌，提高了碳包覆NMP材料理论比容量。

4.4 钠过渡金属氧化物专利技术分析

4.4.1 简　介

过渡金属氧化物可以用Na_xMeO_2表示，其中Me为过渡金属，包括Mn、Fe、Ni、Co、V、Cu、Cr等元素中的一种或几种；x为钠的化学计量数，其取值范围为$0<x\leq1$。根据材料的结构不同，过渡金属氧化物可分为隧道型氧化物和层状氧化物。最典型的隧道结构氧化物正极材料是$Na_{0.44}MnO_2$，空间群为Pbam，最早由Doeff教授等于1994年提出。❶因其稳定结构引起了广大研究人员的研究兴趣，但是研究发现，该材料虽然能显示出较好的稳定性，但是其钠含量有限，可嵌入/脱出容量较低，难以满足应用需求。

为满足储能材料的要求，应优先选取钠含量较高的材料。当过渡金属氧化物中钠含量大于0.5时，过渡金属氧化物一般以层状结构为主，不同钠含量、不同的过渡金属或者不同的烧结温度，都能够得到不同结构的层状材料。Delmas教授❷根据钠的配位类型和氧的堆垛方式不同，又将层状金属氧化物分为P2、O3、P3、O2，其中O和P代表的是钠离子在其中的氧配位环境，分别是八面体配位和三棱柱配位。由于层状材料的压实密度较高，钠离子电池拥有更高的能量密度，且与锂离子电池的层状材料相似，在制备工艺上，可以借鉴已经成熟的锂离子电池，这也极大地缩短了其产业化周期并降低了研发成本。由于层状过渡金属氧化物结构的层间距较大，这更有利于Na^+的嵌脱，但是存在极易与空气中水分子的氢离子发生离子交换反应，并在材料表面生成碱性氧化物以及直接吸收水分子作为层间结晶水的问题，导致其耐水性较差，材料极不稳定。因此，作为未来有望应用于大规模储能领域的层状过渡金属氧化物正极材料来说，其材料的循环稳定性仍为目前研究的热点。

4.4.2 技术功效

为了进一步分析钠离子电池层状过渡金属氧化物专利技术的发展趋势及研究重点，本小节对全球重点专利进行标引和整理分析。

---

❶ DOEFF M M, PENG M Y, MA Y, et al. Orthorhombic Na_xMnO_2 as a cathode material for secondary sodium and lithium polymer batteries [J]. Journal of the electrochemical society, 1994, 141 (11): 145-147.

❷ DELMAS C, FOUASSIER C, HAGENMULLER P. Structural classification and properties of the layered oxides [J]. Physica B+C, 1980, 99 (1-4): 81-85.

图4-4-1为层状过渡金属氧化物国内外的重点改进方向。从图中可以看出，目前层状过渡金属氧化物正极材料的研究重点仍然在材料的循环稳定性方面，这与上述层状正极材料的本质特性分析相吻合。其次是容量，这是作为储能材料的基本要求。相比国外重点专利来说，中国专利在改进方向的涉及面更广，一般同时兼顾多种技术功效。在成本和安全上，国外关注度还较低，主要关注点在材料的电化学性能上。

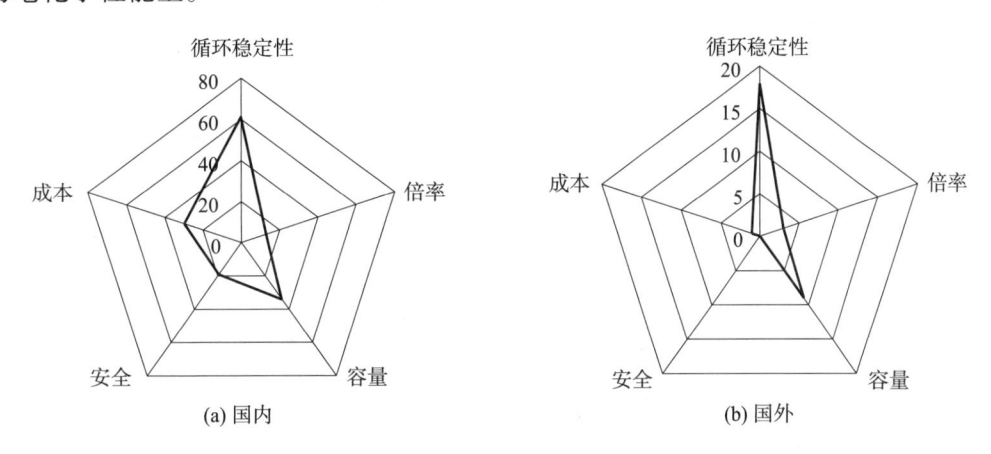

图4-4-1 层状过渡金属氧化物国内外重点专利主要改进方向

注：图中数字表示申请量，单位为件。

图4-4-2为钠离子电池层状过渡金属氧化物的技术功效。统计发现，在采用的技术手段方面，最主要还是在掺杂以及寻找合适的元素配比阶段，而解决的技术问题主要是提高材料的循环稳定性，并兼顾材料的容量。对于材料的制备方法，一般仍延续锂离子电池正极材料的制备方法，如高温固相法、喷雾干燥法、共沉淀法、水热法及溶胶凝胶法等。但是，也有少数申请人采用多相复合、制备方法的改进及包覆等技术手段来改善材料的电化学性能，并获得了较理想的结果。这些相关研究主要出现在各大企业。例如，作为全球首个将钠离子电池产业化的中科海钠在专利申请CN109524649A和CN109638273A中，分别通过气相沉积法和喷雾干燥法对传统的包覆方法进行改进，使包覆工艺更简单，包覆效果更好更均匀，也更符合工业化的生产要求，且包覆后优化了正极材料的界面，提升了钠离子电池的循环稳定性。日本的三菱的专利申请JP2016110991A主要通过金属氧化物的复合来提高材料的循环稳定性。

从技术功效图综合来看，对于元素配比的调整、掺杂无疑是目前相关产品最活跃的方面。元素配比和掺杂直接决定了钠离子电池正极基体材料，而探索出如锂离子电池的三元正极材料一样综合性能优异的钠离子电池正极基体材料至关重要，在基体材料确定后，可以借鉴锂离子电池一些改性方法再进行改进。但是由于钠离子的离子半径大于锂，在层间不断的嵌入脱出过程存在较严重的相变，进而会影响到材料的结构变化，影响其稳定性。这也是不能直接将锂离子三元正极照搬过来的根本原因。但是，可以借用已成熟的锂电三元正极材料的现有研究，探索选择合理的元素配比及掺杂元

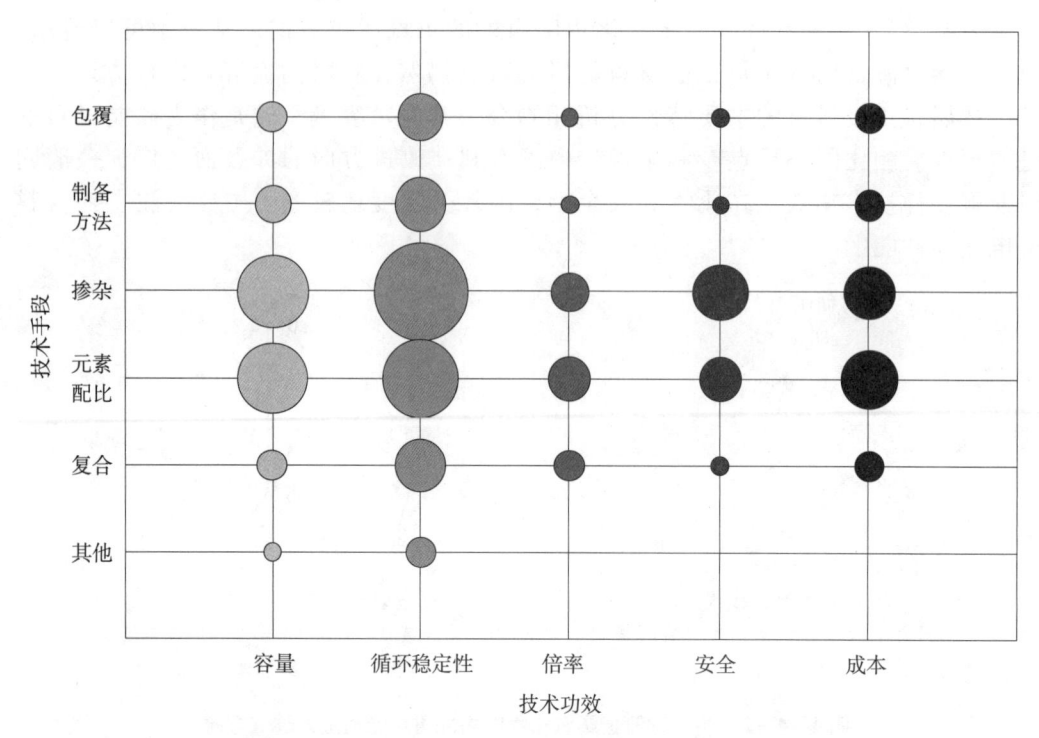

图 4-4-2　钠离子层状过渡金属氧化物的技术功效

注：图中气泡大小代表申请量的多少。

素来提升正极材料的稳定性。下面对基体的元素配比及掺杂元素的选择进行进一步分析。

4.4.3　元素配比及掺杂元素的选择

对于钠离子正极材料的选择，过渡金属氧化物由于种类繁多，其相互配比也存在多种方式，且一般具有较好的电化学性能，是钠离子正极材料的研究热点。其中，由于元素 Mn 和 Fe 的丰度较高，价格低廉，符合绿色环保要求，并且两者价态丰富，使锰基正极材料和铁基正极材料在众多过渡金属氧化物中率先脱颖而出，成为广大创新主体的研究重点。

早在 1985 年，Mendiboure 等[1]就系统地研究了锰基材料 $NaMnO_2$ 的储钠性质，即层状氧化物的选择从最初的单基材料 $NaMnO_2$ 开始。$P2-Na_{0.7}MnO_2$ 材料具有优异的电化学性能，在初始循环中可逆比容量可以达到 $140mAh·g^{-1}$，但是该材料在经过几周充放电后，由于高自旋 Mn^{3+} 离子的姜-泰勒效应，晶体结构慢慢坍塌变成无定型结构，循环性变差。针对单锰基层状正极材料稳定性的问题，中科院物理研究所的专利申请 CN103840149A、CN104795555A 和 CN104795560A 通过在 Mn 的金属氧化物中掺杂如

---

[1] MENDIBOURE A, DELMAS C, HAGENMULLER P. Electrochemical intercalation and deintercalation of Na_xMnO_2 bronzes [J]. Journal of solid state chemistry, 1985, 57 (3): 323-331.

Li、Mg、Cu、Zn、Al、V、Fe 和 Cr 等金属元素来提高材料的循环稳定性，使制得的锰基正极材料具有可逆容量高、空气中稳定、循环稳定、成本低、循环寿命长、电压高、安全无毒等优点，可以用于太阳能发电、风力发电、智能电网调峰、分布电站、后备电源或通信基站的大规模储能设备。

另外，铁基正极材料 $NaFe_{1-x}M_xO_2$ 的电化学性能研究也早在住友的专利申请 JP2005317511A 中有所报道。但是该材料除了空气稳定性差，合成条件也比较复杂，需要氧化钠或者过氧化钠参与反应，被认为不适合大规模产业化。因此，铁基材料一般需要与其他元素配合使用，进而出现了铁锰基材料，但是该铁锰基材料的姜-泰勒效应、Mn^{4+} 的溶解和 Fe 的迁移仍是限制其电池溶解的重大问题。与此同时，镍锰基、锰钛基、钛铬基、镍锡基等过渡金属元素之间组成的二元正极材料也在相应专利中有所研究。例如，在专利申请 CN107946581A 中，合成了 P2 型层状正极材料 $Na_{0.66}Mn_{0.6}Ni_{0.4-x}Mg_xO_2$，经性能测试的结果表明，此类镍锰基正极材料具有良好的电化学性能，在高电流密度下，仍有较好的稳定性和容量，快速充放电性能良好，可作为功率能钠离子电池的正极材料；专利申请 CN108023073A 合成了 F 元素掺杂的锰钛基正极材料 $Na_{0.66}Mn_{0.66}Ti_{0.34}O_{2-x}F_x$，该正极材料具有良好的电化学性能及快速充放电性能，尤其是在低温环境下，展现出优越的耐低温性能，可作为高性能低温钠离子电池的正极材料；在专利申请 JP2017010925A 中，$Na_xTi_aM_bCr_{1-a-b}O_2$ 通过对四价钛和三价铬的摩尔比进行合理调控，合成的 P2 型正极材料具有较高的容量和电压，在反复充放电过程中，具有较好的循环稳定性；专利申请 CN109904386A 首次采用第四周期金属元素作为基体，合成了 O3 型镍锡基层状氧化物材料 $Na_aNi_bSn_cM_dO_{2+\beta}$，并对其过渡金属位进行取代，得到的材料首周效率及平均放电电压较高，循环性能及安全性能好，具有很大开发潜力，同时，也为广大研究者提供了钠离子正极材料基体选择的新思路。

上述的二元正极材料均在一定程度上解决了循环稳定性的问题，但是仍存在很大不足，如无法同时兼顾容量及循环性能成为其首要问题。为克服上述问题，一些关于钠离子电池三元正极材料的研究也在迅速发展，如图 4-4-3 所示，例如，2014 年，中科院物理研究所的专利申请 CN104795552A，提出了一种化学通式为 $Na_xCu_iFe_jMn_kM_yO_{2+\beta}$ 的层状氧化物材料，并且通过 M 对过渡金属位进行掺杂取代，M 具体为 Li^+、Ni^{2+}、Mg^{2+}、Mn^{2+}、Zn^{2+}、Co^{2+}、Ca^{2+}、Ba^{2+}、Sr^{2+}、Mn^{3+}、Al^{3+}、B^{3+}、Cr^{3+}、Co^{3+}、V^{3+}、Zr^{4+}、Ti^{4+}、Sn^{4+}、V^{4+}、Mo^{4+}、Mo^{5+}、Ru^{4+}、Nb^{5+}、Si^{4+}、Sb^{5+}、Nb^{5+}、Mo^{6+}、Te^{6+} 中的一种或多种，其首次将无活性、更廉价的 Cu^{2+}/Cu^{3+} 氧化还原电对应用于钠离子正极材料的基体中。该申请人于 2015 年 6 月 18 日分别在美国、日本、韩国、欧洲也进行了专利申请，并已在中国、美国、日本、欧洲获得授权，该专利涵盖了指定含量区间的铜铁锰基钠离子正极材料本身及其制备方法、包含铜铁锰基钠离子正极材料的钠离子二次电池的正极极片及钠离子二次电池。应用该发明的层状氧化物材料的钠离子二次电池，依靠二价到三价铜转变、三价到四价铁的转变和三价到四价锰的变价实现比较高的首周充电容量，循环性能优异，安全性能好，具有很大

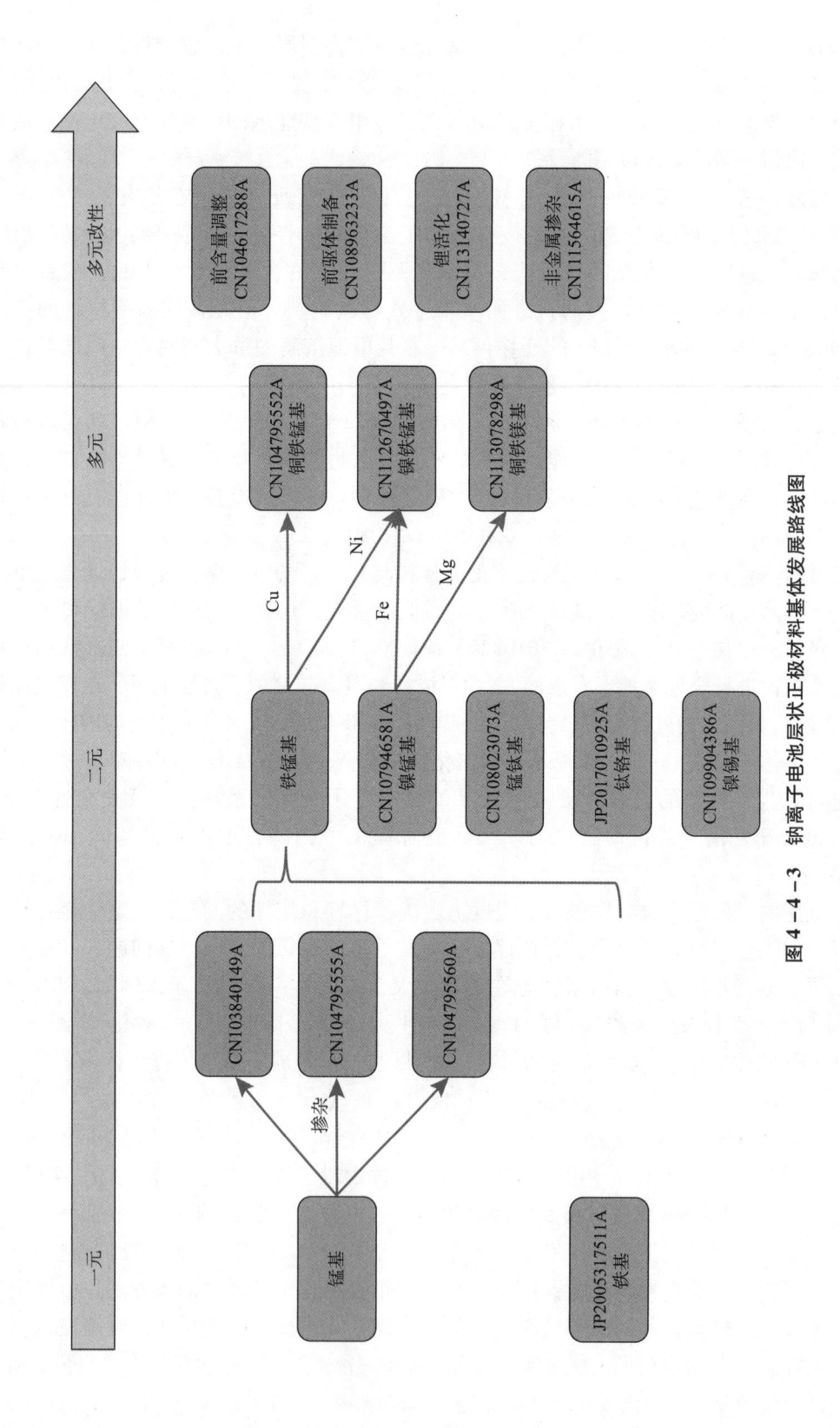

图 4-4-3 钠离子电池层状正极材料基体发展路线图

实用价值；之后，中科院物理研究所就 Cu-Fe-Mn 基正极材料进行了进一步的重点研究，例如，2015 年的专利申请 CN104617288A 进一步调整了 $Na_{0.76+a}Cu_bFe_cMn_dMeO_{2+\delta}$ 中 Na、Cu、Fe、Mn 各组分的含量上下限，提高了 Mn 元素的含量上限，降低了 Cu 和 Fe 元素的上限，从而进一步降低了成本，制得的 P2 型 Cu-Fe-Mn 基正极材料具有较高的工作电压，且保持着优异的循环性能和安全性能；2018 年的专利申请 CN108963233A，又重点研究了 Cu-Fe-Mn 基正极材料前驱体的制备，通过简单的制备方法，调控产物的形貌结构，进而改善材料的电化学性能；2020 年的专利申请和 CN113140727A，进一步研究了锂活化的 Cu-Fe-Mn 基正极材料对电化学性能的贡献，结果表明，锂掺杂有效地提升了材料中铜和铁的电化学活性，进而提升了材料的比容量。在上述 Cu-Fe-Mn 基三元正极材料发展的同时，其他三元基体材料的研究也不断涌现，例如，宁德时代 2019 年提出的专利申请 CN112670497A，提出了一种铁锰镍基层状正极材料 $O3-Na_aM_bNi_cFe_dMn_eO_{2\pm\delta}$，通过金属阳离子 Li^+、Cu^{2+}、Zn^{2+}、Co^{2+}、Ti^{4+} 中的至少一种掺杂，增强了过渡金属和氧（TM-O）的相互作用力，特别是镍和氧（Ni-O）的作用力，能有效地抑制 Ni^{3+} 的姜-泰勒效应，从而达到抑制高电压区不可逆相转变的目的，使钠离子三元正极活性材料能够同时兼顾电池的比容量和循环稳定性；中科院物理研究所的 2020 年的专利申请 CN113078298A，提出了一种钠镁铁锰基层状氧化物正极材料 $Na_a[Mg_bFe_cMn_d]O_{2+\beta}$，利用层状氧化物材料的空间群及阳离子变价实现充放电过程中铁离子、氧离子和锰离子共同参与可逆的得失电子过程，制得的材料不但具有较高的质量比容量和比能量，比容量是普通钠离子正极材料的 1.5~2 倍，且循环寿命较好，具有很大实用价值，同样适用于各类大规模的储能设备中。除了基体的研究，对于三元材料的掺杂改性也是目前研究的热点，如 2020 年中科院化学研究所提出的专利申请 CN111564615A，研究了非金属掺杂正极、二次掺杂正极及制备方法。其中的非金属选自 B、Si、P、As 或 Se 中的一种或多种，由于非金属元素具有较强的电负性，能够与过渡金属层的氧原子产生较强的作用力，有效抑制正极中的不可逆氧析出，进而提高正极倍率性能和循环稳定性，再通过合理选择和控制不同原子半径的非金属元素的配比，以及配合合适的非金属元素和金属元素的配比，提高掺杂效率。

综上所述，钠离子电池层状过渡金属氧化物已从最初的单元素金属氧化物逐渐向二元及多元素发展，金属基体元素的选择主要有 Ni、Mn、Fe、Co、Cr、Cu 等第三周期过渡金属元素及其相应组合，第四周期元素 Sn 也在相关专利中有所报道。其中，Cu-Fe-Mn 基三元正极材料被认为是目前较有前景的正极材料，这也为高容量、高稳定层状正极材料的研究指出了新方向。对于钠离子过渡金属氧化物中掺杂元素的选择，一般范围较广，传统的过渡金属，以及稀土金属和非金属均可在一定程度上提升钠离子正极材料的性能，总之，就钠离子正极材料而言，在基体选择和掺杂改性方面仍然具有较高的研究价值及发展前景，相信未来随着人们研究的深入，通过基体元素及掺杂元素的合理选择，可以开发出性能更加优异的钠离子正极材料。

4.5 普鲁士蓝类化合物专利技术分析

普鲁士蓝是一种配位化合物,由于独特的开放框架结构、丰富的储钠位点及较大的钠离子迁移通道,表现出优异的储钠性能,自 2012 年起作为钠离子正极材料被广泛研究。但该类化合物容易存在大量结构缺陷,并且吸附水含量过高、Na 含量偏低等因素,导致钠离子电池的容量偏低,性能不稳定,特别是全电池性能差,因此一直得不到应用。本节从普鲁士蓝类化合物的结构出发,对技术功效、制备与改性方法重点专利和技术发展路线进行详细分析,以期为国内外钠离子电池相关企业的研发与生产提供参考。

4.5.1 结构分析

普鲁士蓝类化合物 MHCF 的结构通式为 $Na_xM1[M2(CN)_6]_{1-y} \cdot \square_y \cdot zH_2O$,其中过渡金属元素 M1、M2 分别与 CN− 中的 N 和 C 相连,形成独特三维开框结构,Na^+ 存储在结构的间隙中,□表示 $M2(CN)_6$ 缺陷,x 的范围为 $0<x<2$,y 的范围为 $0<y<1$,其结构如图 4−5−1 所示。MHCF 具有可逆脱嵌钠离子、理论容量高且平均电压平台高的特点,被认为是极有前途的钠离子正极材料之一。

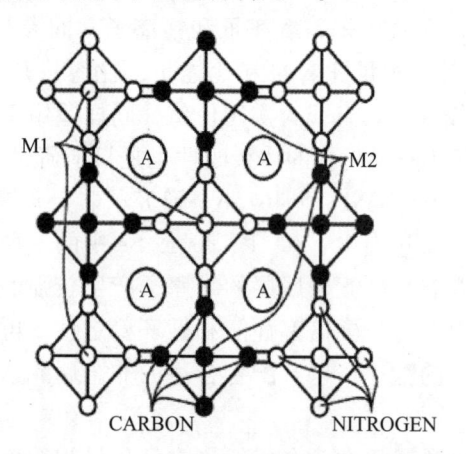

图 4−5−1 普鲁士蓝类化合物的结构

MHCF 通常为面心立方结构,但由于制备工艺的不同,材料中水含量、Na^+ 含量以及 $[M2(CN)_6]$ 缺陷的多寡有所不同,晶体结构以不同的相存在。常见的相有立方相、单斜相和菱形相等。立方相属于贫钠相($x<1.5$),水含量高($>12wt\%$),储钠性能差;单斜相,Na^+ 含量相对较高($1.5<x<1.8$),水含量和 $[M2(CN)_6]$ 的缺陷相对减少,但是水含量依然过高($>10wt\%$),也极大地影响其储钠性能;菱形相,水的含量低,但是合成菱形相需要在高度真空条件下很长的脱水过程。

MHCF 结构中与 CN− 中的 N 和 C 的 M1、M2 分别可以选自 Fe、Co、Mn、Ni、Zn、Cu、V、Cr 等多种过渡金属元素。当 MHCF 结构中 M2 不同时,电化学性能则有所不同。

图4-5-2显示了中国和美国普鲁士蓝类化合物过渡金属M2分布情况。从图中可以看出，M2为Fe的铁基普鲁士蓝类化合物Fe-HCF是目前中国和美国研发的热点，其与间隙阳离子间的作用力微小，适合Na+离子的快速迁移。常见的Fe-HCF包括US2012328936A1提出的铁镍基普鲁士蓝NiFe(CN)$_6$和铁铜基普鲁士蓝CuFe(CN)$_6$，US2013257378A1提出的铁锰基普鲁士蓝Na$_x$Mn[Fe(CN)$_6$]$_y$·zH$_2$O，$x=1\sim2$，$y=0.5\sim1$，$z=0\sim3.5$，US2014050982A1提出的铁铁基普鲁士蓝Na$_{1+x}$Fe[Fe(CN)$_6$]，$x=0\sim1$，以及铁钴基普鲁士蓝、铁锌基普鲁士蓝等。不同的M1对电化学性能也存在一定影响，其中，当M1为Ni、Zn、Cu等电化学惰性元素，材料的循环性能优异，但在充放电过程中只发生1个Na$^+$的可逆脱嵌，理论容量较低，仅为85mA·h/g左右；而当M1为Fe、Co、Mn等电化学活性元素时，在充放电过程中能发生2个Na$^+$的可逆脱嵌，理论容量可达170mA·h/g左右，但循环性能不理想。为此，中美申请人进一步提出了多元普鲁士蓝类化合物，如CN112607748A以Fe作为M2，Ni、Co、Fe同时作为M1，所得化合物Na$_2$Ni$_x$Co$_y$Fe$_z$Fe(CN)$_6$具有容量高、循环和稳定性好的优点。

此外，M2为Mn的锰基普鲁士蓝类化合物Mn-HCF因具有较高的工作电压也受到一定关注，M1还可以是Mg、Al、Ca、Sc、Ti、V、Cr、Fe、Co、Ni、Cu、Zn、Ga、Pd、Ag、Cd、In、Sn或Pb。然而，此类化合物实际容量距离理论容量还有一定差距，且循环稳定性较差。US20200071175A1对锰锰基普鲁士蓝类化合物A$_x$Mn$_y$[Mn(CN)$_6$]$_z$(Vac)$_{1-z}$·nH$_2$O，$2<x<4$，$0<y<1$，$0.8<z<1$，$0<n<4$，$x+2y-4z=0$进行了针对性的改进。

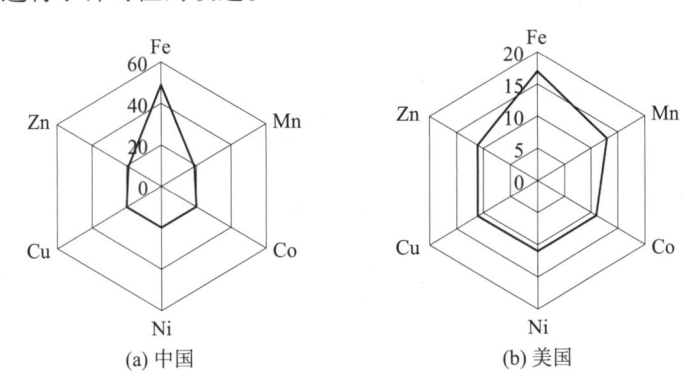

(a) 中国

(b) 美国

图4-5-2　中国和美国普鲁士蓝类化合物过渡金属M2构成分布

注：图中数据为申请量，单位为件。

4.5.2　重点技术分析

4.5.2.1　技术功效

由前述分析可知，普鲁士蓝类化合物具有刚性的框架结构和开放性的大孔隙，位点保证离子半径较大的钠离子可以可逆地嵌脱而不会引起剧烈的结构形变，且因为具有双电子的氧化还原反应，MHCF的理论容量高达170mAh/g，然而，目前MHCF的实际容量和其理论容量相比差距较大，同时，还存在振实密度较低、结晶水难以除去、循环稳定性较差、热稳定性差、安全隐患、结构缺陷、电化学性能衰减、倍率性能较差等问题。

图4-5-3为普鲁士蓝类化合物技术功效。从图中可以看出，针对MHCF存在的上述问题，国内外申请人通过不断优化制备工艺或对其进行改性，来提高其容量、循环和倍率性能，以及安全性和稳定性，并尽可能地简化工艺，以实现结晶水及缺陷少、结晶性好、电化学性能优异的MHCF正极材料的大规模合成。在制备工艺中，共沉淀法研究最多，水热法次之；在改性方法中，复合、包覆和掺杂均是目前的研究热点，而混合手段研究相对较少。

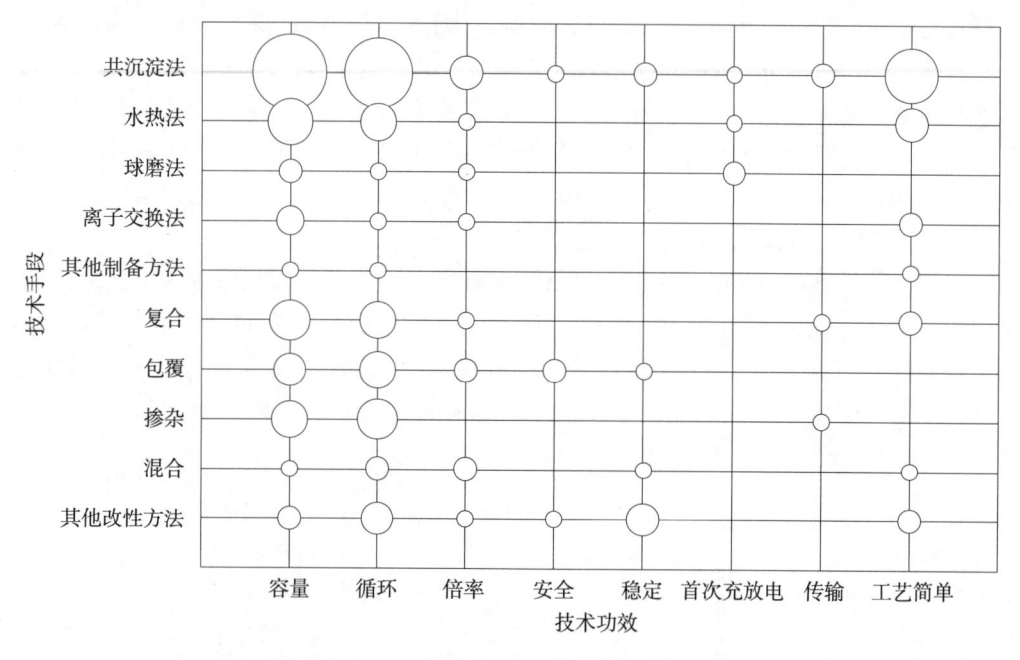

图4-5-3 普鲁士蓝类化合物专利技术功效

注：图中气泡大小表示申请量的多少。

可见，不同的制备方法及其工艺参数和改性手段对于MHCF的结构与性能有着不同的影响。接下来结合重点专利，对不同的制备方法和改性方法及其所能达到的技术功效进行详细分析。

4.5.2.2 重点专利

根据申请人、技术方法发展阶段和重要技术节点、同族数目和被引频次等因素，选择普鲁士蓝类化合物制备方法和改性方法的重要专利进行详细分析。

（1）制备方法

普鲁士蓝类化合物在高温下易分解，一般在低温下制备，常用的制备方法包括共沉淀法、水热法、球磨法、离子交换法及其他。

共沉淀法是最早、也是目前最常用的合成MHCF的方法，是将二价可溶性盐加入亚铁氰化物中，得到沉淀。如2014年申请的US2014264160A1公开了合成MHCF正极

材料 $A_N M1_P M2_Q (CN)_R \cdot FH_2O$，$N=1\sim 4$ 的方法，将包含 M1 的第二溶液逐滴添加 $A_X M2_Y (CN)_Z$ 第一溶液中，形成 $M1_P M2_Q (CN)_R$。

MHCF 的钠含量对其电化学性能起到至关重要的作用，MHCF 内 Na^+ 离子含量越高时，首圈充电容量越高，并且其 100 圈稳定后容量也越高。为提高 Na^+ 离子含量、获得具有高容量的 MHCF 正极材料，国内外申请人对共沉淀法作了大量改进，主要是利用还原剂和无氧条件、控制金属离子的释放速度来降低合成期间金属氧化的可能性，从而提高 MHCF 中 Na^+ 离子的含量。2013 年申请的 US20130257378A1 通过添加还原剂到合成溶液中来保护 Mn^{2+} 和 Fe^{2+} 免于氧化，使更多的 Na^+ 离子可以保留在间隙空间中，制备了具有高容量、能量效率和库仑效率的高钠 MHCF 材料 $A_x Mn[Fe(CN)_6]_y \cdot zH_2O$，$x=1\sim 2$，$y=0.5\sim 1$，$z=0\sim 3.5$。2014 年申请的专利 US2014370187A1 在加入硼氢化钠、连二亚硫酸钠、亚硫酸钠、抗坏血酸、葡萄糖或聚乙烯吡咯烷酮等还原剂的同时，结合无氧条件制备了高钠 $Na_{1+x}Fe_2(CN)_6$，$x=0\sim 1$，方法简单、低成本。2015 年申请的 US2015266746A1 采用共沉淀法制备 $Na_N M1_P M2_Q (CN)_R \cdot FH_2O$，$N=1\sim 2$，通过添加盐酸、硫酸、亚硫酸、乙酸、甲酸、草酸或抗坏血酸，使稳定 M2 材料分解释放 $M2^-$ 离子，并立即与 $M1^-$ 氰化物反应，降低合成期间金属氧化的可能性，增加了 Na^+ 离子嵌入化合物中的可用间隙位置，从而改善了容量。

MHCF 在合成过程中往往会产生吸附水和结晶水两种形式的水，吸附水容易占据储钠位点及 Na^+ 的脱嵌通道，导致材料中 Na^+ 含量减少及 Na^+ 迁移速率降低，从而影响材料的电化学性能；而与过渡金属相连的结晶水还会导致材料在充放电过程中发生结构坍塌，影响材料的循环稳定性。不同的 MHCF 结构中含有不同的吸附水和键合水，吸附水作用力弱，容易脱去，而结晶水以化合键的形式结合，不容易脱去。为了降低吸附水和结晶水的含量，国内外申请人通过改变干燥方式、调整溶剂环境对合成工艺进行了优化。2015 年申请的 US2015357630A1 将共沉淀法制备得到的 MHCF 颗粒在大于 120℃ 且小于 200℃ 的温度下脱水退火，从而获得了不含吸附水的 MHCF 颗粒 $A_X M1_M M2_N (CN)_Z \cdot d[H_2O]_{ZEO} \cdot e[H_2O]_{BND}$，$X=0.5\sim 2$，$d=0$。2018 年申请的 CN109292795A 以亚铁氰化钾或亚铁氰化钠、氯化钠和氯化锰作为制备 MHCF 的前驱体，经共沉淀法得到富钠的 MHCF，并置于管式炉恒温区进行煅烧，有效除去吸附水，得到富钠、无水的 MHCF 纳米颗粒，用于钠离子电池正极，具有很高的比容量与极好的循环性能。2019 年申请的 CN110510638A 通过使 MHCF 的沉淀反应在无水环境中发生，减少了过渡金属离子与水分子发生配合的概率，降低材料 $Na_x M[Fe(CN)_6]_{1-y}\square_y \cdot nH_2O$ 中空位和结构水含量，空位含量 $y<0.1$，钠含量 $1.5<x<2$，结晶水含量 $0 \leq n<1$，具有高容量、高循环稳定性、高倍率特性等优点。

MHCF 中的结构缺陷对电化学性能也有一定程度的影响。为减少结构缺陷，螯合剂辅助的缓慢共沉淀法，即在合成过程中添加柠檬酸三钠、草酸钠、焦磷酸钠、乙二胺四乙酸等络合剂，通过与金属离子的络合作用，降低共沉淀的速度，从而减少材料的缺陷的方法，开始应用于 MHCF 的合成。2019 年申请的 CN111377462A 通过添加磷酸二氢钠、磷酸氢二铵、柠檬酸-柠檬酸钠、甲酸、乳酸、抗坏血酸、丁二酸、苯甲酸和乙酸等弱酸溶液使过渡金属离子从稳定的配合物过渡金属乙二胺四乙酸钠盐中释放出来，与亚铁氰化钠反应制备了 $Na_xM[Fe(CN)_6]_y \cdot nH_2O$，$1.8 \leqslant x \leqslant 2$，通过控制弱酸溶液的浓度和滴加的速度来控制结晶速度，有效降低材料中的晶体缺陷。用其制成的钠离子电池的容量高，循环性能好，工艺简单，生产成本低，无毒无害，生产周期短。

国内外申请人还采用多种后处理手段对其微结构及晶型进行调控，改善 MHCF 的电化学性能。2017 年申请的 CN107082438A 公开了采用共沉淀法制备 $Na_{1.11}NiFe(CN)_6$ 前驱体粉末，并采用强碱对 MHCF 进行处理，使其表面发生溶解再结晶，形成尺寸为 150~200nm 的纳米花结构，其比表面积达 $37.5 \sim 38.6 m^2 g^{-1}$，从而有效增大了电解液和电极材料的反应位点，降低了离子扩散距离。其作为钠离子电池正极活性材料时，表现出功率高、循环稳定性好的特点。2019 年申请的 CN110921681A 采用共沉淀法制备得到 MHCF 材料的悬浮液，经陈化及后处理得到微米级的具有立方阶梯结构的单斜相 MHCF 材料 $Na_xFeFe(CN)_6$，$1.5<x<2$，具有完整的晶格、低的结晶水，并具有高的容量、长的循环寿命、优异的倍率性能。

国内外申请人还优化工艺条件和参数，在获得性能优异材料的同时适用于工业扩大生产。2017 年申请的 CN107634220A 采用共沉淀法，将二价过渡金属高氯酸盐和亚铁氰化钠混合，得到 MHCF 正极材料，方法制备简单，产率高，易于工业放大生产。2018 年申请的 CN110235292A 采用共沉淀法，合理控制溶液中的钠离子浓度，通过缓慢结晶制备了电化学性能优异的高钠多元 MHCF 正极材料 $Na_xM_aN_bFe(CN)_6$，$1.8<x<2$，其具有微米级立方体形貌。相比纳米小颗粒，微米级尺寸的材料具有更高的振实密度且电池极片制作相对简单，生产效率及产率高，所用原料价格低廉，容易实现工业扩大生产。2021 年申请的 CN113488646A 公开了酒石酸辅助共沉淀法合成 MHCF 正极材料及其制备方法，选用酒石酸为螯合剂，与传统的柠檬酸钠作螯合剂相比，用量少，降低了生产成本。

除了共沉淀法，水热法也被成功用于 MHCF，尤其是 Fe-HCF 的合成。水热法通常使用盐酸等对亚铁氰化钠 $Na_4Fe(CN)_6$ 进行分解，产生二价铁离子以及亚铁氰根离子，二价铁离子与亚铁氰根离子反应，生成 Fe-HCF 沉淀。

MHCF 的容量与钠离子含量密切相关。为提高钠离子含量，水热法也可以采用还原剂和保护气氛。2013 年申请的 CN103474659A 采用水热法，以过渡金属盐、酸和抗坏血酸、柠檬酸钠、硼氢化钠、亚硫酸钠、硫代硫酸钠、水合肼、三乙基铝或氢化铝锂等还原剂为原料，在保护气氛下制备得到 $Na_{1.9}Mn_2(CN)_6$ 等一系列高钠一元 MHCF 正极材料，表现出更高的比容量和倍率性能。2014 年申请的 US2014050982A1 采用水热法制备 $Na_{1+X}Fe[Fe(CN)_6]$，$X=0 \sim 1$，同样采用还原剂或抗氧化剂以保护铁（II）免于氧化，这允许更多的钠离子保留在 Fe-HCF 结构中，从而提高容量。

水热法产物中过渡金属仅局限于铁，且常用的盐酸酸性较强，使二价铁离子快速产生导致 MHCF 沉淀较快，反应速率较难控制，因此制备得到的亚铁氰化物一般结晶性较差，导致其作为正极材料组装得到钠离子电池的容量较低，循环稳定性不理想。

为提高结晶度，减少水含量和结构缺陷，国内外申请人采用多种方法控制水热反应的速率。2017 年申请的 CN107342418A 先将 M^{2+} 离子沉淀得到氢氧化物，再用甲酸、乙酸、丙酸、酒石酸或亚硝酸等弱酸将氢氧化物缓慢溶解，释放出 M^{2+} 离子，与亚铁氰化钠经水热反应后得到 MHCF 正极材料 $Na_xM[Fe(CN)_6]_y$，$x = 1.6 \sim 2$，$y = 0.7 \sim 1$。该方法有效降低反应速率，提高产物的结晶度，从而提高其容量。2017 年申请的 CN107331864A 采用金属 M 代替金属离子，用稀酸将金属 M 缓慢溶解释放出 M^{2+} 离子，与亚铁氰化钠经水热反应后得到 MHCF 正极材料，制备得到的 MHCF 正极材料具有良好的结晶性，将其应用于钠离子电池电极中，可显著提高钠离子电池的电化学性能。2020 年申请的 CN111547742A 公开了一种低成本、高产量、高性能的 FeHCF 钠离子正极材料的制备方法，采用单铁源反应，以亚铁氰化钠为原料，利用有机弱酸和络合剂柠檬酸钠配合作用，通过水热反应，获得了结晶水含量以及缺陷含量均十分低的晶体 $Na_xFe[Fe(CN)_6]_y \cdot \square_{1-y}$，$1.72 \leq x \leq 1.95$，$0.975 \leq y \leq 0.995$。$\square$ 表示空位，平均粒径 D50 为 $3.76 \sim 9.67\mu m$，同时克服了因亚铁氰化钠 $Na_4Fe(CN)_6$ 的低导电性而产生的钠离子正极材料应用限制，表现出较高的容量和较好的循环性能。2021 年申请的 CN112707413A 公开了一种高结晶度 MHCF 微米花电极材料 $Na_2Fe_4[Fe(CN)_4]_3$ 的制备方法，利用柠檬酸钠和盐酸协同作用，有效抑制络合反应速率，同时引入 NaCl 使合成的 MHCF 具有极高的结晶度，能够有效保证在循环过程中电极材料的结构稳定，具有优异的倍率性能和循环寿命。

国内外申请人还通过水热制备工艺的调整，得到不同形态的材料。2018 年申请的 CN108821310A 采用水热法，在制备过程中同时引入无机钠盐和有机钠盐表面活性剂，并控制反应条件，得到由大尺寸的长方体颗粒和小尺寸的无规则形颗粒组成的类普鲁士白材料 $Na_xMn[Fe(CN)_6]_y \cdot \square_{1-y} \cdot zH_2O$，$1.6 \leq x \leq 2$，$0.9 \leq y \leq 1$，$0 \leq z \leq 3$，其中，大尺寸颗粒具有较高的钠含量，有利于提高产物的容量及提高材料的电极加工性能，而小颗粒有利于提高钠离子的扩散速率，从而有利于使材料整体上维持较好的倍率性能和优异的循环性能。

共沉淀法和水热法等液相法合成的样品通常容易产生吸附水，而球磨法结合低温热处理工艺，能够得到结晶性良好且低结晶水的 MHCF。2019 年申请的 CN111029572A 采用球磨法制备 MHCF 正极材料 $Na_xM1[Fe(CN)_6]_y \cdot nH_2O$，$0 \leq x \leq 2$，物相在形成过程中，由于没有大量的水源以及水的环境，产物中水的含量大大减少，从而提高钠的含量。在油系电解液的 $2 \sim 4V$ 电压范围内，MHCF 中含有的水容易分解并和钠反应从而降低电池性能，只有有效去除 MHCF 中的水，MHCF 才能稳定地脱嵌钠并有效应用到全电池。为得到不含水的菱形相结构的 MHCF，推进其工业化应用，2021 年申请的 CN112777611A 进一步公开了对球磨法和/或共沉淀法得到的 MHCF 前驱体进行热处理，得到不含结晶水的菱形相 MHCF 正极材料 $Na_xM[Fe(CN)_6]_{1-y} \cdot \square_y$，$0 < x \leq 2$，$0 < y \leq 1$，能有效匹配硬碳，容量达 $139.4mAh/g$。

除上述方法以外，国内外申请人不断提出新的制备方法，来获得良好结晶性的 MHCF，以显著提高钠离子电池的容量和循环稳定性等电化学性能。2013 年申请的

CN103227325A采用乙醇萃取法合成$Na_4Fe(CN)_6$-NaCl固溶体,二者的摩尔比例为$x:(1-x)$,其中$10\% \leq x \leq 90\%$,作为钠离子正极材料具有较理想的容量$88mAhg^{-1}$和循环性能,且制备工艺简单,生产成本低,生产周期短,性能稳定。2017年申请的CN107265481A、CN107331837A分别公开了采用离子交换法制备MHCF材料$Na_xM[Fe(CN)_6]_y$,$x=1.6\sim2$,$y=0.7\sim1$,先将亚铁氰化钾/亚铁氰化铵与二价过渡金属离子M^{2+}可溶性盐混合制备得到$K_xMn[Fe(CN)]_y$沉淀,再与NaCl经离子交换反应后得到纳米结构的MHCF材料$Na_xMn[Fe(CN)]_y$。由于Na^+的半径低于K^+/NH_4^+,在离子交换过程中Na^+更易进入K^+/NH_4^+晶格中,提高了产物的结晶度,且具有高的钠和亚铁氰根含量,呈现亚微米级无规则形状颗粒,利于电极涂布且能够提高电池的体积能量密度。

(2) 改性方法

除了通过优化MHCF的制备工艺来提高其电化学性能,国内外申请人还通过复合、包覆、掺杂、混合及其他改性手段对MHCF进行改性。

复合是国内外申请人最常用的改性手段之一。AM1M2(CN)体系中沿着M1-N≡C-M2骨架的缓慢电子传输导致电化学性能较差。为解决该问题,国内外申请人将MHCF与多种碳材料复合。2012年申请的US201326002A1在共沉淀法合成MHCF期间添加导电碳,从而得到C-AM1M2(CN)$_6$,改善电子传输。2013年申请的CN103441241A采用水热法制备了MHCF/碳复合材料,碳材料可以是碳纳米管、石墨、石墨烯、乙炔黑、炭黑、科琴黑,所得材料中结晶水和结合水含量少,作为正极材料时表现出了高的容量和优异的循环性能。2014年申请的CN104934607A将MHCF与石墨烯复合,提高了电极的导电性能,制得的钠离子电池电极具有良好的稳定性,充放电容量高,倍率性能优异,循环性能佳。2015年申请的CN104716314A制备了鲁士蓝/还原氧化石墨烯复合材料,MHCF材料中不含结合水,且具有优异的钠离子电池性能,充放电比容量高达$150mA/g$以上。2018年申请的CN109244396A、CN109346686A分别公开了一种多壁碳纳米管与MHCF的复合材料和三维石墨烯网络结构负载MHCF材料,改善循环性能。

此外,国内外申请人还将MHCF与导电聚合物复合。如2013年申请的US2014038044A1公开了一种容量和循环特性优异的MHCF-导电聚合物复合材料,其中导电聚合物为聚苯胺(PANI)或聚吡咯(PPY),复合方式多样,具体如图4-5-4所示。

此外,国内外申请人还将MHCF与其他材料复合,如2013年申请的CN103208628A公开一种$KnA_a[B(CN)_x]_b$和金属材料的复合物,金属材料为Fe、Mn、Co、Zn、Sn、Mg、Cu、Ni、Al、Au、Ag、At、Pd,复合后MHCF的电化学性能得到显著改善,具有更高的容量和良好的循环稳定性能。

包覆也是常用的改性手段。国内外申请人通过在MHCF表面包覆氧化物、碳材料、聚合物、氟化物和活性材料等多种材料,改善了多种不同的电化学性能。2013年申请的US2013260260A1采用氧化物、简单盐、碳材料或聚合物,如Al_2O_3、ZrO_2、$NaAlO_2$、

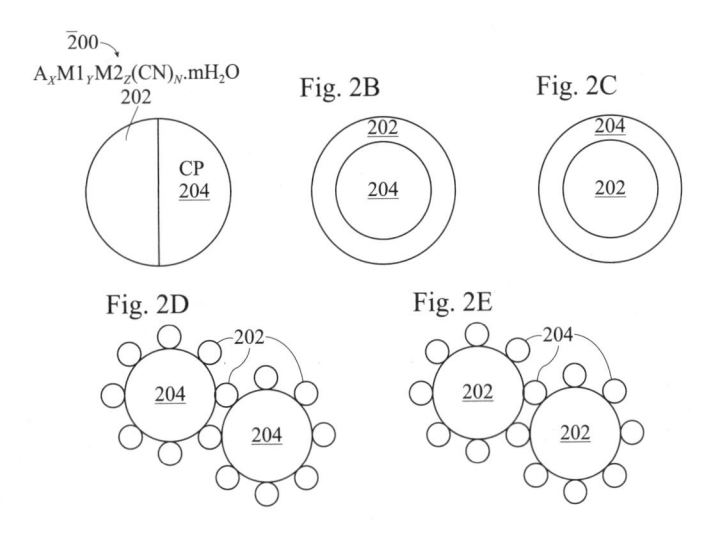

图 4-5-4 US2014038044A1 附图

Na$_4$Fe(CN)$_6$、Na$_3$Fe(CN)$_6$、聚吡咯或聚苯胺，制备覆盖 A$_y$Fe$_z$(CN)$_n$·mH$_2$O 颗粒的膜，作为阴极钝化层，使材料获得更高的容量和延长的寿命循环。2018 年申请的 CN109065847A 采用石墨烯将普鲁士白纳米颗粒表面完全包覆，显著提高其倍率性能，同时保证高的容量及优异的循环性能。2019 年申请的 CN110048104A、CN110061308A 对氰化框架材料与磷酸钛盐、氰化框架材料与金属锌分别进行氟化物的包覆，从而获得特殊的正极材料与负极材料，二者产生了耦合或协同作用。制得的水系电池具有高的工作电压、高的容量和长的循环寿命，由于水系电池固有的高安全性，适合用作于大规模储能电池。2020 年申请的 CN111244448A 开了一种原位碳包覆的高倍率大尺寸 MHCF 正极材料，有效改善了导电性差、倍率性能低等问题。如图 4-5-5 所示，2020 年申请的 CN112174167A 公开了一种核壳结构 MHCF 材料，先用共沉淀法制备单斜相的 MHCF 材料内核，然后再使用共沉淀法制备立方相的 MHCF 材料外壳，高抗腐蚀的立方相 MHCF 外壳均匀、完全、致密地包覆于高容量单斜相 MHCF 内核，从而提高产物的电导率和抗电解液腐蚀能力，应用于钠离子电池正极中可显著提高钠离子电池的容量和循环稳定性。

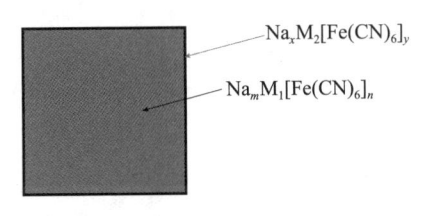

图 4-5-5 CN112174167A 附图

掺杂也是常用的改性方法。2013 年申请的 US2013266861A1 提出了一种金属掺杂的过渡金属六氰合铁酸盐 A$_x$M$_y$Fe$_z$(CN)$_n$·mH$_2$O，其中掺杂元素可以为 A，如铵离子（NH$_4^+$）、Li、Na、K、Rb、Cs、Ca 和 Mg，也可以为过渡金属 M，如 Ti、V、Cr、Mn、

Fe、Co、Ni、Cu、Zn、Nb、Ru、Sn、In 和 Cd，分别如图 4-5-6 中 NaKMn-HCF（Fig.3）和 $Al_{0.05}Mn_{0.95}$-HCF（Fig.4）所示。K^+ 离子的掺杂支持 Mn-HCF 结构并在充电/放电循环期间使其稳定，Al^{3+} 离子的掺杂缩小了 Mn-HCF 的晶格参数，从而稳定了 Mn-HCF 的结构并抑制了水分子在间隙空间中的占据，因此表现出更高的容量和更好的容量保持率。

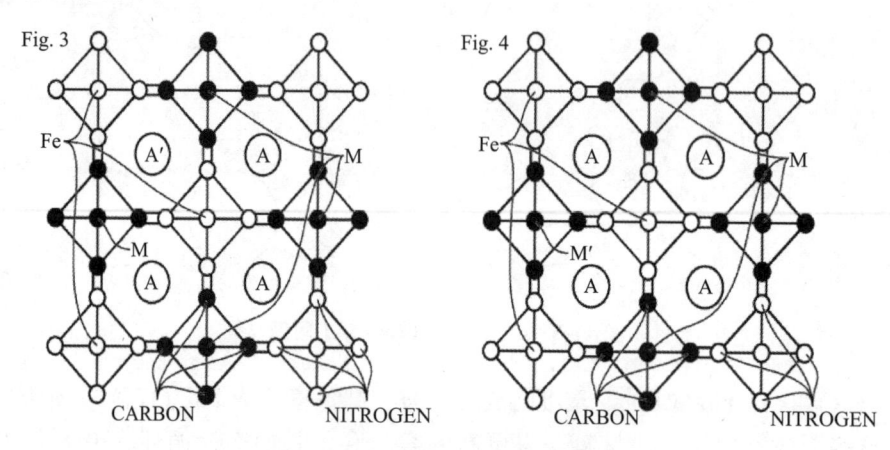

图 4-5-6 US2013266861A1 附图

对于 MHCF，国内外申请人通常在与 N 相连的过渡金属位上进行掺杂，不同的掺杂元素所带来的效应有所不同。2017 年申请的 CN106920964A 公开了一种过渡金属元素 Mn、Co、Ni、Cu、Zn 梯度取代的 MHCF 正极材料 $Na_xM_yFe_{1-y}[Fe(CN)_6]_z \cdot nH_2O$，该材料由过渡金属元素从晶粒内部向表面按浓度梯度取代 MHCF 晶格中铁氮八面体内的铁离子，具有容量高、循环稳定性好、制备简单等特点。2018 年申请的 CN110474042A 公开了一种 Fe 或 Cu 掺杂的 MHCF 正极材料 $Na_xA_yMn_{1-y}Fe(CN)_6 \cdot zH_2O$，$0 < x \le 2$，$0 < y < 1$，$0 < z \le 5$，大大改善了 Mn-Fe 基普鲁士蓝材料在水系中的 Mn 溶解和容量衰减问题，具有高电压、高容量、高倍率、长寿命等特点，而且只含有 Cu、Fe、Mn 等常见元素，材料成本极低。2021 年申请的 CN113104863A 采用共沉淀法，以惰性过渡金属元素 Zn 按一定比例取代铁基普鲁士蓝中与氰根中 N 相连的高自旋铁，获得了高容量铁基普鲁士蓝正极材料 Zn-FeHCF。国内外申请人还不断利用多种过渡金属的协同作用来提高 MHCF 材料的电化学性能，如 2020 年申请的 CN112607748A 采用共沉淀法制备了多元 MHCF 钠离子正极材料 $Na_2Ni_xCo_yFe_zFe(CN)_6$，具有容量高、循环和稳定性好的优点。

除了以上对材料本身的改性方法之外，研究者们还采用混合手段改善材料用于制备极片时的性能。2017 年申请的 CN109728251A 提出了正极材料 $Na_xM[M'(CN)_6]_y \cdot zH_2O$ 包括第一颗粒和第二颗粒，第一颗粒的粒径 D50 为 1~5μm，第二颗粒的粒径 D50 为 0.02~0.8μm，采用大粒径颗粒与小粒径颗粒配合的方式，提高正极膜片的压实密度，同时使钠离子电池具有较好的倍率性能。2019 年申请的 CN111082017A 提出了含过渡金属氧化物颗粒和普鲁士蓝纳米颗粒的共混材料，将后者均匀地填充到含过渡金属氧化物颗粒之间，从而减少电解质与含过渡金属氧化物的正极材料的接触面积，提高循环稳定性。

此外，国内外申请人还提出了使用添加剂、中性配体和金属离子螯合剂，以及等离子体改性等多种方法。2013 年申请的 US2013266860A1 采用亚铁氰化物 $[Fe(CN)_6]_4^-$ 或铁氰化物 $[Fe(CN)_6]_3^-$ 用作正极材料 $A_xM_yFe_z(CN)_n \cdot mH_2O$ 的添加剂，能够防止正极材料溶解在非水性电解质中，从而提高容量和循环性能。2015 年申请的 US2015357646A1 在正极材料中添加 Li、Na、K、Cs、Mg、Ca、Ba、Ti、Mn、Fe、Co、Ni、Cu、Zn 等金属的卤素盐添加剂 MX，能够提高循环稳定性。

如图 4-5-7 所示，2017 年申请的 CN108946765A 公开了 MHCF 正极材料 $A_xM_c[M'(CN)_6]_{1-y}(b-H_2O)_{6y-d}L_d \cdot \square_y \cdot (i-H_2O)_z$，其中 L 为选自 CH_3CN、NH_3、CO、C_5H_5N 的中性配体，能够参与过渡金属 M 的配位，部分或完全取代结合水，从而降低甚至去除结合水的含量，使材料的吸水性能显著降低，进而能明显改善安全性。

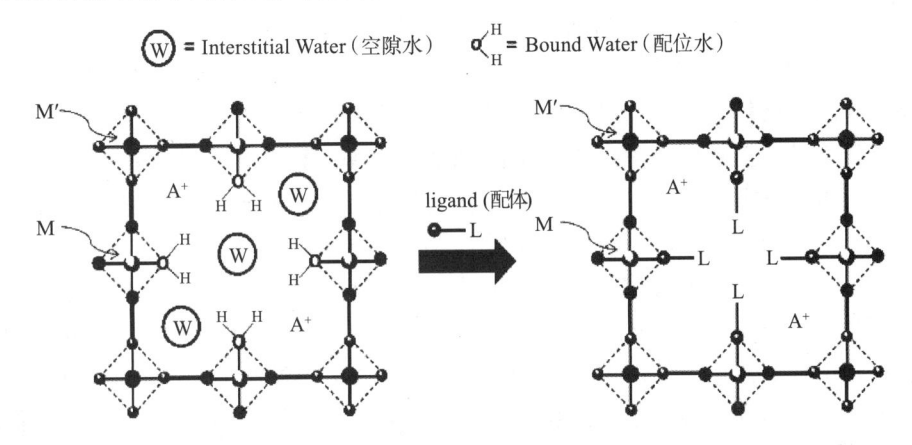

图 4-5-7 CN108946765A 附图

2018 年申请的 CN108550844A 将 MHCF 置于等离子体发生装置中，进行等离子体轰击处理，提高了材料的孔隙率及表面稳定性，从而提高了材料的实际比容量和循环稳定性。2019 年申请的 US20200002181A1 采用含酸金属螯合剂对 MHCF 进行表面改性，改善了材料的空气稳定性，减少电化学和循环寿命性能指标的明显劣化。

4.5.2.3 技术发展路线

对上述普鲁士蓝类化合物的制备与改性方法进行总结，得到如图 4-5-8（见文前彩色插图第 2 页）所示的技术发展路线。总而言之，国内外申请人一方面针对 MHCF 结构中存在的问题，通过对共沉淀法、水热法和球磨法等制备方法及工艺进行不断改进，以合成出高结晶性、低结晶水和缺陷、高 Na^+ 含量的 MHCF，从而不断提升容量和循环稳定性等电化学性能；还从利于涂布的角度出发对材料尺寸进行研究，制备特定的微米材料，进一步提高电极能量密度，同时，为满足工业化生产、实现大规模制备，不断为简化工艺、降低成本作出努力。另一方面，采用复合、包覆、掺杂和混合等多种改性手段，进一步提高材料及电池的电子传输、倍率、首次充放电和安全等综合性能。相信在不久的将来，以 MHCF 为正极材料的高性能、低成本的钠离子电池将会出现在大众眼前。

4.6 前景分析

实现钠离子电池的商业化，最重要的是开发适合钠离子电池工作的正极材料，而容量是正极材料最受关注的性能之一。在国内外申请人不断努力下，经过多年发展，聚阴离子类化合物、钠过渡金属氧化物和普鲁士蓝类化合物三大类钠离子正极材料所能达到的容量如图 4-6-1（见文前彩色插图第 3 页）所示。

从图中可以看出，三大类钠离子正极材料的容量都为 70~290mAh/g，其中，聚阴离子化合物具有较低的容量，层状氧化物展现了最高的容量 268.6mAh/g；普鲁士蓝类化合物的容量为 110~170mAh/g，能够比肩市面上先进的磷酸铁锂电池和几年前的三元锂电池，这对于制造商业化的电池来说已经足够。从容量角度出发，国内的中科院物理所（中科海钠）主要采取过渡金属氧化物正极材料路线，宁德时代主要采取普鲁士蓝类化合物正极材料路线。

除容量之外，正极材料应用于电池的循环、倍率、稳定和安全性能对于钠离子电池的商业化也十分重要。聚阴离子材料具有工作电压高、结构稳定和循环寿命长等优点，其缺点是离子电导和电子电导率较低，为此，国内外申请人采用包覆、掺杂和纳米化等多种方法提高材料的导电性。层状过渡金属氧化物具有较高的工作电压以及大于 1000 圈的循环寿命，合成过程简单，可以满足规模化生产的要求，其主要问题为材料的循环稳定性不佳，为此，国内外申请人通过合理选择过渡金属层元素及掺杂元素，稳定材料结构，抑制复杂相变。普鲁士蓝类化合物合成过程简单，无毒且成本低，适于大规模生产，但在合成过程中容易形成结晶水及结构缺陷，严重影响其电化学性能的发挥，为此，国内外申请人通过优化合成工艺或采用复合、包覆、掺杂和混合等方法改善其电化学性能。可见，目前并不存在"完美"的钠离子正极材料，不管是中科院物理所（中科海钠）使用的过渡金属氧化物正极材料，还是宁德时代采用的普鲁士蓝类正极材料，均具有一定的局限性。

总体而言，过渡金属氧化物和普鲁士蓝类化合物是目前最具应用潜力的高性能钠离子正极材料。随着研究的不断深入，相信兼具容量高、稳定性好、循环和倍率性能好、安全、成本低等优点的钠离子电池将占据动力电池市场的一席之地。

4.7 小 结

本章对钠离子正极材料的全球/中国专利申请态势、技术迁移和技术构成情况、重要申请人等方面进行大数据分析，全面了解该技术的总体状况；分别梳理了聚阴离子类化合物、钠过渡金属氧化物和普鲁士蓝类化合物的重点技术发展路线，研究技术手段-技术功效，分析技术热点和空白点，并对三种正极材料的应用前景进行对比分析，助力行业进行技术创新。通过分析，得到如下结论。

（1）钠离子正极材料专利总体状况

从全球/中国专利申请态势来看，钠过渡金属氧化物、聚阴离子类化合物和普鲁士蓝类化合物等三种钠离子正极材料在全球和中国范围的专利申请态势规律基本相同：20世纪70年代起处于技术萌芽期，2000~2010年处于缓慢增长阶段，2011~2017年总体呈现快速发展趋势。

从技术迁移和技术构成情况来看，对于聚阴离子类化合物，中国、美国和日本是重要技术原创国，其中美国的专利申请总量最高，而日本向外输出的专利量最多，中国专利申请的布局意识仍有待提高。韩国和欧洲虽然具有较强的专利布局意识，但专利申请量相对来说较少，在技术上并不存在优势。对于钠过渡金属氧化物，中国、日本和美国仍然属于技术原创国的第一集团，同时，美国和中国也是全球范围内的主要市场。中国专利申请的输出数量虽然不多，但专利布局情况优于聚阴离子类化合物。欧洲相比于韩国，专利申请量以及布局上都更加成熟，发展也更为均衡。对于普鲁士蓝类化合物，全球专利申请量较少，中国专利申请基本未向国外布局，而美国、日本、韩国和欧洲在全球多个国家/地区内采取了相应的布局策略。美国的专利布局策略相比于其余3个国家/地区更加均衡，是最重要的技术原创国，同时也是该领域最大的技术输出国和主要市场。

从全球和中国重要申请人来看，钠离子正极材料的重要申请人主要来自中国、日本和美国三国，中国的研究主体主要集中在高校/科研机构，而日本和美国的申请人均为企业，且其申请量与国内代表性企业宁德时代相比具有明显优势，可见，我国在未来仍然存在很大的产业化发展空间。对于聚阴离子类化合物，重要申请人包括我国的中南大学、中科院和宁德时代，美国的通用电气，日本的丰田、住友和东芝等。其中，日本企业的知识产权保护意识较强，研发积极性较高，而我国企业还没有形成足够的竞争优势。对于钠过渡金属氧化物，重要申请人包括日本的住友、东芝、松下、丰田和昭和电工，中国的中科院、中南大学和天津大学，英国的法拉典，韩国的电子通信研究所等。此外，中科海钠在国内企业中具有领军优势。对于普鲁士蓝类化合物，中美两国具有较大的发展优势，重要申请人包括中国的鸿海精密、浙江大学、宁德时代、国家电网、中科院、上海交通大学和中南大学，美国的美国能源部和Natron Energy，日本的住友等；宁德时代普鲁士蓝类化合物的研发有领军优势，国外企业尚未形成较为完善的专利布局。随着钠离子正极材料研发的快速发展，不断有新的申请人加入研发队伍，2017年后国内新增申请人主要为国内高校和企业，表现较为突出的有与上海交通大学进行联合开发的浙江钠创新能源。

（2）钠离子正极材料专利技术分析

从聚阴离子类化合物专利技术来看，该类化合物的结构稳定，具有较好的循环稳定性和安全性能，但电子电导率较低造成了聚阴离子化合物的倍率性能较差。针对聚阴离子类化合物的以上特征，近年来研究的方向主要集中在聚阴离子类化合物的制备以及改性，以提高其电化学性能。而制备方法对材料的理化性能起到关键的作用，不同的制备方法得到的材料的优缺点不同,进而将对后续所制备正极材料的物理性质和电化学性能产生重大影响。传统的制备方法主要为高温固相法、水热法、溶剂热法、溶胶凝胶法,近年来研究者们也在不断推出新的方法,如微乳相法、静电纺丝法、模板法、喷雾干燥法。为提高聚阴离子型化合物的倍率性能,常常采用包覆、掺杂和材料纳米化中的一种或多种手段相结合的方式来提高材料的性能。活性材料颗粒表面是发生电极反应的场所,通过表面改性来改善材料的动力学性能是最有效的手段,离子掺杂主要是通过金属、非金属离子的掺杂来提高物质的本征导电性,颗粒纳米化是通过将材料制备成纳米尺寸的微粒,减小电子、离子的迁移来提高导电性。提高导电性的方法也从单一的包覆、掺杂和纳米化发展为多种途径结合。

从钠过渡金属氧化物专利技术来看,层状过渡金属氧化物正极材料的循环稳定性是目前研究的热点,其次是容量。相比国外来说,中国一般同时兼顾多种技术功效,包括电化学性能、成本及安全等;国外主要关注点还在材料的电化学性能上。在采用的技术手段方面,最主要是在掺杂以及寻找合适的元素配比阶段,而解决的技术问题主要是提高材料的循环稳定性,并兼顾材料的容量。对于材料的制备方法,一般仍延续锂离子电池正极材料的制备方法,如高温固相法、喷雾干燥法、共沉淀法、水热法及溶胶凝胶法等制备,但是,也有少数申请人采用多相复合、制备方法的改进及包覆等技术手段来改善材料的电化学性能,并获得了较理想的结果。对于元素配比及掺杂元素的选择进行重点分析发现,钠离子电池层状过渡金属氧化物已从最初的单元素金属氧化物逐渐向二元及更多元素发展,金属基体元素的选择主要有 Ni、Mn、Fe、Co、Cr、Cu 等第三周期过渡金属元素及其相应组合,少量涉及第四周期元素 Sn。其中,Cu – Fe – Mn 基三元正极材料被认为是目前较有前景有望产业化的正极材料,这也为高容量、高稳定层状正极材料的研究指出了新方向。对于钠离子过渡金属氧化物中掺杂元素的选择,一般范围较广,传统的过渡金属,以及稀土金属和非金属均可在一定程度上提升钠离子正极材料的性能。就钠离子正极材料而言,在基体选择和掺杂改性方面仍然具有较高的研究价值及发展前景。

从普鲁士蓝类化合物专利技术来看,该类化合物具有优异的储钠性能,其中,铁基普鲁士蓝 Fe – HCF 和锰基普鲁士蓝 Mn – HCF 最具应用前景,是国内外研发的热点。目前 MHCF 的实际容量和其理论容量相比差距较大,这是阻碍 MHCF 产业化的一个重要原因。这主要是由于 MHCF 制备过程中产生的结晶水难以除去,Na^+ 含量低,因此,国内外申请人主要针对 MHCF 结构中存在的问题,通过对共沉淀法、水热法、球磨法、离子交换法等制备方法及工艺进行不断改进,以合成出高结晶性、低结晶水和缺陷、高 Na^+ 含量的 MHCF,从而不断提升容量和循环稳定性等电化学性能;还从利于涂布的角度出发对材料尺寸进行研究,制备特定的微米材料,进一步提高电极能量密度。此外,MHCF 还存在振实密度较低、循环稳定性较差、热稳定性差、安全隐患、结构缺陷、电化学性能衰减、倍率性能较差等问题。针对 MHCF 存在的上述问题,国内外申请人采用复合、包覆、掺杂、混合、使用添加剂、中性配体和金属离子螯合剂以及等离子体改性等手段对其进行改性,来提高其容量、循环和倍率性能,以及安全性和稳定性，并尽可能地简化工艺、降低成本，以实现电化学性能优异的 MHCF 正极材料的工业化生产和大规模制备。

(3) 钠离子正极材料前景分析

容量是钠离子正极材料最受关注的性能之一。经过十余年的发展，聚阴离子类化合物、钠过渡金属氧化物和普鲁士蓝类化合物三大类钠离子正极材料所能达到的容量都为 80~290mAh/g，其中，聚阴离子化合物容量相对较低，层状氧化物展现了最高的容量，普鲁士蓝类化合物的容量基本能够比肩市面上先进的磷酸铁锂电池和几年前的三元锂电池。除容量之外，正极材料应用于电池的循环、倍率、稳定和安全性能对于钠离子电池的商业化也十分重要。聚阴离子材料具有工作电压高、结构稳定和循环寿命长等优点，其缺点是离子电导和电子电导率较低；钠过渡金属氧化物具有较高的工作电压以及大于 1000 圈的循环寿命，合成过程简单，可以满足规模化生产的要求，其主要问题为材料的循环稳定性不佳；普鲁士蓝类化合物合成过程简单，无毒且成本低，适于大规模生产，但在合成过程中容易形成结晶水及结构缺陷，严重影响其电化学性能的发挥。总体而言，钠过渡金属氧化物和普鲁士蓝类化合物是目前最具应用潜力的高性能钠离子正极材料。随着研究的不断深入，相信兼具容量高、稳定性好、循环和倍率性能好、安全、成本低等优点的钠离子电池将占据动力电池市场的一席之地。

第 5 章　动力电池包

5.1　简　介

在纯电力驱动的汽车中,动力电池包的质量和体积较大,箱体电池整包的重量占整车重量的18%~30%,且电动汽车的续航里程越大,电池包重量所占比重越大。电池包通常安装在汽车的底板下方,完全覆盖前后悬架总成间的全部底板,整体呈长方形。对于车高较低的情况,多适用异型电池包,如"土"字形、"凹"字形、"T"字形以及"滑板"式等(见图5-1-1)[1];对于车高较高的情况,可以充分利用底盘的大面积平整空间布置电池,适用于规则型电池。

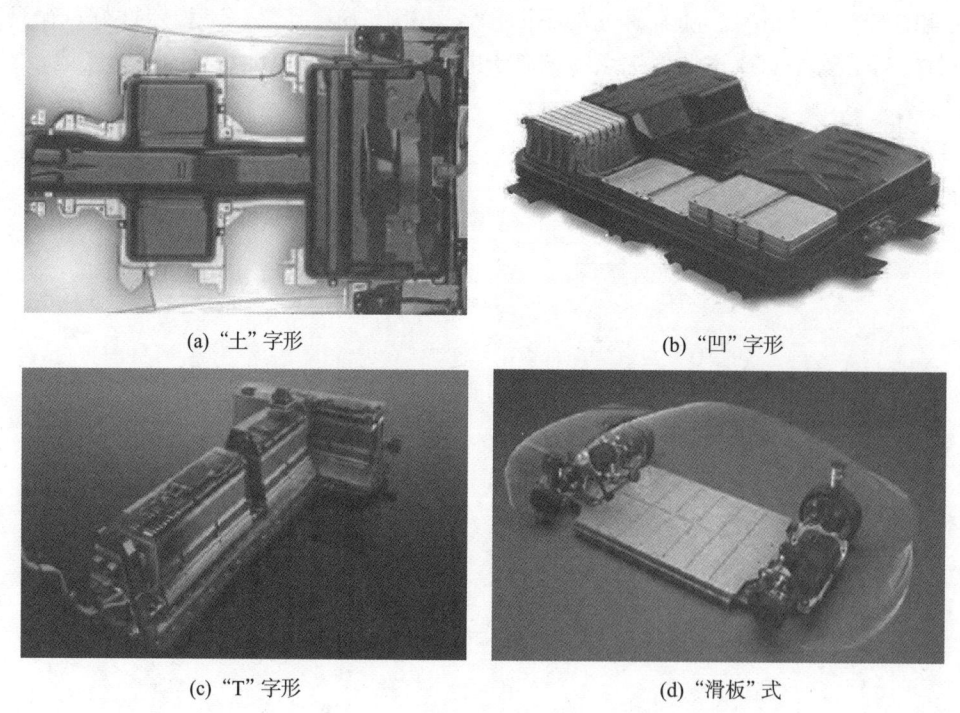

(a) "土"字形　　　　　　　　　　(b) "凹"字形

(c) "T"字形　　　　　　　　　　(d) "滑板"式

图 5-1-1　纯电动汽车动力电池包结构

动力电池包内最主要的组成部分就是多个串并联连接的单体电池。现有的动力电池包由单体电池(cell)-模组(module)-电池包(pack)三级结构组成。若干个单

---

[1] 蔡扬扬,殷莎,赵海斌,等. 新能源汽车电池包箱体结构的轻量化研究现状[J]. 汽车技术,2022(2):55-59.

体电池组合在一起，称为"模组"，若干个模组组合在一起，再加上电池管理系统（BMS）、散热系统、配电模块等零部件以及上下盖板，形成了电池包。因此，动力电池包一般由电池盖板、防护层、电池模组、散热系统、电池托盘等组成，其中电池模组由端板、侧板、上盖、电连接件、绝缘罩、电芯、电芯监控单元等结构件组成。

单体电池种类众多，从外形工艺看，包括方形电池、软包电池和圆柱电池等。理论能量密度上限从高到低依次为软包、方形和圆柱，但三种类型电池包的系统能量密度差别不大。包装路线作为影响能量密度的重要因素，有可能使竞争格局跟随产业进程而发生变动。

电池上盖、下箱体，以及模组的端板、侧板等作为动力电池包和模组的外框架，起承重、固定外形和保护结构强度作用。以上部件必须具有足够的机械强度，能够抵抗壳体弯曲，抗外力冲击和抗异物挤压，抗车身底盘传递的振动并且足够耐久可靠，同时，还必须考虑其重量。高压连接件，模组内部的高、低压连接件主要起采集信号、过流导电作用；冷却系统用于调节动力电池温度，以保证动力电池在合适的温度范围内运行。

5.2 技术专利状况分析

动力电池包中包括电芯技术以及成组结构技术。其中，动力电池电芯的结构基本一致，简单来说是将正极、负极、隔膜和电解液等物质结合在一起。同时，成组结构的设计优化也属于动力电池包设计开发的重要研究内容之一，是解决电动汽车发展瓶颈的有效途径和重要推力。[1] 本小节将动力电池包分为电芯和成组结构两个分支分别进行专利申请态势分析。

5.2.1 电　芯

5.2.1.1 专利申请趋势

结合图 5-2-1 来看，电芯技术领域全球/中国专利申请的整体趋势可以分为三个阶段。

（1）缓慢布局期（2000 年以前）

2000 年之前，电芯结构改进的专利申请量分布较少，行业研究重心均放在电池材料的研发和优化，因此该领域的技术并未获得较多关注，仅属于萌芽期，整体申请量增长也较为缓慢。

（2）加速增长期（2001~2015 年）

从 21 世纪开始，全球相关企业关于电芯结构的专利申请量出现了加速增长态势，进入起步阶段。尤其受到经济危机和石油危机的影响，全球各国/地区及龙头企业针对电芯的结构研究也随着整个领域共同飞速发展，2011 年的专利申请量有了较大突破。

---

[1] 陈元. 车用动力电池包多材料结构优化与轻量化设计 [D]. 广州：华南理工大学，2020.

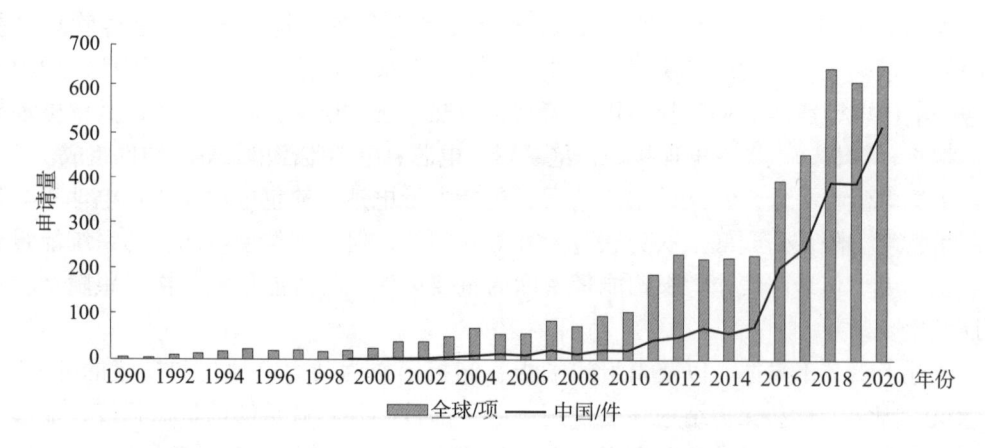

图 5-2-1　全球/中国电芯技术领域专利申请趋势

中国相对起步较晚,自21世纪才关注电动汽车领域的研发,因此早期在电芯领域上的发展还不太稳定,直至"十一五"至"十二五"期间先后出台的21条政策,分别给予企业和公众充分的财政补贴和技术支持,使国内电芯的专利申请在小幅波动后也呈现稳定增长趋势。

(3) 快速发展期(2016年至今)

在全球各国/地区诸多鼓励政策的带动下,电芯领域研发申请人相较前年也提高40%,因此促使全球范围内电芯专利申请量出现增幅。与此同时,宁德时代2016年也加大针对产品量产以及更多衍生产品开发的专利布局力度,结构类专利申请量超过往年总量累积,宁德时代作为全球的新兴电池企业开始逐步崛起。中国申请占据超过一半的全球市场,这也意味着中国已经成为全球新的重要市场。

纵观整个电芯专利申请态势的发展历程,随着能源重心的转移,各大厂商对于电芯结构的研发热情也逐步提高。针对中国市场而言,虽然起步较晚,但整体专利申请发展趋势迅猛,在一定程度上拉动了全球电芯行业的整体发展。

5.2.1.2　全球/中国重点申请人

图5-2-2、图5-2-3分别展示了电芯技术涉及提高续航里程专利申请的全球/中国专利申请人排名情况。

从电芯涉及提高续航里程专利申请的全球申请人排名来看,宁德时代占据榜首,近几年对电芯的续航技术改进很多;行业巨头LG化学以微小差距位列第二。二者均以200多项专利申请远远超过行业内的其他申请人,在电芯领域中有较多的技术改进内容。另外,LG化学也十分重视中国市场,在中国一共提出了157件专利申请,在中国的专利布局超过其全球布局的一半,显示出LG化学对中国市场的重视程度。

在全球申请人的排名中,比亚迪、三星、东芝、松下和蜂巢能源等申请人占据了第二集团的位置。横向对比外国申请人的中国专利化其全球布局的占比,松下向中国提出了87件专利申请,占据了其总体申请量91%的比例,毫无疑问,松下是在电芯领域中高度重视中国市场的企业。而东芝、三星和索尼虽然在中国布局占比无法媲美松下和LG化学，但也分别以67件、53件和31件位于中国专利申请人的前11名中，在一定程度上也表明了国外厂商对中国市场的信心。

在中国申请人排名中，依旧是宁德时代和LG化学占据第一集团，比亚迪以些许差距暂落其后。总体来说，我国国内代表申请人比亚迪、蜂巢能源、塔菲尔、亿纬和国轩高科在电芯结构方面具有一定的申请量积累，在全球布局上也具有一定优势。结合图5-2-2可以进一步确认，电芯技术涉及续航里程领域全球前11名申请人中超过一半来源于中国，这更进一步说明了在当前电池领域电芯结构优化的全球市场中，中国占据举足轻重的位置。

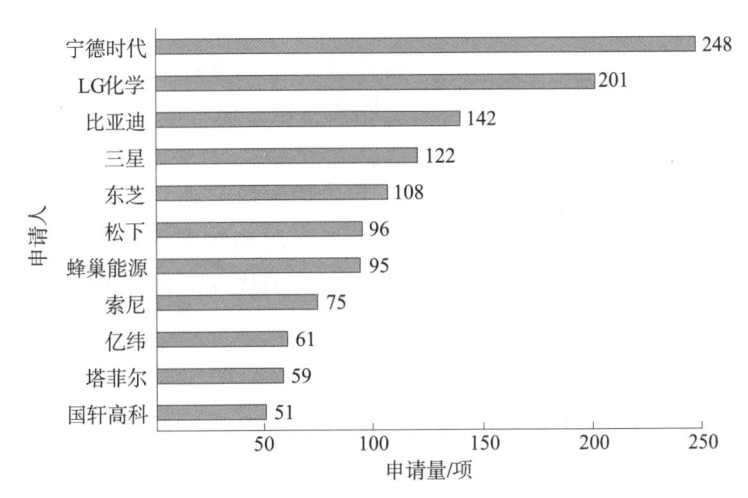

图5-2-2 电芯技术涉及提高续航里程领域全球专利申请人排名

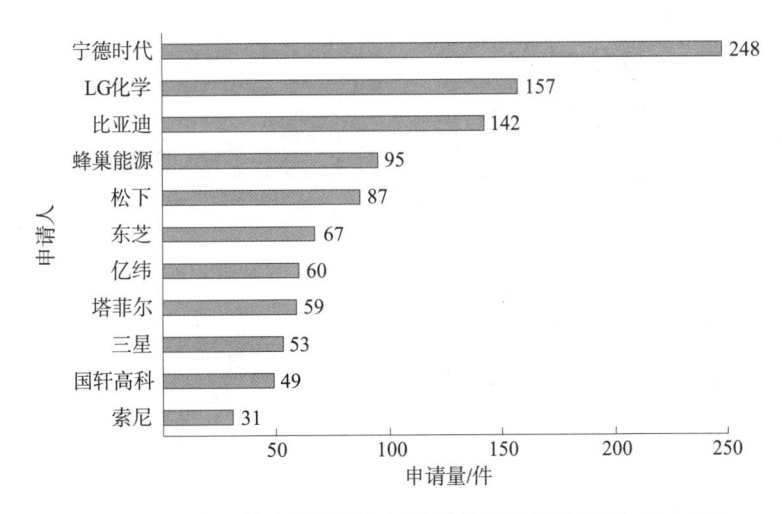

图5-2-3 电芯技术涉及提高续航里程领域中国专利申请人排名

5.2.1.3 专利区域分布

图5-2-4展示了全球范围内电芯技术原创国/地区申请量分布。在电芯结构领域，中国的申请量最多，这与近几年中国大力发展新能源汽车产业的政策密切相关。

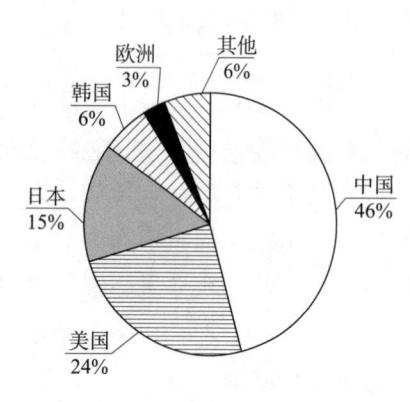

图 5-2-4　电芯技术涉及提高续航里程领域原创国/地区申请分布

此外，为了响应提高电池能量密度的政策号召，国内各大厂商也同步加大优化电芯结构的研究力度，如宁德时代、比亚迪和蜂巢能源等企业。申请量居于第二位的是美国，美国的申请人较为分散，这也说明了美国没有相对集中或有力的电芯研发和制造企业，在其国内仅有特斯拉和通用汽车等汽车企业相对突出。日本、韩国的电芯技术虽然在专利申请绝对数量上并不突出，但其研发实力同样在世界上处于领先地位。这也是由于两国本土的东芝、松下和索尼以及三星和LG化学均是动力电池领域的佼佼者，相应地在电芯的研发上也具有一定的实力。

如图5-2-5所示，进一步分析中国专利申请可以发现，不论是中国本土专利申请或是国外来华申请，企业研发创新和专利布局活动相较于高校更为活跃。这也是由于企业更加重视产业端的量产和实用性，而且电芯结构在产业中的运用相对较多，因此也更容易在结构方面进行优化改进。

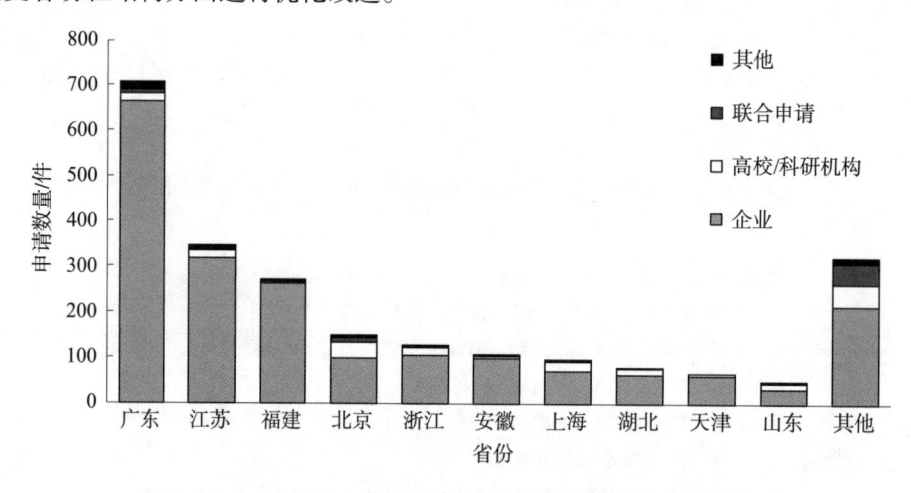

图 5-2-5　电芯技术涉及提高续航里程领域中国专利区域分布

结合图5-2-6可以看出，日本与高校/科研机构联合进行技术开发的比例高于其他国家/地区。另外，国内研究电芯领域的高校/科研单位中清华大学位居榜首，与宁德时代和国轩高科都有相应合作关系。可以从图5-2-7高校/科研机构分布图与图5-2-5电芯技术涉及提高续航里程领域中国专利区域分布看出，专利分布区域与高校/科研机构分布图之间存在相互对应关系，高校申请占比高的地区相应在全国范围的电芯专利区域排名也位于前十位。因此可以得知，我国高校/科研机构与企业之间建立学术交流研发促使其展开对电芯结构的改进优化，同时，在一定程度上对企业的专利申请也有正向刺激作用。企业对于技术研发的重视以及高校/科研机构对科技成果的转化有利于共同实现产研结合，因此在发展思路方面，企业可以加强与相关高校/科研机构的合作关系，从而推动技术产业化，提高自身的技术和制造水平。

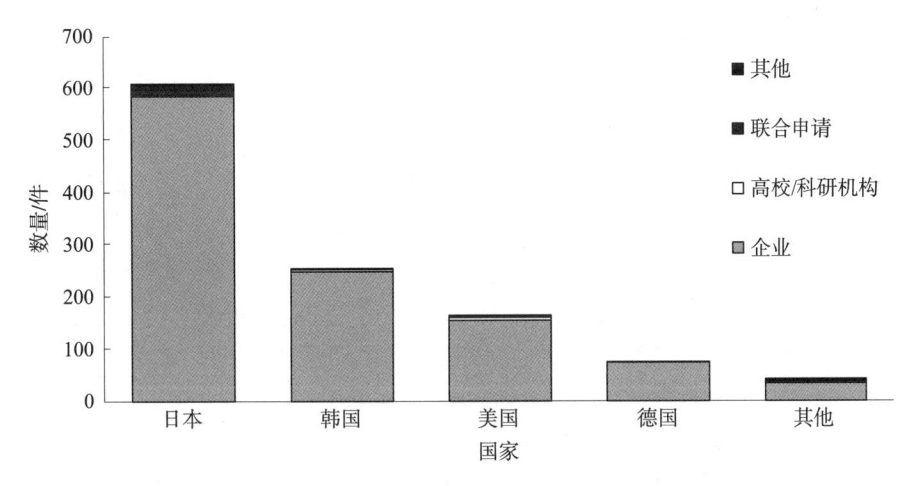

图 5-2-6 电芯技术涉及提高续航里程领域国外来华专利区域分布

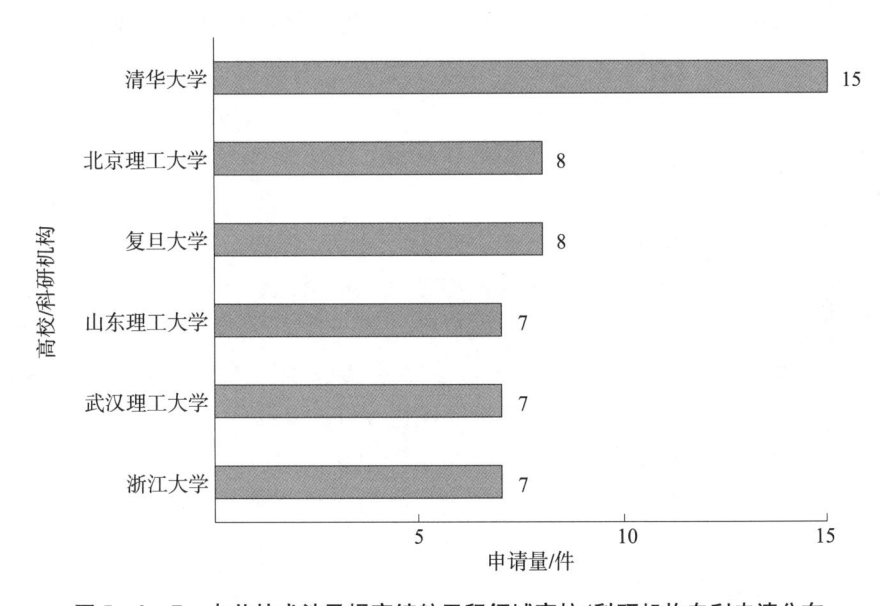

图 5-2-7 电芯技术涉及提高续航里程领域高校/科研机构专利申请分布

5.2.2 成组结构

5.2.2.1 专利申请趋势

成组结构领域全球/中国专利申请的发展趋势可以从图 5-2-8 中看出，整体来说发展与电芯类似，可以分为三个阶段。

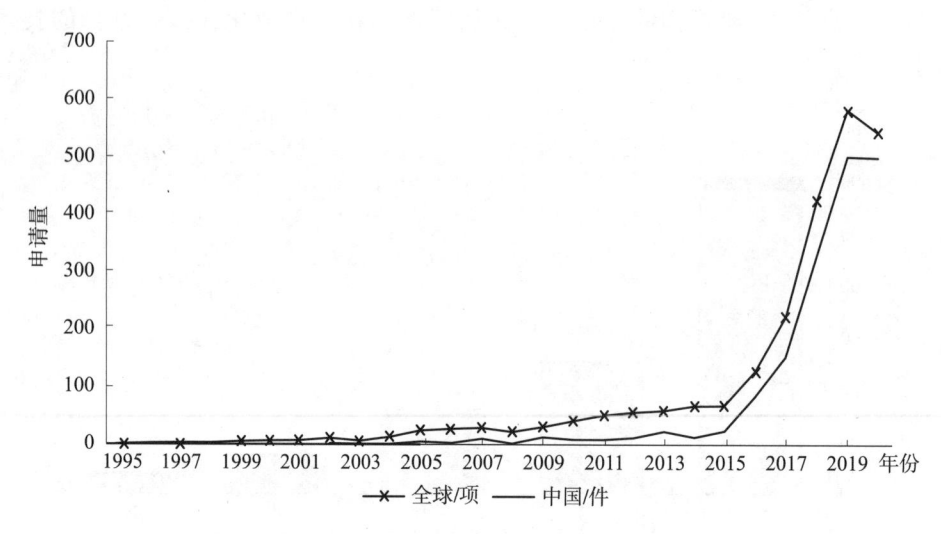

图 5-2-8　成组结构领域全球/中国专利申请趋势

（1）缓慢布局期（2003年以前）

成组结构专利申请最早出现在20世纪70年代，是通过调整框架来实现电池轻量化，从而提高电池组的能量密度。之后，成组结构领域的技术研究主要集中于电池轻量化的探索上面，相继拓展至提高空间利用率来容置更多电池模组。这一时期，整个行业发展均不成熟，技术更新缓慢，相关的企业也较少，使得专利申请量较少。

（2）加速增长期（2004~2015年）

21世纪初，日本和美国开始逐渐关注电池结构的优化，中国也初步建立电动汽车技术体系，为成组结构设计提供了一个发展的空间。这一时期，成组结构领域全球申请量整体呈现增长趋势，而中国初期专利申请主要源于国外来华的企业布局，直至2012年陆续有汽车企业开始对成组结构进行优化改进。

（3）快速发展期（2016年至今）

2016年前，我国对于新能源行业整体的标准要求均不高，因此各大厂商为了能够节约成本，基本都是采用普通碳钢来作为电池包中的电芯载体。随着对于能量密度的要求提升，轻量化需求随之水涨船高，各大厂商逐步寻找更具优势的材料，[1] 以响应政策号召。因此与电芯改进相同，成组结构领域相关的技术研究在2016年激增，且中国申请量占全球总申请量比例也越来越高。由图5-2-9可见，2016年至今成组结构领域的研究占比逐年增高，而电芯领域的研究数量虽然有所增加，但相对整体而言，占比基本保持不变，能够看出，行业内逐渐将研发重心转移至电池包成组结构设计。

然而，近几年成组结构申请量仍然呈现可观的发展趋势。根据市场反馈，企业主

---

[1] 宋孝炳，林志宏. 动力电池包轻量化设计技术研究［J］. 科技视界，2020（13）：68-69.

要侧重的是在提高电池包的能量密度进而提升续航里程以及保证某些性能的前提下实现结构优化，这些过程均没有规范化的成组结构设计开发流程，例如产业链中常使用的 PPAP 过程流程规划。另外，研究学者则是针对现有的成组结构开展性能优化和结构改进，前期设计阶段的关键结构性能和轻量化设计研究仍有较大发展空间。

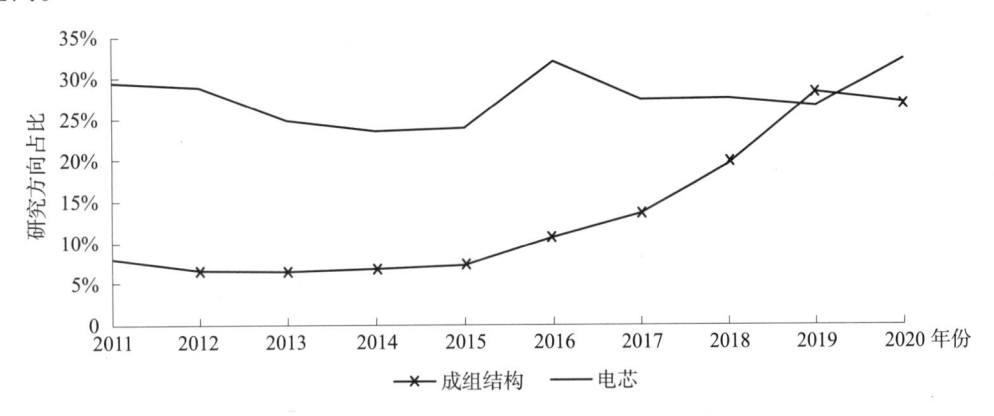

图 5-2-9 成组结构技术与电芯技术领域的专利申请趋势

5.2.2.2　全球/中国重点申请人

成组结构领域的全球/中国申请的申请人排序如图 5-2-10、图 5-2-11 所示，图中的专利数量统计仅涉及提高续航里程领域的相关专利申请。

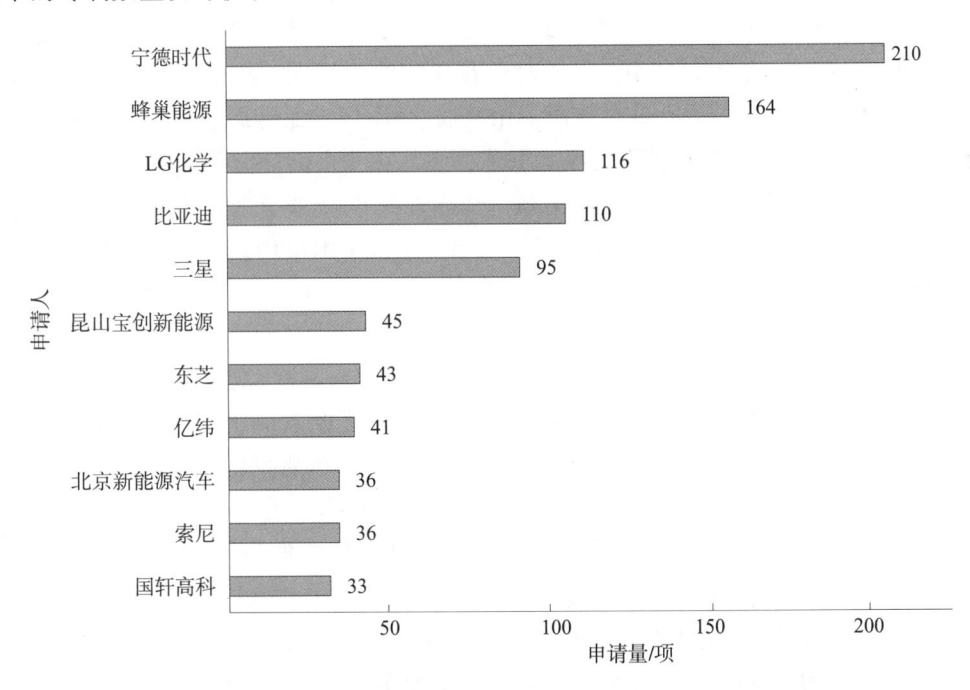

图 5-2-10　成组结构涉及提高续航里程领域全球专利申请人排名

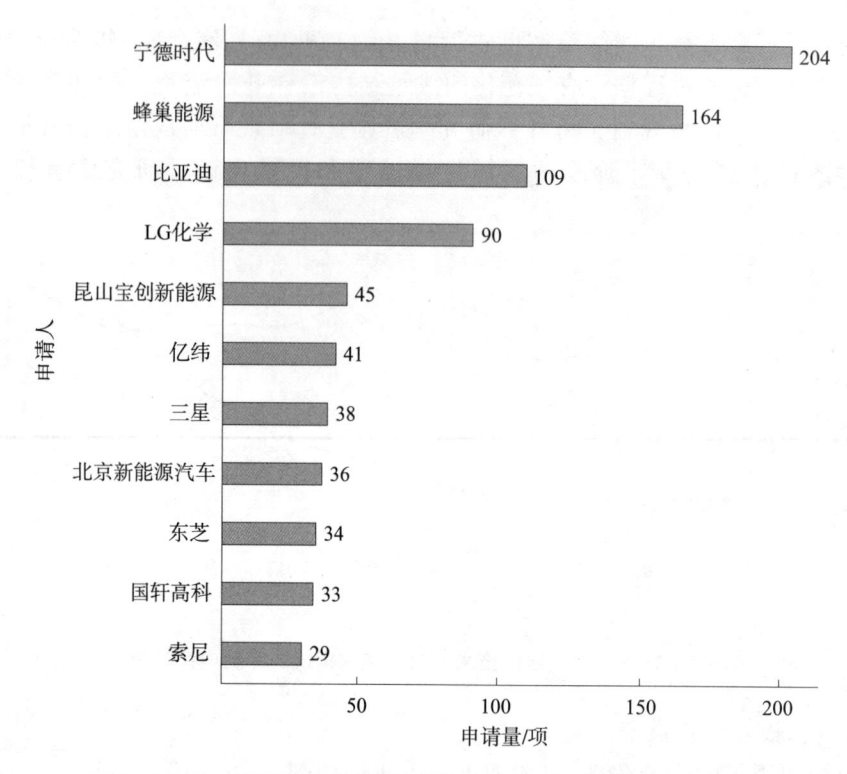

图 5-2-11 成组结构涉及提高续航里程领域中国专利申请人排名

申请人	申请量/项
宁德时代	204
蜂巢能源	164
比亚迪	109
LG化学	90
昆山宝创新能源	45
亿纬	41
三星	38
北京新能源汽车	36
东芝	34
国轩高科	33
索尼	29

从申请人分布来看，宁德时代、蜂巢能源、比亚迪、LG 化学在全球/中国范围的申请量均稳定在第一集团。其中，宁德时代在成组结构领域的续航改进专利申请量最多，处于行业领跑者的位置。蜂巢能源、比亚迪、LG 化学凭借综合能力的优势，也拥有较多的专利申请。昆山宝创新能源、东芝、亿纬、北京新能源汽车、索尼和国轩高科也在成组结构领域投入了相应研发力量。综合对比外来华企业在成组结构领域的专利申请量可以发现，LG 化学、东芝和索尼非常重视中国市场，专利族中有中国申请的占比均较高。

5.2.2.3 专利区域分布

通过分析图 5-2-12 中成组结构领域全球专利数据可以发现，与电芯领域不同，中国是成组结构领域技术研发最为活跃的地区，全球接近 70% 的原创申请来自中国。这也是因为中国的用车市场较大，且中国对于提高电动车能量密度的需求十分突出。电动汽车续航里程越大，电池包质量占整车质量比重越大，因此电池包结构在成组过程中的轻量化和优化设计对于新能源汽车动力电池系统显得尤为重要。

参见图 5-2-13，该图展示了成组结构领域相关专利申请的流向。可以看出，除了欧洲，其他四国/地区均在本国国内的申请量是最多的。其中，中国较多布局于欧洲和美国，日本主要布局于中国和美国，美国则主要布局于日本和韩国，而韩国在世界整体的布局均较均匀，且各国/地区在欧洲的专利布局都较少。由此可知，中国的专利申请量的绝大部分源自本国内的研究开发。美国不仅在国内拥有可观的申请量，各个国家/地区均在美国进行了一定程度的布局,使美国在成组结构领域的专利申请量有了进一步提高。且日本、韩国主要依靠于中日韩三国互相的技术布局,占据申请量排名的第三集团。目前欧洲市场还存在较多空白,这可作为后续各国/地区布局的参考。

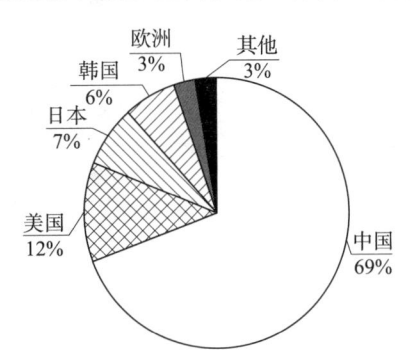

图 5-2-12 成组结构技术原创国家/地区申请分布

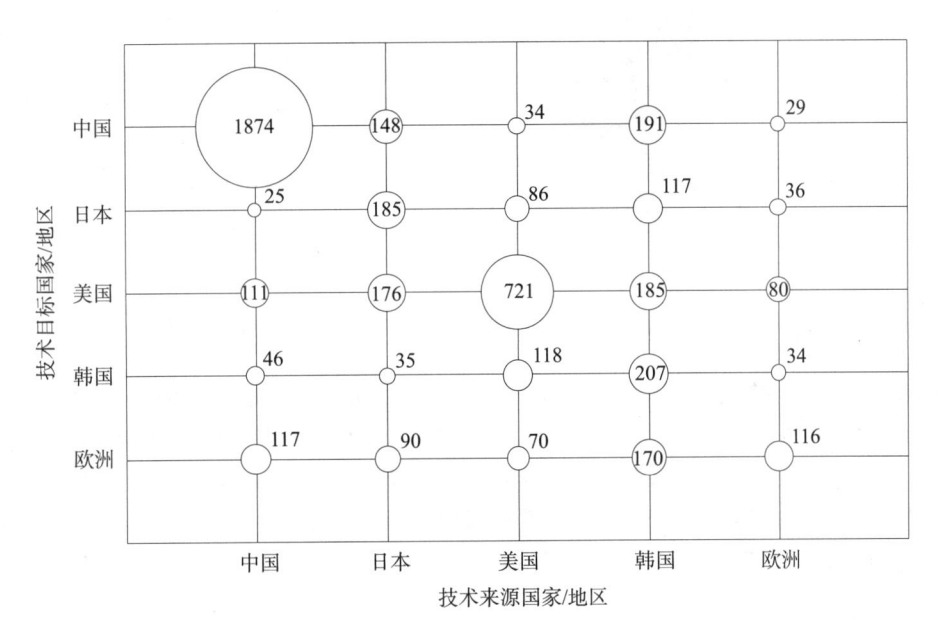

图 5-2-13 成组结构技术来源/目标国家/地区的专利申请数量分布

注:图中数字表示申请量,单位为项。

进一步分析全球排名第二的美国的专利申请,根据成组结构领域专利申请量排名可知,三星、LG 化学、东芝和索尼这四家非美国企业的专利申请量占据其专利申请量前五中的 4 位,美国本土企业申请数量较为分散。另外,日本、韩国两国在这几家行业顶尖企业的带动下也分别占据了一定专利申请量,但两国的技术基本集中在龙头企业上,形成了一定的技术壁垒。

结合国外来华重点企业分析(参见图 5-2-14)可以知道,LG 化学、东芝和三星在五局均有专利布局。其中对于 LG 化学而言,中国仍然是主要专利申请国家;而东芝和索尼两家日企更加倾向在本土进行专利申请;三星则是将美国作为主要申请国家地区。但总体来说，LG化学、东芝、索尼和三星这四家企业相比于国内企业在国际上具有明显的竞争优势，因此国内企业也需要提高对专利布局的重视程度。

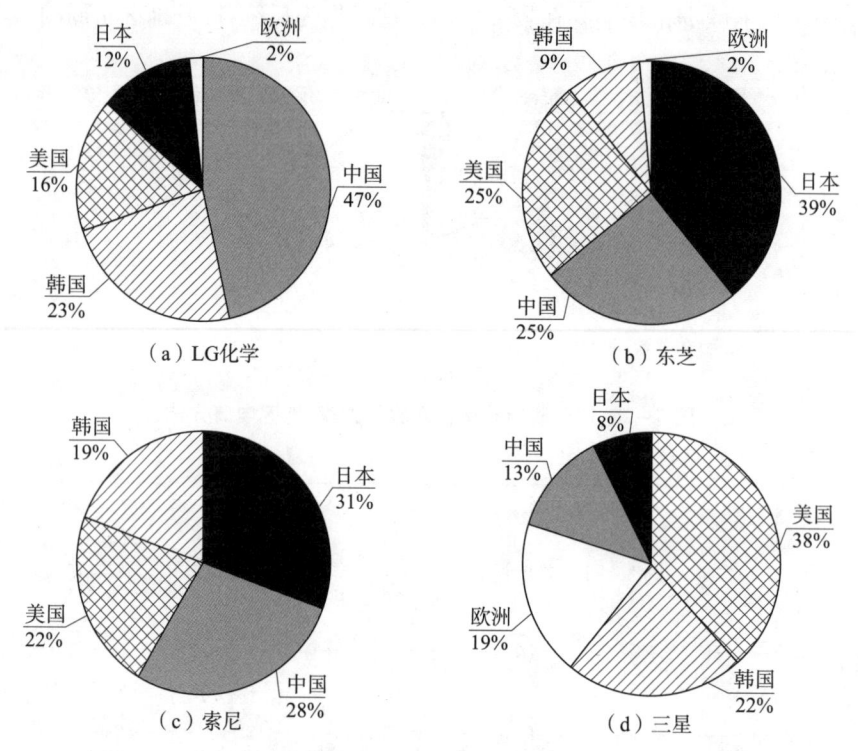

(a) LG化学: 日本12%, 欧洲2%, 中国47%, 韩国23%, 美国16%

(b) 东芝: 韩国9%, 欧洲2%, 日本39%, 中国25%, 美国25%

(c) 索尼: 韩国19%, 日本31%, 中国28%, 美国22%

(d) 三星: 日本8%, 中国13%, 美国38%, 韩国22%, 欧洲19%

图 5-2-14 成组结构技术领域国外来华重点申请人专利区域分布

如图 5-2-15 所示，在成组结构领域中，来自江苏、广东和福建的专利申请量最多。其中，江苏主要包括蜂巢能源、昆山宝创新能源和塔菲尔等申请量靠前的企业，虽然单个企业没有在专利申请量上有所突出，但是省内相关企业的数量较多。而广东和福建，均属于技术集中于单个企业的专利构成情况。另外，江苏在成组结构领域中还存在着较多高校/科研机构申请人，也有部分企业与清华大学建立合作关系。

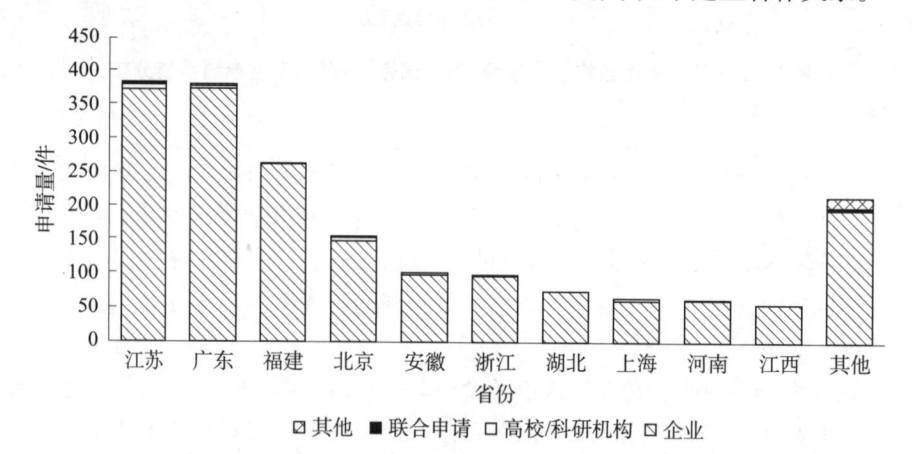

图 5-2-15 成组结构领域中国专利区域分布

图 5-2-16 示出了成组结构领域高校/科研机构的申请数量分布排名。成组结构领域的高校/科研机构申请数量较少，这是由于动力电池包更多的是与车体的结构配合，因此相比之下，企业的研发条件存在先天优势。而从图 5-2-16 还可以看出，高校/科研机构申请人中更加集中于研究院这类科研机构。除了与单体电芯类似均与动力电池企业有着密切合作以外，这类研究院内还设有相应的电动车研发中心，进一步说明了成组结构领域对于产业实际运用有着重要意义。

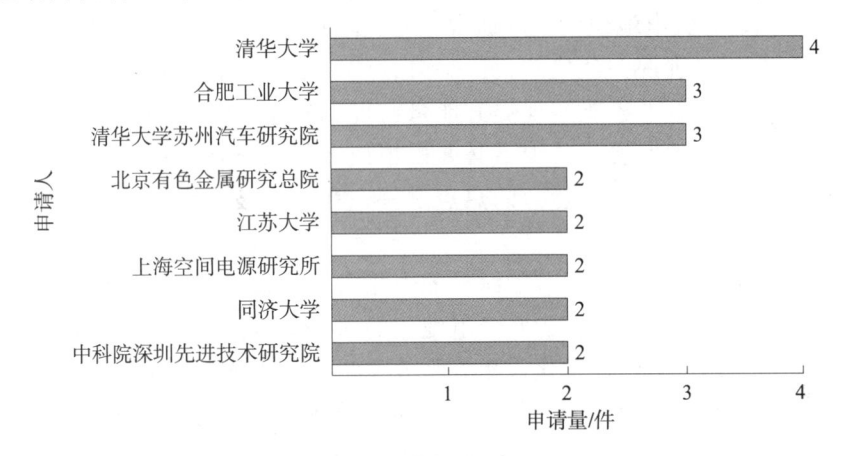

图 5-2-16 成组结构领域高校/科研机构分布

5.3 成组结构技术功效与发展路线分析

5.3.1 成组结构技术功效图

动力电池包成组结构中用于提高电动汽车续航里程的主要改进手段包括对如下结构的改进：端板、盖板、下箱体、引流板、散热、排列和减少模组及其他部件。课题组对相关专利申请逐一标引、筛选，对采用上述改进手段所带来的效果进行分析，得到如图 5-3-1 所示的技术功效图。

由图 5-3-1 可知，成组结构关于电动汽车续航领域的专利申请主要聚焦于能量

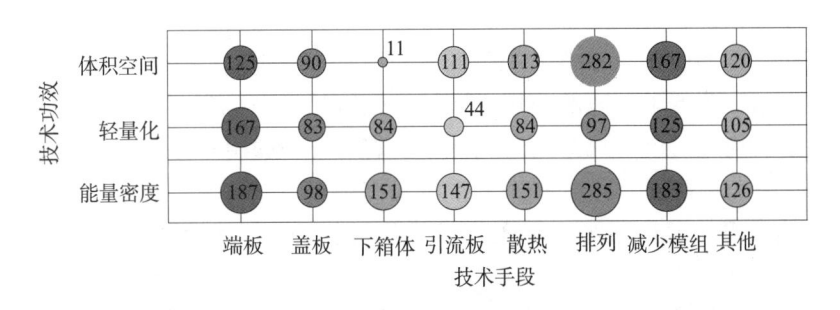

图 5-3-1 成组结构涉及提高续航里程领域技术功效图

注：图中数字表示申请量，单位为项。

密度、轻量化和体积空间这三方面的技术效果。其中，就技术手段来说，电池包在排列、端板和减少模组三个方向上重点发展，分别为 664 项、479 项与 475 项，三者在技术效果上最直接体现为提升电池包的能量密度。并且在排列和减少模组的技术手段中均是主要通过同时改善能量密度和体积空间的利用率来优化续航，而在端板结构这一技术手段中大多是通过同时对能量密度和轻量化进行改进，从而进一步提升电池包的续航能力。

由于电动汽车容置电池包的空间通常是受到限制的，因此电池包的排列方式在能量密度和体积空间改进的关注度最高。另外，端板是电池包中面积比例较大的结构部件，在保证一定强度下还能实现提升能量密度和轻量化也对电池包的续航能力起到一定作用。随着技术发展，减少不必要模组或者提高结构件的功能集成也逐渐发展成当下优化动力电池包续航能力的热点之一，在三类技术效果的研发上皆为均衡发展状态。

另外，通过下箱体改善电池包的续航能力相对其他技术手段而言，该行业投入的精力较少。这也是由于下箱体作为整个电池包的承重结构部件，基本只能在一定程度上去进行材料或者结构上的轻量化，相应改善续航能力的技术效果较于其他技术手段来说比较匮乏，因此属于相对冷门的改进方向。同理，作为电池包顶部结构的盖板虽然在能量密度、轻量化和体积空间上的研究数量均稳定相同范围，但就整体趋势而言，盖板这一技术手段也并非电池包续航能力提升研发的主要方向。

以电池包整体结构而言，技术手段和技术效果并不存在明显的一一对应的情况，且改进手段和目的繁多交错，因此选取轻量化这一技术效果和模组排列这一重点技术手段，梳理其技术发展演变路线。

5.3.2 轻量化技术发展路线

《促进汽车动力电池产业发展行动方案》中提出了 2020 年动力电池系统化能量力争达到 260Wh/kg，2025 年动力电池单体比能量达 500Wh/kg。但在现有技术下，单体电池的能量密度最高达到 290Wh/kg，无论是圆柱、软包还是方壳，模组成组效率均为 90% 左右，系统成组效率在 65%~75%。按照目前的成组效率计算，在本身的能量密度难以实现突破性提升的情况下，减轻电池成组结构质量成为提高动力电池系统能量密度的另一条出路。

降低成组结构的质量能够整体上降低整车质量，降低对百公里行驶电耗成本和电池总电量的要求，降低了电池的使用成本，这使电动汽车的轻量化效果比传统燃油汽车更加显著。相应地，电动汽车动力电池包的轻量化改进并非从零开始。轻量化研究在燃油汽车时代就已经受到广大车企的重视，高强钢、铝合金、镁合金、复合材料及激光拼焊、热成型、液压成型、辊压等轻量化材料和工艺都得到了深入研究和广泛应用。

电池包的轻量化技术主要分布在三个方面：一是轻量化材料，二是轻量化设计，三是制造工艺。根据技术代表性专利绘制的技术发展路线如图 5-3-2 所示。

	轻量化材料	轻量化设计	制造工艺
1990~2000年	1995年 日产 JPH0769237A 钢制框架电池包		
2001~2011年	2008年 三菱 EP1950070B1 钢框架插入塑料复合材料中 2011年 中航锂电 CN202183424U 箱体和箱盖采用冷轧钢板	2010年 日产 CN201898159U 螺栓固定部件，减少固定部件 2011年 福特 CN102299279A 圆柱电池塑料封装	
2012~2020年	2012年 起亚-现代 US2012103714A1 纤维增强塑料复合材料 2018年 宁德时代 CN207199691U 电池箱夹心层和安装层由复合材料构成 2019年 万向 CN109935751A 模组固定板材料制备玻璃纤维混合塑料	2015年 本田 CN105098111A 减少排列中的部件 2019年 比亚迪 CN110277521A 刀片电池替代横梁纵梁 2020年 蜂巢能源 CN209912936U 模组内布线用的中空夹板	2013年 特斯拉 US9577227B2 电池与热交换管粘接固定 2018年 零跑 CN108493371A 粘接和焊接以固定电池

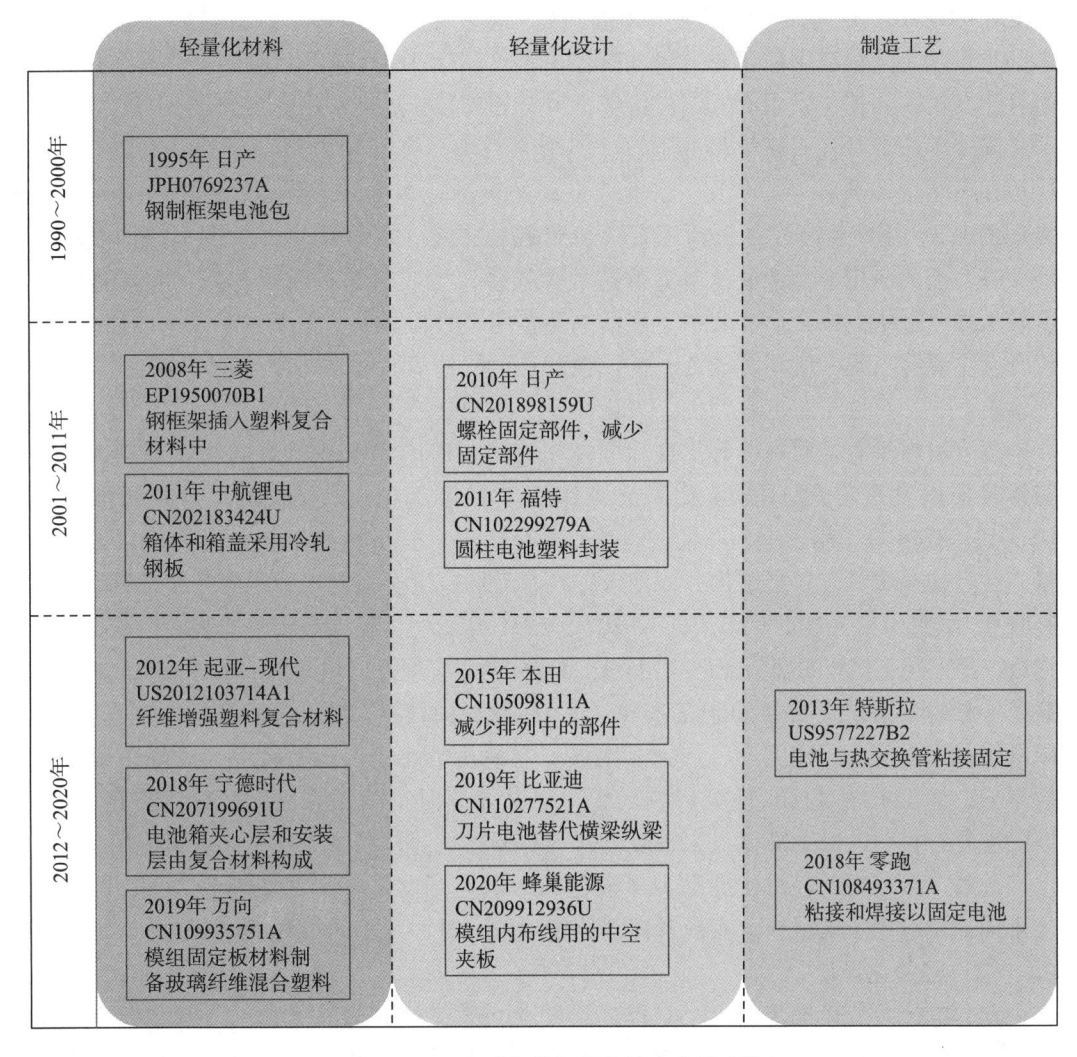

图5-3-2 电池包的轻量化技术发展路线

（1）轻量化材料

从结构材料来看，动力电池包结构使用的材料主要有碳钢，合金钢，3系、5系、6系铝合金，高分子复合材料，碳纤维，玻璃纤维等。以影响程度而言，上箱体和下箱体的重量是动力电池包中除电芯本体之外占比最大的两个构件，它们所使用的材料变化也朝着更轻、更薄、更坚固发展。

电池包结构在早期大多采用钢铁框架和盖封结构。日产在1995年申请的JPH0769237A保护了一种电动汽车电池外壳结构，其为钢制框架电池包，通过托架来提高蓄电池壳体的面刚性，因此能够使蓄电池壳体的壁厚变薄，实现轻量化设计。整体来说，高强钢具有优异的强度性能和较低的成本两方面优势。

对于钢铁材料的优化和混合使用也非常多，合金钢适合用作承载件上，对于箱体和梁等结构，很多优秀的热成型合金钢强度极限能达到1000MPa。三菱在2008年申请了 EP1950070B1 专利，主要保护了钢框架插入塑料复合材料中，以减轻纯金属框架带来的重量过大问题；中航锂电在 2011 年申请了 CN202183424U，保护一种动力电池箱组件，其箱体和箱盖采用冷轧钢板折弯，对接处焊接，提高了箱体的强度。

随着生产者对轻质新材料的追逐，铝合金材料逐渐开始应用在动力电池包上，其优势在于储量多带来的成本低、密度低带来的质量轻和良好的抗腐蚀性，尤其密度仅为钢的 1/3，用铝合金代替钢铁可显著降低箱体质量，但软肋也非常明显，即刚度不够。在目前的应用中，像电池包上盖这种覆盖件，主要起防护密封作用，主要选择密度较低硬度适中的铝合金，其中 3 系锰铝合金用于防腐要求的底部挡泥涉水零件；5 系铝合金主要特点是密度相对较低、抗拉强度高，但是不能做热处理；6 系镁铝硅合金各项性能适中，可用于对抗腐蚀性、氧化性要求高的电池包结构件上。

复合材料具有轻质高强等优良性能，如 SMC、BMC 等热固性复合材料在动力电池箱体轻量化发展方向上能够发挥重要作用。如起亚和现代在 2012 年共同申请的 US2012103714A1，用于电动车辆的电池组壳体组件，其由轻质复合材料形成以减轻重量，并且构造成具有双层结构，该双层结构具有通过复合模制形成的封闭横截面区域以吸收冲击能量；在宁德时代申请的 CN207199691U 中，电池箱夹心层和安装层由复合材料构成，即采用了箱体的部分配件应用复合材料的构思。在万向申请的 CN109935751A 中记载了一种模组固定板材料的制备步骤，能够生成具有特殊性能的玻璃纤维混合塑料。碳纤维优点强度大、密度小、抗腐蚀性强，但是其塑性变形能力较差，且加工成本和效率低，加工工序对材料性能影响较大，仿真计算时本构关系复杂，导致应用较少。但随着复合材料的成本降低，未来复合材料有望在电池包箱体上实现大规模应用。

此外，多材料、轻量化的动力电池包箱体设计开发是未来发展趋势之一，即在箱体不同部位应用不同材料、实现最优箱体结构的同时，减小质量和成本。

（2）轻量化设计

动力电池系统轻量化设计，是提高系统成组效率的关键技术之一。其主要手段包括：模组结构轻量化设计以及电芯优化排布，改进模组和热管理系统的设计来缩小电芯间距；错位排布来提升空间利用率，最大限度地利用空间；电芯安装采用全塑料外框架能最大限度减轻质量；在模组其他部件中，汇流排由铜替换为铝进行降重，并进行挖孔设计。

对于电池包内的电芯模组，初期的固定方式较多采用螺栓固定，如日产在 2010 年的专利 CN201898159U 采用螺栓固定部件，确保相对于外力的耐扭曲性和耐振动性，并且可以实现轻量化。

而电芯排布方面，福特申请的 CN102299279A，利用塑料堆叠支撑件来固定圆柱电池单元，使得电池单元处于紧密排列的阵列中并在相邻电池单元之间维持至少预定距离。本田申请的 CN105098111A，通过在空间中减少排列中的部件来实现小型化和轻量化。

动力电池模块和箱体结构优化，是在保证电池包结构强度的基础上，减少非储能物质的运用。在模组方面，比亚迪的申请 CN110277521A 提到了直接设置在边框之间的单体电池，并且由单体电池向边框提供支撑，以减少电池包框架中的横梁和/或纵梁的使用，提高容纳装置的空间利用率，进而提高整个电动车的续航能力；蜂巢能源申请的 CN209912936U 保护了模组内用于隔离的中空夹板与电气布线集成的构思。此外，通过 CAD/CAE/CAM 一体化技术对电池箱结构进行优化和分析，实现箱体内部零部件的精简、整体化和轻量化，是电池箱体设计过程中的有效方法。

（3）制造工艺

电池包中结构各部件之间的连接方式主要有：焊接、胶粘、螺栓、铆接、化学键合焊等。从质量上来说，螺栓最好，可靠性最高而且可拆卸；螺栓连接能够承受拉压和剪切力，在电池包结构连接中也随处可见。从力学角度分析，铆接主要承受剪力，因其接触面主要靠两端凸起，故其拉压力效果差；电池包结构上的焊接主要是"熔接"，也是常见的加工连接方式；化学键合焊主要用于电芯电极与汇流排的连接，电芯的电极不同其他焊接可熔化的母材，电芯避免高温、高压、大电流。

在电池箱体的制造工艺上，粘接和铆接已经达到量产应用，其中铆接可以分为冷铆接和热铆接。特斯拉在焊接上主要采用 CMT 冷金属过渡技术实现钢和铝的连接，还有 Deltaspot 电阻点焊技术。零跑也申请了圆柱电池模组的焊接工艺，如 CN108493371A 结合了电阻焊和铝丝超声焊两种焊接方式，先在模组的底部采用电阻焊接，这样避免了在模组翻转和移动过程中破坏连接，提升了焊接的效率；然后模组的顶部采用铝丝超声焊接，使电池具备熔断保护功能，通过用 AB 胶粘和 UV 胶水进行零件的固定。

5.3.3 模组发展路线

电动汽车整体还处于发展期，每家企业电芯的尺寸千差万别，每个车型的空间需求不同，除了"油改电"的逆向开发，个别车企也开始正向开发。在很长一段时间内，全球的不同企业根据自身的技术积累和生产需求进行模组和单体电池的结构设计和改进，因此，电池包的形态多种多样，模组的尺寸、模组在包内的布置多种多样。而要实现全球内更旺盛的发展，需要电池包模组有更高的能量密度、更低的生产成本，标准化正是非常重要的环节之一。

经过十多年的发展，全球电动汽车与动力电池市场目前处于寡头竞争的局面，这一形势下的电芯标准化和模组标准化更倾向于龙头电池企业的制定和推广，其中也往往伴随着能量密度的提高。现有量产电动汽车中主要车型包括有日系的日产，美系的特斯拉、通用和福特，韩系的起亚和现代，中系的比亚迪，德系的宝马、戴姆勒和大众等。以上车企在电芯的规格尺寸上都给出了自己的定义，其中大众的 VDA 标准相对来说应用最广，并在 2021 年 3 月召开的第一届"Power Day"（动力日）上正式发布了 2023 年推出标准电芯（Unified cell）的计划，于 2023 年开始应用。到 2030 年，标准电芯将涵盖大众集团旗下 80% 车型，目标是入门级车型中使用的标准电芯，成本降低 50%，主流级车型成本降低 30%。目前已有国轩高科、三星和瑞典 Northvolt 宣布加入标准电芯的合作计划，作为第一批定点伙伴。电池模组标准化技术演进路线如图 5-3-3 所示。

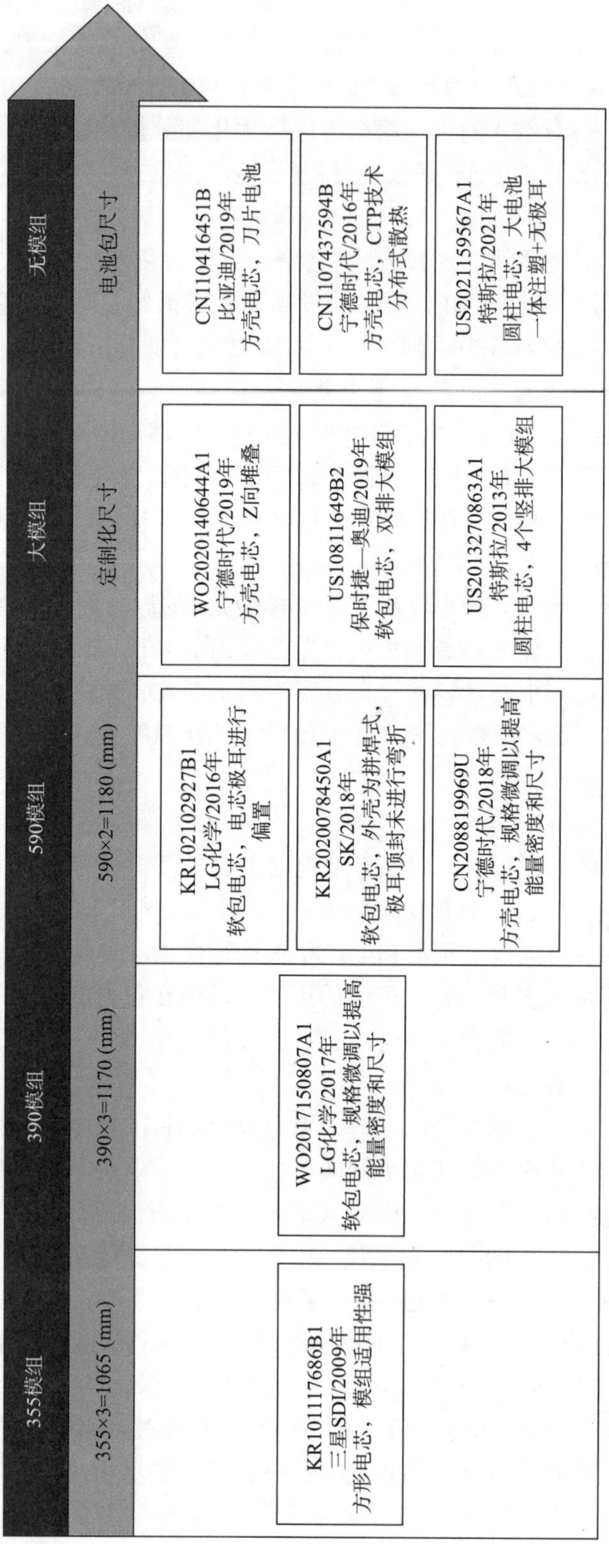

产业专利分析报告（第88册）

355模组	390模组	590模组	大模组	无模组
355×3=1065 (mm)	390×3=1170 (mm)	590×2=1180 (mm)	定制化尺寸	电池包尺寸
KR101117686B1 三星SDI/2009年 方形电芯，模组适用性强	WO2017150807A1 LG化学/2017年 软包电芯，规格微调以提高能量密度和尺寸	KR102102927B1 LG化学/2016年 软包电芯，电芯极耳进行偏置	WO2020140644A1 宁德时代/2019年 方壳电芯，Z向堆叠	CN110416451B 比亚迪/2019年 方壳电芯，刀片电池
		KR20200078450A1 SK/2018年 软包电芯，外壳为拼焊式，极耳顶封端未进行弯折	US10811649B2 保时捷—奥迪/2019年 软包电芯，双排大模组	CN107437594B 宁德时代/2016年 方壳电芯，CTP技术分布式散热
		CN208819969U 宁德时代/2018年 方壳电芯，规格微调以提高能量密度和尺寸	US20132708G3A1 特斯拉/2013年 圆柱电芯，4个竖排大模组	US2021159567A1 特斯拉/2021年 圆柱电池，大电池一体注塑+无极耳

图 5-3-3 电池模组标准化技术演进路线

具体来说，将电池模组标准化技术演进路线划分为 5 个阶段。

(1) A 阶段（355 模组）

长度为 355mm 的标准模组，在行业内称为"355 模组"，是目前使用最广的模组规格。这一规格的模组是首次在 2015 年由大众发行的 e‑golf 车型和奥迪 Q7 e‑tron 车型上出现和使用的，出自三星 SDI，三星使用方形电芯，对应的专利为 KR101117686B1（2009 年），主要附图如图 5‑3‑4 所示。

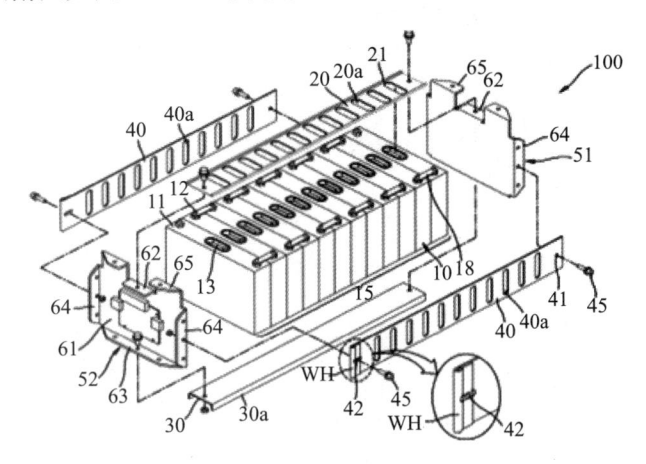

图 5‑3‑4　KR101117686B1 附图

虽然这一阶段内大众汽车的产量并未很高，但 355 模组凭借其兼容于混动电动汽车 PHEV 和纯电动汽车 EV 的优势，得到了大量推广。同时，在这一结构支撑下，三元材料搭配而成的 355 模组的整体模组容量也逐步发展，达到了 26Ah—37Ah—42Ah—50Ah 的跨越。而最早采用这一模组技术的松下和三星在之后着重于模组的长宽比例调整，即改变模组的 355mm 长度，并未继续大力推动这一规格模组发展。此时宁德时代 CATL 基于这一模组，进一步使用不同厚度的电芯进行单体电池生产，分别达成了 1 倍厚、1.5 倍厚、2 倍厚直至 3 倍厚的电芯卷，使 355 模组能够适用于更多车型，将模组适用性再次提升了一大步。

(2) B 阶段（390 模组）

390 模组首次出现是在 2017 年，与之前的 355 模组相比，长度和容量均未出现大幅提升，行业内推测是基于欧洲 2020 计划中对于混动电动汽车 PHEV 不得大于 50g 碳排的规定，对应采取的模组改进措施。LG 化学申请了由软包排列组成的 390 模组的相关专利。随着 LG 化学的 390 模组在奥迪 A6 的 PHEV 上的使用，之后奥迪 E‑tron BEV 就沿用了这个模组的规格，其专利附图如图 5‑3‑5 所示，公开号是 WO2017150807A1，在韩国、中国、日本、美国均布局有发明专利且均获得授权。390 模组优势在于：在相似的体积里面放入更多的能量，并在原有的电芯规格下微调，尽可能提高电芯的能量和尺寸。

(3) C 阶段（590 模组）

590 模组是将单体电池的长度加长，使组合后的模组长度达到 590mm。这本质上提

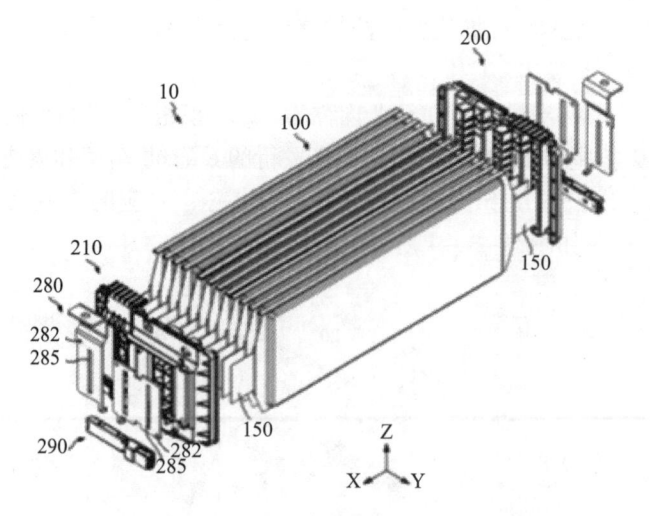

图 5-3-5　390 模组的实物图与分解图

高了模组容量，能够减少电池包中的模组数量，减少相关配件数量，提高电池包的系统能量密度。其主要产品和专利申请如下。

LG 化学：2016 年申请的 KR102102927B1 中，申请如图 5-3-6 所示结构的电池模组，将电芯极耳进行偏置，使得模组设计更加方便，模组的成组效率也可以获得极大提升。该专利族在 14 个国家/地区进行专利布局。

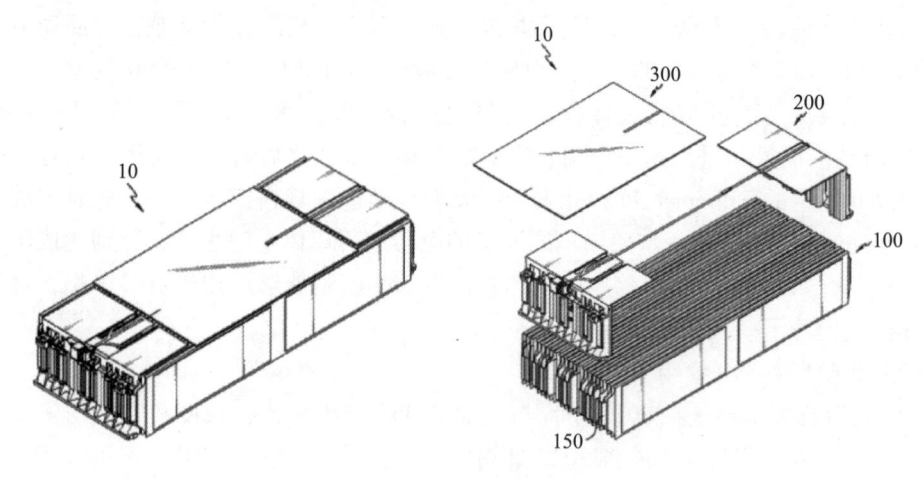

图 5-3-6　LG 化学的 590 模组

SK 创新：SK 创新是第二家定点提供软包方案的企业，整体方案与 LG 化学较相似，其专利 KR2020078450A1 中的结构分解图如图 5-3-7 所示，外壳由一体式改为拼焊式，降低了装配难度，极耳顶封位置未进行折弯，进一步降低了装配难度。

宁德时代 CATL：能够提供至少两种 590 模组，一种是为 MEB 平台设计的 590 模组，另一种是供给国内车厂的 590 模组。专利附图如图 5-3-8 所示，专利公开号为 CN208819969U，电池模组的上表面为汇流构件 21、22 和 25、23 为绝缘件，实现电路连接。

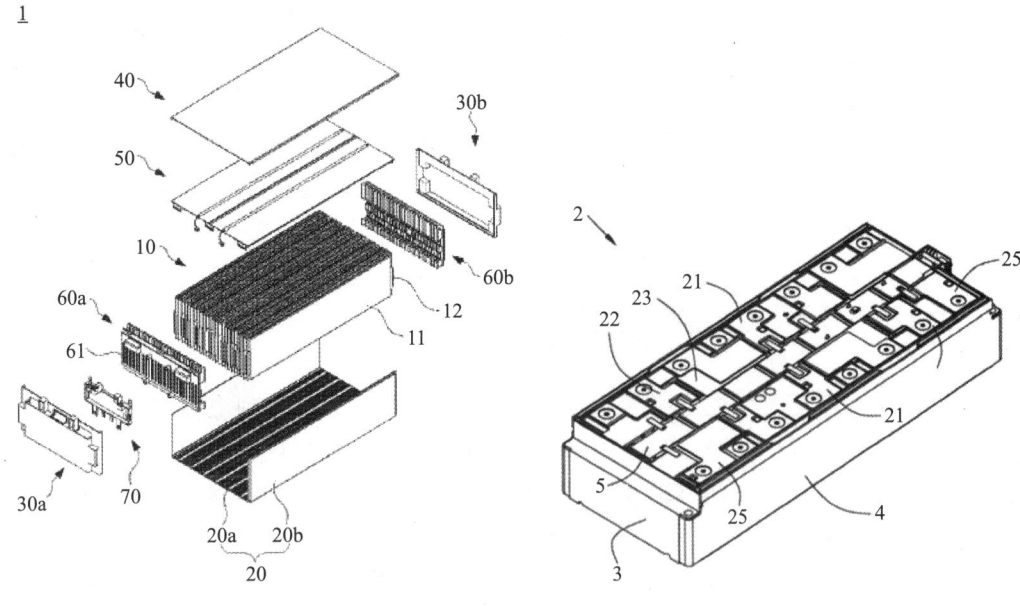

图 5-3-7　SK 创新的 590 模组　　　　图 5-3-8　宁德时代 CATL 的 590 模组

（4）D 阶段（大模组）

在模组发展为更大尺寸的路线上，中系、德系和美系企业均作出了许多尝试。宁德时代和比亚迪有多项大模组相关申请，将方壳的极耳放置于电池侧面以实现更多维度的排列和 Z 向堆叠。而大众也尝试研究了另一个平台 PPE，这个平台是联合保时捷和奥迪开发的技术，其专利附图如图 5-3-9 所示，US10811649B2 采用双排模组的技术，进一步"压榨"电池包宽度上可以利用的空间。特斯拉也是将模组由横排变成了竖排的 4 个大模组。具体技术分析将在下一小节进行展开。

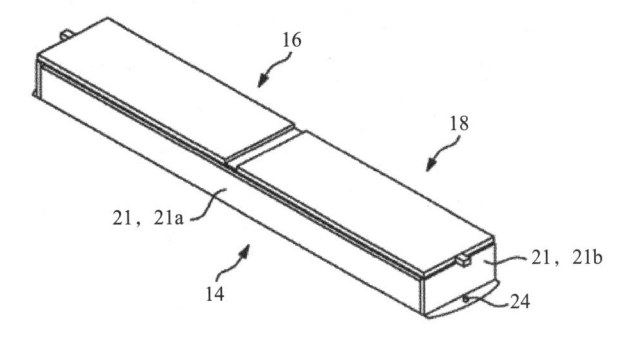

图 5-3-9　大众的双排模组技术

（5）E 阶段（无模组）

2019 年以来，全球动力电池从业者均非常关注无模组技术的发展趋势。其中中国的宁德时代和比亚迪分别取得了实质进展并已经应用到量产的汽车中，美国的特斯拉也申请了相关的无模组技术，具体分析内容在下一小节进行详述。

总之，电动汽车的电池包模组正在经历由小到大，甚至大到等同于电池包，即模组彻底消失的技术发展过程，这契合了简化装配结构和提高空间利用率以提升电动汽车续航性能的发展要求。同时，可以看到，大模组和无模组的构思虽然由来已久，但专利申请和技术应用基本是近 2~3 年内进行的，即这一技术仍有很大发展空间，从业者有必要跟随相关技术的思路启示进行更加深入的开拓研发，以实现电动汽车续航里程的进一步优化。

5.4 大模组/无模组的重点专利分析

一般在电动汽车上，由电芯组装成为模组，再把模组安装到电池包里，形成了"电芯—模组—电池包"的三级装配模式。以减少动力电池包内的模组数量为技术目的，模组技术逐渐演变为大模组和无模组技术，最终形态是电芯直接集成为电池包，从而省去了中间的模组环节。这两个技术的本质都是优化电池包的空间利用率，无模组技术的空间利用率高于大模组技术，但大模组的散热和安全等配套设计更易实现。在目前的技术发展阶段中，大模组替代小模组的成组方式，主要有宁德时代的 CTP 技术（Cell to Pack，也称"无模组技术"）和特斯拉的大模组技术，电池包内仅容纳几个大模组；CTP 技术的公开技术相对较少，主要有比亚迪的"刀片电池 GCTP"（以下简称"刀片电池"）和特斯拉的"大圆柱电池 4680"（Structure Battery）。

5.4.1 CTP 技术分析

5.4.1.1 CTP 技术重点专利布局

CTP 技术注重优化成组结构。以宁德时代为代表的 CTP 技术，其特点在于注重自上而下的设计思路，在没有改变电芯尺寸的基础上，对模组和电池包进行结构优化，实现大幅缩减零部件，减轻重量。

基于专利分析可知，大模组 CTP 技术的核心是减少模组数量，直接由多个大容量电芯组成标准化电池包，再灵活堆叠组成更大的电池模组。其专利布局重点有两个：一是长模组，通过将多个电芯集成在一个模组中，汇流排组件位于电池和电池包的上盖之间，每个模组的一端设置一个电池管理单元（BMU），通过"三长一短"或"四长"的方式将模组排列在电池包内以提高模组到电池包级的成组率。二是将电池平躺于电池包托盘上，电池沿电池包的竖向堆叠，从而提高电池模块的能量密度。

在现有技术呈排列结构的电池单体中，电极组件对电池壳体施加最大膨胀力的方向都是朝向水平方向。由于电池模块在水平方向的尺寸相比于竖直方向的尺寸大得多（例如，受到车辆的底盘高度尺寸限制，需要有更多的电池单体沿水平方向排列，膨胀力累积大），因此，现有电池单体排列结构在水平方向上受到的膨胀力非常大，故需要在电池单体排列结构的水平方向两侧设置非常厚的端板以抵抗膨胀力。而端板加厚会降低电池模块的能量密度，此时通过将电极组件对电池壳体施加最大膨胀力的方向是改为竖直方向，由于竖直方向上排列的电池单体个数较少，可以大大减少电池单体排列结构的最大膨胀力。因此下面针对竖向堆叠技术进行进一步分析。

竖向堆叠技术的重点专利族如图5-4-1所示。从图中可以看出，竖向堆叠技术主要围绕电池单体以及电池模块之间连接方式的改进，其具体改进方式包括：以WO2020140651A1为代表的专利族，电池模块中的每个电池单体平躺放置，使电极组件的两个扁平面沿竖直方向相互面对，该专利族中冷却板通过导热胶粘接于第一电池模块与第二电池模块之间，使第一电池模块与第二电池模块能够紧贴冷却板安装，增加了散热面积，从而提高了散热效果；以WO2020140745A1为代表的专利族，每个电池模块包括至少两个电池单体排列结构，至少两个电池单体排列结构沿竖直方向堆叠，同时电池模块通过第一黏合构件与上箱盖相连接，从而电池模块与上箱盖形成一个整体，加强上箱盖与电池模块之间的连接强度，从而提高了电池模块的整体刚度；以JP6826638B2为代表的专利族限定了电极组件的布置方式，当电极组件为卷绕式结构且为扁平状，电极组件的两个扁平面沿竖直方向相互面对，电极组件为叠片式结构，第一极片、隔膜和第二极片沿竖直方向层叠，通过减小电池模块的最大膨胀力，可选用体积更小的端板，从而提高电池模块的能量密度；以WO2020140644A1为代表的专利族限定了多个电池单体沿竖直方向排列，同时通过将电池单体的防爆阀均面向防火构件，并进一步限定防火构件的结构和安装位置，以提高电池的安全性能；以WO2020173291A1为代表的专利族限定了电池单元组装件包括沿垂直方向堆叠的上层电池单元和下层电池单元，同时将上层电池单元与下层电池单元之间的接合处固定到电池单元组件的接合处覆盖，减少了上层电池单元和下层电池单元在接合处的膨胀；以EP3706189B1为代表的专利族限定了电池模块包括在垂直方向上布置的两个或更多个电池单元阵列结构，同时通过将蓄电池单元阵列结构的所有通风口面向防火构件设置以防止热失控发生；以US11101515B2为代表的专利族限定了电极组件的布置方式，其竖向层叠方式与JP6826638B2相同，同时通过黏性构件将电池与箱体粘接，以提高装置的结构稳定性。

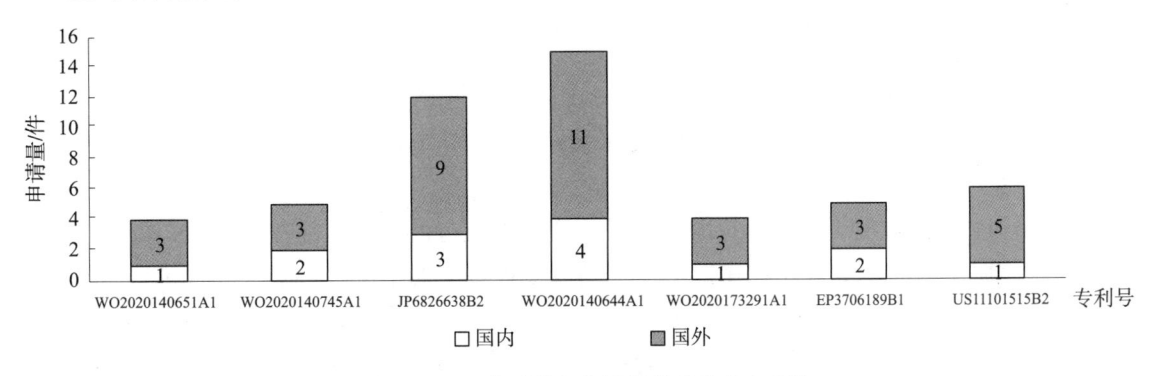

图5-4-1 电池沿竖向堆叠技术重点专利族

通过对专利族进行分析可知，竖向堆叠技术主要包括电池单体到模组以及模组到电池包这两种不同改进方向，因此选择以JP6826638B2和WO2020140644A1为代表的专利族进行专利布局分析。如图5-4-2所示，以JP6826638B2为代表的专利族主要包括CN209447946U、CN209249578U、CN111384336A以及CN209249528U，其中CN209249578U向美国和欧洲进行布局申请，CN111384336A向美国、欧洲和日本进行布局申请。上述专利族主要针对电池单体到模组的连接方式进行改进，其改进方式主要包括：CN111384336A对电极组件的卷绕/层叠方式进行限定以减小电池模块的膨胀变形量；CN209249578U通过绝缘部将电池模块第一输出极与电池模块第二输出极隔开，防止第一输出极与第二输出极短路，提高电池模块的安全性；CN209447946U通过电池单体组件与固定带之间增设了护板，固定带的作用力通过护板作用在电池单体上，从而减小了电池单体单位面积的作用力，有效避免了电池单体表面受力不均导致的变形，消除由于变形造成对电池单体的性能与寿命的影响；CN209249528U将电池模块通过第一黏合构件与上箱盖相连接，从而电池模块与上箱盖形成一个整体，加强上箱盖与电池模块之间的连接强度，以此提高电池模块的整体刚度。

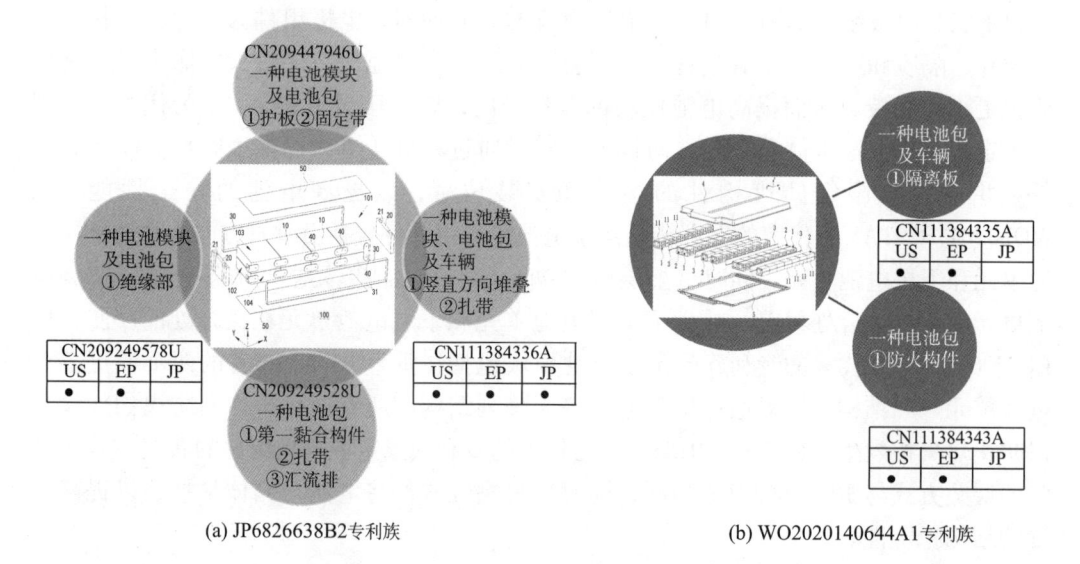

图5-4-2 大模组竖向堆叠技术的专利布局

以WO2020140644A1为代表的专利族包括CN111384335A和CN111384343A，其中CN111384335A和CN111384343A均向美国和欧洲进行了布局申请。上述专利族针对模组到电池包的连接方式进行改进，其改进方式主要包括：CN111384335A通过将第一电池模块和第二电池模块上的所有电极端子均朝向电池包的中部，并在两个相邻的电池模块之间设置隔离板，减小箱体内壁接触到电池模块中的第一电极端子以及第二电极端子的概率，从而有效降低了电池包的短路风险，提高了电池包的安全性；CN111384343A通过防火构件将第一电池模块的电池单体与第二电池模块的电池单体隔开，避免电池单体集体热失控，同时，使防火构件的体积、面积减少一半，降低成本，提高能量密度。

完全无模组电池包主要针对单体电池在箱体内的排布方式进行改进。通过对该技术的重点专利 CN107437594B 进行分析可知，这种改进方式取消了传统的电池模组，该专利的附图如图 5-4-3 所示。由图可知，单个电池单体被直接布置在箱体内，并通过在相邻的两个电池单体之间设置散热板将相邻的两个电池单体分隔开来。这样一方面简化了电池包的组装工艺，另一方面，设置在相邻的两个电池单体的散热板直接与电池单体的大面相接触，能够有效提高散热效率。

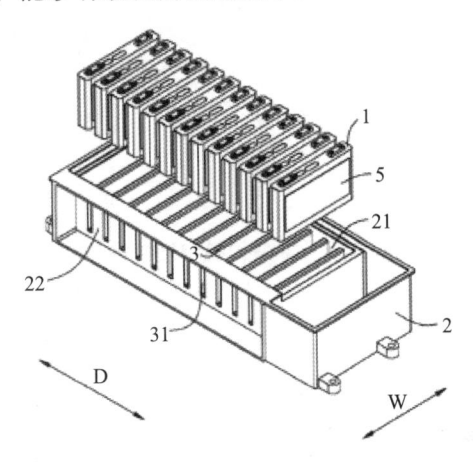

图 5-4-3　CN107437594B 无模组电池包附图

5.4.1.2　CTP 技术前景分析

宁德时代早在 2016 年的专利申请 CN107437594B 就已经公开了完全无模组的 CTP 技术。自此之后无模组/大模组 CTP 技术进入了快速发展时期，其发展主要集中在电池沿电池包 Z 向堆叠以提高成组效率、减少模组连接构件或控制构件以提高电池包体积利用率两大方向。

在这两个方面，国内外许多企业也都作出了较大的努力。如 LG 化学在减少模组连接构件上申请了 KR102110543B1、KR102201332B1 等专利，如图 5-4-4 所示，其基本构思在于通过将相邻两个模组尽可能无间隙贴合连接以提高电池包体积利用率；LG 化学在电池单体竖向堆叠方面的代表性专利 KR102009443B1 附图如图 5-4-5 所示，由图可知该专利通过将两个电池单体在水平上相连接并在竖直上堆叠，使得与相同容量的电池模组相比空间利用率更高，并通过简化电机引线有效增加了电池模组的输出电压。力神动力在无模组动力电池系统上代表性专利 CN211828880U 附图如图 5-4-6 所示，由图可知该专利采用框架式箱体结构，通过将电芯直接集成到箱体内的框架之间，一方面省去了模组中的大量辅料，大幅降低生产成本；另一方面通过设置框架结构保证电池包强度并为电池膨胀提供一定空间。

通过上述技术分析可知，无模组/大模组 CTP 技术可大幅减少连接线束以及相关的流程工艺成本，从而能够大幅度提高成组效率和电池能量密度。同时从应用角度来看，由于大模组技术对于生产线以及制造工艺方面的改进相对较小，对于企业成本控制更为友善，与刀片电池自上而下的技术进化相比，推进其商业化进程发展的阻碍较小。

(a) KR102110543B1附图　　(b) KR102201332B1附图

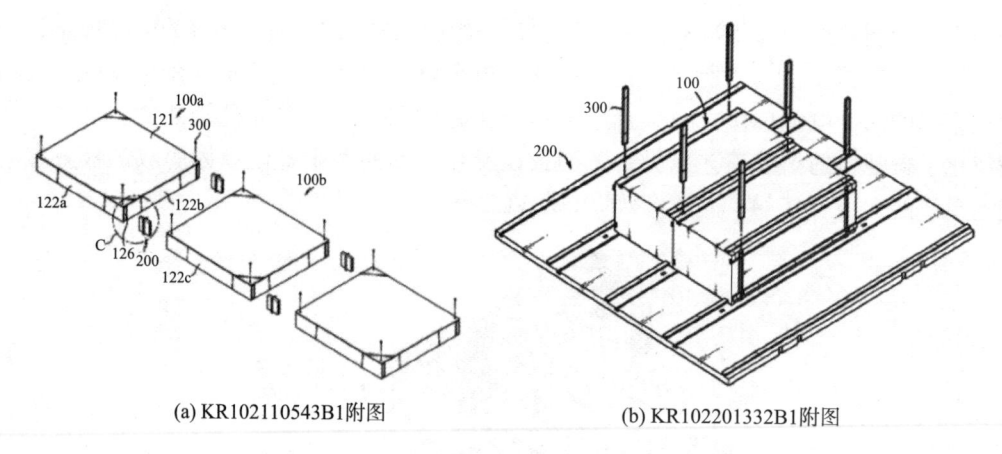

图 5-4-4　LG 化学减少模组连接构件专利附图

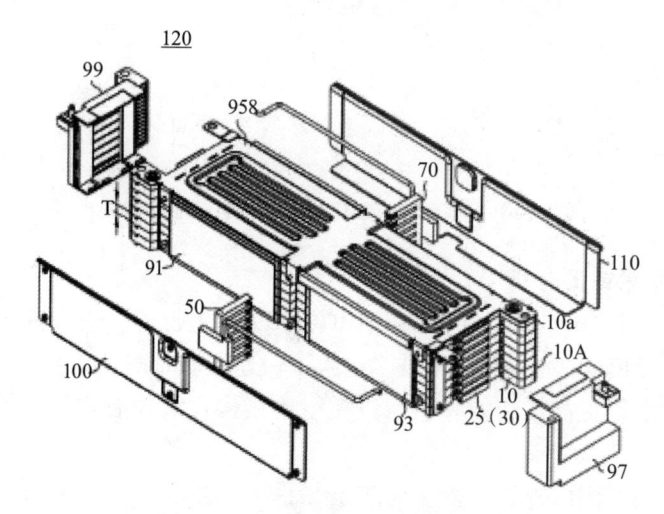

图 5-4-5　KR102009443B1 附图

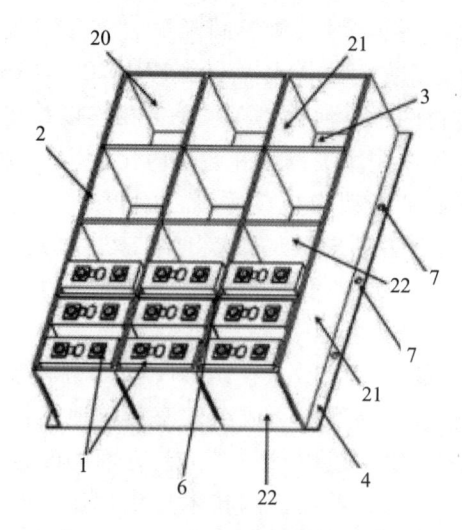

图 5-4-6　CN211828880U 附图

5.4.2 刀片电池技术分析

5.4.2.1 刀片电池技术重点专利布局

以比亚迪申请的专利（CN110416451B）为示例，由单体刀片电池组成的电池阵列搭配相应支撑体后安装到电池包中，省略了电池模组这一组装环节。专利的核心保护技术点包括：电池阵列由若干个单体电池组成，至少一个单体电池满足600mm≤第一尺寸≤2500mm，包括壳体和壳体内的极芯；技术效果在于通过电池阵列的排布方式，将电芯类似于"刀片"竖插入电池包内，刀片电池本身可以作为加强电池包结构强度的横梁和纵梁，即可支撑于支撑件上，确保电池包在外力作用下不易发生形变。

图5-4-7示出了刀片电池包技术的专利布局，涵盖了从单体电池结构到汽车底盘应用的完整搭建过程。WO2020143171A1展示了拉长至600～2500mm的电池形状，突破了之前590标准模组的限制，使单体电池的容量增大，同时，侧面长度缩小使比表面积减小，提高了散热能力。单体电池排布的技术内容则如CN110416452B附图所示，单体电池的极耳排列在侧边，多个电池横向排列后直接固定在矩形框架内，形成了完全无模组的架构。如CN110416451B和WO2020143178A1的附图所示，电池包内配套有其他设备，如导热板、换热板、冷液管道、大端板、连接板等。而动力电池包安装于车辆上的立体结构如CN110277521B的附图所示，电池包设置在车辆的底部，电池包外壳与车辆的底盘固定连接，电池包的托盘可以独立设置，也可以与车辆的底盘集成设置。

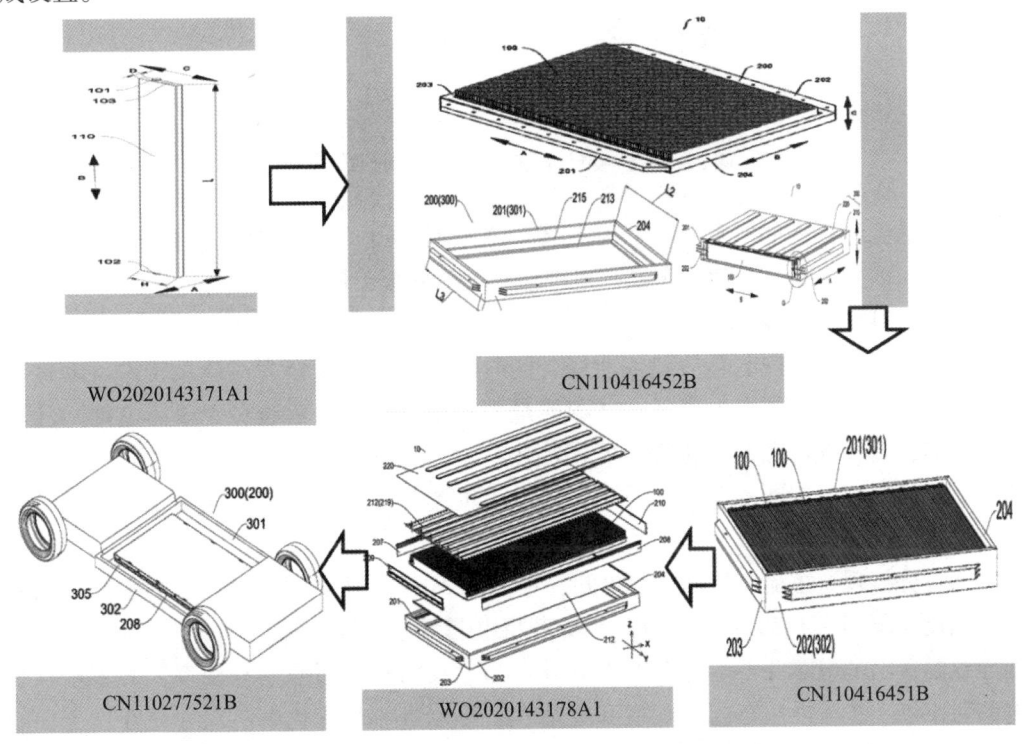

图5-4-7 刀片电池包技术的专利布局

同时，这一技术作为比亚迪的重点技术，配套了严密的专利布局，共计63件专利申请，并且单体电池、电池排布和配件组合的技术交叠程度较高。

在专利布局方面，以比亚迪的专利族为代表，共同优先权包括6项，优先权时间为2019年1月9日，在全球范围内存在63项申请，包括54项发明专利，9项实用新型专利，技术主题分布在单体电池、电池包、电池容纳装置和电动车这4个方面，其中电池包和电动车的技术主题在这一专利族的所有专利申请中均有体现，单体电池的技术主题在近一半的专利申请中有体现，可知虽然刀片电池的技术出发改进点在于单体电池，但在技术的专利保护中也同样注重电池包内的"无模组"式排列和集中于电动车的应用对象。此外，专利地域布局情况如图5-4-8所示，专利族中的65%布局在中国，即技术原创国，其他的申请分布在韩国、美国、欧洲和印度。在法律状态方面，已获得授权的专利共22项，公开国均为中国，其中发明为13项，实用新型为9项。

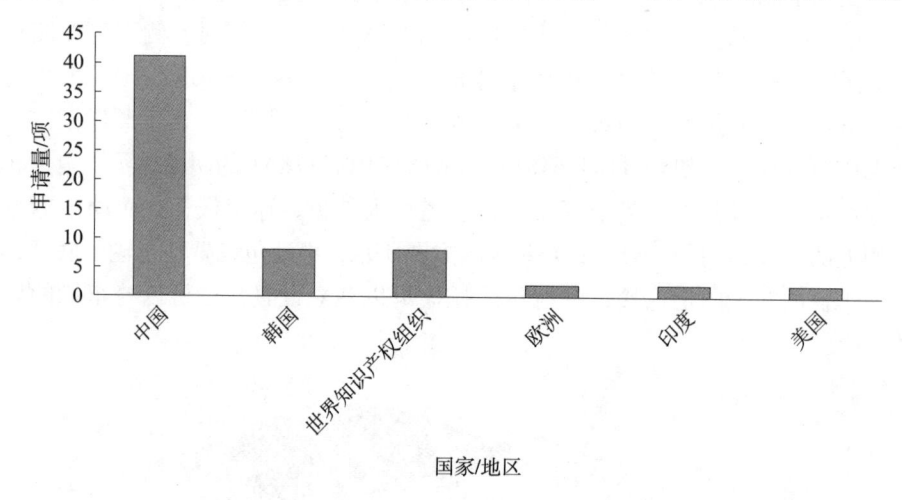

图5-4-8 刀片电池包技术专利地域布局

在目前已经授权的专利中，核心技术特征均体现于单体电池的长宽比范围方面，具体包括：内部工艺、电池长宽高、电池包边框、底板、散热、汇流板、配件。

5.4.2.2 刀片电池技术前景分析

长而薄的刀片结构电芯散热性能好，同时电芯本身可以作为支撑结构件，通过与无模组技术相结合可使成本更低、体积能量密度更高。由比亚迪对于单体电池尺寸的布局可知，其代表电芯长度的第一尺寸范围为600~2500mm，区别于VDA标准模组中的590模组长度。在同等工艺水平下，电芯长度越长，电池单体的能量密度越大，但生产过程中的对齐度、效率和成品率等都将受到影响。

通过分析现有主流车型的尺寸可知，主流的A0-A以及B级以上车的平台适用的长电芯尺寸范围为1150~1300mm，因此若将电芯尺寸以最大限度适配车型需要，则可能导致制造出的电芯并不能完全匹配其他车型，反而降低了空间利用率。为了增强长电芯对市场上主流乘用车的适配性和灵活性，可以进一步优化电芯尺寸，在这方面蜂巢能源提出了600mm叠片L6长电池技术，其公开的专利CN211629170U如图5-4-9

所示。从附图中可以看出，中部纵梁将下壳体内分隔成两个相等的安装空间，电池模块设置在相应的安装空间内，其中至少一个电芯的长度为 200～600mm，同时其公开的 L6 长电池技术限定了其电芯长度在 600mm 左右，且可以 2×600mm 的方式进行布置。采用该种长度的电芯布置灵活性更高，可以覆盖 A0 到 D 级车的需求，更好地提高车型的适配性。

因此，在长电芯尺寸不断拉长的基础上，如何在电芯长度上找到相应的平衡点以提高电池的适配性是工业化规模生产的发展方向。

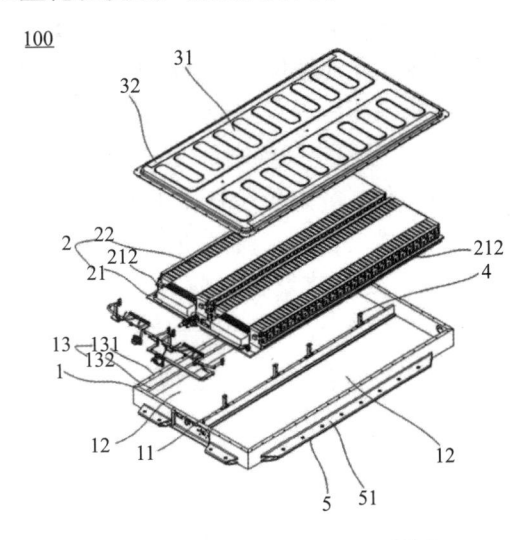

图 5-4-9　CN211629170U 附图

5.4.3　圆柱大模组技术分析

5.4.3.1　圆柱大模组技术重点专利布局

2008 年特斯拉首款车型 Roadster 量产上市，Roadster 采用圆柱形 18650 型号电池。18650 型号电池采用松下的锂电池，是将 69 个小电池并联封装成一个电池砖，9 个电池砖串联成一个电池片，11 个电池片并联成一个电池系统，总共需要 6831 块电池。Model S 采用圆柱形 18650 型号电池。电池板由 16 组电池组串联组成，每组电池组有 44 节锂电池，每 74 节并联，因此由 7104 节 18650 锂电池组成。

特斯拉 18650 型号电池由于体积受限，无法通过工艺控制和原材料角度提高能量密度，降低电池成本。

Model 3 采用圆柱形 21700 型号电池，21700 型号的规格为直径 21mm、长度 70mm，从理论上比 18650 型号（直径 18mm、长度 65mm）有更优的电池容量和能量密度。和 18650 型号锂电池一样，其电池单体仍由松下负责制造，但电池模块和电池包组由特斯拉制造。

2020 年特斯拉推出的一种全新内部结构为蜂窝状的电池包，里面有很多空洞，可容纳 4680 块电芯。电芯之间填充着环氧树脂，看似与特斯拉 Model 3 电池包相似。电池包边缘可以看到循环管道,说明该电池包采用液冷。单元格共有960个孔洞,布局为24×40。同时,电池包系统整体采用了蜂窝状的设计理念,基本上沿用了Model 3/Y模组中的灌胶工艺。

(1)电池包

特斯拉Model S电动车内的电池包一共有16个电池模组,主体部分具有由框体形成的14个分隔空间,每个分隔空间内设置1个电池模组,其中一端突出部分设置有2个电池模组,每个电池模组由多节18650型号单体电池串并联形成。图5-4-10是特斯拉专利申请US2012160583A1中出现的电池包的结构图。其具有与特斯拉Model S电动车内电池包的拆解结构图基本相同的结构布置,电池包的差别在于:Model S采用的电池包中,每两个并列放置的电池模组之间还具有一个分隔件,用于将两个电池模分开,从而形成主体部分具有14个分隔空间和端部突出1个分隔空间的电池包框体。而该专利申请中设置有8个横向构件,分别位于每排电池模组之间,同时位于电池包中央的两个横向构件大于其他中央横向构件,通过使横向构件的尺寸增大以抵抗在碰撞期间可能遇到的侧面冲击载荷,使车体发生碰撞时,侧碰冲击的能量被横向构件所吸收。

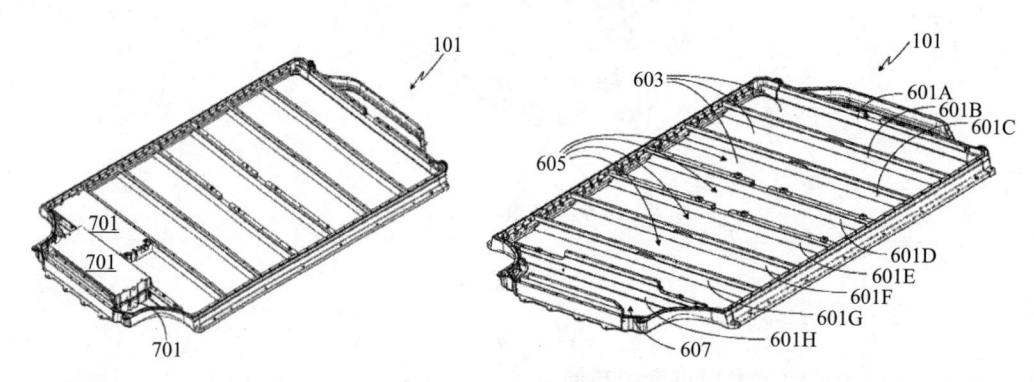

图5-4-10 US2012160583A1 附图

特斯拉Model 3电动车内的电池包一共有4个电池模块,主体部分具有由框体形成的4个分隔空间,每个分隔空间内设置1个电池模块。4条模组的大小不同,外侧的两条模组各有23个电池模块,内侧的两条模组各有25个电池模块。同时,每个电池模块由多节21700型号单体电池串并联形成。图5-4-11和图5-4-12分别是特斯拉专利申请US2013270863A1和US2021159567A1中出现的电池包的结构图。其具有与特斯拉Model S电动车内电池包的拆解结构图基本相同的结构布置,根据该专利记载的技术方案,其电池包也是由4个电池模组组成,主体部分具有由框体形成的4个分隔空间,每个分隔空间内设置1个电池模组。其中US2021159567A1示出了4条电池模组具有不同的大小分布。

从Model S到Model 3电池模组的尺寸明显变大,电池模组之间的支撑构件数量大幅减少,支撑构件数量减少对电池包轻量化以及电池能量密度的提升具有显著的效果,但电池包的安全性能受到较大的挑战。为了防止电池包在撞击时遇到较大的冲

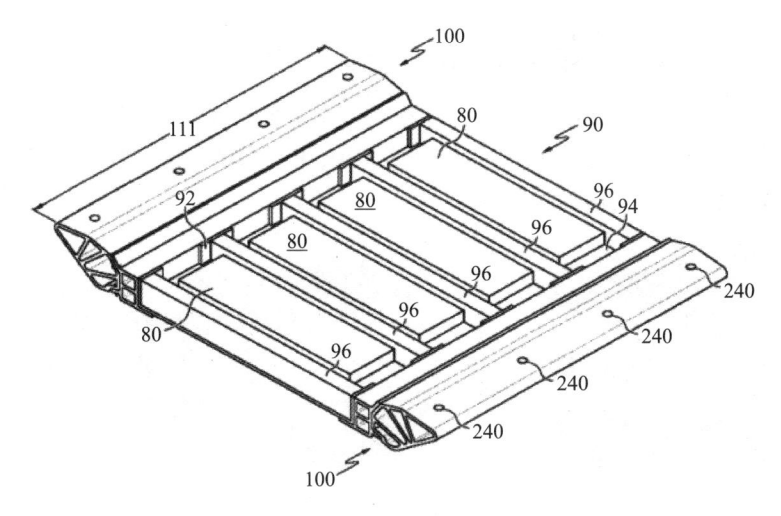

图 5-4-11 US2013270863A1 附图

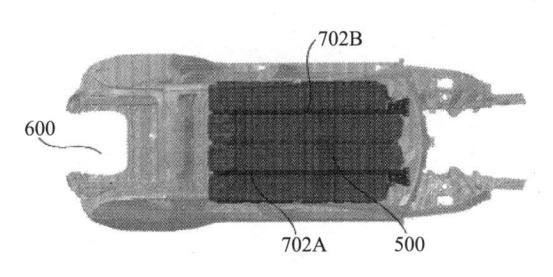

图 5-4-12 US2021159567A1 附图

击载荷，US2013270863A1 公开了一种用于车辆撞击钝头物体屏障的撞击保护结构，在电池包的外围设置有冲击保护结构，当车辆被钝头物体屏障撞击时，钝头物体屏障可以在沿着内部轨道长度的局部区域处接触撞击保护结构，从而减轻电池组损坏的可能性。

通过分析可知，从专利申请的时间来看，特斯拉针对 Model S 车型，还申请了 US2012161472A1、US2012161429A1、US2012175900A1 等近 20 余件专利进行保护，其保护范围不仅涉及电池包内部的排布，还包括电池保护罩、电池组的热管理系统与用于车辆的能量吸收和分配侧面碰撞系统等，专利申请主要集中在 2012 年，且申请国家/地区主要集中在美国、欧洲和日本。针对 Model 3 车型的专利申请较少，对模组的排布方式并未在 Model 3 车型生产之前涉及，这可能与特斯拉在 2014 年提出的开放专利政策，为了扩大自身车型的市场占有量有关。2013 年的专利申请对类似电池包的防撞击结构进行了申请和布局，一方面是因为模组支撑构件的减少对电池包安全性造成了挑战，另一方面也体现了特斯拉对电池包安全性的重视。

根据特斯拉在 2020 年电池技术发布会上的公告可知，4680 电池完全消除了单独的电池结构，其中电池阵列和外壳直接组合以合并冗余结构并减少给定组件中的部件的总量。由单个电池结构 102E 的分解图 5-4-13 可以看出，单元阵列 102E 直接安装到具有底部 802 和顶部 804 的较大外壳 800，顶部 804 可以直接结合到与车辆的其他部件（例如座椅）机械接合的电池结构 102E，顶部 804 可以用作乘客的车辆的地板结构。通过与 Model S 和 Model 3 进行对比可知，US2021159567A1 的车辆包括单个集成电池结构 102E，而不需要额外的支柱，这为电池结构 102E 提供了额外的空间，以将额外的电池并入电池阵列或额外的电池阵列中。

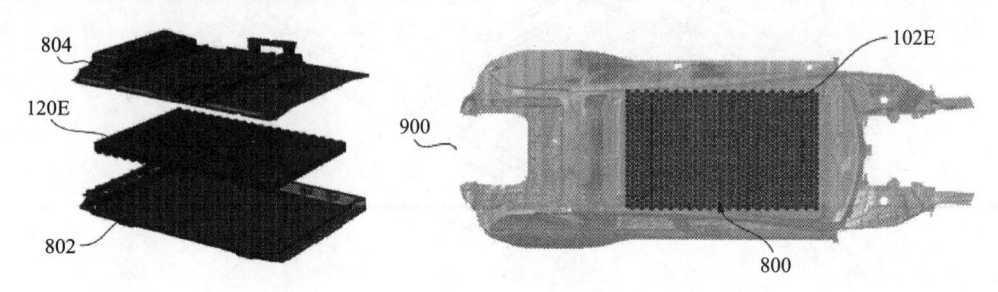

图 5-4-13　US2021159567A1 电池包结构

（2）电池模组

特斯拉 Model S 车型的电池模组由 6 组电池串联而成，每一组电池由多个电池模组并联形成。每一组电池的排布方式和结构并不是规则排列的，该电池板正反面的构造呈中心对称。图 5-4-14 示出了特斯拉专利申请 US2012160583A1 的电池模块的结构图。从图中可以看出，该专利中电池模块的结构与特斯拉 Model S 采用的电池模块结构完全相同。

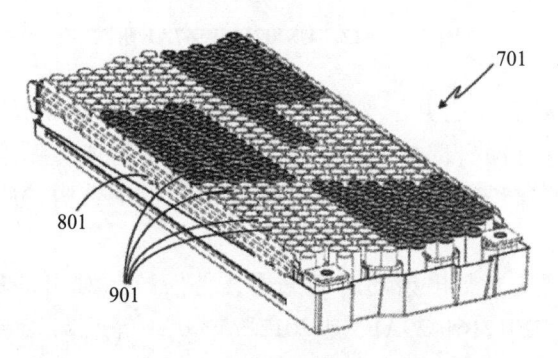

图 5-4-14　US2012160583A1 电池模组结构

在特斯拉 Model 3 车型的电池包中，相邻电池模块之间是彼此相反的电极，且电池与模组之间的排列方式与 Model S 相比，较为规则。其原因在于，Model 3 通过对电池模块的排列方式进行简化，由最初的 16 个电池模组变为 4 个电池模组，在大幅降低成本的同时，避免因某一模块故障而更换整个电池组。而 4680 电池提出了一体式电池组件的构思，该结构采用特斯拉最新的 4680 电芯（直径 46mm，高 80mm），该电池组件完全取消了电池模组，直接将 960 个 4680 电芯按照 40×24 的排列方式放入电池结构体中，并采用灌胶工艺将电池组封装在灌封材料中，该灌封材料允许形成一体式电池组的结构支撑件的一部分。通过对比可知 US2021159567A1 的电池结构与公开的 4680 电池组件的结构完全相同，US2021159567A1公开了整体电池包可以在具有或不具有附加支撑结构的情况下集成到车辆中，因此可以推断特斯拉的下一代车型或将采用无模组一体化的集成方式。

5.4.3.2 圆柱电池前景分析

相比于传统的小圆柱电池，大圆柱电池能够有效提高电池系统的整体空间利用率，减少结构件的使用和生产工序，降低成本，同时兼顾能量密度、输出功率和安全等性能，将逐步成为圆柱电池技术发展的主要趋势。在4680电池这一技术路线被特斯拉提出之前，国内圆柱电池技术领先者比克电池早已进行了前瞻性布局。

在能量密度方面，比克电池和特斯拉均通过降低整包中电芯的数量以及相应的结构件的数量以提升重量能量密度，二者的布局存在异曲同工之处。特斯拉和比克电池在战略探索大圆柱的同时，均对全极耳技术进行了布局，这是因为与圆柱形电池相比，方形电池因其全极耳的特性具有阻抗低和巡航长的优势，因此圆柱形电池要想与方形电池形成竞争局面，势必要与全极耳技术搭载起来。

极耳是从电池正负极集流体中引导出的金属导电体，与电池壳体（圆柱/方形）或与外部模组结构件（软包）进行连接，因此，电流必须流经极耳才能与电池外部连接。根据极耳数量、面积差异，极耳可分为单极耳、双极耳、多极耳以及全极耳等类型，18650和21700型号电池体积较小，多采用单极耳方式。极耳细长不利于电流传导，电池充放电时易导致极耳和极耳连接处局部热量过大，成为影响电池安全的关键瓶颈。

图5-4-15示出了全极耳技术专利附图。如图所示，特斯拉在2020年首次公开其"无极耳"电池专利US2020144676A1，核心设计理念是"无极耳"电极一端通过涂覆导电材料，使正负极集流体直接与盖板/壳体相连接，增大电流传导面积，缩短电流传导距离，从而大幅降低电池内阻，提高充放电峰值功率；并通过优化电池结构件、简化电池生产工艺流程等，提升电池标准化生产能力，降低电池成本。采用该种方式使极耳的传导面积与集流体面积一致。

比克电池早在2019年就开始在全极耳方向进行布局。其专利CN210897476U提供了一种具有多层膜片的锂离子电池极片结构，通过分次涂覆形成多层膜片，制备出导电剂含量垂直集流体方向上梯度分布的多层新型电极，能有效提升电导率，提高电池的能量密度和功率密度。

虽然特斯拉和比克电池在全极耳技术方面均有相应的布局，但从布局方式来看，两者有较大不同，特斯拉的专利US2020144676A1不仅在美国本土进行申请，还在中国、欧洲和韩国进行了相应的专利布局。同时还通过盖板多样化结构设计，如图所示，对盖板形状进行限定，使极耳的接触面积和传导面积大于集流体传导面积，成倍增大电流传导面积。相比之下，比克电池目前仅在中国进行了实用新型专利申请，专利的保护力度相应减弱，其对端盖进行改进的专利CN213520238U布局重点在于，相对现有技术中的帽盖，减少了顶盖结构，减小了帽盖使用状态时的电阻值，从而避免了在电池内部压力过大时容易引起电池短路的情况。

(a) US2020144676A1附图

(b) CN210897476U附图

(c) US2020144676A1附图

(d) CN213520238U附图

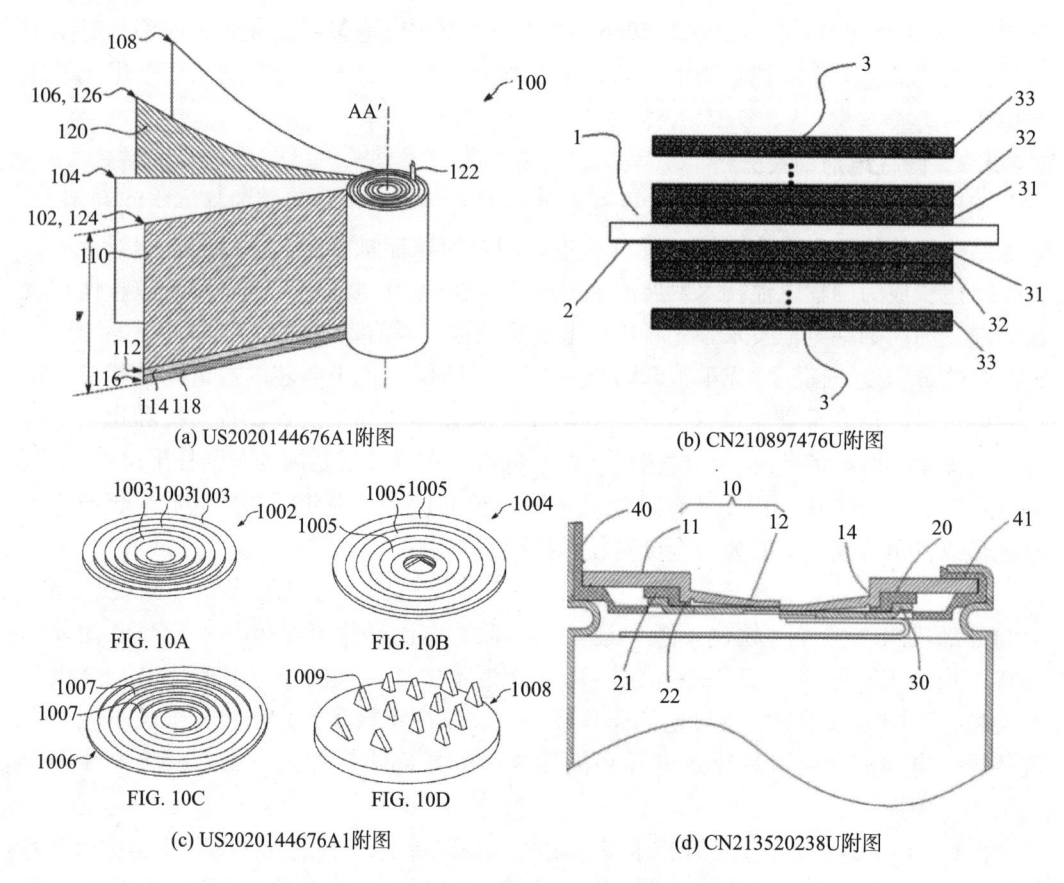

图 5-4-15　全极耳技术专利附图

5.4.4　热点技术专利对比分析

比亚迪与特斯拉在技术发展路线上的相同之处在于，二者均采用大电池无模组的技术路线，通过从不同维度将电池单体做大，从而提高电池体积比能量密度，减少电池成本，并将大电池与无模组技术相结合以减少电池包零部件的数量，提高电池包的体积利用率，从而进一步提高电池包能量密度。但比亚迪与特斯拉在技术发展过程中均存在局部热量过大的问题，这是因为由于内阻的存在，电芯尺寸越大，电池在充放电的过程中引起发热量越大。为了有效解决散热问题，特斯拉提出了将大电池和无极耳相结合以此来解决高能量密度电芯的散热问题，而比亚迪通过将电池做薄以提高电芯的散热性能。

宁德时代采用侧边散热的方式，一方面提升了电池包Z向空间利用率，另一方面通过将电极组件设置在侧面，使电极组件对电池包的高度限制取消，减小竖直方向上的长度，提高空间利用率，同时取消两侧的端板，进一步提高电池排列数量和电池模块的能量密度。但是电极组件设置于侧面会使极耳所处角度不同，导致温度分布不均匀，因此，若是将侧边散热与全极耳技术相结合，加强电池内部热均匀，减少集中发热点，将能够大大简化散热结构的设计难度。

宁德时代的技术发展路线与特斯拉 Model 3 相似，均是通过将电池模组做大，减少模组之间连接的零部件，从而达到优化空间利用率、电池包轻量化和提升能量密度的效果。在此基础上，特斯拉和比亚迪相继提出无模组概念，以进一步优化空间利用率，因此，宁德时代若在现有大模组的基础上省去模组连接件，直接将电芯集成到电池包，预期可进一步达到提升能量密度的效果。

圆柱电池若想与方形电池形成竞争格局，需要将大圆柱与全极耳技术搭载起来，采用大圆柱电池之后，对电池管理系统以及线路板的需求会大幅减少，在此基础上，若与 CTP 技术相结合，成组的效率将会进一步提高。侧边散热可与全极耳技术相结合，以简化散热结构、提高电池内部散热均匀性，这对电池包的轻量化和体积利用率增加均具有较大优势。大模组技术可进一步减少连接构件，直接将电芯集成到电池包，向无模组技术发展以优化空间利用率。随着 CTP、CTC 技术的进一步发展，未来电池的尺寸可能会更加依赖于车型而设置，提高电池尺寸对车型的适配性是工业化规模生产的发展方向。

5.5　CTC 底盘集成技术分析

市场中在售的电动汽车大多具有电芯 - 模组 - 电池包 - 车架的梯次成组结构。随着集成技术的推进发展，一小部分车辆能够在成组过程中将模组这一层级省略掉，直接使用电芯 - 电池包 - 车架的成组形式，即为上述小节中的无模组形式。然而，另一部分从业者，尝试了省略电池包这一层级的构思，直接将电池模组装于汽车底盘上，然后匹配相应的电气连接和散热结构等构件。

响应于动力电池包的集成化应用这一发展趋势与无模组技术的小范围突破，部分从业者也关注到了电池 - 车架的单层结构，即 CTC（Cell - to - Chassis 或 Cell - to - Car）技术。该技术的应用能够减轻汽车底盘与电池包箱体的重量，为电池芯让出更多的安装空间，有望大幅提升整车能量密度。

学术界对于电动汽车底盘的研究早已开始，美国的 Sturin 团队在 2017 年[1]提出了都市模块化车型（Urban Modular Vehicle，UMV）概念，将下车身结构分为可延伸的底板（集成电池箱体）和可替换的前后防碰撞模块 3 部分，如图 5 - 5 - 1 所示。这一模型能够打造不同尺寸的微型车、A 级车、货车等，同时下车身模块需要电池包与底盘的高度集成才能实现灵活改变车身尺寸及携带电量。该结构使电池包与底盘高度集成设计，轻量化效果显著。

在企业方面，多家企业宣布对 CTC 技术的研发和关注，目前多为车企关注，但也不乏动力电池生产商。目前已公开专利技术的企业有：福特、比亚迪、特斯拉、Canoo、苏州科尼普等。

---

[1] STURM R, SCHÄFFER MÜNSTER M. Development of a safe modular body structure for a battery electrical driven urban vehicle [C] //Progress in mechanics and materials in design 2017.

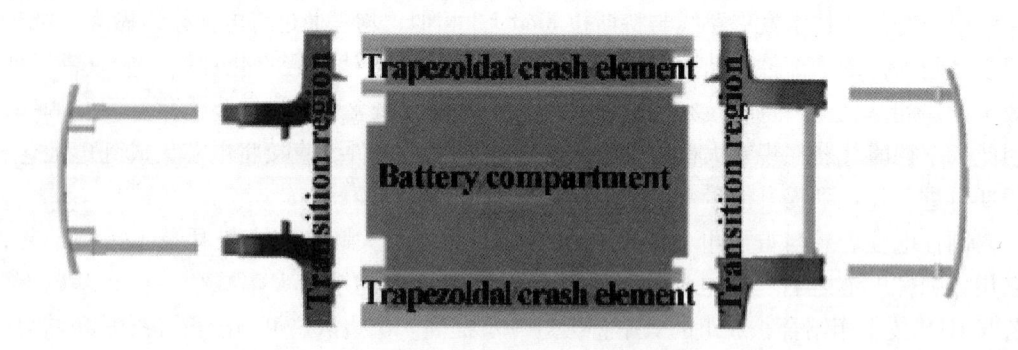

图 5-5-1　都市模块化车型结构

（1）福特

图 5-5-2 示出了福特专利申请 US2019351750A1 CTC 方案的结构图。如图所示，福特以框架形式，在车身左右框架中设置多根横梁，通过这些横梁对整个结构进行分割，相邻的横梁与板和两个轨道配合以限定隔室，并将电池直接容置于分隔出来的空间内。如图（c）、图（d）所示，每个电池 46 容置于左框架 110、右框架 114 和横梁 126 分隔出来的空间内，底板 130 可采用焊接或螺栓连接的方式与横梁相连，对分隔出来的空间进行支撑，从而实现电池到车底盘的集成。

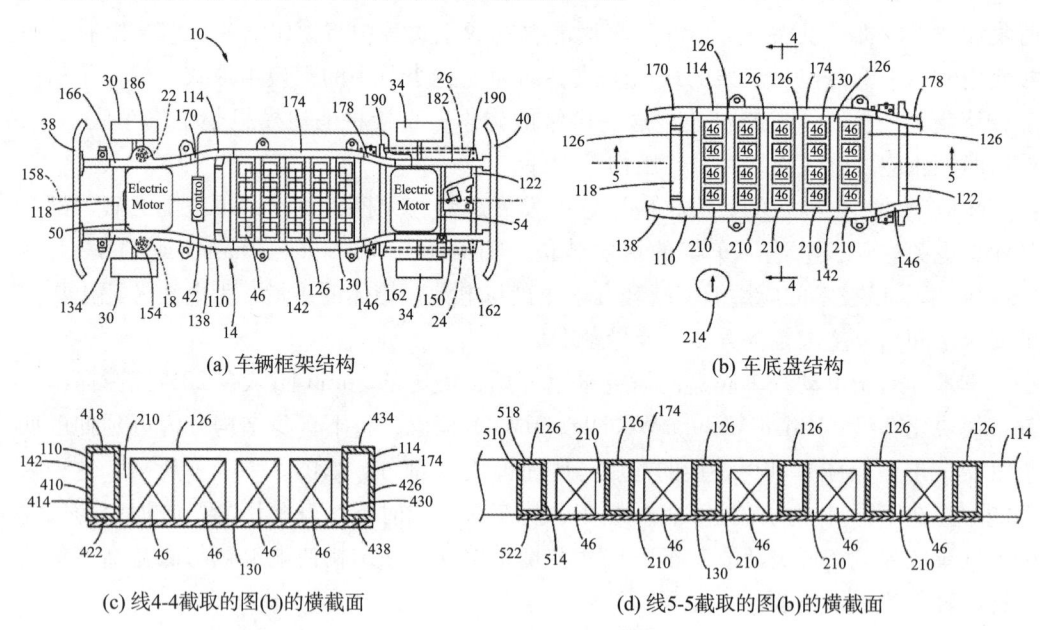

(a) 车辆框架结构　　(b) 车底盘结构

(c) 线4-4截取的图(b)的横截面　　(d) 线5-5截取的图(b)的横截面

图 5-5-2　US2019351750A1 附图

平行左框架和右框架以及中心横梁的构造实现了框架的模块化，可以通过改变横向构件的长度来改变车辆的横向轮座和电池容量，而不改变框架架构的其余部分，从而可以匹配具有不同电池容量（航程）的不同尺寸的车辆，而无须重新设计或改变框架其余部分的车辆架构。

(2) 比亚迪

图5-5-3示出了比亚迪e平台3.0中CTC方案的结构图。比亚迪e平台3.0采用刀片电池结构，结合电力总成、集成式热管理、电池车身一体化设计等技术，实现整车架构平台化，使整车刚度大幅提升。同时刀片电池作为车身结构件也有效抑制了地板振动，重叠排列的刀片电池使车体抵御正面撞击和侧面撞击的强度得以提升。

通过对专利CN112224003A进行分析可知，比亚迪取消了现有托盘装置中的横梁，将单体电池的两端支撑在第一边框和第二边框上，通过将单体电池的重量分解到两侧的托盘边框上，使该装置在去除横梁的基础上，有效地提高了托盘的承重能力。单体电池本身也能够作为动力电池包的整体加强结构使用，提高了动力电池包的整体结构强度。同时，通过减少横梁构件，使整个车用托盘的重量大幅度减小，托盘内部空间进一步增加。

第一边框和第二边框之间的距离和单体电池的第一端和第二端的距离可采用间隙配合、过盈配合、紧固配合、固定配合等方式配合。该车用托盘可以通过紧固件安装到车身上，例如，可悬挂在电动车的底盘上。为了便于单体电池的装配，容纳装置可以为与电动车的底盘一体成型的向下凹陷的腔体。单体电池与底板之间设置有隔热层，与顶板之间设置有导热板，顶板内部设置有冷却结构的液冷板或直冷板以保证冷却效果。

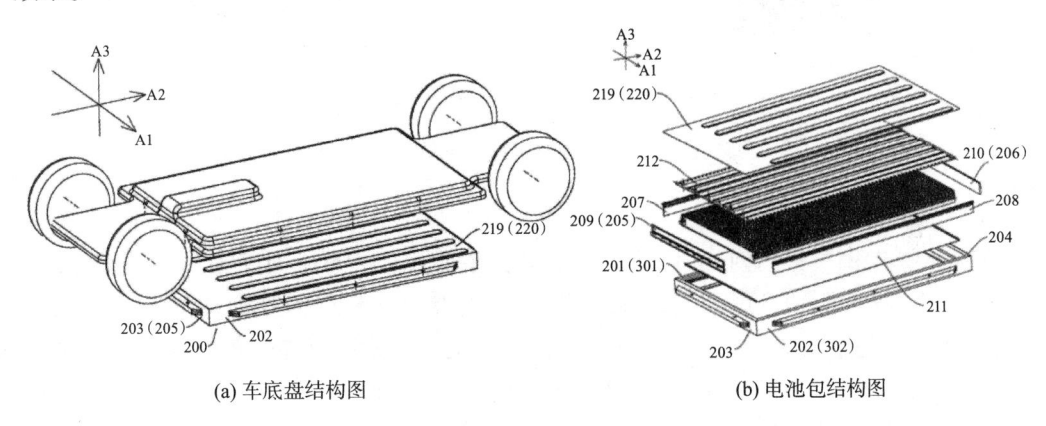

(a) 车底盘结构图　　(b) 电池包结构图

图5-5-3　CN112224003A附图

(3) 特斯拉

特斯拉一体化汽车底盘的结构为汽车座椅直接安装在电池上盖上，电池上盖同时具有密封电池和车身地板两个功能。图5-5-4示出了特斯拉专利申请US2021159567A1 CTC方案的结构图。如图所示，特斯拉完全取消了单独的电池结构，选用圆柱形电池，通过在电池组阵列结构外设置上壳体和下壳体，并将上壳体直接用作车辆的地板结构，从而实现电池到车身电池到车身地板的集成。在该专利中，冷却通道形成在多个电池阵列附近，灌封材料包围多个电池单元阵列并且为一体式电池组件提供结构支撑和热保护。

该专利技术是最接近量产应用的技术，特斯拉曾声称柏林工厂所生产的Model Y汽车将搭载该结构的汽车底盘,预计 2022 年上半年上市。据特斯拉介绍,该量产车采用无极耳电池,可使续航里程提高 16%,并且在新组装和电池包的设计技术下,4680 电池共计节省成本约 86%,其中每千瓦时降低了约 76% 的成本。

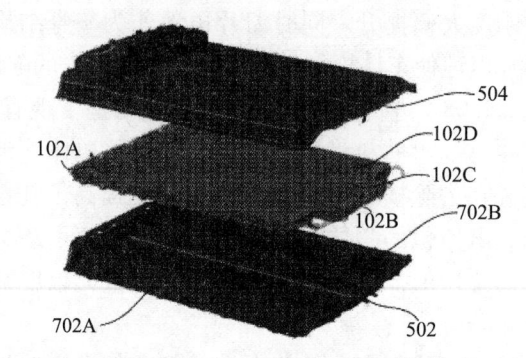

(a) 附加支撑结构与一体式电池组结构图

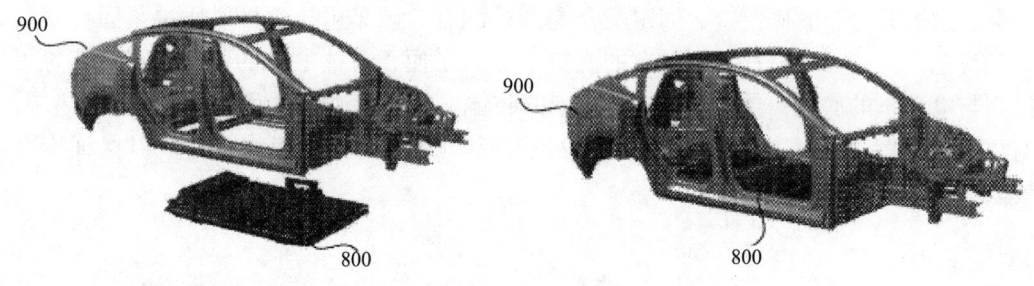

(b) 一体式电池组与车辆组合结构图

图 5-5-4　US2021159567A1 附图

(4) Canoo

Canoo 是美国一家初创公司,但在电动汽车底盘集成技术方面率先发力。该企业的 CTC 技术在 2020 年 CES 展会上首次出场,对应的专利技术记载在 WO2020236913A1 这一专利族中,基于图 5-5-5(a)和(b)所示的专利附图可知,车辆平台 1200 包含多个单独的模块化车辆电池元件 1202 和电池支持系统 1206(例如,冷却、电池断开和电源管理组件)。其中模块化车辆电池元件 1202 设置在车辆平台框架 1210 的中间主体空间 1208 内,通过导线和/或总线 1204 的合适配置互连在一起并与传动系的其他元件互连;整体密封是通过框架 1210 的结构元件以及车辆框架的顶部和底部盖板组合形成,实现显著的重量减轻。

如图 5-5-5(c)和(d)所示,冷却系统中,冷却元件 1224 包括细长刚性主体 1226,具有设置在电池模组中的各种通道和热板 1228,由此分散设置在电池单体之间,利用细长的结构和刚性金属材质以助于传热,同时刚性特性有助于形成结构支撑。

对应地,整体刚性通过将各种横向构件 1216 和纵向构件 1218 集成到框架 1210 中来弥补,两者将中间主体的空间细分成多个分离的内部空间,产生足够的框架稳定性。另外,车辆框架还设置有内部支撑构件和布置在车辆框架的侧轨 1219 上的附加冲击吸收部件等。

(a) 车辆平台结构图

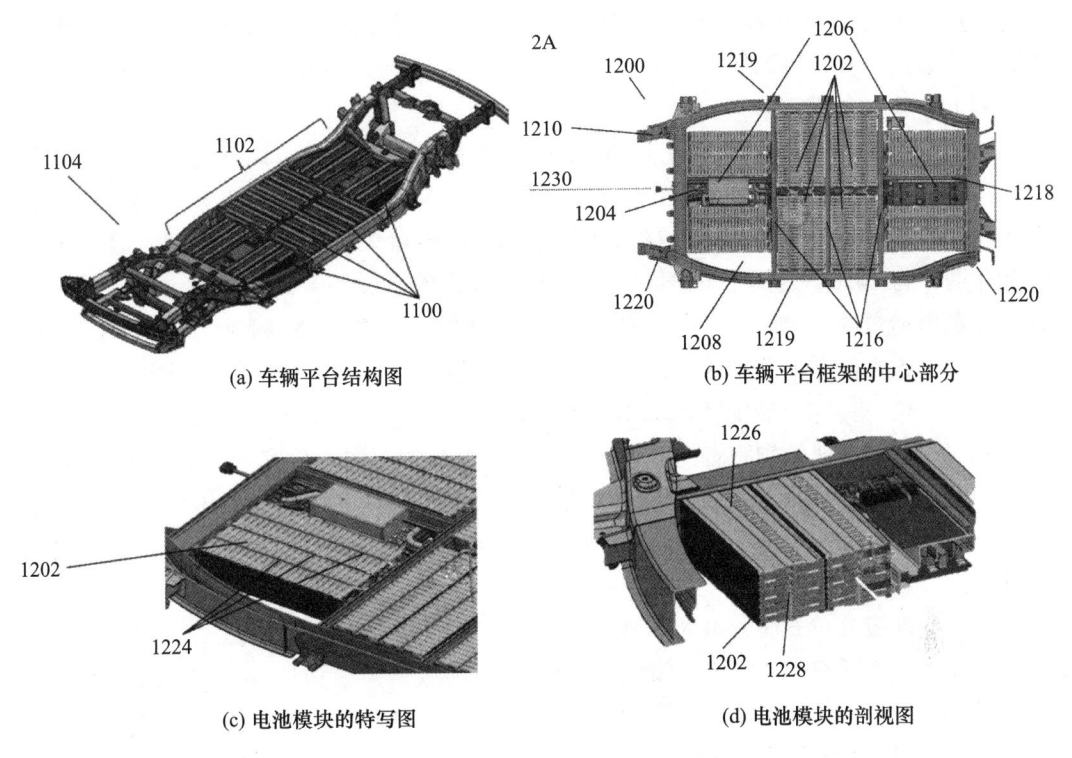

(b) 车辆平台框架的中心部分

(c) 电池模块的特写图

(d) 电池模块的剖视图

图 5-5-5　WO2020236913A1 附图

综合以上四项专利技术，可知在电池与汽车底盘集成的技术方向中，仍然主要将单体电池或模组作为夹层而放置在车体与底盘之间，以对其进行结构保护，例如特斯拉、福特和 Canoo。不同的是，特斯拉是将上车体的地板（汽车底座）与动力电池包的上箱体进行合并，压缩中间层的体积；而福特和 Canoo 是将汽车底盘平台与动力电池包的下箱体进行合并，使电池或模组能够直接布置在底盘框架中，这也是滑板结构的主要构思。比亚迪则采用了另一种思路，将汽车底盘与动力电池包的上箱体合并，使单体电池阵列放置在中空框架中并通过框架固定在底盘下方，能够提升电池包的维修替换性能。

另外，国内外诸多企业，如宁德时代、吉利汽车和大众等，均宣称对 CTC 技术寄予厚望，要对现有的电池包和电动汽车底盘平台技术进行升级。虽然普遍处于预研阶段，但伴随着结构硬度、维修回收和散热控制的配套技术突破，相信之后的 5 年将是 CTC 技术爆发的黄金时段，该方向是电动汽车电池包技术的绝对热点。

5.6　小　　结

本章首先将动力电池包分为电芯和成组结构两个分支分别进行专利申请态势分析，包括全球/中国专利申请态势、全球和中国重要申请人、专利区域分布等，全面了解该技术的总体状况。分析了研究热点成组结构的技术功效和技术发展路线。同时，针对行业热点大模组/无模组技术和CTC技术，选取重点专利进行详细分析，为行业提供技术支撑。通过分析，得到如下结论。

（1）专利总体状况

在申请态势方面，从21世纪开始，动力电池包的电芯和成组结构的全球专利申请量出现了加速增长态势，进入起步阶段。2011年，全球专利申请量有较大突破，日本和美国年专利申请量领先。中国在初期阶段的专利申请量占比不高，但随着政策和市场的刺激，自2016年至今，中国专利申请量呈现指数增长势头，年专利申请量占全球的年专利申请量的一半以上，中国成为动力电池包的重要生产市场和技术集中地。

在申请人方面，电芯和成组结构分支中，我国的宁德时代均位居全球和中国专利申请量第一位，具有明显优势。而LG化学和比亚迪在两个分支中均处于全球前四位内，也属于整个行业的领跑者。此外，在动力电池包的这两个分支中，全球前11名申请人中超过一半的比例来源于中国，包括蜂巢能源、塔菲尔、亿纬、国轩高科、昆山宝创新能源、北京新能源汽车等。可见在动力电池包结构的优化中，中国具有领先优势。

在专利区域分布方面，电芯和成组结构分支均是中国的申请量最多，尤其在成组结构分支中，全球69%的原创申请来源于中国，随后是美国和日本。在中国的区域分布中，申请量较多的省份主要是江苏、广东和福建，原因与这些省份有相应优势企业有关；在成组结构的技术流向方面，中国对外较多布局于欧洲和美国，日本主要布局于中国和美国，美国则主要布局于日本和韩国，韩国则在世界整体的布局均较均匀。

（2）成组结构分析

通过对电池包成组结构关于电动汽车续航领域专利申请的技术功效分析，电池包的续航技术效果表现在质量和空间两方面，能够分别通过轻量化和提高空间利用率提高电池包能量密度和整车能量密度。这体现在技术功效图中，即就技术手段而言，主要在排列、端板和减少模组三个方向上重点研究；而就技术效果而言，主要集中在能量密度、轻量化和体积空间这三个方面。

其中轻量化，即对车身进行绝对质量上的减重，是汽车行业长久以来的关注点，技术能够传承于传统汽车轻量化技术手段。通过梳理轻量化的技术发展路线，其主要包括三个方面：一是轻量化材料，二是轻量化设计，三是制造工艺。

模组是动力电池包成组结构的关键技术，通过梳理模组技术，得到其标准化技术演进路线可划分为5个阶段：355模组—390模组—590模组—大模组—无模组。模组内的电芯排布可以是方壳、圆柱或软包各自进行构建；动力电池包内的模组数量由几十个减少到几个，最终达到取消模组这一层级的无模组形态。

长度为355mm的标准模组由大众在2015年首次发行使用，出自三星SDI，使用方形电芯；390模组属于长度微调，由LG化学的390软包排列模组为启发，最先应用于奥迪A6的PHEV上，能够在相似的体积里面放更多的能量；590模组是将单体电池的长度加长，此时的模组生产者设计能力普遍提高，模组内排列结构拥有多种形式。在之后将模组发展为更大尺寸的过程中，中系、德系和美系企业均作出了许多尝试，无模组更是得到了全球动力电池从业者的高度关注。

(3) 大模组/无模组

大模组/无模组代表性的技术包括CTP技术、刀片电池技术和圆柱大模组技术。其中，CTP技术主要集中在将方壳的极耳放置于电池侧面以实现电池沿电池包Z向堆叠以提高成组效率。具体地，Z向堆叠是将电池模块中的每个电池单体平躺放置，使电极组件的两个扁平面沿竖直方向相互面对，在模组内形成沿垂直方向堆叠的上层电池单元和下层电池单元，并进行冷却板、防火构件以及箱体固定的配套设置。这对生产线改动较小，利于商业化推进。

刀片电池技术将电芯制成长而薄的刀片结构，类似于"刀片"插入电池包内，制成突破长度限制的方壳超长电池，现有专利族共布局60余项，分布在中国、韩国、欧洲、印度和美国等多个国家/地区，核心技术特征在于电池的超长和薄两方面，具体限定为单体电池的长度、宽度、厚度的绝对值和相对值，电池本体的表面积，全部电池体积之和与电池包体积的占比等参数，带来了续航与安全双提升的良好效果，散热性能好且成本更低。

圆柱大模组技术，采用突破直径与高度限制的大圆柱电池，常与全极耳技术配合使用。课题组梳理对照了特斯拉的电池包、模组与对应的专利的技术方案，便于创新主体更明了市场信息与对应专利技术。从专利分析可以看出，电池包内的960个4680电芯排列后放入电池包内，以彼此相反的电极排列区域设计来替代模组结构件，并采用灌胶工艺进行封装，形成一体式电池组。其中4680电芯本身强度提高，不需额外的支柱，灌封材料形成的一体化结构亦能提供结构支撑，整体上减少结构件的使用和生产工序。

(4) CTC技术分析

CTC技术体现了更集中、更简洁的电动汽车技术前景，能够带来更高的整车能量密度。其技术实现的难度也不言而喻，大部分企业仍在预研阶段，目前仅有少量公开专利，集中在特斯拉、比亚迪、福特和Canoo等企业。在具体集成方式上，特斯拉、福特和Canoo都是将单体电池或模组作为夹层放置在车体与底盘之间，以兼顾动力电池包的安全保护；不同之处在于，特斯拉和比亚迪是合并动力电池包的上箱体，福特和Canoo是合并动力电池包的下箱体。伴随着无模组、电池维修回收和散热控制的配套技术突破，CTC技术具有很大研发空间。

第6章 电池热管理

为了提高续航里程，电池包内电芯数量不断增多，电芯的密集堆放，对于散热提出了更高的要求，同样低温环境下电池性能受到了很大影响，例如容量变小等。近几年，纯电动车的续航里程不断增加，但消费者的里程焦虑仍然存在，尤其是在冬夏两季，由于极端温度的出现，会影响到电池性能，从而使得续航里程会与官方续航存在一定差异，因此，动力电池热管理技术受到各大企业的广泛重视。本章将对涉及电池包结构的热管理专利申请进行态势和技术层面分析，首先从电池热管理的全球及中国专利申请态势、主要申请人排名、技术迁移等方面进行专利申请态势分析；其次梳理各龙头企业的热管理技术发展路线，从企业样本获得电池热管理整体技术发展路线，并对大模组/无模组的热管理专利技术进行分析；最后对还未广泛应用的相变材料的热管理技术进行详细分析，从非专利和专利角度进行对比分析，从非专利中寻找专利的技术空白点，并对相变材料的专利申请进行技术功效分析，梳理其热点技术以及空白技术，拟得出目前最为成熟的相变热管理，并且给国内企业未来专利布局提供参考。

6.1 简　　介

随着电池能量密度的增大和应用场景的不断拓展，由电池工作过程中产生热量引起的性能衰退和安全性问题日益突出。在电池体系未能取得重大突破，安全问题不能根本解决时，下一代高能量密度锂离子电池的发展除了改进自身结构稳定性外，研究有效的电池热管理系统显得尤为重要。

电池热管理是指对电池包的温度进行控制的技术，从冷却方式来看主要分为气冷、液冷和相变材料冷却。

气冷是早期的冷却手段，气冷即利用空气对电池进行热管理，气冷主要有并行和串行两种冷却方式，[1] 如图6-1-1所示。串行是使空气从电池包一端流往另外一端，从而带走电池包内热量。气流先流过区域的热量会被带到后流过的区域，导致前后区域温度不一致且温差较大。并行冷却是气流直立上升流过每个电芯，实现更均匀地分配气流，保证电池包中各处电芯散热一致。气冷方式具有结构简单、成本低等优点，但气冷换热效率较低，在高电量、高倍率、大功率运行情况下无法满足电池包散热需求，且气冷风道占用体积大，使得电池包能量密度降低，不符合电动汽车高续航能力的需求。

---

[1] 仲帅，高淳，肖聪，等. 电池成组热管理方法分析与研究 [C] //高等学校工程热物理第二十一届全国学术会议论文集：传热传质学专辑，[出版者不详]，2015.

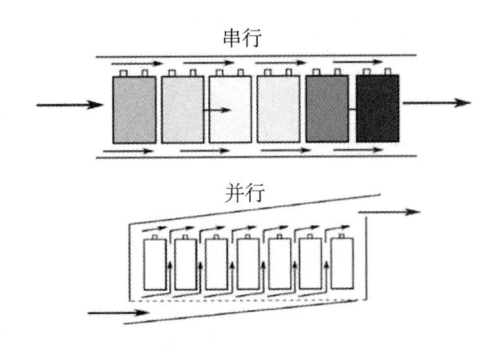

图6-1-1 电池热管理技术领域气冷示意图[1]

液冷是采用导热性能好的液体接触电池模组实现散热，通过电池包内液冷管道中的冷却液来带走电池的热量，从而降低电池温度。从散热效果来看，液冷换热系数高、热容量大、冷却速度快，对于电池包温度一致性有显著的效果。

相变材料冷却是利用材料相变时吸收电池包内热量，由于其蓄热能力好，开始被应用于动力电池热管理系统。相变材料应用于动力电池热管理系统中，不需要动力源，不需要内部冷却管道，或是供外部流体循环的冷却系统，不会额外消耗动力电池能量。相变材料形状适应性良好，应用于方形或圆柱形电池无形状适配问题，且相变潜热高，较少的相变材料就可以蓄积大量的热能，有利于车辆轻量化。因此，相变材料在动力电池热管理领域展现了巨大的潜力，但相变材料还存在导热系数以及体积变化等问题，目前的工作主要还停留在实验探索阶段，尚未建立完备的理论体系。[1]

6.2 专利状况分析

本节共分为四小节，主要包括对电池热管理的全球/中国专利申请态势、技术迁移、重要申请人、技术构成四个方面分析。

6.2.1 全球/中国专利申请态势

由于电动汽车产业的发展，动力电池的散热/加热技术也随之进步。但由于早期电动汽车受限于动力电池的技术并没有完全兴起，由图6-2-1可见，在2004年之前热管理技术处于技术萌芽期。2004～2014年，随着石油价格的持续飙升以及环境污染问题越来越严重，以日本、美国、欧洲为代表的发达国家/地区汽车企业逐渐将视线转移到电动汽车领域，但续航里程还未快速提升，相应电池热管理技术也处于低速发展期。随着续航能力的不断提升，电池包内电芯数量急剧增多，散热要求也越高。2011年4月11日，众泰纯电动车出租车杭州街头自燃；2013年10月到11月，特斯拉Model S电动汽车五周内三次起火。多起热失控事件引起企业和高校对电池热管理的重视。因

---

[1] 吴伟雄. 基于相变材料的电池热管理性能研究[D]. 广州：华南理工大学, 2019.

此，专利申请量逐渐增大，在2015～2017年进入了爆发期，在2018年达到了峰值。

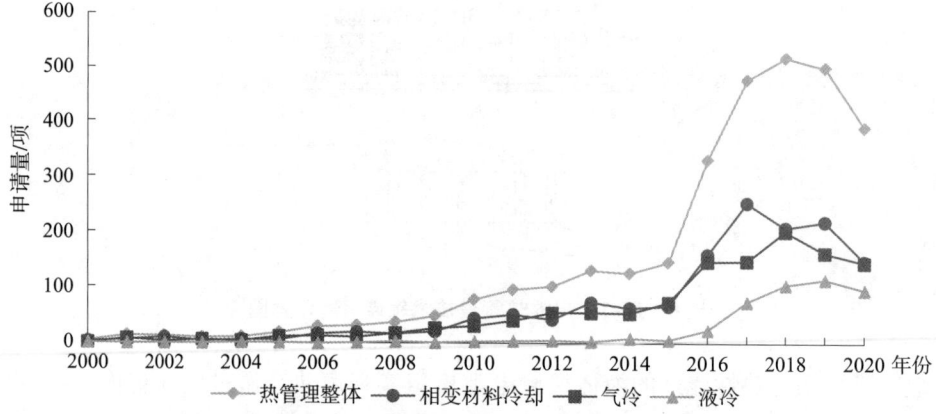

图6-2-1 热管理技术全球专利申请态势

液冷和气冷技术作为常规散热/加热技术，早在1988年就使用在动力电池上，由于气冷技术成本较低，其发展相较液冷更快速、成熟，申请量一直大于液冷技术申请量；但气冷由于换热系数不优，目前主流的冷却方式还是液冷。相变材料技术出现相对较晚，虽然没有广泛商用，但研究一直没有停止，且专利申请量甚至大于液冷申请量，可见其未来具有很大潜力。

从2001年"十五"国家"863"计划确定电动汽车重大专项开始，2012年国务院出台《节能与新能源汽车产业发展规划（2012—2020年）》，2015年《国家重点研发计划新能源汽车重点专项实施方案（征求意见稿）》也将2015年底达到200Wh/kg列为主要目标。多项政策引导我国开始大力发展电动汽车领域，这也带动动力电池热管理技术的快速发展。由图6-2-2可知，2005～2014年，动力电池热管理技术处于缓慢发展期；2015年松下、三星、LG化学等海外动力电池巨头已进入中国建设动力电池厂，良性竞争环境促使我国热管理技术快速发展，因此2015～2018年，热管理技术进入快速增长期。我国的热管理申请量在全球热管理申请量中占比较大，我国相变、气冷和液冷技术的申请趋势基本与全球热管理技术的申请趋势一致。

6.2.2 技术迁移

通过对专利申请的来源国家/地区和目标国家/地区进行分析，得到了相变材料冷却、气冷和液冷技术的全球技术迁移情况，见图6-2-3至图6-2-5。

非常明显的是，在相变材料、气冷和液冷三个领域中美国和欧洲都是主要的技术来源国，其中在液冷方向，韩国也是很重要的技术来源国之一，可见其研发投入的力度之大，以及技术实力的强大。而在目标市场方面，中国是最主要的目标市场，其次是美国，分析其原因：美国作为世界第一经济大国和汽车消费大国，其市场必然是很多汽车厂商的必争之地；同时，随着中国汽车市场的发展，世界汽车巨头对中国市场蠢蠢欲动，在中国进行大量的专利布局。

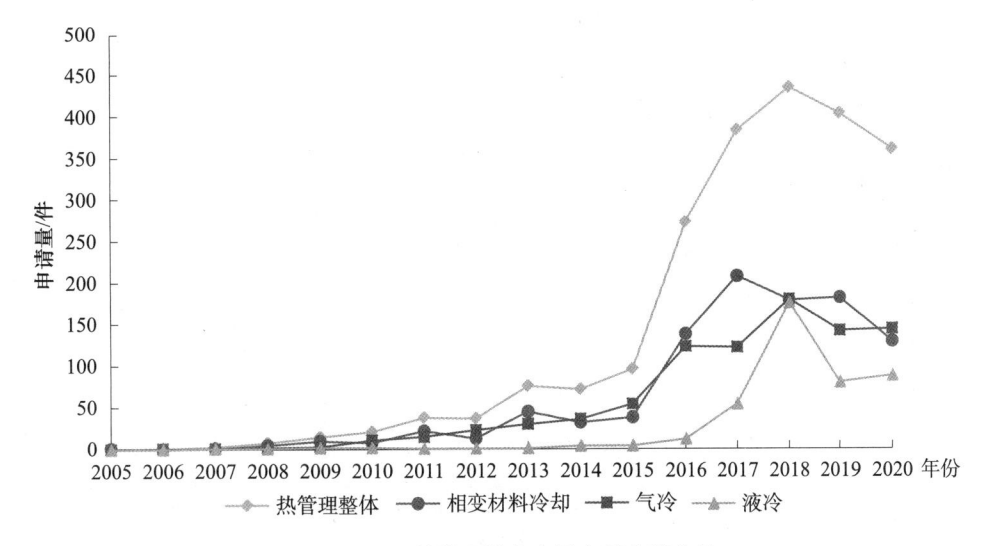

图 6-2-2　热管理技术中国专利申请态势

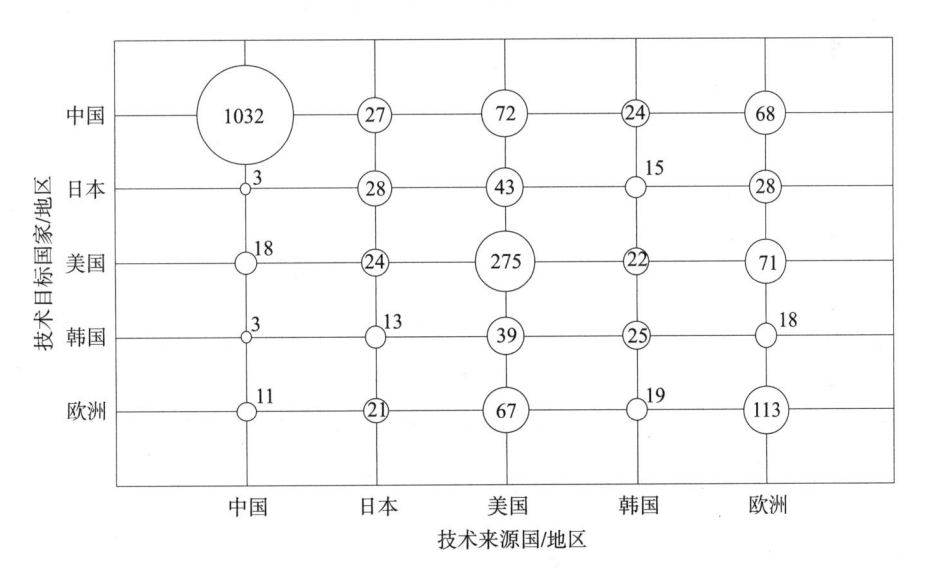

图 6-2-3　全球相变材料冷却技术迁移情况

注：图中数字表示申请量，单位为项。

中国除了在本国有大量申请外，主要在美国和欧洲申请专利；虽然其他国家/地区在本国/地区的申请量也较多，但其向外申请量大于中国向外申请量，可见中国申请人的技术研发实力相对于老牌强国还存在差距，还需不断提高研发能力，加强对外专利布局。美国除了在本国有大量申请外，在其他国家/地区的专利申请量相差不大，专利布局较为均匀。

纵观相变材料、液冷、气冷的技术迁移情况，各国/地区更注重相变材料技术在他国/地区的专利布局，其次是发展多年的气冷技术；可见各国/地区均看好相变材料在动力电池上的应用，是目前研究的热点技术。

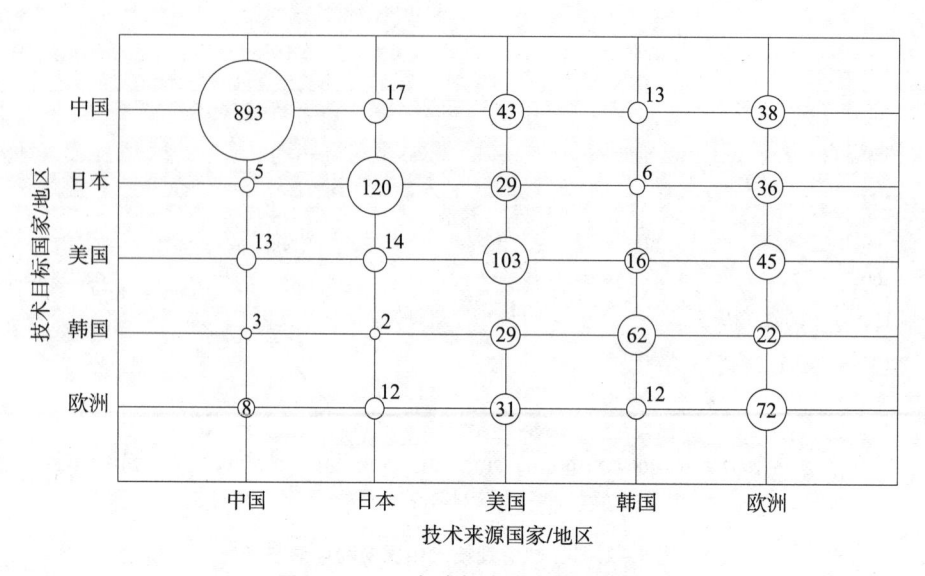

图 6-2-4　全球气冷技术迁移情况

注：图中数字表示申请量，单位为项。

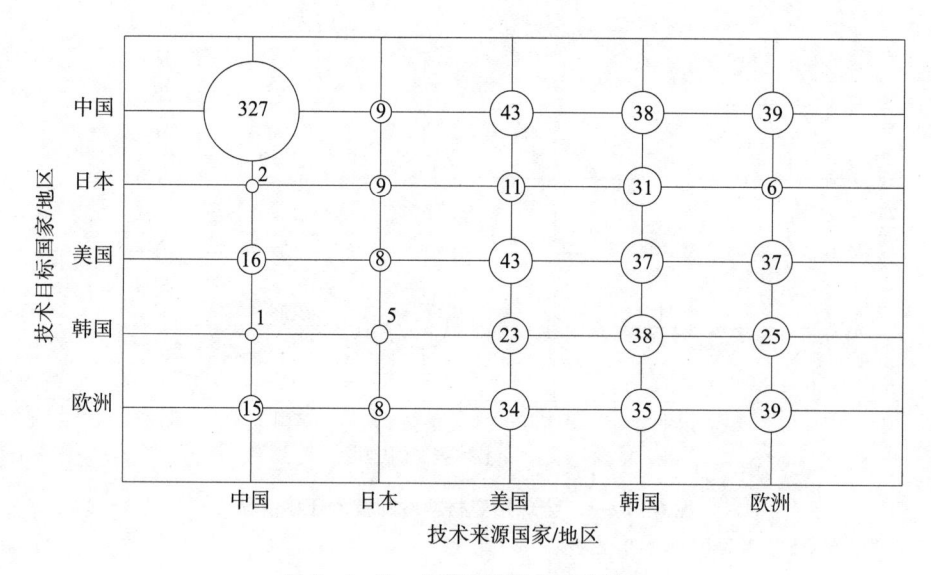

图 6-2-5　全球液冷技术迁移情况

注：图中数字表示申请量，单位为项。

6.2.3　重要申请人

6.2.3.1　电池热管理技术重要申请人

电池热管理技术全球的专利申请数量为 3168 项。图 6-2-6 是全球范围内申请量排名前十位的申请人情况，可以发现这些申请人均来自中国、日本、韩国，可见全球范围内电池热管理技术的专利申请人主要集中在这三国。

在前十位申请人中，中国申请人占半数，且专利申请数量总量最多，其中来自中国的比亚迪位居申请数量榜首。其他的国内企业申请人如宁德时代、深圳沃特玛电池在电池热管理的申请数量方面也表现出色，具备一定的竞争力。值得一提的是，国内的高校华南理工大学和广东工业大学的申请量也十分抢眼，说明了国内的热管理产业不仅技术处于较为成熟的状态，产业化程度较高，同时仍然在进行不断的技术研发和攻关，未来还存在很大的产业化发展空间。

在前十名申请人中，专利申请数量排名第二、三名是来自韩国的 LG 化学和现代公司，同时，来自韩国的三星也处于前十申请人的排名中。韩国前十专利申请总量略低于中国申请人的申请总量，可见韩国在电池热管理领域仍然具备强大的竞争力。在前十排名中，来自日本的申请人，包括丰田，申请总量与中韩两国差距较大，但日本是传统的汽车强国，拥有深厚的工业实力，仍然具备足够的竞争性。

在申请人前十排名中，电池企业占据半数，如比亚迪、LG 化学、三星、宁德时代、深圳沃特玛电池，这些皆是全球范围内具备较大影响力的电池企业，可见热管理技术是电池研发的重要技术构成，得到全球多数电池龙头企业的重视。值得注意的是，前十排名中还包括汽车制造龙头企业，如丰田、现代、特斯拉，由此也说明了不仅仅是电池企业，汽车制造企业也重视电池热管理技术的研发。

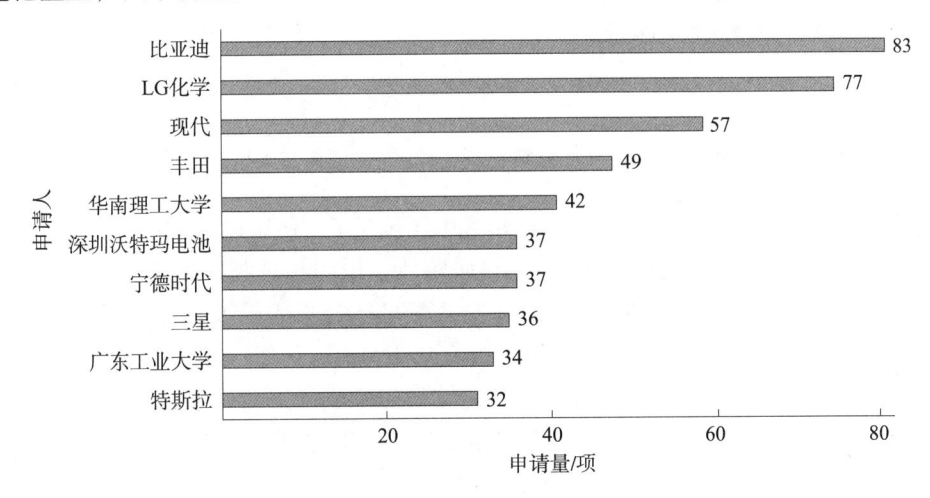

申请人	申请量/项
比亚迪	83
LG化学	77
现代	57
丰田	49
华南理工大学	42
深圳沃特玛电池	37
宁德时代	37
三星	36
广东工业大学	34
特斯拉	32

图 6-2-6 电池热管理技术全球主要申请人排名

6.2.3.2 相变材料重要申请人

图 6-2-7 显示了相变材料领域全球申请量排名前十的申请人。从中可以发现中国申请人有 7 个，其中比亚迪、华南理工大学、广东工业大学专利申请数量位列前三名。可见中国的申请人在相变材料冷却方面投入了较大的研发力量，整体上具有较大的领先优势。其中，比亚迪在专利申请数量上以较大优势领先排名第一，也说明了在比亚迪在相变材料冷却技术的研发上投入了较大的研发力量，并且具有一定的影响力。

在全球前十申请人中，来自中国的企业有比亚迪、宁德时代、深圳沃特玛电池、苏州安靠电源，来自韩国的电池制造企业 LG 化学。这 5 家企业皆为专门的电动汽车电池制造企业，且大部分在业内具有一定的影响力，一方面说明了全球电池行业中有影响力企业选择了相变材料冷却作为热管理技术发展的着力点，另一方面也说明了国内的电池制造企业在该技术的研发上节奏较快，具有一定的优势。在全球前十申请人中，还包括特斯拉，特斯拉从事电动汽车的研发、制造，是全球电动汽车制造行业的头部企业，其热管理技术在同行业中表现较为出色。特斯拉在该项技术方面的专利申请量排名第三（与广东工业大学并列第三名），说明了其在该项技术上也投入了较大的研发力量，进一步说明了该项技术是符合未来热管理的发展趋势。

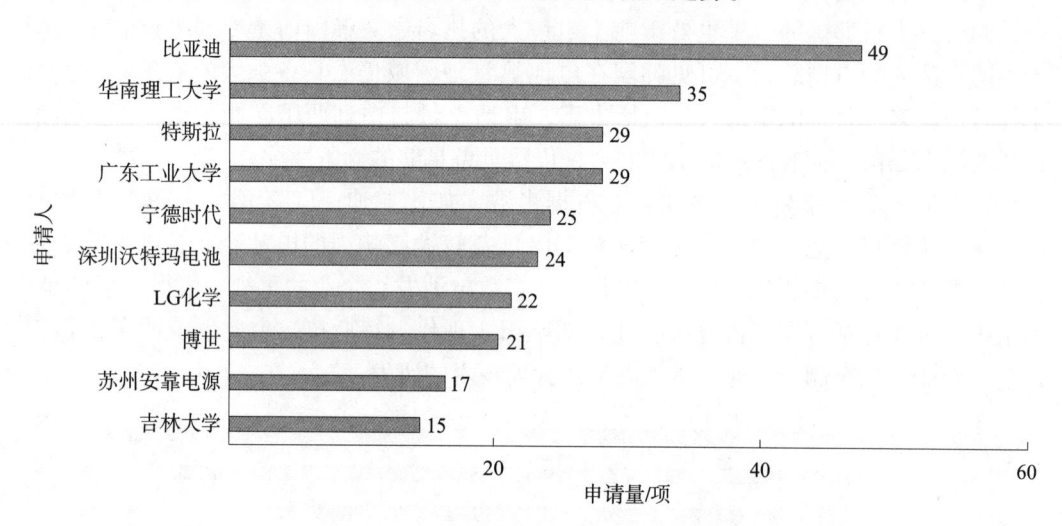

申请人	申请量/项
比亚迪	49
华南理工大学	35
特斯拉	29
广东工业大学	29
宁德时代	25
深圳沃特玛电池	24
LG化学	22
博世	21
苏州安靠电源	17
吉林大学	15

图6-2-7　相变材料冷却技术全球主要申请人排名

参见图6-2-7可知，全球前十的申请人中还包括了3所国内大学；参见图6-2-8可知，中国前十的申请人包括5所高校/科研院所，说明该项技术是中国高校/科研院所的研究热点，且中国高校/科研院所在该技术领域研究投入较大，并且在专利数量上也占据了较大的分量，对该项技术的发展具有启发作用。未来中国申请人可以同这些高校/科研院所进行合作，共同探究如何将高校的研究成果进行产业化的应用。同时由图6-2-8可知，在中国前十申请人中，相变材料冷却技术的研发所涉及的企业主要是电池制造企业，说明了国内在该项技术的研发方面以电池制造企业为主，电动汽车制造企业（不包括比亚迪）在该项技术的研发上暂时没有投入较大的研发力量，也不具备影响性。

6.2.3.3　气冷重要申请人

图6-2-9显示了气冷领域全球申请量排名前十的申请人。在气冷全球前十申请人中，包括3家日本企业、3家韩国企业、3家中国企业；在专利申请总量上，韩国企业最多，日本企业次之，但差距微弱；中国企业总量排名第三。这说明在气冷技术方面，日本、韩国作为传统技术强国仍然占据较大的优势，中国企业在该技术领域的研发投入相对较少。排名前二的是现代和丰田，两者作为传统的汽车制造巨头，技术积累深厚，气冷作为应用较早的冷却方式，传统汽车制造巨头在该技术上拥有较大的话语权。同时，前十的申请人还包括了日本、韩国的其他企业，如LG化学、起亚以及本

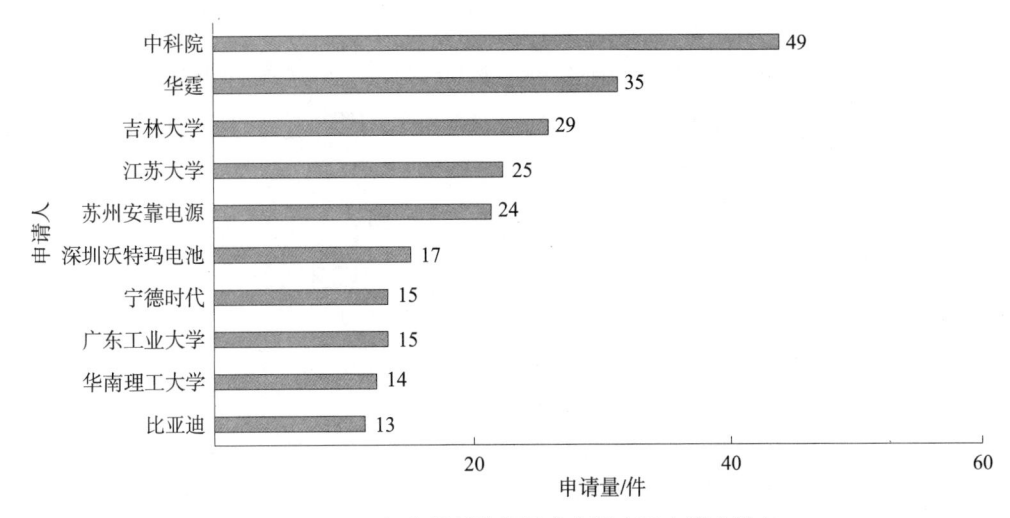

图 6-2-8　相变材料冷却技术中国主要申请人排名

田，进一步说明了日本、韩国企业在该项技术方面优势明显。排名第二和第三的是日本丰田与日本电装，而日本电装是日本丰田的子公司，说明了日本丰田在气冷技术领域综合影响力最大。

从申请人行业类型方面上看，气冷全球排名前十的申请人中，汽车制造企业占据了6席，电池制造企业仅包括LG化学和比亚迪。这说明了该项技术的研发以汽车制造企业为主要力量，电池制造企业在该技术方面的投入较少，并不是研发重点，也充分说明了该项技术并不符合电池热管理技术的发展趋势。

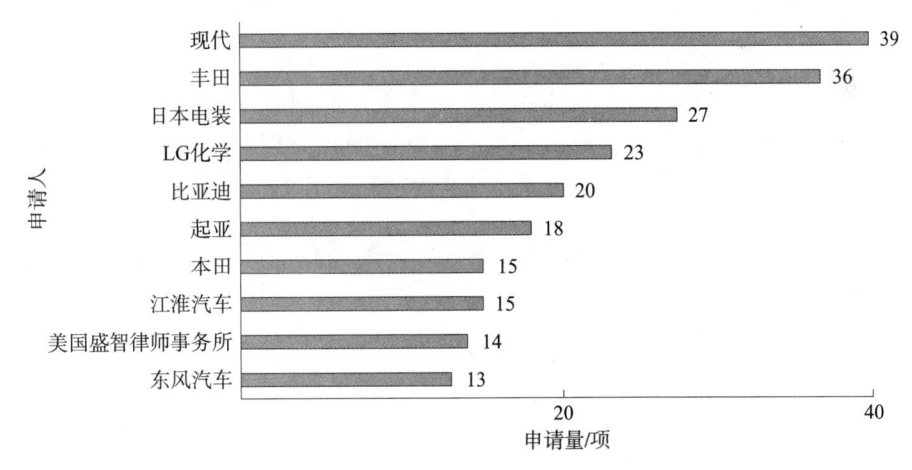

图 6-2-9　气冷领域全球主要申请人排名

参见图6-2-10可知，在气冷中国前十申请人中，汽车制造企业仍然占据多席，电池制造企业仅包括深圳沃特玛电池和比亚迪，与全球前十申请人所涉及的行业类型构成一致。排名第一的比亚迪，不仅是电池行业的头部企业之一，还是国内电动汽车制造企业中的佼佼者，在国内属于最早研发汽车动力电池和电动汽车的企业之一，拥有较为深厚的技术底子，在气冷的专利数量方面拥有较大的优势。其他的汽车制造企业,与之专利申请数量的差距不大。

从申请人的类型上看,气冷中国前十申请人还包括吉林大学和中科院,说明中国在该技术领域中的专利申请有一部分集中在高校/科研院所中,未来还需要探究如何将高校/科研院所的研究成果产业化。

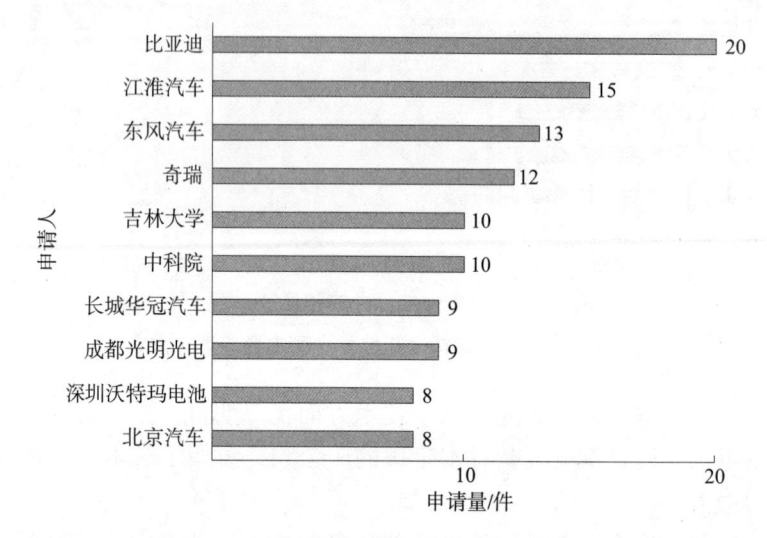

申请人	申请量/件
比亚迪	20
江淮汽车	15
东风汽车	13
奇瑞	12
吉林大学	10
中科院	10
长城华冠汽车	9
成都光明光电	9
深圳沃特玛电池	8
北京汽车	8

图 6-2-10　气冷领域中国主要申请人排名

6.2.3.4　液冷重要申请人

图 6-2-11 显示了液冷领域全球申请量排名前十的申请人。其中,韩国的电池企业占据 3 席位置,分别是排名第一的 LG 化学、排名第二的三星以及排名第五的 SK 创新,中国的电池企业占据了其余 3 席,分别是排名第三的比亚迪、排名第四的蜂巢能源以及排名第六的宁德时代。在全球前六申请人中,韩国企业的专利申请总量远超中国企业的专利申请总量,说明在液冷技术领域韩国的企业拥有较大的优势,而中国电池制造的头部企业如比亚迪、宁德时代以及蜂巢能源暂时处于弱势。

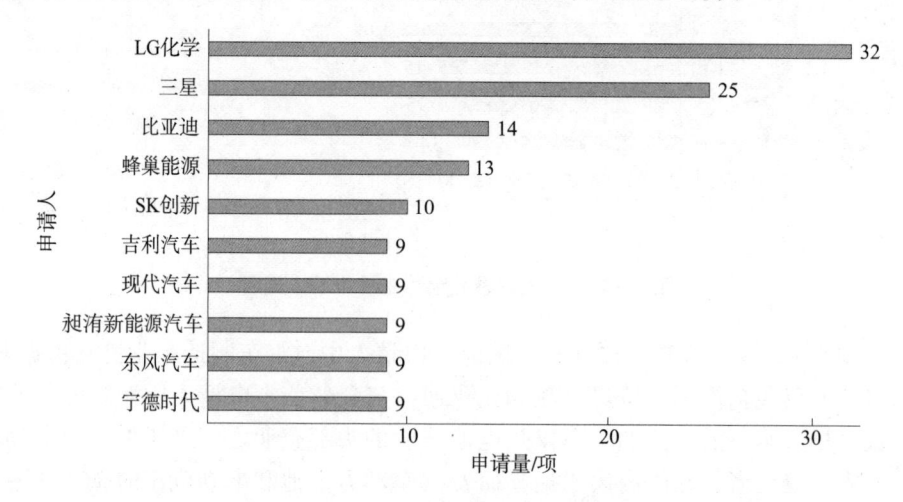

申请人	申请量/项
LG化学	32
三星	25
比亚迪	14
蜂巢能源	13
SK创新	10
吉利汽车	9
现代汽车	9
昶洧新能源汽车	9
东风汽车	9
宁德时代	9

图 6-2-11　液冷领域全球主要申请人排名

从整体上看，液冷的专利申请数量不大，说明该项技术全球处于产业化起步的阶段，尚未达到大规模产业化应用的程度，技术的研发也远未达到顶点，仍然有足够的研发空间。排名前二的企业是韩国的LG化学和三星，皆是全球电池行业的巨头，说明液冷技术的研发引起了行业巨头的重视，未来竞争会趋于激烈。

从申请人的行业类型上看，全球液冷排名前五的皆为电池制造企业，且皆是行业内具有较大影响力的企业。由此可以看出，液冷技术的研发专业性强、要求高，既是电池行业的重点研究技术，也是中长期车辆热管理的发展趋势。

图6-2-12显示了液冷领域中国申请量排名前十的申请人。从该图中可见，排名前三的是比亚迪、蜂巢能源以及宁德时代，排名前三的申请人专利申请数量与排名四至十的申请人专利申请数量不相上下。这说明国内的企业在该技术领域的研发皆为刚起步，发展情况较为平均，不存在较为突出的企业。

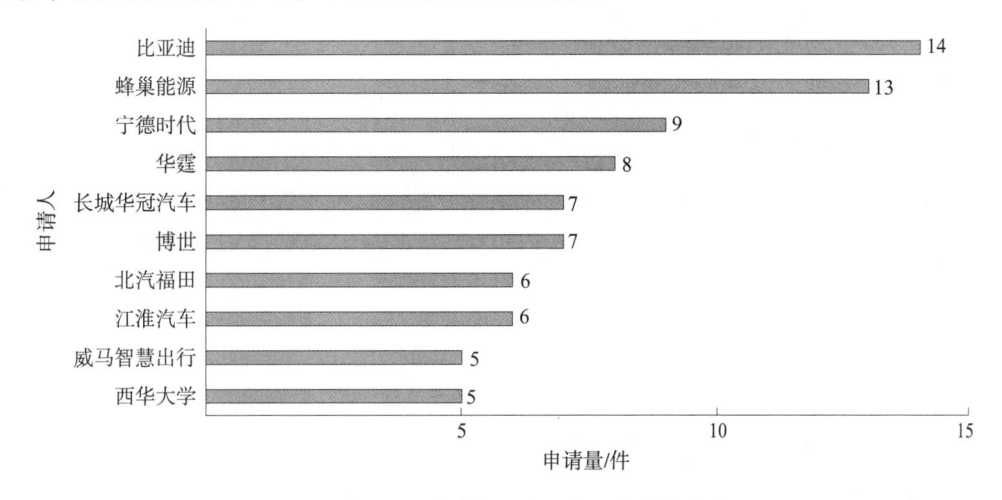

图6-2-12　液冷领域中国主要申请人排名

6.2.4　技术构成

由图6-2-13可知，在全球电池热管理的三个主要分支中，涉及相变材料的专利申请数量占比为46%，涉及气冷的专利申请量占比为39%，涉及液冷的专利申请数量占比为15%。由图6-2-14可知，在中国的专利申请中，涉及相变材料的专利申请数量占比为42%，涉及气冷的专利申请量占比为38%，涉及液冷的专利申请数量占比为20%。由此可知，中国申请的技术构成与全球申请的技术构成是一致的。其中，涉及相变材料的专利申请数量占据较大比例，这也符合技术发展的趋势。而气冷的技术的结构简单，应用较早，在早期的电池热管理系统中普遍使用，因而也具有较大的比例。随着电动汽车续航能力的提升，对散热的要求逐渐提高，气冷逐渐不能满足高续航车辆的散热要求，因而具备更好散热效果的液冷逐渐开始用于电动汽车电池的散热系统中，并且开始占据一定的申请比例。

随着电动汽车的发展，液冷和相变材料的冷却方式会逐渐地替代气冷成为主流的散热方式，将会成为未来热管理领域的专利申请热点。

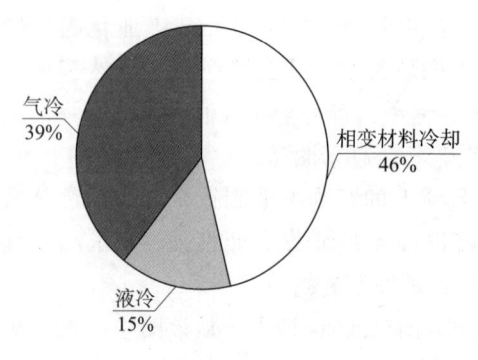

图6-2-13 全球热管理技术构成分布 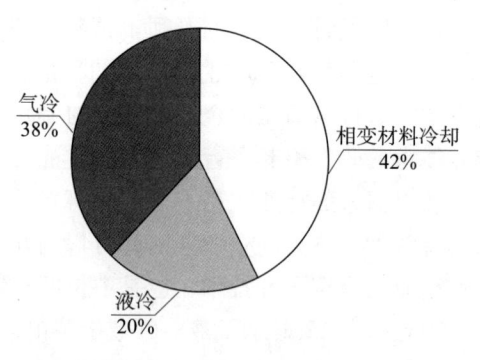　　图6-2-14 中国热管理技术构成分布

6.3 重点企业技术发展路线

为了更清楚了解电池热管理技术的发展状况,掌握目前热管理的主流技术,本节对电池热管理领域重要的申请人比亚迪、宁德时代、特斯拉、LG化学的专利技术发展脉络进行梳理,拟从行业龙头企业的发展得出热管理的技术发展脉络,对未来热管理的技术走向进行预测,并对目前热门的CTP、刀片电池以及特斯拉大模组的电池散热方式进行梳理,以期对它们未来的科研、生产提供一定的指导;同时提供重点专利供国内创新主体参考。

6.3.1 比亚迪热管理技术

6.3.1.1 发展路线

通过对比亚迪的专利进行分析,获得比亚迪动力电池热管理技术发展路线图,见图6-3-1。比亚迪的热管理技术根据冷却方式的不同,分为气冷、液冷、相变材料冷却。

(1) 气冷

在早期(2000~2006年),比亚迪动力电池采用气冷的方式对电池包进行冷却。如比亚迪在2003年以及2006年分别申请的两项专利"动力锂离子二次电池组"(CN2665947Y)、"电动汽车电池包冷却系统"(CN200974474Y),皆采用在电池包中设置进、出风口,对电池包工作产生的热量进行散热,这种散热方式是在早期电动车常用的散热方式。但是由于空气的导热系数低,低流速气体短时间内能带出去的热量十分有限,很难消化电池大电流充放电产生的热量;如果提高风速,又会导致噪声和能耗的提高,以及更高的风道密封要求。因此,风冷作为主要的冷却方式已经无法满足高续航车辆的冷却要求,从而冷却效果更好的液冷开始受到研发人员的青睐,逐渐替代气冷,成为当前主流的冷却方式。

(2) 液冷

由图6-3-1可知,比亚迪早在2008年就已经开始对液冷冷却方式进行研发,并

第6章 电池热管理

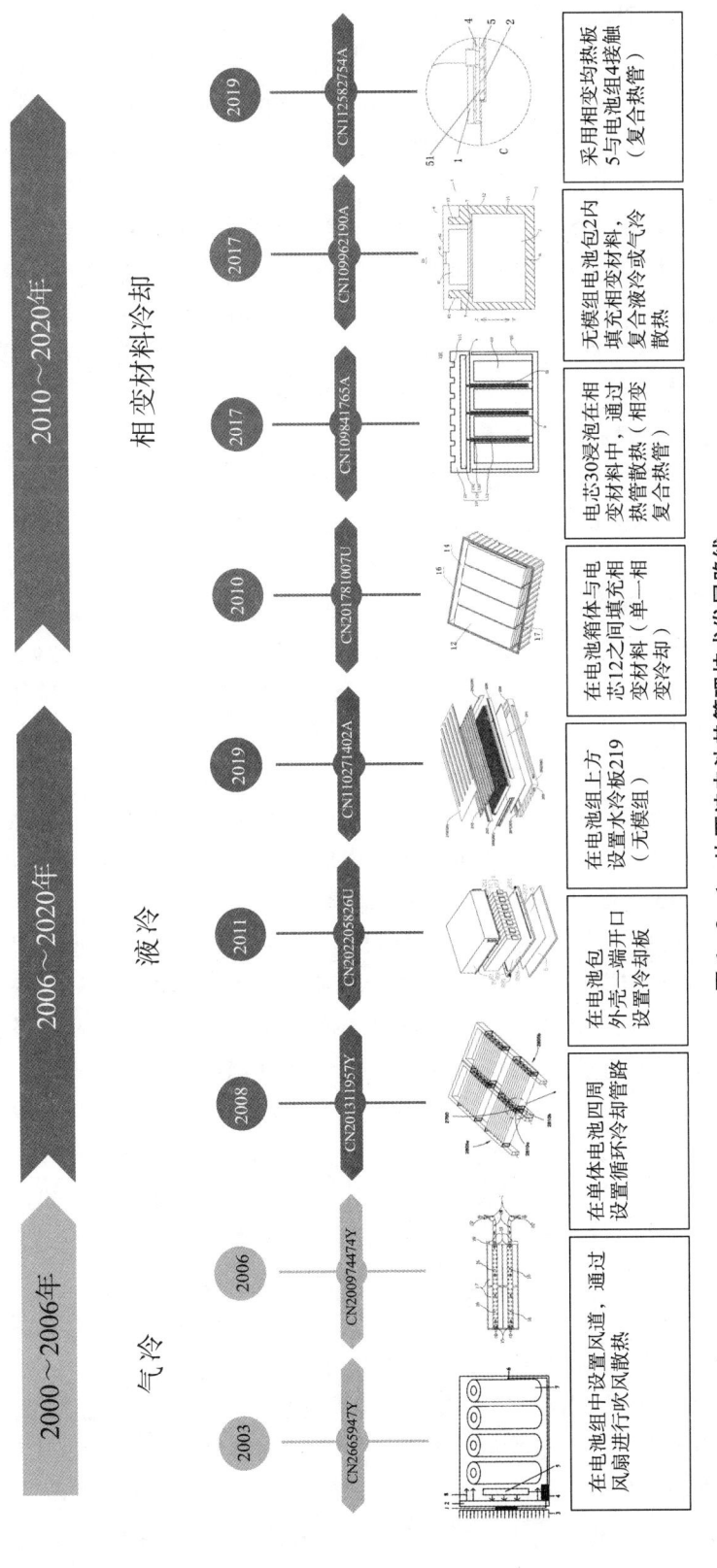

图6-3-1 比亚迪电池热管理技术发展路线

提出了专利"电池组模块"（CN201311957Y）：在单体电池的周围设置有流通通道，流通通道内流通有冷却介质，冷却介质在通道内循环，从而与单体电池进行热量交换。这种冷却方式相对于气冷，使冷却效果得到了大幅度的提升，但同时也带来了新的问题——管路布置复杂，体积庞大，不利于电池包布置紧凑性的要求。针对这种现状，比亚迪于 2011 年提出了一项专利"一种电池包及含有该电池包的电源系统"（CN202205826U），用以改良液冷系统的结构，其技术方案包括：在电池包的外壳一端开口设置有冷却板，使用冷却板封闭所述盒体的开口，冷却板上设置有冷却通道及冷却液进出口，所述冷却液进出口连接在冷却通道的两端。该技术方案不用额外在电池包中设置液冷系统的管路，同时冷却板代替了电池包外壳的一面，在达到冷却目的的同时节省了电源系统的空间，使得电池单体的布置更加紧凑。

（3）相变材料冷却

当前主流的冷却方式除了气冷和液冷外，还包括相变材料冷却。相变材料可以快速地吸收电芯产生的热量，在一定范围内起到温度调节的作用，不需要将热量传递到系统以外。比亚迪除了在气冷和液冷上投入了研发力量，且针对相变材料冷却也进行了积极研发。如在 2010 年提出的专利"一种动力电池组以及车载动力电池系统"（CN201781007U），该申请的技术方案包括：动力电池组中的单体电池分布在箱体内，单体电池与箱体之间具有空隙，相变材料填充在空隙内，直接将电池单体的热量传导给相变材料，相变材料直接传导给箱体。该冷却方式采用单一的相变材料冷却，在一定的散热量范围内，具有较好的散热效果，且不需要额外消耗能量。但若电池散热量较大，相变材料无法吸收全部热量时，采用单一的相变材料冷却容易导致热失控，从而引发安全问题。因此，复合其他的冷却方式是相变材料冷却发展的必经之路。

比亚迪于 2015 年提出了专利"一种电池模组"（CN205282611U），该专利通过设置冷却板和电池接触，该冷却板为相变材料，通过冷却板内部的通道或另外一端进行风冷冷却；在 2016 年提出了专利申请"一种用于安装动力电池的车用托盘组件及汽车"（CN107293663A），该专利通过在电池组底部设置冷却腔，在腔内设置相变材料（固液），通过翅片对相变材料进行风冷散热。从上述两项专利可以看出，比亚迪通过复合风冷的方式对相变材料进行及时散热，从而提高相变材料的散热效果。然而由于气冷冷却方式客观存在的不足，相变材料复合气冷的方式远未达到最佳的冷却效果。

为了进一步提高相变材料的散热效果，比亚迪提出了相变材料冷却复合热管的方式，如比亚迪 2017 年提出的专利申请"电池盖板以及具有它的电池包"（CN109841765A），该技术方案包括：电池单元浸泡在相变材料中，通过气液复合相变材料对电池单元进行初步降温，然后通过热管中的相变材料工质发生相变进行二次散热；在 2019 年提出的专利申请"一种动力排防护装置、动力电池包及车辆"（CN112582754A），该专利通过采用均热板（不同形式的热管，其内部设置有相变材料工质）对电池组进行冷却。这两项专利皆利用了相变材料吸收或释放潜热的性质，结合热管优秀的导热性能，通过不同的热管形式及时将相变材料的热量导出，从而避免了热失控的风险。相变材料除了与热管的结合，还可以结合液冷的方式进行冷却，使得相变材料的冷却效果再次得以提升。如比亚迪于 2017 年申请的"电池托盘以及具有它的电池包总成"（CN109616591A）与"散热装置、电池模组组件、电池包和车辆"（CN109216827A），均在相变材料复合热管的基础上，结合液冷的冷却方式对热管的冷端进行二次散热，从而大大提高了电池包的散热效率。

6.3.1.2 无模组电池热管理技术

随着市场对电动车动力电池续航要求的提高，如何提高动力电池能量密度成为各企业的研发重点。无模组电池的出现切实提高了动力电池的能量密度，有效地增加了动力电池的续航里程。比亚迪在无模组电池的研发上面处于行业领先的地位。无模组动力电池的特点是由电芯直接组成电池包，电池包内的空间几乎全部被占据，留给电池包冷却系统的空间十分有限。比亚迪针对无模组电池的特点，对其散热方式进行了研究，结合主流的散热方式，并于 2017 年提出了专利申请"电池包以及车辆"（CN109962190A），如图 6-3-2 所示。

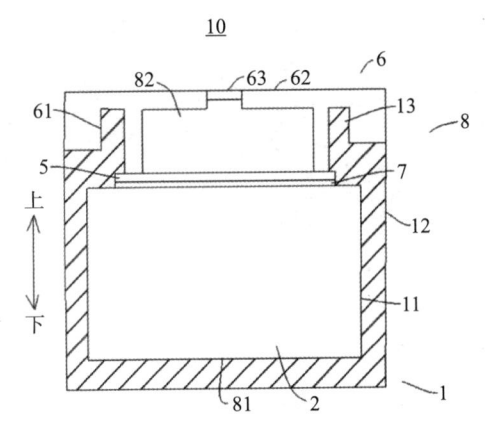

图 6-3-2　CN109962190A 附图

CN109962190A 技术方案包括：电池包 10 取消了模组的设置形式，多个单体电池 2 直接排列在电池容纳腔 81 内，可以最大限度地利用电池包 10 内的空间，每个相邻的电池单体 2 之间间隔预定距离，预定距离小于 2 mm，这样在电池容纳腔 81 的空间一定的情况下，能够增大电池单体 2 在电池容纳腔 81 内的排布数量，可以提升电池包 10 的能量密度，从而可以增大电池包 10 的电量；在相邻的单体电池之间设置第一吸热材料（相变材料），第一吸热材料受热由液变为气态，同时在相邻两个电池单体 2 之间设置与单体电池贴合的扁管，进一步对单体电池的热量进行导热。该项专利为相变材料冷却方式复合液冷在无模组电池上的应用，针对无模组电池的特点，在单体电池之间设置液态相变材料，同时考虑到相变材料导热系数低的缺点，设置扁平液冷管辅助散热，有效地提高了导热以及散热效率。

比亚迪不仅将相变材料应用于无模组电池上，还将自身成熟的液冷技术应用于无模组电池上，如设置液冷板冷却电芯的侧面。采用液冷板冷却的方式不仅拥有良好散热效果，还可以节省电池包的内部空间，完全符合"无模组"电池的结构特点。比亚迪的"无模组"电池"刀片电池"正是采用液冷板的方式对电池包进行冷却。"刀片电池"是比亚迪的明星产品，广泛应用于比亚迪生产的各型号电动车上。比亚迪针对"刀片电池"，于2019年提出了一系列专利申请，其中包括专利"动力电池包、储能装置以及电动车"（CN110271402A），如图6-3-3所示。其关于"刀片电池冷却"的技术方案为：在电池包模组顶板212上方设置有液冷板219，液冷板219内部设置有冷却液，从而通过冷却液来实现对单体电池100的降温，使单体电池100能够处于适宜的工作温度；同时，液冷板219与电池组间的导热板，起到均温的作用。由此也可以看出，液冷冷却方式仍然是当前主流的冷却方式，其冷却效果好、应用广泛，尤其采用液冷板的结构，在无模组电池中能够得到较大的应用。

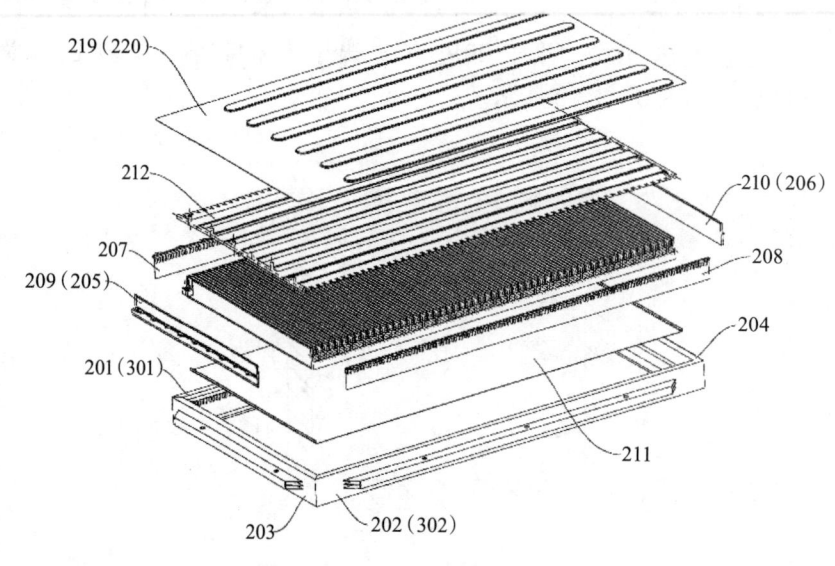

图6-3-3 CN110271402A 附图

6.3.1.3 小结

由上文可知，比亚迪关于电池热管理技术起步早，早期的技术以气冷冷却为主，随着车辆续航能力提升所带来散热量的增加，开始研发更高效率的冷却方式，由此提出了一系列关于液冷的专利申请。从2008年至今，液冷一直是比亚迪汽车动力电池的主要冷却方式，其通过对液冷系统的改良，制得可以适应不同时期、不同结构的电池产品，如从早期在电池包内排布管道的方式，到"刀片电池"的液冷板方式，皆体现了液冷冷却方式的广泛应用。从上文以及图6-3-1所示的技术发展路线可知，比亚迪的热管理技术除了对传统的气冷和液冷进行研发，还持续不断地研究相变材料冷却以及相变材料复合其他冷却方式的热管理技术，其专利申请包括"单一相变材料冷却""相变材料冷却复合气冷""相变材料冷却复合液冷""相变材料冷却复合热管"的方式，基本覆盖了相变材料冷却的各种复合形式的热管理技术，也说明了比亚迪对相变材料冷却未来发展的重视。同时，比亚迪还提出了相变材料冷却应用于"无模组电池"的专利申请，可以看出来比亚迪在相变材料的应用方面正在不断进行研发，以结合不同的电池产品。基于对比亚迪的专利分析，可以得出结论：液冷仍然是当前散热效果最好、应用最广泛、技术最成熟的散热方式，而随着车辆续航能力的进一步提高，电池散热量进一步加大，具备更为优秀散热效果的相变材料复合其他冷却方式的热管理技术也会慢慢地成为主流的冷却方式。

6.3.2 宁德时代热管理技术

通过对宁德时代电池包热管理相关专利进行研究分析，获得宁德时代动力电池热管理技术发展路线。如图6-3-4所示，整体趋势从2015年开始，2015~2016年还少数涉及气冷，但2016年之后几乎没有关于气冷的相关专利申请。而之后则是液冷和相变材料并行发展。

6.3.2.1 技术发展路线

(1) 气冷

气冷方面，从2015年开始，气冷相关的电池包热管理技术整体脉络是改进单纯气冷的结构、散热能力到复合热管，其中气冷也应用在了CTP的冷却方案中。

为了使电池包结构简单化，2015年申请的专利CN204905316U提出在箱体的底部设置有开口，散热器对应于开口与箱体连接，使动力电池箱的结构趋于简单化，通过散热器的设置优化了散热效果。同年申请的专利CN204991903U提出将固定梁设置为中空结构，固定梁设置有通风孔，进风口通过固定梁与出风口连通，进风口、固定梁、电池模组、电池箱体和出风口形成一散热通道，当使用冷风对电池箱体内的电池模组进行散热时，通过上述散热通道避免了电池箱体内产生涡流，从而提高散热效果。而后2016年，为了可以有效将电池模组产热传导到装有冷却装置的侧壁，能有效增加电池热传导路径，可以将电池热量传导到相对远散热面或风道面等处，便于充分利用电池包内部空间，电池模组直接同热管接触导热或电池模组将热传导到箱体底部，再由热管将箱体底部的热导出到侧壁，热量从箱体的侧壁传导到散热风道中，再由风扇提供风源就可以充分将热量从侧壁的散热风道带走，如此重复循环工作，电池模组所产生的热不断被风带走。风冷虽然结构简单、质量轻，但换热系数较低、速度慢，内部均温性能较差，目前主要应用还是液冷。

(2) 液冷

液冷方面，宁德时代发展路线说明：最早在底部设置液冷板，改进电池包结构、防泄漏性能等；随着模组内电芯数量的增加，为了得到更好的散热能力以及均温性能，改变了液冷的布置方式，在模组侧面布置了液冷管道等，再之后就是和相变材料复合进一步改善导热性能。且液冷方案是其目前CTP冷却方案的很重要的技术。

早期在底部设置液冷板，2015年的专利申请CN104900939A提出通过将电池包中的开关盒与水冷盒放置于电池包的外部，节省了电池包内部的空间，在等空间体积的情况下提高电池包的能量密度，从而能够为新能源汽车提供稳定安全的续航能力。同年专利申请CN106856230A提出单体电池的底部经由导热垫与液冷板进行热交换，液冷板没有与单体电池直接接触，防止液冷板中的冷却液泄漏时流到箱体内部无法排出，

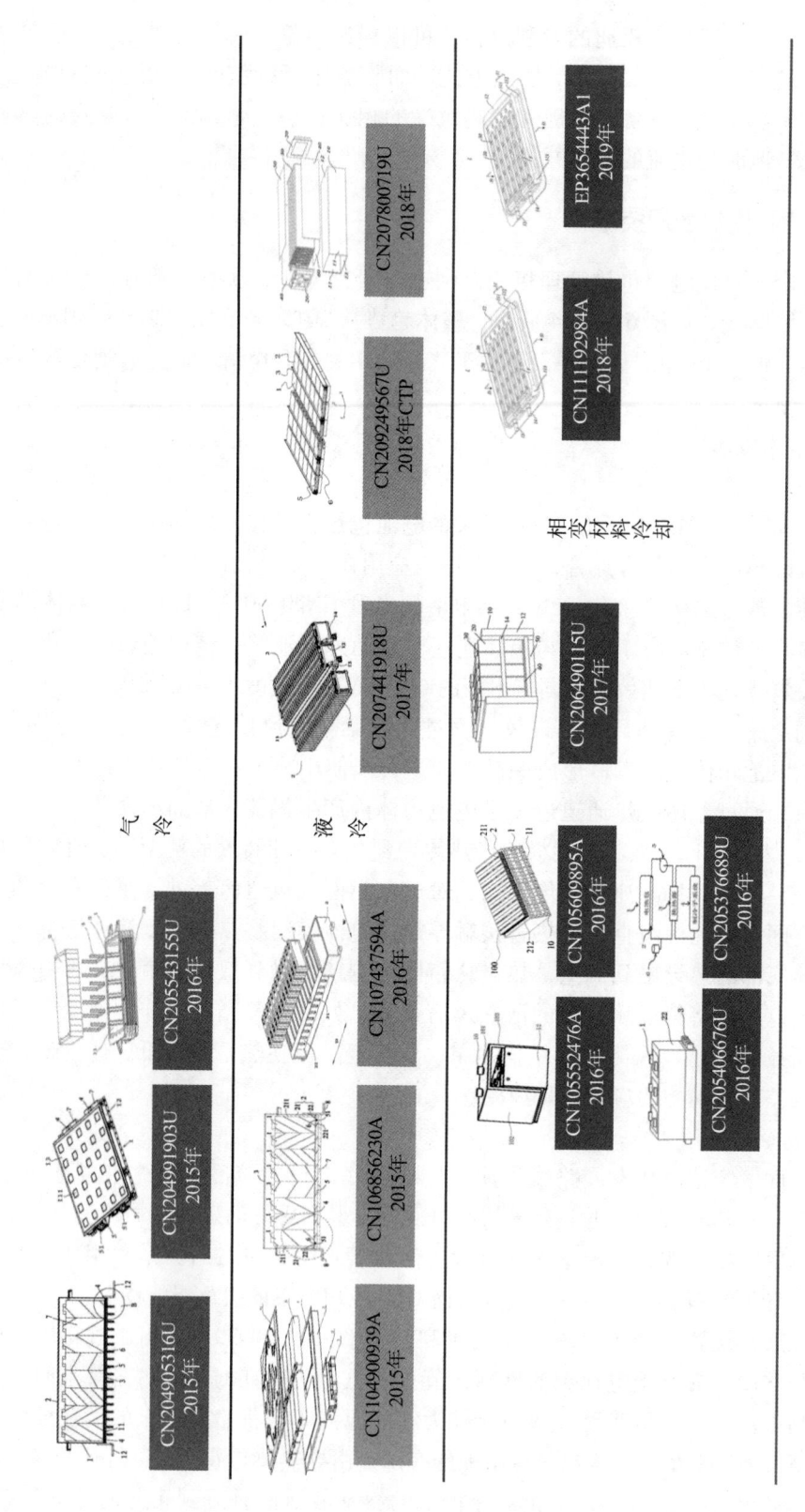

图 6-3-4 宁德时代热管理技术发展路线

也可避免冷却液对单体电池的污染。导热胶可以挤压填充到相邻单体电池之间的缝隙中以及最外单体电池与箱体之间的缝隙中,从而增加了导热面积。随着模组内电芯数量的增加,从底部设置液冷板已不能满足均温以及散热要求。2017 年申请专利 CN207441918U 提出电池模组包括多个沿横向布置的电池,且电池模组设置在换热管的换热段沿纵向的侧方并与换热管的换热段热接触,各换热段可同时加热或冷却沿纵向两侧的电池模组,且可以同时加热或冷却多个电池模组,简化换热机构和电池包的结构,提高电池包的能量密度,同时,各换热管的换热段可插入两个电池模组之间的装配间隙内,有效地提高电池包内部的空间利用率,进一步提高电池包的能量密度。2018 年申请的专利 CN207800719U 提出在壳体的侧板与单体电池组之间设置有隔热垫,使壳体内并排布置的多个单体电池与壳体之间的导热路径和导热效率是一致的,从而可以保证各个单体电池之间的温度一致性。随着其 CTP 技术的发展,液冷也在宁德时代冷却方案中占据着重要地位,例如 2016 年的专利申请 CN107437594A 以及 2018 年、2019 年提出的一系列专利申请均采用液冷。

(3) 相变材料

在相变材料方面,从其技术发展路线上可以看出,从 2016 年开始呈现了液冷和相变材料并行发展的趋势,虽然相变材料还不是最主要的散热方式,但这几年是平分秋色的。至 2015 年,相变材料在电池包热管理上已经有较长时间的研究,因此关于相变材料的专利申请,也出现了较为成熟的技术,包括最早就使用的复合热管和气冷、复合液冷、复合液冷和热管等,之后在 CTP 技术中也使用了相变材料,相变材料从底部非直接接触以及单体侧面直接接触等接触方式改进,之后不断在均温以及导热系数等方面进行改进。

例如 2016 年的专利申请 CN105552476A 将相变材料设置在电池包侧板空腔中。同年申请的 CN105609895A、CN205376690U 中又提出复合热管和气冷的方式,在单体之间设置均温板,均温板上布置有毛细管,再通过散热片进行散热;CN205376689U 提出电芯与相变材料间隔设置形成纵长的电芯组,模组底部通过流道板与水冷板换热;CN205406676U 则同时复合了液冷和热管。在 2017 年申请的专利 CN206490115U 提出将相变装置设置在底部,同时使用复合泡沫金属的相变材料,提高了导热系数。之后 2018 年又提出在 CTP 电池包箱体框架中采用相变材料。

6.3.2.2 CTP 热管理技术

宁德时代 CTP 目前所采用冷却方案对气冷、液冷、相变均有涉及。从其专利申请来看,对于减少模组方案,2016 年的专利申请 CN107437594A 中提出采用液冷或气冷的方式,如图 6-3-5 所示,通过塑料散热板分割成小空间,单体置于小空间内,每个电池的侧面还贴设有导热硅胶片,散热板 3 设置在相邻的两个单体电池 1 之间,既能避免各单体电池 1 在发热膨胀时相互挤压,又能避免热量在单体电池 1 之间的相互传递。同时,由于单体电池 1 排列布置时都是大面相对,所以设置在相邻的两个单体电池 1 之间的散热板 3 直接与单体电池 1 的大面接触,有效地提高了散热效率。散热板 3 的散热通道 31 内可以是通入冷却风或者是通入冷却水。

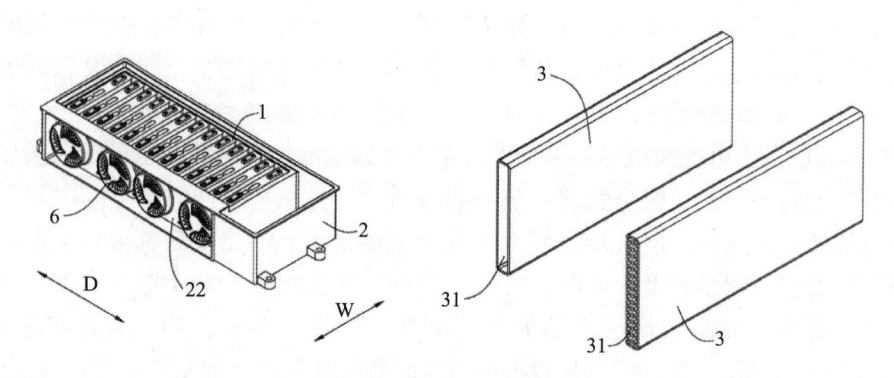

图 6 - 3 - 5　CN107437594A 附图

对于 Z 向堆叠，由于电芯 Z 向堆叠，2018 年申请的专利 CN209249567U 则采用的是液冷方式，如图 6 - 3 - 6 所示，第一电池模块 1 和第二电池模块 2 之间放置一块冷却板 3，并使得多组的第一电池模块 1、第二电池模块 2 和冷却板沿着 Y 轴方向排列设置，第一电池模块 1 和冷却板 3 的一侧板面之间通过导热胶 4 进行粘接，第二电池模块 2 和冷却板 3 的另一侧板面之间也通过导热胶 4 进行粘接，冷却板内设置导水板。

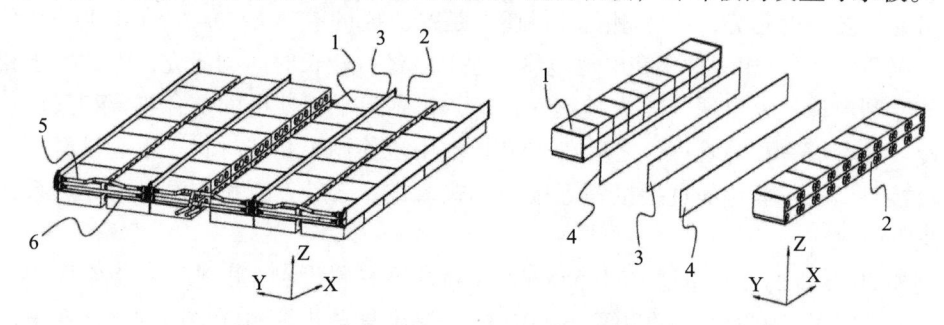

图 6 - 3 - 6　CN209249567U 附图

而在 2018 年、2019 年提出的 6 件专利申请 CN111192984A、CN111192985A、CN209266461U、CN209312826U、EP3654443A1 以及 EP3654405A1 中，电池组壳体 1 的壁部由两个或更多个堆叠的基板形成，在基板之间形成多个腔 20，壳体 1 的壁部分 11 中的多个腔 20 可填充有导热材料，诸如但不限于具有固 - 液转变温度的相变材料或冷却液，以实现电池组件 2 的热管理。

6.3.2.3　小结

综上分析可知，宁德时代在热管理上最早有气冷和液冷，而 2016 年之后则以液冷和相变材料为主，呈现并行发展的趋势，二者在研发投入上并没有很大差异。液冷不断在排布方式以及复合方式上改进，提高散热能力，还是其目前主流的散热方式，包括在 CTP 热管理中的应用。而 2015 年之后，相变材料在电池包热管理上的研究已经较为成熟，因此，其专利申请也呈现较为成熟的技术，包括复合材料、复合热管、复合液冷和热管、复合热管和气冷等。对于其 CTP 冷却方案，最早是气冷和液冷均可，之后则提出了液冷或相变材料的冷却形式，可见在 CTP 技术上液冷和相变材料均有很大的应用前景，CTP冷却方案包括减少模组的在电芯之间布置冷却方式，导热系数好，均温性能佳，但占用了模组内的空间，而Z向堆叠的方式则在成组之后在组和组之间设置冷却板。通过对宁德时代热管理技术路线进行梳理可知，随着续航能力的提高，液冷在未来一段时间还将是其主要的散热方式，但相变材料优秀的均温性能以及复合其他冷却方式之后优秀的导热能力，也将在未来得到很好的应用。

6.3.3 特斯拉热管理技术

6.3.3.1 技术发展路线

特斯拉于2003年成立，专注于电动汽车的研发要早于大多数传统汽车企业，经过多年的沉淀与积累，现已成为电动汽车行业的领头羊。其2008年发布第一款汽车产品，随后几年又推出Model S、Model Y等产品，伴随着产品序列的不断丰富，对应的电动汽车热管理系统技术也在不断地更新与完善，充分体现了功能精细化和结构集成化的特点。随着圆柱形电池的发展，18650、21700、46800等型号电池都使用在各型号的新能源汽车上，而电池容量越大，散热越慢，产热越大，对电池性能和汽车续航里程有较大影响，因此特斯拉也十分关注电池热管理相关方面的技术。

特斯拉自2006年开始申请电池热管理相关专利，大部分专利目前都仍有效，如表6-3-1所示，且其在中国、美国、日本、韩国等国家均有专利布局。下面对其热管理发展中重要专利进行简要分析，为电动汽车热管理系统设计提供参考。

表6-3-1 特斯拉电池热管理相关专利

公开/公告号	法律状态
EP1880433A2	有效
US2011091760A1	失效
WO2008156737A1	失效
WO2009011749A1	有效
WO2009029138A2	失效
US2010151308A1	失效
EP2302727A1	有效
US2013004820A1	有效
US10476051B2	有效
US2015244036A1	有效
CN105870507A	有效
US2018212222A1	有效
US2017162922A1	有效
US2018294657A1	有效

如图6-3-7所示，早期的专利申请主要在于提出了一种"扇贝管（蛇形管）"的散热管结构，主要关注如何增大散热结构与电池的接触面积以提高散热能力。如2008年申请的WO2008156737A1公开了在电池周围布置散热管的方式进行散热，但为了增大圆柱形电池与散热管的接触面积，设计了更贴合圆柱形曲面侧边的"扇贝管（蛇形管）"，即通过液冷散热；EP2154740B1、US2011091760A1等结构与上述专利申请相似，可以在电池之间将管布置成靠近每个电池，在管中流通冷却剂或空气以降低电池的温度，或者在电池附近设置冷却管，并且在电池周围浇筑或放置高度为65mm导热材料，导热材料可以通过从固体到液体或从液体到气体的相变吸收额外产生的热量；专利文献WO2009011749A1还公开了在放置和固定电池下板中设置与电池相邻的冷却管，并且使用相变材料作为封装化合物，即通过液冷复合相变散热；专利文献WO2009029138A2对液冷散热管的结构进一步进行限定，即采用多通道散热管，结合冷却剂的流动方向保证散热效果。

近几年的专利申请逐渐结合热管等散热结构提高散热效率，即从对散热管本身结构的改进转向多种散热方式相结合。如专利文献US2015244036A1、US2018212222A1，公开了可以设置L或U形热管，热管内设相变流体，垂直部分为冷凝部，水平部分为蒸发散热部，电池布置在热管水平部的上面，电池产生的热量通过热传导和相变在界面之间传递，或者散热管内流通冷却剂或相变材料实现散热。同时，液冷仍然是其主要关注的散热方式，2011年申请的专利文献US2013004820A1公开了一种冷却剂套，冷却剂护套包括上和下护套构件，每个冷却剂套件包括多个用于放置圆柱形电池的孔，孔的数量与由护套冷却的电池的数量相当，且下护套构件包括冷却剂入口和冷却剂出口，每个单元过盈配合到相应的孔中。该过盈配合不仅提供了将电池定位在护套内的合适装置，而且提供了电池外壁和在护套中空区域内流动的冷却剂之间实现所需热能传递的优良方法，即通过液冷实现散热。

2019年申请的专利文献US20190312251A1公开了直接在电池厂生产出电芯平行排列的"亚模组"，而后通过简单堆叠排列生产电池包，同时将电池包结构放置在侧壁设有入口和出口的容器中，冷却剂从入口流入，流通各电池后再从出口流出，通过浸泡式散热方式大大提高散热效率，并采用相变材料进行封装，即采用液冷复合相变的方式散热。

6.3.3.2 大模组热管理技术

根据电池包部分对圆柱形大模组的研究可知，大模组能够相对提高能量密度，因此特斯拉在此领域有较深研究，且电池热管理与电池包的结构存在一定的关联，因此针对圆柱形大模组的热管理方式进一步分析。

特斯拉的专利文献US2012160583A1，提出了与Model S相似的电池包结构，即一个电池包具有4个电池模组，从图6-3-8可以看出其针对每个模组的散热方式，即在电池之间设置弯曲的液冷管道，从而带走电池产生的热量。专利文献US2012161472A1公开了使集成到电池组外壳中横向构件内的内腔包括液体（例如，水），液体是停滞的或流动的；如果液体正在流动，则优选地将其容纳在管道内，该管道插入横向构件腔

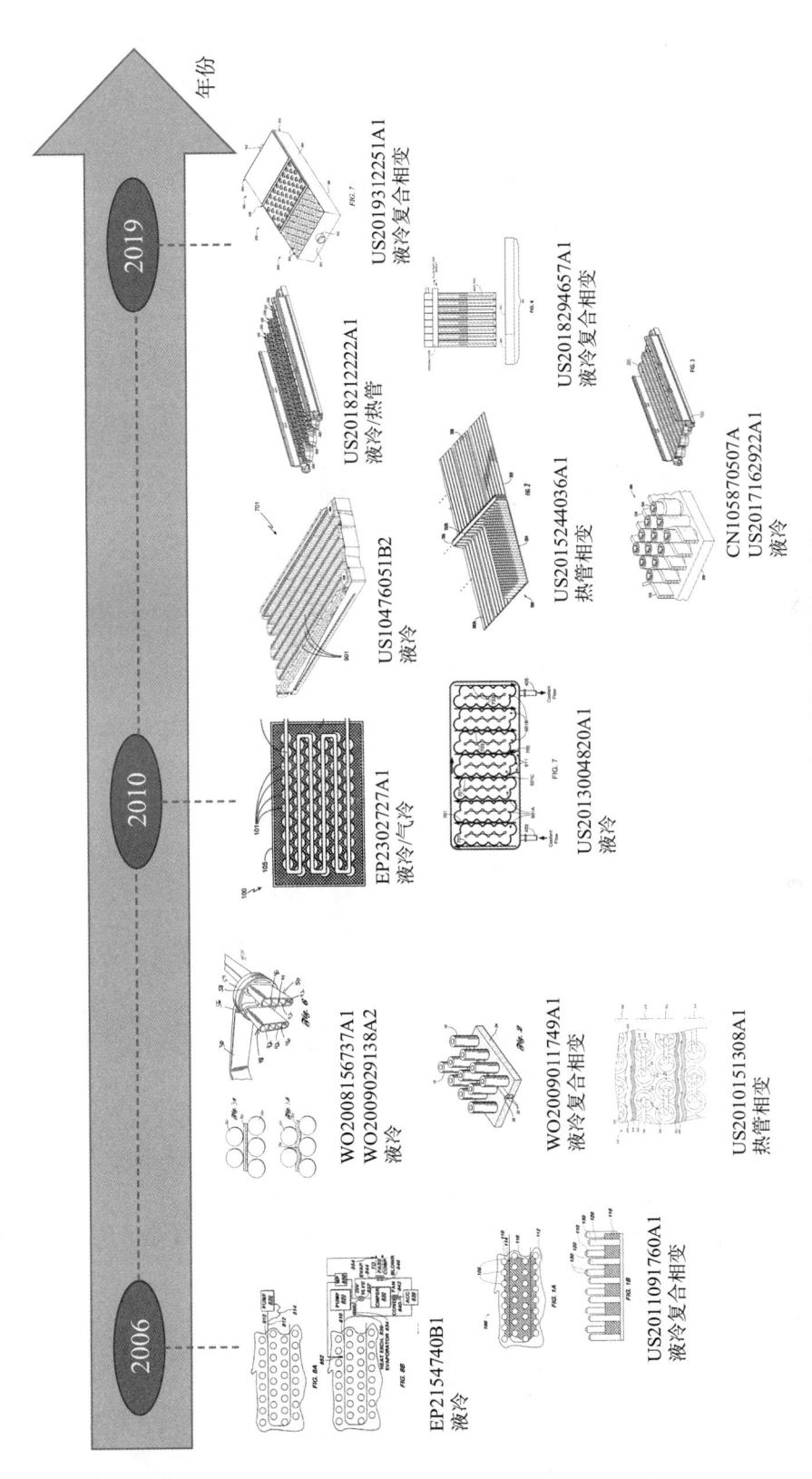

图6-3-7 特斯拉电池热管理技术发展路线

内并且连接到电池冷却系统或用于独立循环系统中，在优化电池包结构的同时与热管理相结合。专利文献 US2021159567A1，提出了将弯曲的散热歧管设置在电池阵列之间，通过液冷方式降低电池的温度。

(a) US2012160583A1附图

(b) US2012161472A1附图

(c) US2021159567A1附图

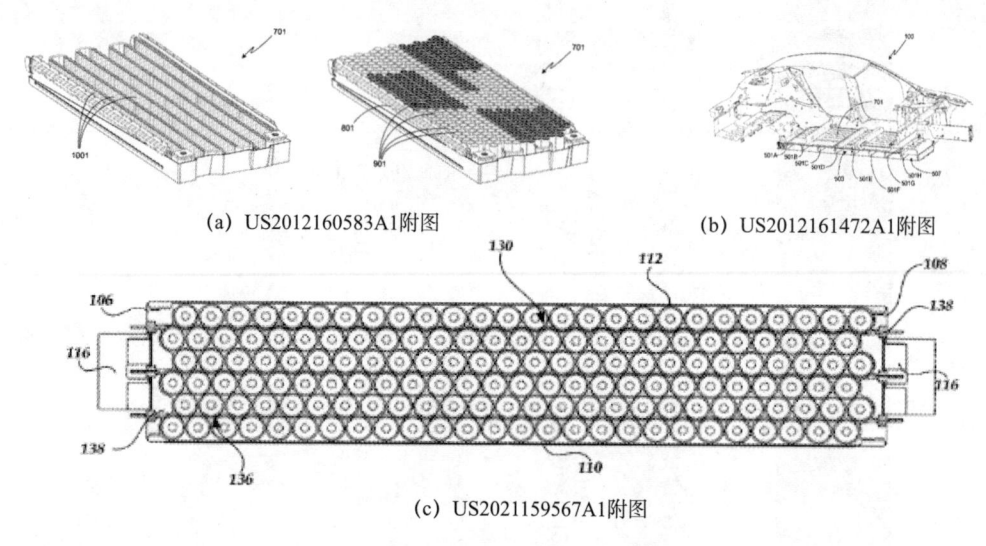

图 6-3-8　大模组热管理技术附图

通过上述分析可知，特斯拉对于圆柱形大模组的散热方式和其申请的其他圆柱形电池的散热方式相似，基本都是在电池组之间设置弯曲的中空散热管，在其中通入液冷剂，或者进一步在电池的上、下、侧表面设置其他液冷板或气冷结构。

6.3.3.3　小结

从上述专利分析可知，由于液冷是最有效的散热方式，因此特斯拉对电池的散热方式主要采用液冷。具体而言，即将散热管布置在每排电池之间，且优选"扇贝管（蛇形管）"，散热管内可以流通冷却剂、空气或相变液体，通过热传递或相变吸热带走电池产生的热量；由于相变材料只能作为被动散热，导热效率较低，且考虑电池包整体轻量化，相变材料也并未大面积使用，仅作为辅助散热方式，与其他主动散热方式结合使用。但随着相变材料在导热性能和成本等方面的改进，其未来发展前景可观。

从时间轴上分析，对于电池散热的原理并未发生改变，且方式也主要是液冷、气冷、相变材料和热管的单种或多种结合，通过增大散热结构与电池的接触面积，从而提高散热效果；2019 年申请的专利文献 US20190312251A1 提出的浸泡式散热有助于解决传统散热存在死区的问题，虽然原理未发生变化，但有效地提高了电芯散热的效率，解决了更换大电芯后带来的散热问题。

6.3.4　LG 化学热管理技术

6.3.4.1　技术发展路线

由图 6-3-9（见文前彩色插图第 4 页）可知，2012~2019 年，LG 化学的专利申请涵盖气冷、液冷和相变材料冷却这三种主流冷却方式。

(1) 气冷

在气冷方面，早期 LG 化学采用在电池包中设置风道的方式对电池包进行冷却（如 2012 年的专利申请 WO2013089503A1）。2013 年，LG 化学为了使得电池组的布置更加紧凑，提出了专利申请 WO2013133602A1，该项专利申请技术方案包括：将进风管道设置电池包外，通过风扇对电池包进行进风冷却，从而增加电池包内的空间。此后 LG 化学关于气冷的专利申请，皆避免在电池包内部设置管道的做法，采用的技术手段包括将热量导出至外壳自然冷却（如 2016 年申请的 CN205406672U）、在电池包两侧设置风扇的通风道（如 2017 年申请的 CN108463919A）、在圆柱电池模组的侧面设置导热件，通过空气散热（如 2018 年申请的 WO2018194296A1）等。同时，也可以看出，LG 化学在不同类型的电池上（方形、圆柱形、软包）皆应用了气冷的冷却方式，且 2012～2019 年，每年皆有关于气冷的专利申请，气冷在 LG 电池产品上应用较广。

(2) 液冷

在液冷方面，LG 化学采用的技术手段主要有：设置液冷板的方式以及对包围每个电池模组的框架通冷却液。如 LG 化学在 2012 年在提出的 WO2013089509A1、2016 年提出 WO2016133360A1、2018 年提出的 WO2019083176A1 以及 2019 年提出的 WO2020055219A1，采用的技术手段皆为在电池组的下方设置液冷板的方式对电池组进行冷却，从而避免复杂的液冷管路带来的体积庞大、电池包布置困难的问题。应用的电池类型包括方形电池、圆柱形电池以及软包电池。同时如 2013 年提出的 WO2013119028A1、2017 年提出的 CN108292791A 以及 2018 年提出的 WO2018186566A1，皆采用对包围每个电池模组的框架通冷却液的方式对每一个电池模组进行冷却，从而最大限度地保证电池模组的均温性。应用的电池类型为袋装电池和方形电池。由此也可以得出，LG 化学关于液冷的技术既包含本领域主流的液冷板方式，这也包含契合自身电池产品特点的管路排布方式，这在其电池产品上得到了广泛的应用。

(3) 相变材料冷却

在相变材料冷却方面，LG 化学的专利申请集中于 2015～2019 年。LG 化学在 2015 年提出的专利申请 KR101816974B1，其技术方案包括在单体电池之间设置包含相变材料胶囊的冷却板，用以吸收单体电池散发的热量；2019 年提出的 EP3780255A1，其技术方案包括：在堆叠且包围多个电池单元的多个电池单元盒中设置多个 PCM 胶囊，PCM 胶囊中包含相变材料。在这两项专利中皆提出了将相变胶囊集成于接触电池的结构中，以高效率吸收电池所散发的热量，同时采用胶囊的方式还可以解决相变材料相变时导致的泄漏问题。同时，还包括 2016 年提出的 WO2017048020A1，将电池包的外壳材料由相变材料制成；2018 年提出的 US201816307682A，在安装电池模组的结构上设置相变材料；2018 年提出的 WO2018174414A1，将圆柱将圆柱电池浸泡在电池包内的相变材料中（气液）中。上述专利申请所涉及相变冷却技术的共同点是采用单一相变散热的方式，在超出材料散热极限时，容易造成热失控现象。

LG 化学关于解决单一相变材料冷却方式所导致热失控技术问题的技术手段为对相变材料进行"二次散热"。如提出了将相变材料冷却液置于循环管路中，通过循环管路对携带热量的相变材料进行冷却，提高了冷却效率（如2017年提出的WO2018030821A1以及WO2018105864A1）。但上述两项专利申请均未提出复合何种主动冷却方式对相变材料进行散热，且仅针对"气液相"的相变材料，对其他状态相变材料的"二次散热"并不涉及。

6.3.4.2 小结

LG化学当前主要采取气冷和液冷的冷却方式，且这两项冷却方式均用于LG化学的各类电池产品，应用较广。LG化学相变材料冷却方式的研发主要从2015年开始，涉及单一相变材料冷却，复合其他冷却方式的专利较少，但针对不同类型的电池产品均提出了应用相变材料冷却的专利申请，由此可以看出LG化学对相变材料冷却方式的重视。

6.4 相变材料专利技术分析

根据上述申请趋势和重点企业技术路线的梳理可以看出，目前市场主流冷却方式是液冷，但在发展液冷的同时，相变材料也均是各企业近几年的研究热点。且相变材料潜热大，均温性能好，虽然还未广泛商用，但优势也较为突出，未来广泛商用的可能性很大。鉴于此，本节将对非专利相变材料的研究进展以及专利技术进行对比分析，寻找产业可改进方向，并且对现有专利技术热点和空白点进行分析，梳理研究现状，拟为产业发展以及专利布局提供参考。

6.4.1 非专利研究进展与专利技术对比分析

相变材料应用于电池热管理目前还未广泛商用，研发空间很大，产业化程度不高，较多技术处于实验室阶段，有大量的高校和科研院所对其进行研究并发表了非专利文献。在此节引入非专利研究进展情况，拟从中得出相变材料应用的困难以及为克服困难提出的最具优势的前沿技术方案，将其与专利申请情况进行对比，使得企业与高校/科研院所互通有无，为两方合作提出参考，促进相变材料前沿技术的产业化应用。

6.4.1.1 相变材料的对比分析

应用于动力电池热管理的相变材料通常基于以下几个原则进行选择：一是温度变化范围与动力电池工作温度相符合；二是比热容大；三是相变潜热高；四是相变过程体积变化较小；五是热导率高。按相变材料工作过程中的相态状态可分为固-气、液-气、固-固和固-液四类相变材料。固-固相变是指相变时通过晶体结构有序/无序的转变来实现吸热和放热，固-固相变体积变化小，无液体或气体产生，形状适应性好，是一种应用前景较好的材料。但固-固相变材料存在相变潜热较低、导热能力差、严重的塑晶现象、实际使用的效率低等缺点，在动力电池热管理中应用和研究较少。固-气和液-气相变材料是指材料吸收热量发生相变，由固态或液态变为气态，体积变化较大，相变产生的蒸气对动力电池包结构和使用条件要求严苛，该类相变材料在电池包中的应用和研究相对较少。固-液相变材料通过材料的溶化和凝固来吸热和放热，相变潜热高，体积变化不大且过程容易控制，在动力电池热管理中应用和研究较多。

根据图 6-4-1 可知，专利申请的技术热点主要是固-液相变材料的研究，其在电动汽车热管理中的应用占到 59%，这类相变材料的相变潜热高，相变时体积变化不大且过程缓慢容易控制。液-气相变材料占到 32%，其中有较大一部分是热管技术。固-固相变材料占到 8%，而固-气则非常少，仅 1%，这主要是由于固-固方式相变潜热低，而固-气方式的体积变化大，对电池包结构影响最大，电池包结构复杂且在轻量化方面难以突破。因此，固-液相变材料也可能将是未来很长一段时间的研究重点以及商用方向。

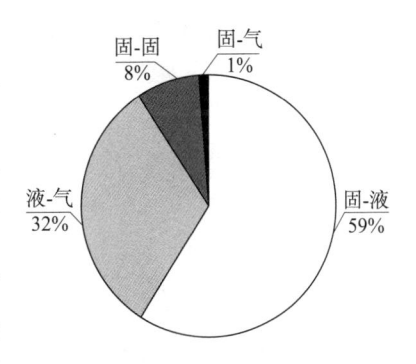

图 6-4-1 不同相变状态专利申请占比

（1）非专利研究进展与专利申请分析

固-液相变材料可分为：有机材料、无机水合盐及其复合共晶。有机相变材料主要包括石蜡、脂肪酸等；无机水合盐主要包括碱及碱土金属卤化物、硫酸盐等。石蜡相变潜热高、低毒、价格低廉，且其相变温度在动力电池安全运行的温度范围内，是目前最为常见的电池热管理相变材料。纯石蜡的导热系数低，仅为 0.2 W/(m·K) 左右，无法满足动力电池热量的吸收和导出要求。为了提高石蜡的导热性能，目前有在导热性能好的网状或泡沫结构中浸入相变材料，或是在相变材料中混入高导热颗粒，构成复合相变材料。网状或泡沫结构有泡沫金属、膨胀石墨、碳纤维、泡沫石墨。其他热门的高导热材料还有碳纤维、石墨烯、碳纳米管等。此外，由于固-液材料相变之后形态为液体，因此防泄漏也显得尤为重要。在防止泄漏上，微胶囊相变材料得以应用，是指利用微胶囊技术将相变材料包覆形成尺寸为 1~1000 μm 的微粒，有效防止相变材料的泄漏，并且阻止其与外接环境的反应，在电池热管理上也有较多的学者研究。

图 6-4-2 是相变材料的非专利与专利研究对比。从中可以看出，对于非专利文献，微胶囊形式的相变材料是最为热门的研究方向，主要是与良好的封装形式以及导热效果息息相关；通过在泡沫金属，膨胀石墨、泡沫石墨，其他碳基材料中浸入相变材料以及添加导热颗粒的相变材料也均是目前较为热门的研究方向。相较于泡沫结构浸入相变材料而言，添加导热颗粒的研究则相对较少，主要是由于导热颗粒经过固-液-固的过程导热颗粒不再均匀分布，会严重影响传热效果，而泡沫材料本身就具有支撑结构，相变之后结构变化较小，循环性能更优，更具有应用价值。

在非专利研究进展中，石蜡/玻璃纤维（GF）复合相变材料的热扩散率最高可增大 590 倍，且其相变潜热随石蜡质量比增加而增大；而在膨胀石墨中吸附液体石蜡，测得石蜡/膨胀石墨复合材料的导热系数随膨胀石墨的质量分数提高而提高；仅用 0.69% 的碳纤维便使石蜡的平均热导率提高 105%；将不同质量分数的石墨烯微片加入相变材料中，研究储能单元中复合材料的瞬间热响应；分别采用纯石蜡和石蜡/泡沫铝（孔隙率为90%~92%）复合相变材料对电池进行热管理，研究电池模块的散热效果；结果表明，加入泡沫铝或者铝翅片，热管理系统散热性较好。[1]

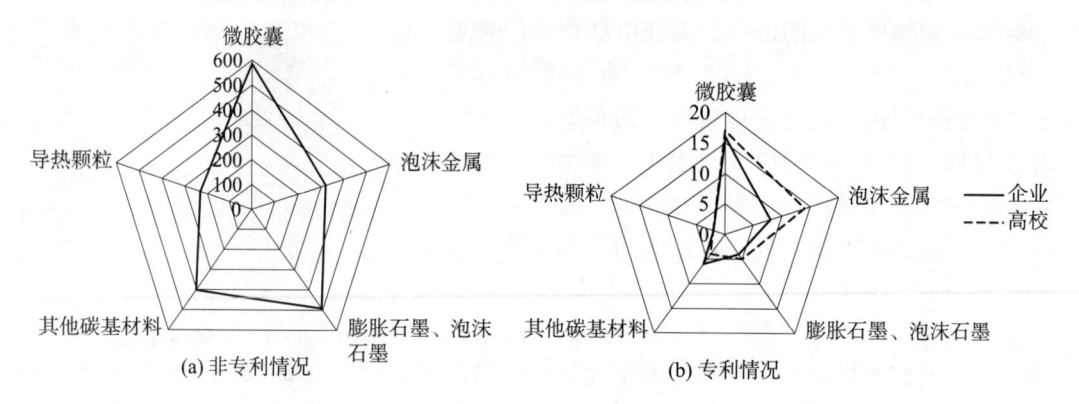

图6-4-2 相变材料非专利与专利研究对比

注：图（a）中数字表示非专利文献数量，单位为篇；图（b）中数字表示申请量，单位为项。

结合图6-4-2和图6-4-3可知，在专利申请中，申请占比情况与非专利研究现状基本类似，呈现出微胶囊申请最多，采用泡沫金属，膨胀石墨、泡沫石墨以及其他碳基材料的申请布局较多，但添加导热颗粒则显得较少。这也进一步说明相变导致导热颗粒的分布不均对其产业应用造成了较大的困难。观其专利申请中各技术构成的申请人类别高校、企业占比，在微胶囊和膨胀石墨、泡沫石墨方向，高校、企业申请基本持平，在泡沫金属方向高校申请为企业申请的两倍，复合其他碳基材料则企业略多于高校。总体来看，高校申请占比很高，企业并没有明显的申请数量上的优势，也可见得目前相变材料更多在于研究，距广泛商用还有一段距离，企业可以加强与高校合作。

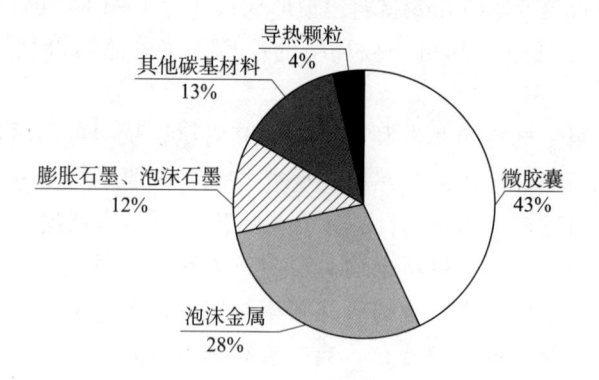

图6-4-3 相变材料专利申请占比

---

[1] 吕少茵，曾维权，杨洋，等. 基于相变材料的动力电池热管理研究进展［J］. 新能源进展，2020，8（6）：493-501.

在专利申请中，为了增大导热，相变材料中复合泡沫金属和复合碳基材料（包括膨胀石墨、泡沫石墨和其他碳基材料）比较多，分别为28%以及25%，而复合导热颗粒较少。无论是高校还是企业由于其较好的导热性能以及结构形态优势都投入一定研发力量，北京海纳川汽车部件（CN108075207A）于2019年、南京航空航天（CN110289377A、CN110299484A）于2020年均提出了将相变材料负载在铝基体中，且可应用于软包结构以及圆柱形电池。复合"膨胀石墨、泡沫石墨"和复合其他碳基材料分别达到12%、13%，而添加导热颗粒仅达4%。

而为了改善泄漏性能，专利申请中关于微胶囊技术也较多涉及。通用在2012年提出微胶囊相变材料采用泡沫的形式（CN102738536A），该泡沫由封装在基本上聚合物基的壳体内的芯制成；国轩高科2015年提出涂层材料为具有核-壳结构的微胶囊（CN105048022A）；大连理工2020年提出相变微胶囊的导热灌封硅胶、均温、传导好、防泄漏（CN107815286A）。通过分析专利申请的技术构成可以看出，增强导热和防止相变材料相变之后的泄漏对于相变材料的应用而言至关重要，这也是相变材料广泛应用时需要考虑的两个重要方面，而结合非专利分析也进一步引证泡沫材料本身具有支撑结构，相变之后结构变化较小，循环性能更优，更具有应用价值。

（2）结论

结合不同非专利文献中不同复合手段研究现状、专利申请占比以及申请人类别占比，目前更被业界或学者青睐的相变材料是固-液材料，其中很重要的材料是石蜡。由于相变材料本身导热性能以及相变之后的结构或形态的坍塌，可见目前相变材料要能很好地应用于产业需要从其导热性能、封装防泄漏以及定形上进行不断改进完善。而微胶囊封装技术优秀的防泄漏性能，使其竞争力增强，未来也很大可能受产业喜爱。添加泡沫结构（泡沫金属、碳基材料等）的复合相变材料由于其较好的导热性能以及泡沫结构的定形性能同样被产业所期待，也是未来一段时间很有可能的研究热点和重点。

6.4.1.2 复合其他方式的对比分析

（1）相变材料冷却复合散热系统现状

相变冷却具有散热速度快、控温均匀性高、低温保温等优点，与传统的气冷、液冷以及热管技术相比，综合性能优，但也存在导热系数低的缺点。单纯的相变冷却并不能及时地将相变材料吸收的热量散发至外界环境中，会导致相变冷却作用丧失，电池可能持续升温甚至出现热失控。因此，在现有的技术研究中，通常将相变冷却与其他冷却方式相结合，将相变吸收的热量散发至外界环境中。目前，与其他冷却方式的复合方式有：相变材料冷却与空气冷却的复合、相变材料冷却与液冷方式的复合、相变材料冷却与热管冷却的复合。在此基础上，增加导热翅片可以进一步对整个模组进行均温和散热，提升整体的热安全性，也是当前的一个研究方向。

（2）非专利研究进展与专利申请分析

当前国内高校/科研院所关于动力电池冷却方式的研究较多，不仅包括了相变材料冷却方式自身，还包括相变材料与各个不同冷却方式的耦合。

由图6-4-4可知，非专利在相变材料复合气冷、液冷、热管（微型和非微型）

皆有研究，基本上覆盖了相变材料冷却方式与各种冷却方式的复合结构。例如，湖南大学钟俊夫[1]设计了相变材料与空气耦合的散热系统，该系统利用相变材料与空气同时为电池散热，通过在空气流道中加入由翅片以及相变材料组成的散热装置，用以提高电池系统的散热能力。浙江大学的何晓帆[2]设计了基于相变材料与液冷结合的锂离子电池热管理系统，其使用相变材料直接包裹单体电芯构成电池模组，在模组的上、下端布置上下水板用以辅助冷却。大连理工大学的王烨[3]设计了基于平板热管－相变材料复合传热系统，相变材料与电池单体直接接触，且分布于平板热管上。广东工业大学的张江云对相变材料复合导热翅片的热管理系统应用于三元体系锂离子电池模组进行实验探究，得出通过导热翅片进行强化传热，具有明显有效的降温和均衡温度的能力的结论。[4]

而且，从图6－4－4可以看出，非专利文献对相变材料复合方式的研究主要集中于相变材料复合热管（微型和非微型）以及复合液冷的领域，其中复合热管占比最多，而针对复合气冷的研究较少。这是因为复合气冷的结构相对简单、技术相对成熟，而高校作为前瞻性技术的研发前沿阵地，其研究重点在于当前领域的技术空白、薄弱点，而复合热管（微型和非微型）以及液冷技术则正是当前技术发展的相对薄弱点。复合热管冷却方式由于其优异的散热能力，将会成为未来电池包的主流散热方式，也是现在的重点研究对象。同时，而在复合热管冷却方式中，微型热管技术符合纯电动车发展的高续航、轻量化的要求，也是热管技术商用的重要发展趋势。

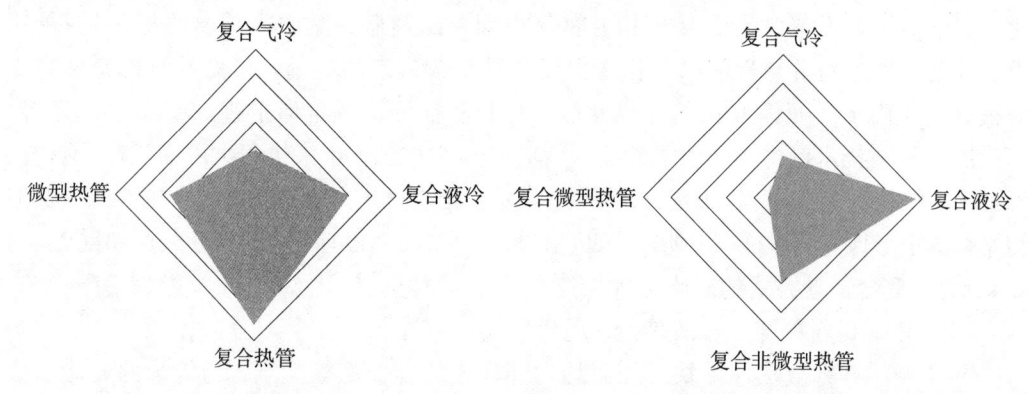

图6－4－4　相变材料复合方式非专利文献占比

图6－4－5　相变材料复合方式专利申请占比

结合图6－4－5和图6－4－6可知，在相变材料复合其他冷却方式的专利申请中，复合液冷占比最高（在中国专利申请中，复合液冷散热占据全部申请量的50%），该数据反映出相变材料复合液冷的方式应用最为广泛，且最符合当前电动车市场高续航电池的散热要求。而复合微型热管技术的专利申请较少（在中国专利申请中，该复合方

---

[1] 钟俊夫. 混合动力车用锂电池相变材料－空气耦合散热机理研究［D］. 长沙：湖南大学，2013.
[2] 何晓帆. 基于相变材料与液冷结合的锂离子电池热管理技术研究［D］. 杭州：浙江大学，2020.
[3] 王烨. 基于平板热管－相变材料复合传热系统的动力电池热管理研究［D］. 大连：大连理工大学，2021.
[4] 张江云，张国庆，陈炫庆，等. 相变材料/导热翅片复合热管理系统应用于三元体系锂离子动力电池模组实验研究［J］. 广东工业大学学报，2020，37（1）：15－22.

式仅占2%），远远少于复合其他方式的专利申请数量，这与非专利对复合微型热管的研究趋势相反。这是因为微型热管技术属于前瞻性的技术，技术难、研发成本高，目前处于实验室阶段，因而较少有企业在该项技术上进行研发投入。华南理工大学于2018年提出了"一种加装微热管阵列的碳化硅陶瓷电池冷却装置"（CN108767360A），该技术在电池单体间加装微热管阵列，能迅速将电池间热量快速散发出来，冷却壳体和微热管阵列的配合，提高了电池组的均温性，有效延长电池组使用寿命。高校的专利以及非专利的研究成果，都提出了将微型热管应用至电池散热系统，为微型热管的发展提供了良好的发展思路，也进一步明确了微热管应用于电池散热系统的可能性。

且从图6-4-6所示的申请人类型上看，企业的申请量略多于高校申请量。由此也可以看出，目前复合液冷的方式是一项较为成熟的技术，企业在该方面所投入的研发力量较大，商用化的趋势明显。其中，佛山市液冷时代科技有限公司在2021年提出"一种基于石蜡-铜纤维相变复合材料的电池液冷散热装置"（CN113140826A）的专利申请，技术包括"将电芯置于石蜡-铜纤维相变复合材料的凹槽中，石蜡-铜纤维相变复合材料置于液冷箱体的空腔内，能够将电芯产生的热量沿相变复合材料导热的主方向快速传递到液冷板"，通过液冷板与复合相变材料接触，带走液冷板的热量，有效地防止热失控。华东交通大学在2020年提出了"一种基于相变与液冷耦合的电池包散热装置"（CN212848575A）的专利申请，该申请包括"每相邻两块电池单体之间夹有相变材料；当电池工作产生热量时，与电池两面接触的相变材料会充分地吸收电池产生的大部分热量；上下层液冷管道采用双层布置方式环绕每一个电池模组"，该专利通过布置管道的方式对相变材料吸收的热量进行导热，有效提高散热效率，从而优化电池模组散热均衡性。而不论是采用液冷板的方式冷却还是采用布置管道的方式，皆是较为成熟的技术方案，都可以获得良好的散热效果。

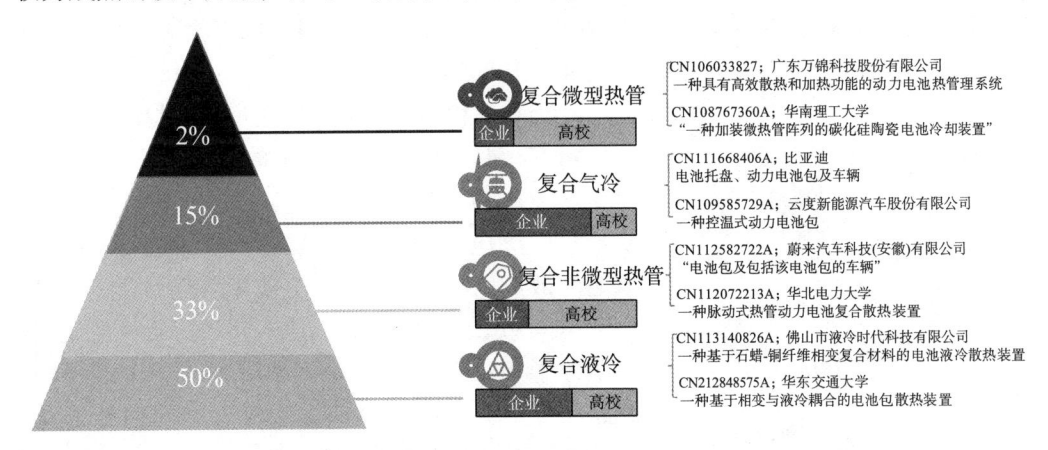

图6-4-6 相变材料冷却复合其他方式专利申请情况

相变材料冷却方式与热管冷却方式的复合占全部申请量的35%（包括复合非微型热管和复合微型热管）。热管内部的管路设计以及需要结合气冷或液冷对热管冷端进行二次散热，导致复合热管方式面临着结构复杂以及体积、质量大的问题，与目前汽车轻量化的趋势产生冲突，且采用热管技术的成本较高，难以商用化；但是同时，复合热管的冷却方式拥有不俗的散热能力、使用寿命长、不需要维护的优点，使得其具备一定的应用前景，各研发主体对其研发热情仍然较高。从申请人的类型上看，高校的申请量明显多于企业的申请量，也可以说明复合热管冷却方式的技术难度高，当前仍然以高校的研究为主，当前商用化程度低。蔚来汽车科技（安徽）有限公司于2020年提出了"电池包及包括该电池包的车辆"（CN112582722A）的专利申请，该申请包括"框架中空结构而形成的空腔内填充无机相变材料用以吸收热量，将热管组贴设于靠近所述框架外围的所述电池模组的外侧壁上"，从而提高散热能力和隔热效果。华北电力大学于2020年提出"一种脉动式热管动力电池复合散热装置"（CN112072213A），该技术包括"电池模组由若干个矩形单体电池组成、夹设于单体电池之间的脉动热管、填充在脉动热管及单体电池间的相变材料组成，采用风冷技术进行冷凝"，提高了散热效率，改善了相变材料导热系数低的技术问题。通过上述专利分析，可以获悉现有技术中相变材料冷却方式复合热管的管路布置，以及与单体电池、相变材料之间位置关系，其中采用热管嵌入相变材料的方式取得的散热效果最优，提高各单体电池的温度均匀性，可以有效地弥补相变材料存在的技术问题。

复合气冷的散热方式的申请量占比较少，为15%，相变材料与空气冷却方式的复合，其结构简单，应用较早，但由于空气的热导率较低，在电池温度较高的情况下，难以获得理想的散热效果，在追求高续航（高散热）的当前以及未来的研发趋势上，已经被逐渐边缘化。从申请人类型上看，企业的申请人明显多于高校的申请人，可以知悉，该技术已经处于成熟状态，商用化趋势明显。其中比亚迪与云度新能源汽车股份有限公司分别提出了专利申请"电池托盘、动力电池包及车辆"（CN111668406A）、"一种控温式动力电池包"（CN109585729A），通过设置风扇，带走相变材料的热量，对相变材料进行散热。复合气冷的冷却方式，由于其结构简单，成本相对较低，在低续航（散热量低）的车辆上仍然有一定的应用前景。

另外，在相变材料复合气冷的冷却方式中，参见图6-4-7，复合翅片的专利申请量占比14%。金属翅片具有结构简单、易于制造等优点使得其广泛应用于电器的散热。但是在车辆动力电池的散热中，不仅需要考虑其散热性能，还需要考虑其数量、高度、厚度、形状、排列对散热性能的影响，以及其重量对汽车轻量化的影响[1]。因此，将相变材料的冷却方式复合导热翅片结构，虽然可以进一步提升散热效果，但是仍然面临一定

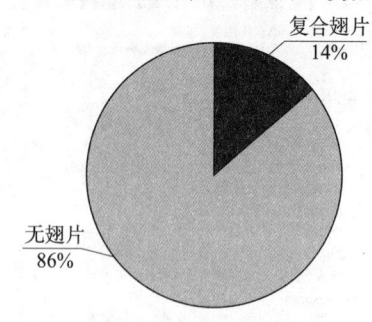

图6-4-7 有无复合翅片专利申请占比

---

[1] 张浩文，秦永法，翁佳星，等. 车用锂离子电池相变冷却技术研究综述［J］. 汽车工艺与材料，2021（2）：43-48.

的研发难度。

(3) 微型热管趋势

从前面分析发现,复合热管冷却方式由于其优异的散热能力,是目前研究的重点方向,而在非专利文献中对复合微型热管的研究多于专利文献,因此对该复合微型热管方式进行详细分析,以为创新主体提供参考。

从电动汽车的长期发展上看,高续航(高散热)是长期的发展趋势,因而在保证高导热的同时,还对动力电池的布置空间以及重量有着严格要求。因此,未来的动力电池管理系统的研究兼顾减小体积和质量、简化结构安装是一个趋势。而基于相变材料工质的微型热管是符合该发展趋势的,微型热管具备传统热管优异的散热性能,同时还可以大幅度降低管路的体积,由此降低电池包总体重量。常见的微型热管包括脉动热管、微槽平板热管、环路热管等。

如图6-4-8所示,当前的高校不乏对微型热管的研究。华南理工大学汪双凤等❶提出了一种应用于动力电池内部热管理系统的新型重力辅助超薄环路热管,该环路热管为微槽道吸液芯结构,其蒸发器厚度仅为1.5 mm,通过对超薄环路热管在不同冷凝功率下的传热能力进行了一系列的研究,得到了最优的冷却功率。华南理工大学的刘霏霏❷提出了微热管在电动汽车电池热管理系统中的应用,通过优化热管尺寸从而获得热管的最大传热量,由此设计了扁平超薄微热管并将其应用至电池包的散热系统,充分考虑到了电动汽车的空间限制以及轻量化的要求。北京工业大学的叶欣、赵耀华等提出了将微热管阵列应用于锂电池模块散热系统中的设计❸,该方案包括:将微热管阵列蒸发段贴合电池表面,冷凝段伸出电池箱置于箱外空气中,电池在充放电过程中产生的热量从微热管阵列蒸发段传输至冷凝段,再与箱外空气进行对流散热。该方案使得电池箱的结构布置紧凑,同时可以保证电池模块处于正常的工作温度范围,并使得模块内单体之间的温度差最小化。可见,高校在微型热管应用于动力电池上的研究基本上覆盖了微型热管的主要类型。

(4) 小结

采用相变材料冷却方式是未来电池散热系统的发展趋势,而单一的相变材料冷却受制于其导热系数低,难以应付高续航车辆的散热量。目前复合气冷和液冷的冷却方式是较为成熟的技术方案,复合液冷的散热效果最好,当前市场认可度最高。气冷的散热效果相对较差,但成本低是其优势,同时由于气冷结构简单,可以与其他主动冷却方式进行组合,进一步提升电池的散热效率。因而在未来电动汽车电池散热系统中仍然会扮演一定的角色。

随着市场对高续航车辆的追求,更高效率的电池散热系统是高续航电动车辆发展

---

❶ HONG S, ZHANG X, WANG S, et al. Experiment study on heat transfer capability of an innovative gravity assisted ultra-thin looped heat pipe [J]. International journal of thermal sciences, 2015, 95: 106-114.

❷ 刘霏霏. 微热管在电动汽车电池热管理系统中应用关键技术研究 [D]. 广州:华南理工大学, 2016.

❸ 叶欣, 赵耀华, 全贞花, 等. 微热管阵列应用于锂电池模块的散热实验 [J]. 工程科学学报, 2018, 40 (1): 120-126.

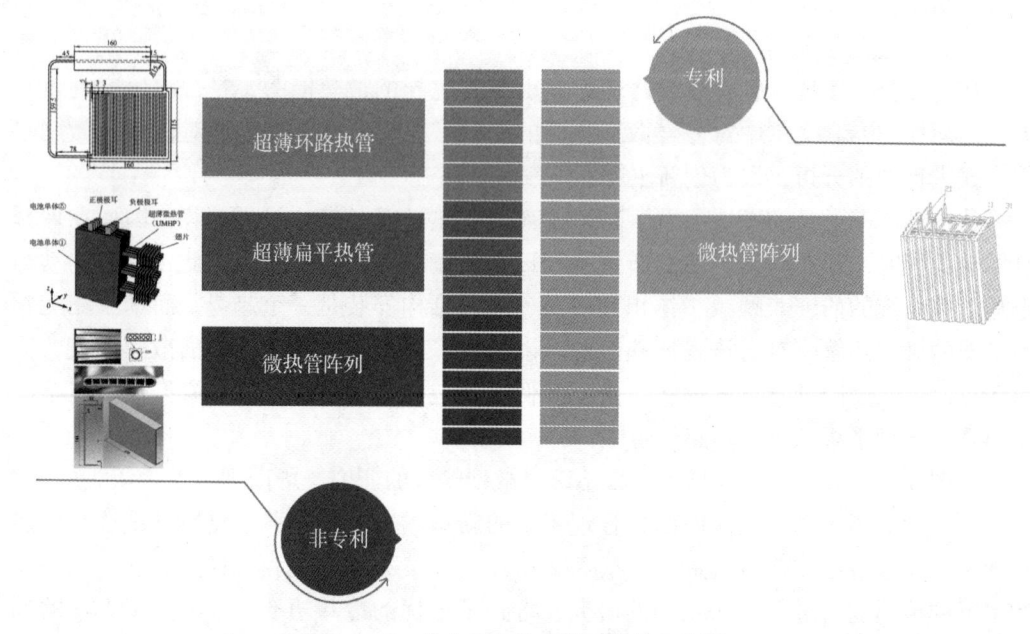

图 6-4-8 非专利与专利微型热管研究情况

的必经之路。发展超薄型热管与相变材料复合的热管理技术逐渐会成为电池散热系统的主流散热方式。其应用相变材料潜热蓄能的优点，与超薄型热管复合可以提高热管理系统的热容，达到高导热、保温、均温、轻量化的技术效果，使得电池不论在各种环境下都可以保持合理的温度区间，从而保证动力电池的续航能力、寿命以及安全性能。❶

6.4.1.3 适用电池形状对比分析

（1）非专利研究进展与专利申请分析

对于不同规格类型的电池以及单体、电池组装起来的不同模块结构，所采用热管理的方式和相关的设计参数都需要进行特定的设计和优化，因此实际使用时，根据电池形状的不同，相变材料采用不同方式与电池接触。目前电池结构主要分为方形、圆柱形等，相变材料专利文献中对各种电池结构的散热方法均有涉及。

从图 6-4-9 可以看出，非专利文献和专利文献都主要对圆柱形电池和方形硬壳电池的散热进行研究，主要原因在于这两种电池的市场占有率较高；对于软包电池的散热也具有一定研究，但相较圆柱形电池和方形硬壳电池数量较少。

如图 6-4-10 所示，对于方形硬壳电池，在专利文献和非专利文献中大部分是将相变材料做成壳体或壳体的部分结构并与方形电池的多个侧面直接接触，从而使得每个电池发出的热量均可通过相变材料自身的特性进行快速吸热。如专利文献

---

❶ 洪思慧，张新强，汪双凤，等. 基于热管技术的锂离子动力电池热管理系统研究进展 [J]. 化工进展，2014（11）：2923-2927.

(a) 非专利

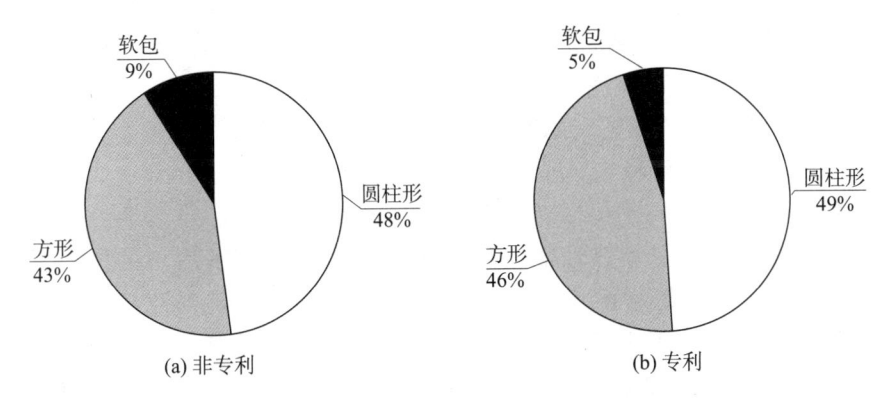

(b) 专利

图 6-4-9　适用不同电池形状非专利与专利占比

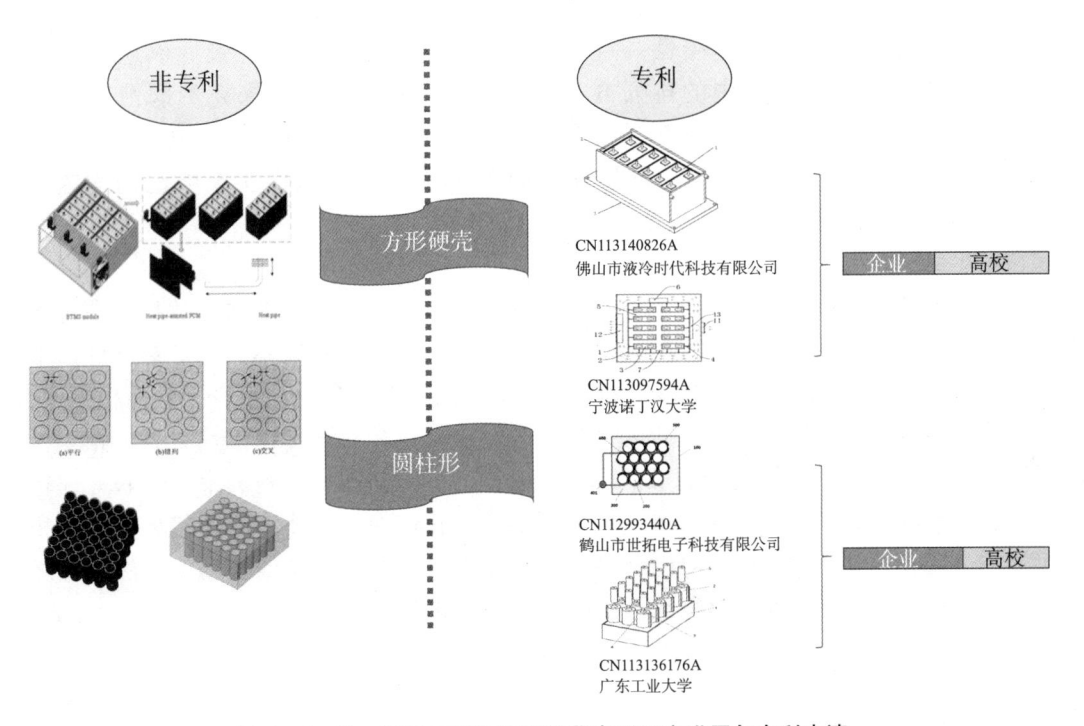

图 6-4-10　适用不同电池形状非专利研究进展与专利申请

CN113140826A 公开了电芯放置于石蜡－铜纤维相变复合材料的空腔内，液冷箱体贴合在石蜡－铜纤维相变复合材料的表面，电芯与石蜡－铜纤维相变复合材料、相变复合材料与液冷箱体之间均匀涂抹导热硅脂，提高散热性能。专利文献 CN113097594A 中将相变材料填充于硬壳电池内壳内部相邻两个电池单体之间及电池单体与电池内壳之间的区域，当电池在中温工作时，电池温度达到相变材料熔点，相变材料通过固液相变，将电池热量转化为自身潜热进行储存；当相变材料全液化后，驱动翅片使其与电池单体表面接触，通过翅片导热和周围冷媒，实现电池的散热。王忠良提出了基于热管辅助相变材料的电池热管理系统，[1] 即将相变材料包裹在每个电池单体周围，且其中放置热管，热管冷却端置于风冷中；实验表明在高倍率放电时，热管会影响电池模块的温度分布均匀性，强制空气对流冷却时，温度波动更小。

对于圆柱形电池，在专利文献和非专利文献中多为将相变材料包裹在圆柱形电池外表面，通过相变自动释放或吸收热量，以使得多组电池处于适宜的温度。如专利文献CN112993440A将电芯浸没在相变导热绝缘液内，导热绝缘液具有较高的导热系数和良好的相变传热性能，从而满足电芯热失控情形下的散热需求，热管的热端为浸没在导热绝缘液中的部分，热管的冷端设置于电池组外壳表面或者电池组外壳的外部，可以迅速地将导热绝缘液吸收的热量传导出去，大幅降低了热失控风险；专利文献CN113136176A将相变材料制成电池支架，将电池放置在上述电池支架中，且相变材料为在石蜡中通过添加三元乙丙橡胶，进而改善相变材料的均匀度，使得相变材料在高温下长时间使用仍具有高的质量保持率，能够实现电池模组的轻量化和紧凑性，且提高相变材料的导热系数。张丹枫还进一步对圆柱形电池在相变材料中的排列方式、间距进行模拟分析，探究不同情况下散热效果和均温性能；[2] 庞秋杏提出了翅片与PCM复合结构的散热方式，具体为在每个圆柱形电池之间通过翅片连接，再放置于PCM材基体中，从而实现电池的均温和散热。[3]

（2）结论

相变材料形状适应性好，对于不同的电池形状皆可起到较好的散热效果。在对于圆柱形电池采用气冷等传统方式进行散热时，不同电池表面具有不同的散热条件，不同电池之间温度均一性不优。相变材料包裹性好，对于圆柱形电池而言接触面积更大，不同电池温度均衡性好，能够防止局部热失控。也就是相对于传统散热方式，相变材料可以较大地改进圆柱形电池的散热和均温效率。同时，圆形电池的串、并联方式较为自由，能采用的相变材料的布置方式也更加多样化，如在单体电池外包裹圆筒形相变材料，或在相变材料基体里对电池进行阵列排布，或填充在电池与其他散热硬件之间的空隙中等。因此在圆柱形电池上，相变材料相对于传统液冷和气冷具有很大优势，广泛应用的可能性很大。

6.4.2 技术功效分析

课题组将相变材料的改进手段细分为如下几个方面：对相变材料本身的改进、在电池单体中应用相变材料、复合液冷、复合热管、复合气冷、微胶囊形式。其中如图6-4-11所示，在相变材料相关全球专利申请中，很明显可以看出复合液冷、复合气冷以及复合热管等为了提高导热性能而作出改进的专利申请数量比较多，其中复合

---

[1] 王忠良，王子晨，陈昌建，等. 相变材料在动力电池中的应用研究进展 [J]. 硅酸盐学报，2021，49 (6)：1065-1077.
[2] 张丹枫. 基于相变材料的圆柱形锂离子电池热管理系统研究 [D]. 北京：中国科学技术大学，2020.
[3] 庞秋杏. 基于数据融合的动力电池相变冷却热管理研究 [D]. 广州：华南理工大学，2020.

液冷最多，达 272 项，占比为 42%，复合热管或气冷次之，也有 167、124 项，分别占比为 26%、19%。而对于电池单体、材料本身，以及微胶囊形式的改进则较少。这主要是由于相变材料本身导热性能不够，所以在应用于电池热管理中时需要对其导热性能进行改进。因此，单一式相变材料热管理不能满足电动汽车动力电池热管理要求，需与其他冷却方式配合使用，通过其他冷却方式将相变材料中的热及时散去，提高整个系统的冷却效果。

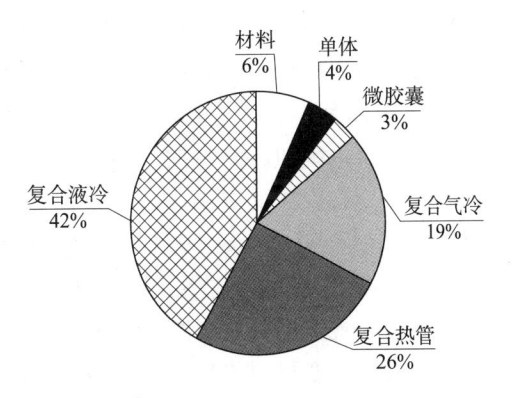

图 6-4-11　相变材料改进手段全球专利申请占比

6.4.2.1　高校和企业专利技术分析

对于改进的手段与技术效果之间的关系进行分析，并从高校和企业的角度进行对比，如图 6-4-12（见文前彩色插图第 5 页）所示，目前高校和企业均比较关注均温性能和导热系数的改进，这是相变材料目前的技术热点。这主要是由于单纯的相变材料组成热管理系统导热性能不够，所以会造成均温以及散热不及时的问题。对于均温性能以及导热系数的改进，主要是通过复合其他热管理方式来实现的，这两部分的申请量均较多，且相应地高校和企业的申请数量相当，说明这部分技术已较为成熟，设计结构简单兼顾成本的热管理系统，最有实现商业化应用的可能。

此外，与续航能力息息相关的性能，例如热管理系统的体积、轻量化、泄漏以及低温性能，目前研究得还比较少，但从企业和高校角度分别来看，二者申请量相当，说明无论是理论研究还是产业应用都还比较关注，只是目前还没有较大的突破以及进展。但随着电动汽车的发展，为了提高续航能力，这些性能均是改进的重要方向；为了能够更快地广泛应用相变材料，从这些方面进行突破也不失为一种机会。例如对于低温性能的改进，相变材料本身具有很好的储热效果，潜热大，蓄热蓄冷能力强，能将周围局部环境温度保持在其相变温度附近。相变材料常用在保温技术上，能不借助任何外界能量输入的情况下，实现节能环保控温功能；基于目前低温条件下，电池性能例如寿命、容量下降等问题，若能寻求相变材料应用于热管理系统的突破，相信一定会推进相变材料的广泛应用。例如蔚来汽车在 2020 年申请的 CN112582722A 中提出解决动力电池在低温环境中热量损失大的问题，其在中空框架内形成的空腔中填充相变材料，使得当电芯温度降低至一定程度时，相变材料工作释放潜热，减缓电池热量向外散失的速率，延长保温时间。目前，相变材料比较多研究的是固-液形式的石蜡，在相变之后为液态，因此，泄漏问题也显得尤为重要。微胶囊技术目前申请较少，且从其技术效果上看主要是为了提高封装性能，防止泄漏。

6.4.2.2 方形和圆柱形电池相变热管理专利技术分析

目前，对于相变材料应用于电池热管理中，适用的电池形状主要是方形和圆柱形，如图 6-4-13 所示，从方形和圆柱形相变材料研究情况来看，二者研究的技术热点和技术空白点基本类似，且与前述高校与企业的技术功效类似，说明相变材料在方形和圆柱形电池均有广泛的应用。方形电池采用相变材料时将电池单元夹在中间，形成三明治结构（如：WO2015016974A1 中电池模块包含与多个电池单元交错的多个相变材料层）。圆柱形电池主要是采用电池单元直接置于相变材料中，形成四周全包裹的结构，从散热方式来看，对于圆柱形电池采用相变材料，径向散热性能提高，相较于液冷和气冷采用相变材料优势显得尤为突出。

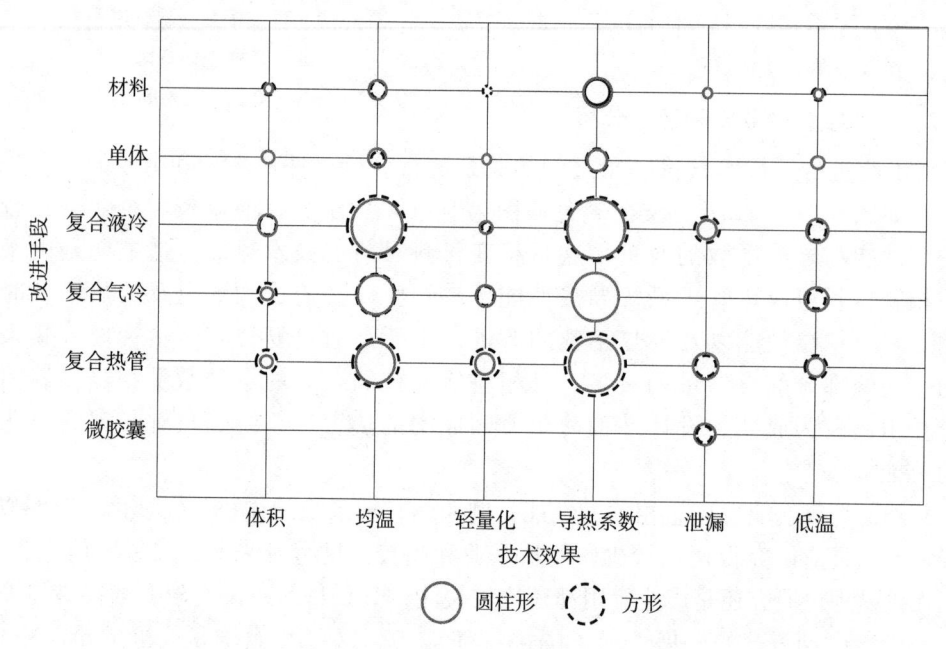

图 6-4-13 相变材料方形与圆柱形技术功效图

注：图中气泡的大小表示申请量的多少。

6.4.2.3 小结

综上，高校和企业目前对于相变材料的研究热度相当，说明产业化还不够成熟，相变材料的发展还有很大的空间。在适用的电池形状上，方形和圆柱形没有明显的优劣势，只能说是相对于液冷和气冷，圆柱形电池采用相变材料，径向散热性能提高，圆柱形电池在接触面积上应用相变材料更优。其中，目前研究热点主要集中在通过复合方式改善均温和导热系数，这主要与相变材料的本身导热性能不够优越有很大的关系，侧面说明了这是相变材料应用的最大困难。目前高校和企业对于这两方面的研究均较多，是研究热点所在，因此，为了提高均温和导热系数，在复合方式上还可以继续挖掘，并提出专利申请，但单纯从均温和导热性能上可能很难有突破性的进展，结合前述非专利技术分析，例如对于复合微型热管目前专利申请较少，申请人可考虑从这方面出发研究，不仅改善均温和导热性能，还能减小提及以及轻量化。因此，除了均温和导热系数之外,在与续航能力息息相关的体积、均温、泄漏以及低温性能上进行研究较少,建议国内申请人可以另辟蹊径,结合这些方面进行改善提高,在提高均温和导热系数的同时,改善体积、轻量化等,并进行专利布局。例如前面提及的微胶囊技术目前申请较少,但其优异的防泄漏性能,也是可供挖掘的一个领域。在寒冷的条件或电池温度显著下降的应用场合时,相变材料对于电动汽车是非常有利的,因为存储在相变材料里的小部分潜热会被传递到周围空间,也是可研究并布局的方向。在材料和单体上改进来改善上述性能研究较少,但单体应用相变材料由于相变材料的体积变化较为困难,且不如在单体之间成组之时应用前景好,课题组认为这方面很难有很大突破,而通过材料提高导热性能目前研究热度还不错,还可以进一步寻求性能更优的材料,并进行专利布局。

6.4.3 技术热点和空白点重点专利技术分析

由上述分析可知,目前通过复合方式提高导热性能是相变材料的技术热点,而相应低温性能等为其技术空白点。本小节将分析技术热点和技术空白点的重要专利技术,寻找技术热点可挖掘的方向以及技术空白点研究现状。

6.4.3.1 复合液冷重点专利技术分析

液冷技术是较为成熟有效的散热技术,当为了提高相变材料的散热均温能力时,液冷自然应用到其中。如图6-4-14所示,通过对复合液冷的专利分析,目前对于复合液冷主要可以分为三个方面的改进:(1)是在模组内电芯之间布置液冷管道,且液冷管道常采用铝等质轻且导热好的金属,能够同时实现导热和均温的技术效果;(2)在模组间布置液冷板;(3)是在电池包的各个侧面设置液冷板。

电池包底板上布置液冷板		●CN110010995A(方形)
模组间布置换热板		●CN208570855U(方形)
电芯间布置液冷管道		●US2011091760A1(圆柱形) ●US2014158340A1(圆柱形) ●WO2008156737A1(圆柱形)

图6-4-14 复合液冷专利申请布局

在模组内电芯间布置液冷管道,不但能够带走电芯产生的热量,其液冷管道本身的材质也能够起到均温的效果。图6-4-15列出了几种布置方式:US2011091760A1在圆柱形电池阵列中填充相变材料,使得每个电池周围都包裹相变材料,再将液冷管设置在电池之间,工作时液冷管带走相变材料吸收的热量,使得相变材料保持较高的导热效率；WO2008156737A1 使液冷管直接与电池接触，空隙填充相变材料，且为了增大液冷管与电池的接触面积，使液冷管为曲形；US2014158340A1 将相变材料做成壳体，再将圆柱形电池放置于相变材料壳体中，其原理与 US2011091760A1 相同，都是由相变材料吸收电池的热量，再通过液冷管道导出相变材料的热量，确保相变材料始终处于高导热效率的状态。

(a) US2011091760A1　　　(b) WO2008156737A1

(c) US2014158340A1

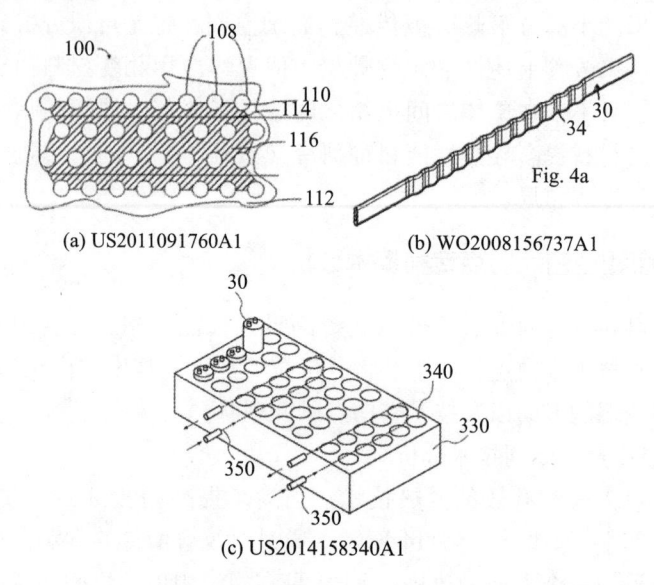

图 6-4-15　模组内布置液冷管道专利申请附图

由于液冷板的制作相较于冷管道工艺更简单，且布置数量较少，因此整体方案相较于在模组内电芯间布置液冷管道更简单。如图 6-4-16 所示，2019 年华南理工大学的专利申请 CN110010995A 提出在模组的侧面设置带有循环流道的换热板，设置多个循环流道，提高换热板中流动工质分布的均匀性，从而提高整个系统的换热效率；2018 年北京微焓科技有限公司的专利申请 CN208570855U 提出在电池包的下方设置导热均温液冷板。

(a) CN208570855U　　　(b) CN110010995A

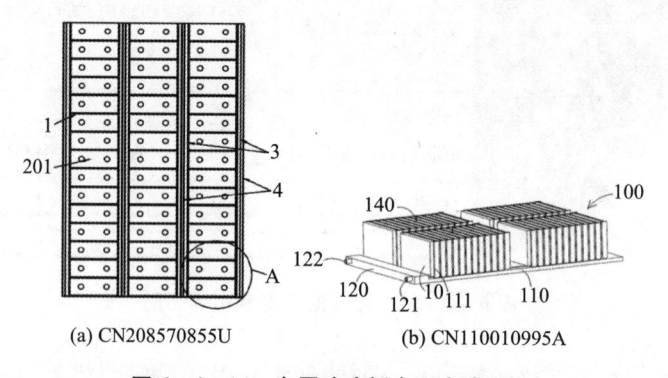

图 6-4-16　布置液冷板专利申请附图

对于复合液冷方式的未来趋势，课题组认为：对于相变材料与液体冷却方式的复合，散热效率和经济性都较好，且液冷技术已经较为成熟，因此随着相变材料的改进发展，未来有可能成为主流的散热方式，在竞争力上具有较大的优势。

6.4.3.2 复合气冷重点专利技术分析

气冷发展最早，技术较为成熟，且成本相对较低，在相变材料选择符合方式时，也较早与气冷进行复合，提高相变材料的导热能力。如图6-4-17所示，观其专利申请，目前对于复合气冷主要可以分为三个方面的改进：（1）是在模组内电芯之间布置气冷管道，带走电芯的热量，这种布置方式均温性能会更好；（2）是增加翅片，将相变材料的热量传导到外部；（3）改进电池包箱体上的气冷设置方式。

图6-4-17 复合气冷专利申请布局

在模组内电芯间布置管道，主要在电芯之间，均温性能比较好，但会占用模组内体积，导致模组容纳电芯数量降低。2017年合肥国轩高科动力能源有限公司专利申请CN107579306A提出在两个蓄电池单体1之间的平行流铝扁管2上开设有很多微通道（如图6-4-18所示），这些微通道一部分用来填充相变材料，其余的微通道则是未填充，用作空气流道。这样既能够提高蓄电池模块的散热能力，又能够避免相变材料在相变过程中发生过度变形、泄漏等问题。

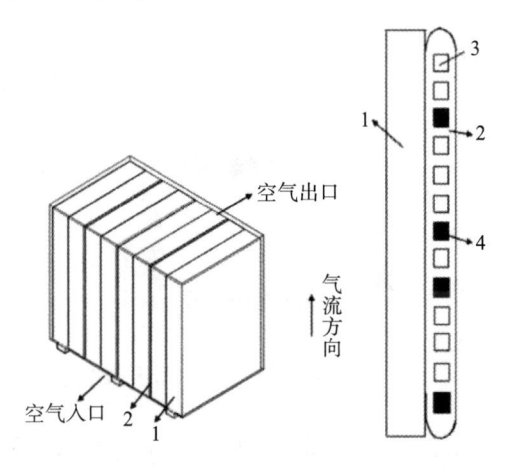

图6-4-18 CN107579306A 附图

在复合翅片上，2003年伊利诺伊理工大学专利申请US2003054230A1提出：如图6-4-19所示，壳体112包含导热容纳格栅构件164，相变材料填充在格栅中，电池模块110包括多个从壳体112向外延伸突出的传热翅片170。这种传热翅片有助于外部主动冷却的利用。目前，多数圆柱形电池采用相变进行热管理时，也会复合类似的翅片进行主动散热。

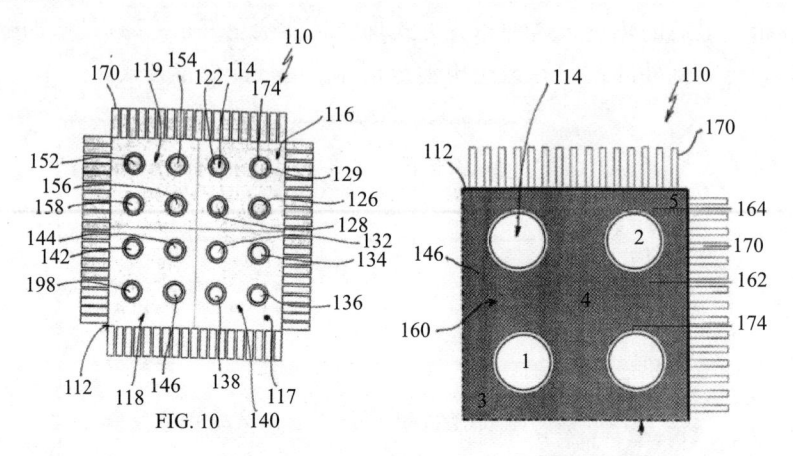

图6-4-19　US2003054230A1附图

2013年韩国现代提出一种软包结构的复合翅片方式，即专利申请US201384487A1中提出在电池单元外壳设置有填充相变材料的凸起，凸起之间形成空气流动通道，利于相变材料散热。

在电池包箱体管道设计上，主要是通过管道布置，能使散热效果更好。深圳沃特玛电池2016年申请的CN206236762U中提出在电池包箱体内设置有挡板，挡板23与电池包箱体长侧板及短侧板间有一定的间隙，这样有利于箱体内冷却风的流动，并通过设计挡板上的开口配合，提高散热效率。如图6-4-20所示，2017年中昱新能源科技的专利申请CN106876617A提出电池组浸没在相变材料5中，壳体1内的四周都设有相互连通的通道11，这样当空气流通过所述通道11时，能够使所述壳体1的四周都充满流通的空气，散热效果更好。

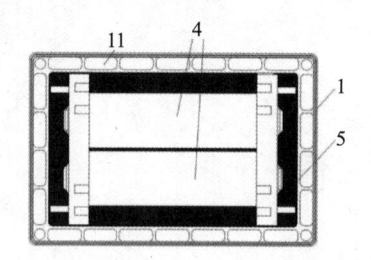

图6-4-20　CN106876617A附图

对于复合液冷方式的未来趋势，课题组认为：对于相变材料与空气冷却方式的复合，结构简单，应用较早，但也存在一定缺陷，例如，电芯间布置方式会带来模组内体积增大，复合翅片使得整体电池包体积变大，而对于电池包箱体上管道布置方式带来散热效果的变化，效果甚微。且由于空气的热导率较低，在电池温度较高的情况下，难以获得理想的散热效果，在追求高续航的当前以及未来的研发趋势上，优势较小。

6.4.3.3 复合热管重点专利技术分析

热管技术其原理与相变技术相似，都是利用材质形态的变化导致的吸热和放热进行热管理，且热管内主要流通的是液体，通过汽化吸热，导出电池的热量，再在冷凝端将气体液化，循环使用。现有的热管形态主要分为L形和U形，水平方向的热管一般与电池或相变材料大面积接触，垂直方向的热管一般通过风冷或其他冷却方式进行冷凝。如图6-4-21所示，目前对于复合气冷主要可以分为两个方面的改进：（1）是在模组内电池之间设置热管结构，导出相变或电池的热量；（2）是在模组外部设置热管结构，导出电池包整体的热量。

模组外部布置热管　● CN209592241U（方形）

电芯间布置热管　● CN109830775A（方形）
　　　　　　　　● CN209389176U（圆柱形）

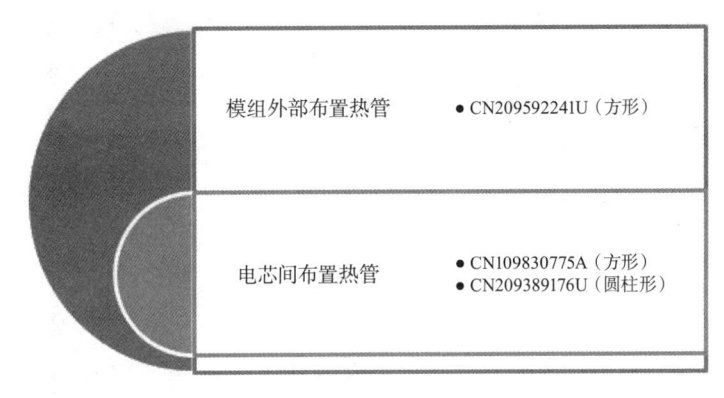

图6-4-21　复合热管专利布局

对于在模组内电池间布置热管，例如可以使用圆柱形热管或者平面热管。如图6-4-22所示，2019年福州大学申请的CN209389176U提出了在动力电池组中间缝隙内放置圆柱形热管，在动力电池组外周包围着相变材料层，当动力电池组在工作的过程中产生热量，温度升高到相变材料层的相变温度时，相变材料层会由固态融化为液态并吸收热量，同时热管与热源接触，吸收热量，再将热量快速传递到外界去，从而达到冷却电池的效果；2019年江苏大学的专利申请CN109830775A提出在电池间设置平面热管，热管突出部连接循环水管，进而将吸收的平面热管的热量，通过循环水道中的冷却液传导出去，再经过散热器进行散热。

对于在模组外布置热管，例如可以在模组底部设置。2019年天津市捷威动力工业有限公司申请的CN209592241U提出如图6-4-23所示的硬壳电芯纵向放置，在电芯模组的底部设置U形热管，处于模组的外侧，与直冷系统以及加热膜接触进行换热。由于纵向模组电芯的布置方式与热管内介质流动方向垂直布置，每个电芯与热管之间的接触面积相同，可以保证各个电芯温度的一致性。

对于复合液冷方式的未来趋势，课题组认为：相变材料复合热管冷却的方式与相变材料复合液体冷却方式相似，区别在于两者管道内流通的液体不同，或者说是使用

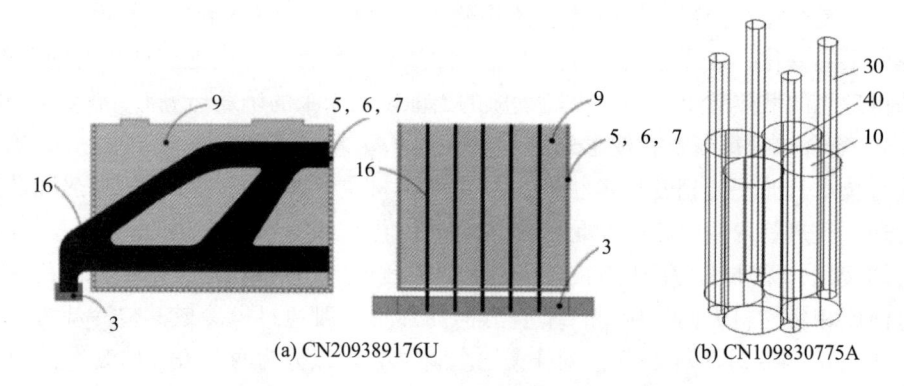

图 6-4-22　模组内布置热管专利申请附图

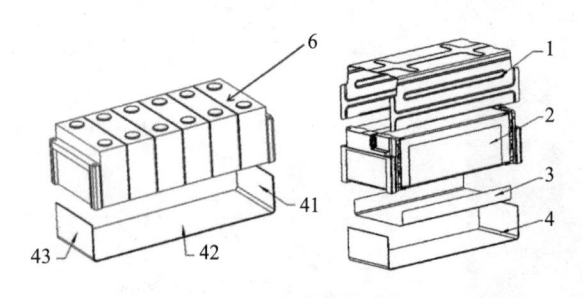

图 6-4-23　CN209592241U 附图

液体的冷却过程不同，因此适用于相变材料复合液体冷却的一些技术可以转嫁应用到相变材料复合热管冷却。这对于相变材料复合热管的技术发展具有一定的引导作用，可以在一定程度上加快相变材料复合热管技术的发展，且其散热效果也较优，因此该方案在未来也具有一定的研究优势。微小型热管体积小、重量轻，在克服复合方式带来的体积和重量的变化上，有很大的优势。

6.4.3.4　低温专利技术分析

低温环境下的性能降低极大地限制了锂离子动力电池在寒冷气候条件和高纬度地区的应用。在低温下存在诸多问题，比如充电能力下降、容量和功率降低、循环倍率性能变差等。据文献报道，❶当温度低到 -10℃后，锂离子电池的功率和能量相应的也会明显下降，在 -20℃时放出的容量只有室温的 31.5% 左右，温度进一步降至 -40℃时，与在 20℃的数值相比，功率和能量密度分别仅为 1.25% 和 5%。除了基本性能降低，低温循环条件（尤其是低于 0℃）会加速锂离子电池的老化。

目前，低温环境下保温方面的工作关注较少。现有专利申请中涉及在电芯外设置用于防止相变材料热量损失的保温材料，以及采用高温相变和低温相变结合的方式实现保温效果。专利申请 CN102376997A（如图 6-4-24 所示）中提出设置与电池组 2 接触设置的温度调节装置包含高温相变材料形成的高温吸热冷却装置 3 和低温相变材

---

❶ 吴伟雄. 基于相变材料的电池热管理性能研究［D］. 广州：华南理工大学，2019.

料形成的低温放热保温装置4，同时实现散热和保温效果。

专利CN210652703U（如图6-4-25所示）中提出新能源汽车车载电池保温防护罩包括套在电池包外部的双层结构，双层结构的内层为高焓值相变储能材料层，外层为新型保温材料层；通过内层释放热量，维持电池包的正常工作温度，外层阻止热量散失，延长有效的保温时间。

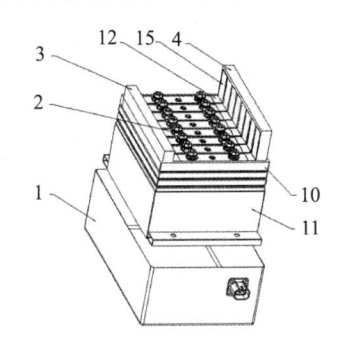

图6-4-24　CN102376997A附图 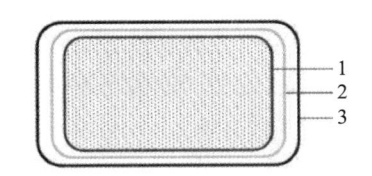　　　图6-4-25　CN210652703U附图

低温环境下相变材料的应用还处于起步阶段，研究以及专利申请均较少，但极端环境下的里程焦虑却不会减轻，申请人在该方向可加大研发力度，积极布局。

6.5　小　结

本章首先通过专利大数据分析了电池热管理技术的专利整体状况，梳理了各龙头企业的热管理技术发展路线，对大模组/无模组的配套热管理专利技术进行分析，并且对还未广泛应用的相变材料热管理技术进行详细分析，得到如下结论：

（1）专利总体状况

电池热管理与不同的电池包结构相适配，申请趋势与动力电池包申请趋势类似，均是2016年前后实现快速发展，中国申请的趋势与全球趋势基本一致。在专利布局上，美国、欧洲、韩国均是主要的技术来源国或地区，且积极在全球范围内布局，具有前瞻性的专利布局意识，技术输出力度大。而中国虽是不可忽视的技术来源国，但对外布局较少，在技术实力和技术储备以及知识产权战略布局前瞻性上不足。

在电池热管理技术排名前十的全球申请人中，中国申请人占据半数，具有一定的竞争力，中国的比亚迪排名第一，且国内的高校华南理工大学和广东工业大学的申请量也十分抢眼。从三个技术分支气冷、液冷和相变材料分别统计申请人，发现在气冷和液冷方面国内申请人并不占据优势，气冷和液冷全球申请人排名在前几位的还是外国行业巨头。而在相变材料分支中，全球申请人前五名就有4家国内企业，结合其申请量，国内企业的研发投入相较于国外更大，在相变材料还未广泛商用的背景下，国内企业可以说是与国外企业站在相同的起跑线上。

从技术构成来看，相变材料属于快速发展期，申请量最大；气冷发展最早，申请量最也较大;而液冷虽然申请量较小,但目前是主流热管理方式,申请量小,说明研发空间还比较大。

(2) 重点企业热管理专利技术

各企业热管理方式与其电池包结构相适应,特点鲜明。比亚迪和宁德时代,主要是针对方形硬壳电池的热管理方式;特斯拉主要是针对圆柱形电池;而LG化学则是针对软包结构。

比亚迪和宁德时代的热管理发展路线很相似,早期是气冷,近几年是主流发展液冷,同时并行发展相变材料。而特斯拉主要是液冷方式,同时也在持续研发相变材料。而LG化学则不同,目前主要的热管理方式是气冷和液冷,相变材料的应用则较晚,但近几年也在不断申请专利。从各企业技术路线可见,气冷最早出现,但由于换热效果不佳,已逐渐不占优势。液冷虽申请量较少,但换热效果以及经济效益方面均较好,是目前主流的散热方式。

对于电芯数量剧增的大模组/无模组技术,由于存在局部发热,电池热管理均从模组外散热或者单纯液冷板设置进一步转到了电芯间的散热,CTP技术和刀片电池均在电芯间设置散热管道,Z向堆叠的CTP技术采用了侧边散热,进一步提高Z向空间利用率。对于圆柱形电池,为了更好适应形状,采用了"扇贝管"增大接触面积,提高散热效率。未来企业在发展大模组/无模组技术同时,应及时跟进配套热管理技术,形成本土热管理配套优势。

(3) 相变材料技术分析

第一,通过相变材料的非专利与专利的对比研究得出:

在相变材料自身改进方面,非专利和专利研究情况类似,目前更被业界或学者青睐的相变材料是固-液材料,其中很重要的材料是石蜡。由于相变材料导热性能不优以及相变之后的体积变化,主要从其导热性能、封装防泄漏以及定形上进行不断改进完善。而微胶囊封装技术其优秀的防泄漏性能,使其竞争力增强,未来也很大可能受产业喜爱。添加泡沫结构的复合相变材料由于较好的导热性能以及泡沫结构的定形性能同样被产业所期待,也是未来一段时间很有可能的研究热点和重点。添加导热颗粒较少,主要是由于导热颗粒经过固-液-固的过程导热颗粒不再均匀分布,影响传热效果。

在复合其他热管理方式方面,非专利与专利研究进展则具有一定差异,非专利中对于气冷研究较少,专利申请则较多。对于复合液冷和非微型热管,由于优异的散热能力,非专利与专利研究都较多,说明复合液冷和非微型热管是目前研究热点且发展空间较大。在复合体积小、重量轻的微型热管上,非专利研究较多,但专利则较少,主要是因为微型热管技术属于前瞻性的技术,技术难、研发成本高,目前处于实验室阶段,因而较少有企业在该项技术是上进行研发投入。随着市场对高续航车辆的追求,更高效率的电池散热系统是高续航电动车辆发展的必经之路。发展超薄型热管与相变材料复合的热管理技术逐渐会成为电池散热系统的主流散热方式,达到高导热、保温、均温、轻量化的技术效果。

在适用不同电池形状方面,非专利与专利研究情况类似。方形和圆柱形没有明显的优劣势,只能说是相对于液冷和气冷,而对于圆柱形电池,采用相变材料,填隙性能更优,径向散热以及均温性能提高。

第二,分析相变材料的技术功效图及重点专利技术得出:

相变材料不会额外消耗动力电池电能且潜热高,一直受业界所关注。无论是从高校和企业的角度,还是方形或是圆柱形电池的角度,技术热点和技术空白点基本一致,技术热点集中在通过复合方式提高均温和导热系数,而其他均为技术空白点,研发空间大。技术热点通过复合其他方式来提高导热系数和均温性能,企业和高校均很关注即说明其产业化程度不足,但期待较高。技术空白点主要在于应用相变材料之后电池包的体积以及重量的增加、相变材料泄漏问题以及低温环境的应用。若能在提高导热的同时突破技术白点的困境,形成配套的热管理方式将是竞争中的一大优势。其中,通过比对非专利技术,体积小、重量轻、导热好的微型热管复合方式在专利申请中量少,且涵盖面不全,可以作为未来改进以及布局方向。就适用的电池形状而言,相变材料可以被注入各种形状电池的空隙中,不仅能用于矩形电池的控温,也能用于圆柱电池的控温,具有极佳的形状适应性。正是由于极佳的形状适应性,圆柱形电池相对于液冷和气冷优势就更为凸显。因此,相变材料商用可能性大。

相变材料技术热点布局全面,复合液冷专利布局包括在电池包底板上布置液冷板、模组间布置液冷板以及电芯间布置液冷管道。复合气冷专利布局包括在电池包箱体上布置气冷管道、设置翅片以及电芯间布置管道。复合热管专利布局包括模组外布置热管以及电芯间布置热管。

第7章 重点企业分析

7.1 LG化学

LG化学是韩国动力锂电池龙头企业，其锂离子电池技术在同行业中处于领先地位。LG化学动力锂电池生产布局全球，包括韩国、美国、波兰等，在中国的南京和无锡也有布局。

本章将着重对LG化学在动力电池以及电池管理系统这两个分支的专利进行分析。首先，分析其在全球以及各目标国家/地区的申请态势和技术构成，以期揭示其整体现状和发展趋势。其次，对正负极材料等重要技术分支进行技术脉络梳理，以帮助读者了解该企业在这些重要技术分支上的发展历史、关注重点和未来发展可能性。最后，结合各领域对发明人进行了分析，展示发明人技术生涯，以期预判未来研发方向。

7.1.1 简　介

LG化学成立于1947年，对锂离子电池的研究始于1995年。2020年12月，LG化学将电池事业分拆出来，另设为新公司（现LG新能源）。2022年1月27日，LG能源正式在韩国上市交易。纵观LG化学的发展历程，主要有以下的一些里程碑事件：

1947年：LG化学成立。

1995年：LG化学开始了对锂离子电池的研究。

2000年：LG化学开始在密西根研发基地研发动力锂电池。

2009年：LG化学首次将自主研发生产的锂离子电池应用于商用电动车。

2011年：LG化学开始在益山工厂生产纯电动汽车V软包电芯，并在美国建设综合制造中心。

2018年：南京LG化学滨江电池工厂开始动工。

2019年：LG化学扩大南京圆柱电池工厂产能。

2020年：LG化学将电池事业分拆基准出来另设为新公司（现LG新能源）。

2022年：LG新能源正式在韩国上市交易。

2023年前：LG化学计划将在华建造第二座电动汽车电池工厂。

经过数十年的发展，LG化学在动力电池领域已成长为行业巨头。

7.1.2 专利申请态势分析

图7-1-1（a）和（b）分别示出了LG化学在主要目标国/地区的申请量和申请态势。LG化学在电池事业部成立之初就开始进行专利布局，1998年开始在韩国对锂离

子电池进行专利申请，在其后的两三年内陆续在主要国家/地区进行申请，可见其对知识产权的保护十分重视。2011年进入动力电池行业之后，其专利申请量出现井喷式增长，技术储备量相当大。截至2021年，LG化学为提高续航能力，在动力电池和电池管理方面申请量达1500余项（不完全统计）。

(a) 主要目标国家/地区申请量

目标国家/地区	申请量/项
全球	1512
韩国	1469
美国	901
中国	881
欧洲	792
日本	636

(b) 主要目标国家/地区申请态势

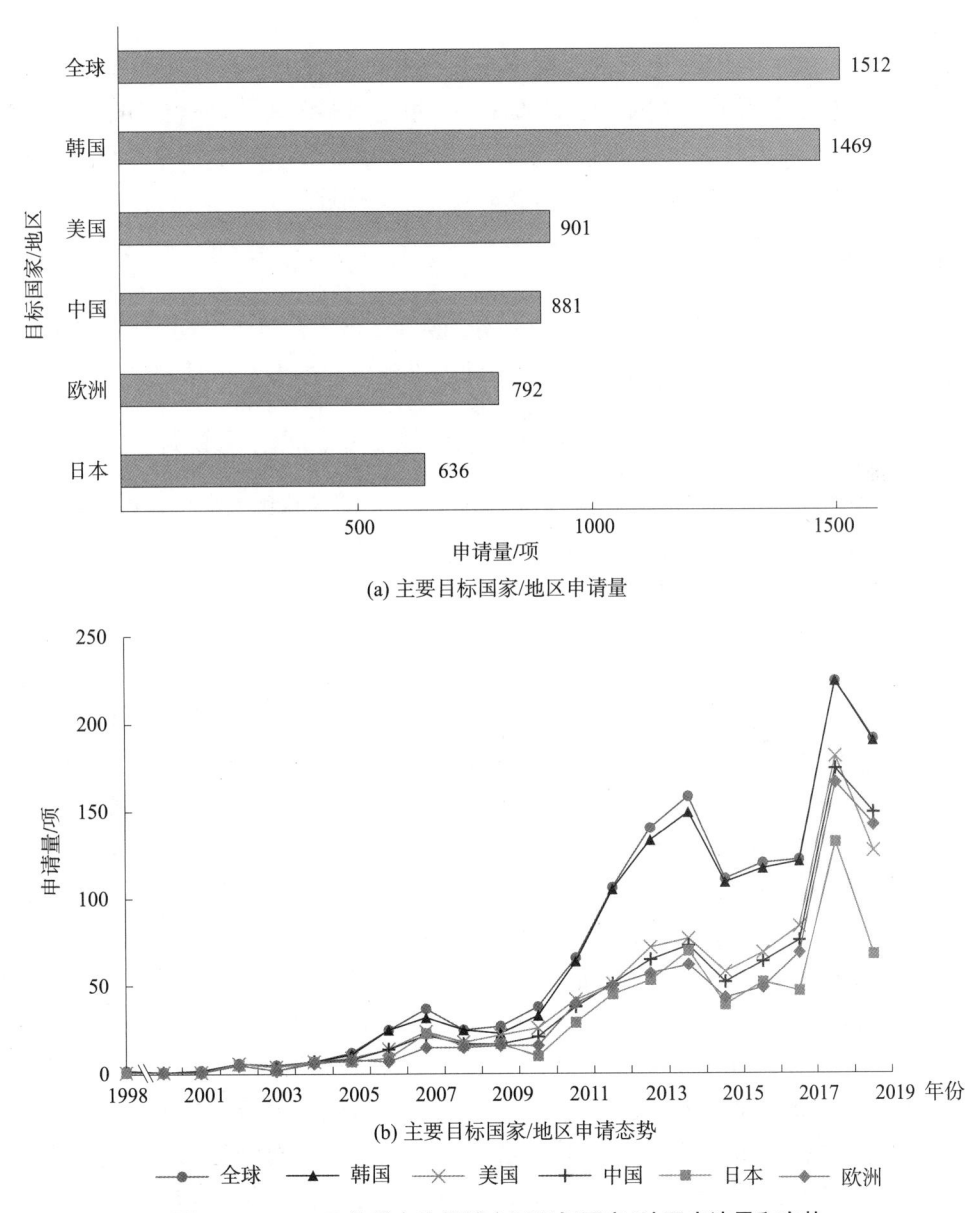

图7-1-1　LG化学电池领域主要目标国家/地区申请量和态势

LG化学的专利申请量在2009年之前处于缓慢发展和技术储备期。在2009年LG化学将锂离子电池应用于商用电动车后，2011年开始，该方面的专利申请量出现井喷式增长，并于2014年达到第一个峰值。这体现了其专利布局与市场布局两者间紧密结合与良好运行的关系。其后在2015~2017年出现一定的调整和波动。之后随着电动汽车行业的飞速发展，与续航最密切相关的动力电池技术申请量也紧跟脚步，出现了二次飞速的发展，且增长速度更快，于2018年达到了2014年的近1.5倍。这应当与LG化学在扩大产能之前进行的技术积累相关。由于专利申请公开需要一段时间，2019年和2020年提交的专利申请数据目前还不完整，因此图示2019年和2020年的申请数量有所下降。

从LG化学在主要国家/地区的专利申请量分布可以看出，其以韩国本土为重点，主要海外市场包括了美国、中国、欧洲和日本，相互间差距较小。这说明其在这些国家/地区的专利布局均较为积极，不断开拓和巩固全球市场。同时，LG化学在这些国家/地区申请量发展趋势基本保持一致，波动幅度相对接近。

7.1.3 技术构成分析

图7-1-2（a）以及图7-1-2（b）分别为LG化学在提高电动汽车续航能力方面申请占比以及各二级分支的申请量，其中动力电池方面的专利申请占到88%，其余为电池管理中的热管理以及均衡相关方面。

在动力电池方面，申请主要涉及锂离子电池（962项），占比63.6%，电池包结构以及固态电池其次，占比分别达12%以及10%。LG化学是软包电池行业巨头，从技术构成分析，其电池业务布局丰富。2018年，其开始加大固态电池专利布局。由于掌握核心技术，且重视材料体系的研究，因此LG化学在正极材料领域拥有全球领先的研发实力。对于动力电池包和固态电池方面，LG化学也有一定涉及，其中在锂电池软包化走在了前列。

参见图7-1-3，LG化学在动力电池包方面申请总体呈上升趋势，可预见未来会持续对电池包的结构进行改进。而在固态电池方面，在2017年之前处于缓慢发展期，2018年、2019年有比较大的增幅。这与LG化学将进一步为固态电池的发展进行技术积累可能相关。2021年6月18日，在中国汽车工业协会主办的第11届中国汽车论坛上，LG新能源亚洲营销总经理朴镇庸透露，LG新能源正在着手开发新一代电池，包括拥有更优秀安全性能的聚合物和硫化物的全固态电池。

LG化学动力电池相关的专利申请主要集中在锂离子电池材料的改进上，其正极材料自供率较高。在该方面的研究主要集中于主流的三元材料、磷酸铁锂、钴酸锂以及锰酸锂等，并且，对于正极材料的改进研究多于负极材料的改进研究。在负极材料方面，LG化学对于每类负极产品选取至少2家供应商形成竞争降低成本，中国供应商由于技术和成本优势，供应占比不断提升。除了采购，LG化学对于负极材料这一提高能量密度的重要一环也在加大研发力度，从2013年开始进行相关专利布局。

LG化学锂离子电池材料的申请趋势与整体申请趋势基本一致。1998年关于锂离子电池的首次申请被提出，经过2009年之前的缓慢积累，2009~2014年进入快速发展期，并于2014年达到第一个高峰。2014~2017年，申请量经过小幅波动后，2018年创出新高。这体现了其在扩大产能之前进行的技术积累过程。从与整体申请趋势的一致性来看，也可分析LG化学主要研发力量集中在锂离子电池方向。

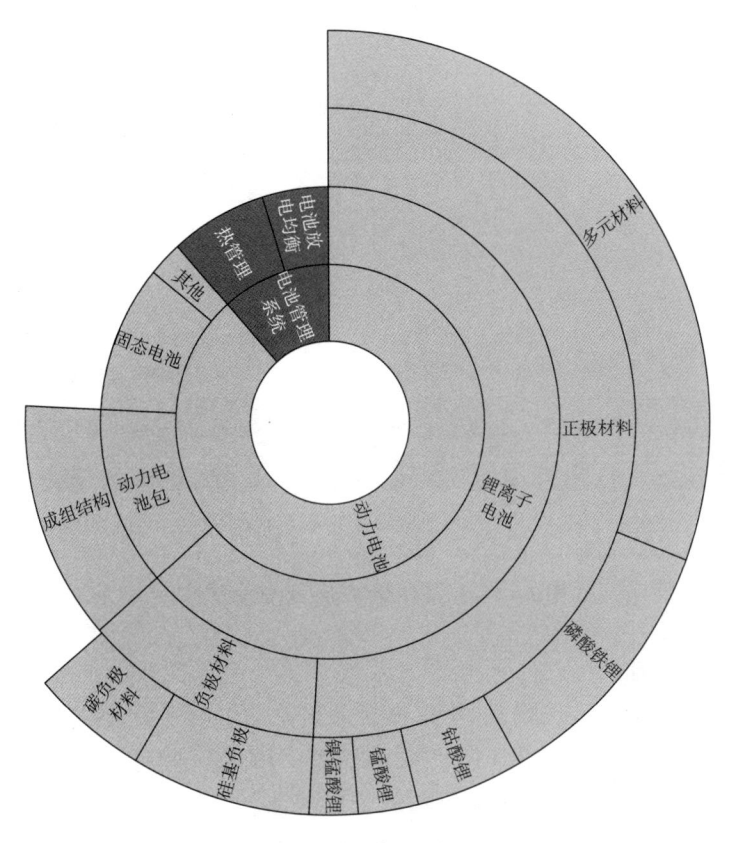

(a) 各分支旭日图

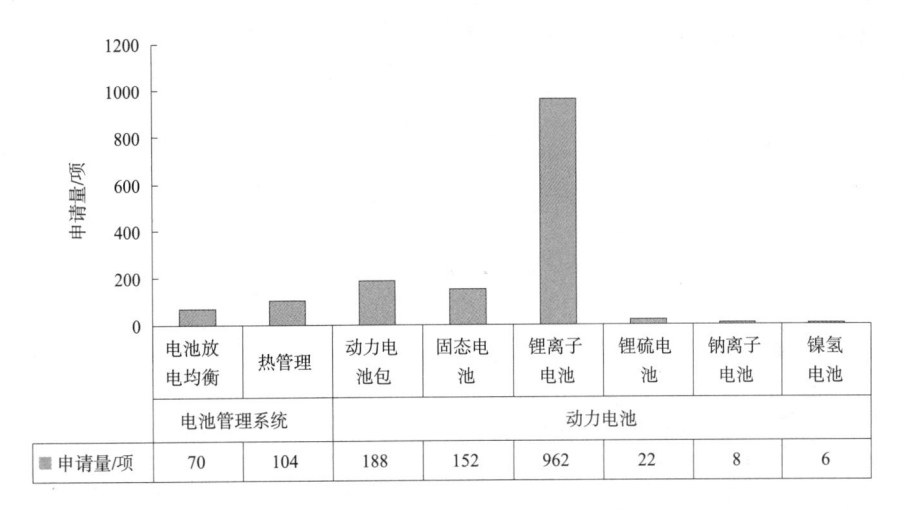

	电池放电均衡	热管理	动力电池包	固态电池	锂离子电池	锂硫电池	钠离子电池	镍氢电池
	电池管理系统		动力电池					
申请量/项	70	104	188	152	962	22	8	6

(b) 各分支申请量

图 7-1-2 LG 化学提高电动汽车续航能力领域技术构成

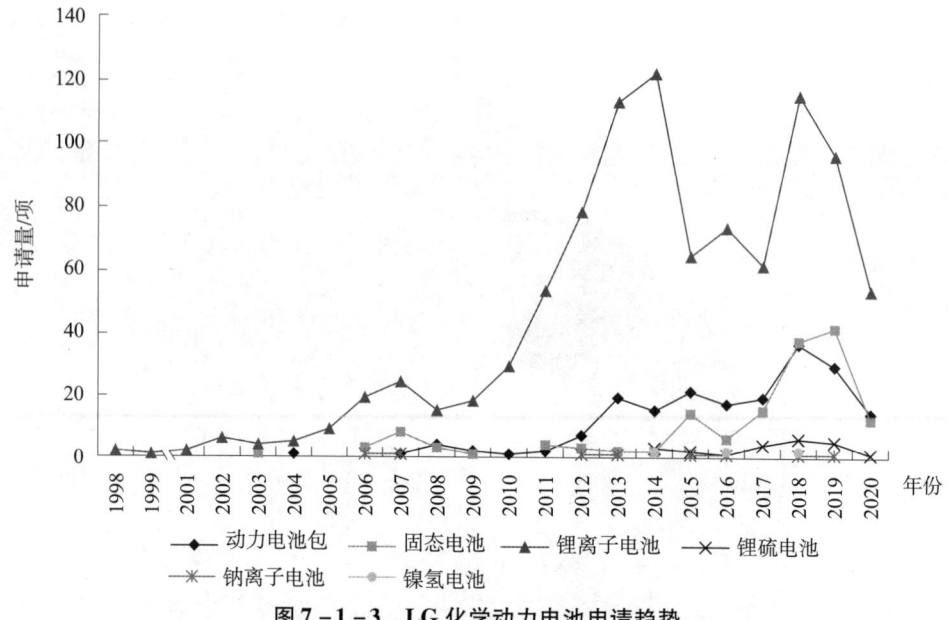

图 7-1-3 LG 化学动力电池申请趋势

7.1.3.1 锂离子电池

正极材料对于锂离子电池的性能指标有最重要的影响。目前商用锂离子动力电池的正极材料主要有：锰酸锂（LMO）、磷酸铁锂（LFP）、多元材料等。图 7-1-4 显示，LG 化学在正极材料方面涉及多元材料、锰酸锂、磷酸铁锂、钴酸锂等，基本全面涵盖主流的正极材料类型。其中，多元材料是主要研发方向，申请量占 60%。而磷酸铁锂、钴酸锂以及锰酸锂占比分别为 22%、9%、5%。观其申请趋势，钴酸锂、锰酸锂和镍酸锂均较早提出申请。多元材料和磷酸铁锂则在 2003 年前后才开始申请，但后续发展迅速并成为主流。这表明 LG 化学将两者作为主攻产品。多元材料的申请量趋势与锂离子电池整体趋势以及 LG 化学的整体申请趋势类似，佐证了其在整体版图中的重要地位。

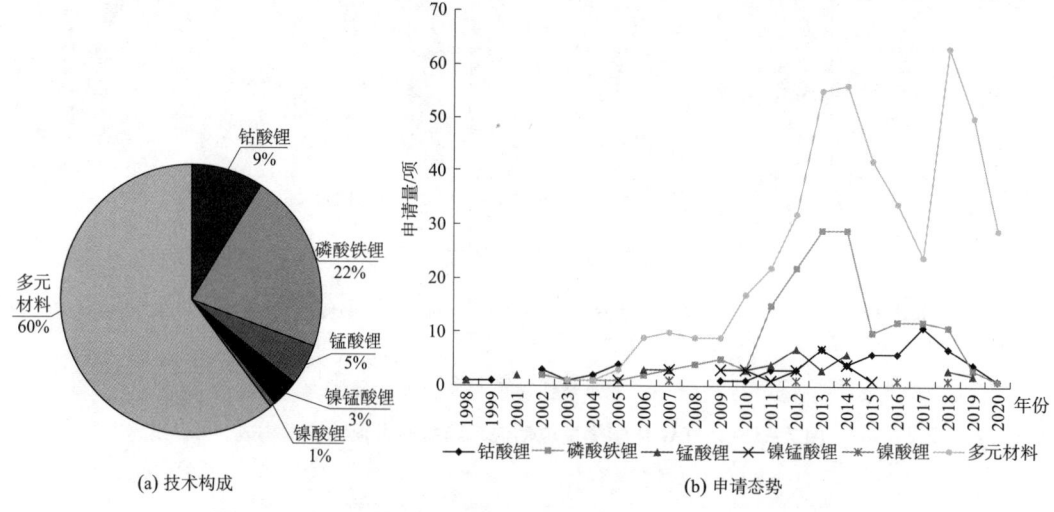

图 7-1-4 LG 化学锂离子电池正极材料技术构成及申请态势

如图 7-1-5 所示，在负极材料方面，LG 化学涉及硅基负极、碳基负极以及锡基负极。其中硅基负极占比最大；碳基负极的占比不是最高，但也在持续研发中；锡基负极占比最小，仅 2%，但在 2011~2014 年、2016~2019 年较为集中，有后半程发力的迹象。整体分析，LG 化学在硅基以及碳基负极材料方面采取多路线并行策略。

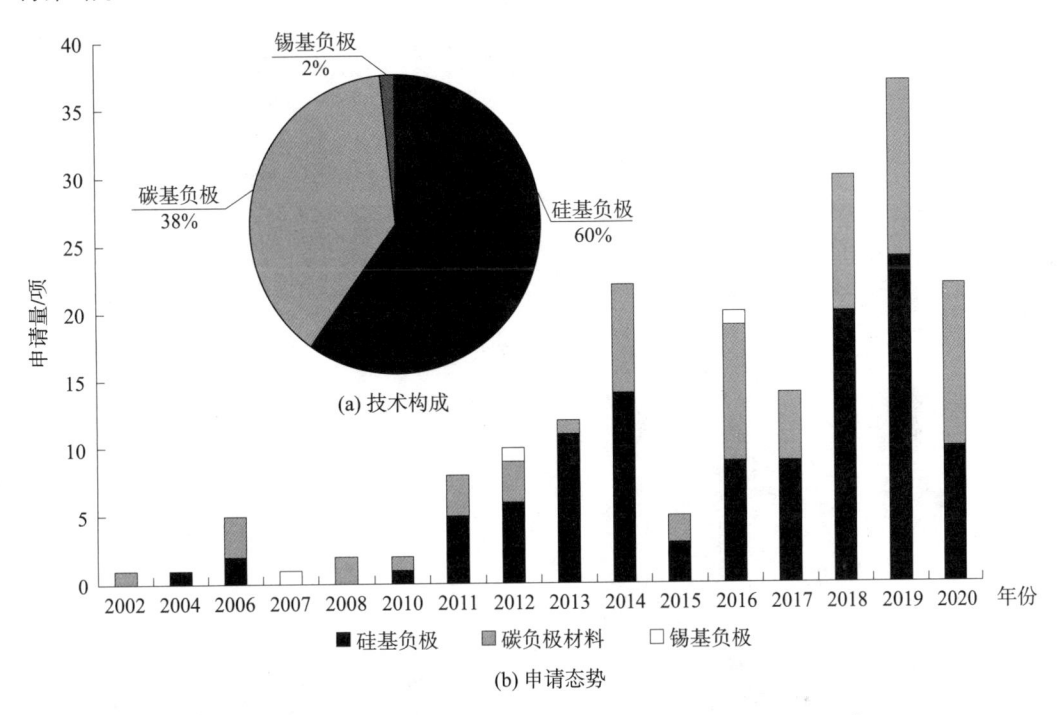

图 7-1-5　LG 化学锂离子电池负极材料技术构成及申请态势[1]

作为未来可能普及的电池，固态电池的研究在 LG 化学一直未被忽略。2018 年，电池领域突破性地发现陶瓷材料用作固态电池电解液的可行性后，固态电池很快成为热门的研究对象。在 2019 世界新能源汽车大会上，LG 化学 CEO 辛学喆表示将致力于开发固态锂二次电池。图 7-1-6 所示 LG 化学固态电池的申请趋势表明，其在 2003 就提出了关于固态电池的首次申请并持续有所涉及，在 2018 年后迅速达到峰值，与固态电池的行业趋势相符。

7.1.3.2　动力电池包

如图 7-1-7 所示，LG 化学在电芯上的布局和申请量相对较少。而在成组结构上则呈活跃的态势。从 2004 年开始，LG 化学在成组结构上逐步提出了改进，而在 2012 年之前发展较为缓慢，2013 年之后成组结构的相关专利申请则迅速增多。在电池包装方面，LG 化学大部分采用叠片式软包设计，是海内外公认的软包龙头企业。

---

[1] 本书中柱形图未显示的年份申请量为 0，特此说明，类似情况，不再赘述。

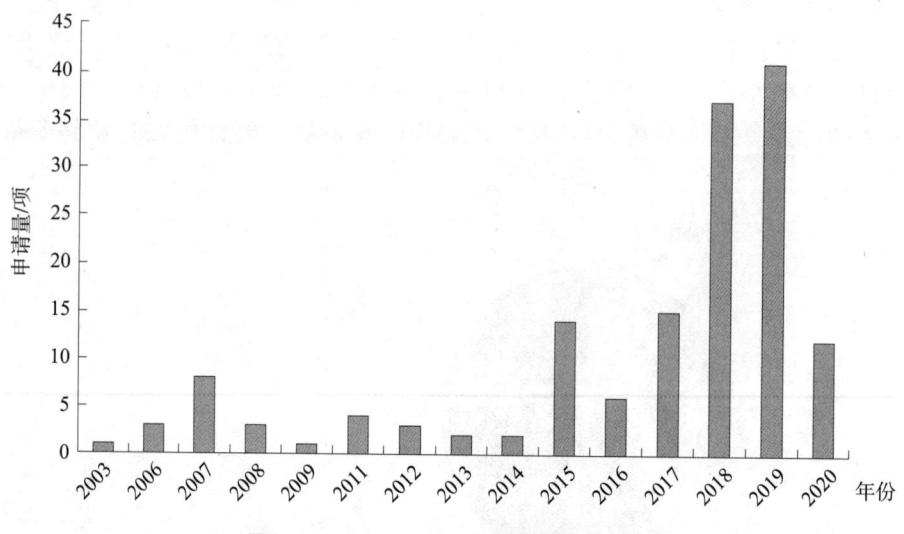

图 7-1-6　LG 化学固态电池申请态势

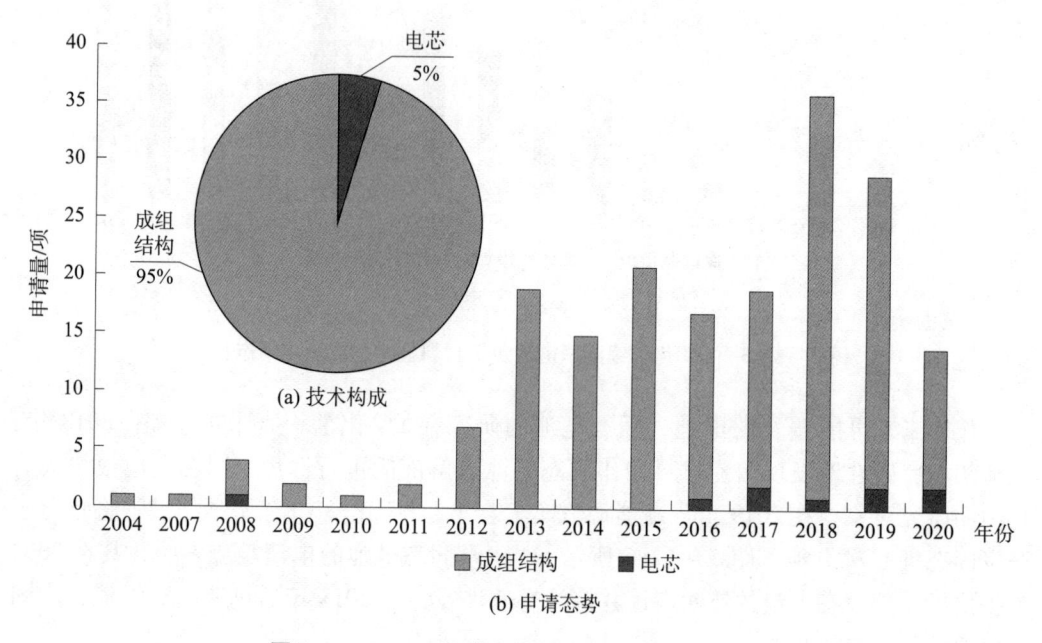

图 7-1-7　LG 化学电池包技术构成及申请态势

7.1.3.3　电池管理系统

在充放电过程中，对充放电进行控制是保证电池安全和续航能力的重要手段，因而电池组的均衡和热管理是动力电池续航技术中的重要分支。本小节分析了 LG 化学在动力电池放电均衡和热管理领域的专利申请数量年份分布的情况。由图 7-1-8 可知，LG 化学自 2004 年开始了电池管理方面的研究，专利申请量在 2012 年达到了小突破，在 2018 年达到了巅峰。电池热管理方面的专利数量呈现逐渐增长的趋势，且在 2015 年后，热管理专利数量远远大于电池放电均衡专利数量。电池放电均衡方面的专利数量

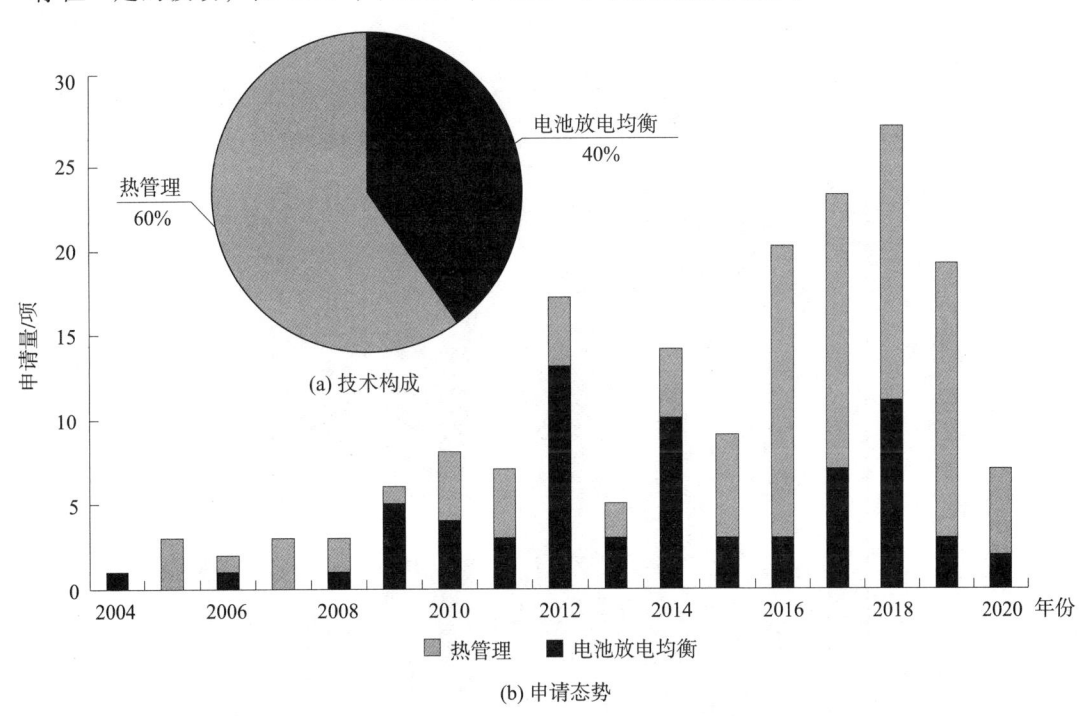

存在一定的波动,在 2004 年、2012 年、2018 年中数量相对较多。

图 7-1-8　LG 化学电池管理技术构成及申请态势

7.1.4　技术发展

LG 化学锂离子电池方面正极材料自供率较高,在磷酸铁锂、多元材料、钴酸锂、锰酸锂、镍酸锂、镍锰酸锂(无钴)和富锂材料等正极材料领域均进行了布局。按照开始布局的时间顺序,其呈现 NCM-富锂-低钴的顺序,但是 LG 化学以多元正极材料为主要研发方向。虽然布局低钴和富锂,但对于多元材料的技术更新一直在持续。如图 7-1-9 所示,LG 化学 2010 年正式量产 NCM111,而在 2003 年就开始专利布局,申请混合的锂过渡金属氧化物(CN100593253C),可作为性能优化的阴极材料用于可充电的锂电池中,该过渡金属是锰、镍和钴的固溶体混合物,M = $(Mn_{1-u}Ni_u)_{1-u-y}Co_y$,其中,$0.2<u<0.7$ 且 $0.1<y<0.9$,其中,钴以及锰-镍的过渡金属组成从内体向外体有显著的变化,优化了整体性能。2004 年开始布局 NCM811,提出锂过渡金属氧化物粉末(CN1902776B),单个颗粒的内部至少 80w% 的 M 是镍,且钴、锰含量随着粒度增加而减少。之后不断对 NCM 电池的容量提出改进,技术储备实力强大。2011 年提出 WO2011136550A2,三元与碳酸锂和氢氧化钾复合提高稳定性和寿命。2014 年提出 KR2016026402A,包括包含锂镍复合金属氧化物的芯和表面改性层的正极活化材料,提高放电容量等。LG 化学于 2018 年提出了镍含量为 90% 的 NCMA 四元正极的制备方法(KR20200070648A),具有优异的初始充放电特性、速率特性和高温寿命。

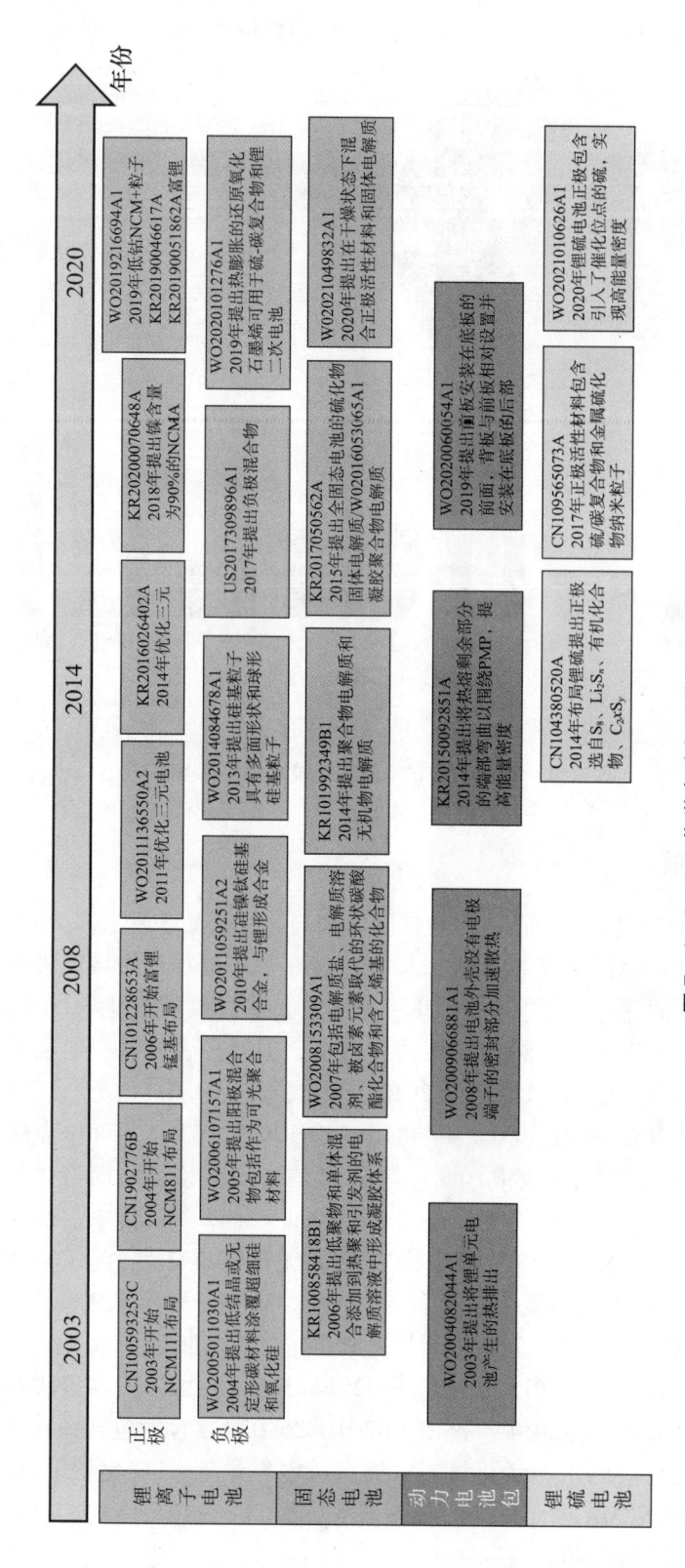

图 7-1-9 LG 化学电池领域技术演进路线

此外，在 2006 年申请的 CN101228653A 就开始了对富锂锰基的专利布局。KR20190051862A 提出将包覆掺杂后的富锂锰基 + 与 NCM + 进行混合，并通过大小颗粒搭配，来提高容量、高温稳定性和循环性能。为推动低钴正极材料发展，2019 年申请的 WO2019216694A1 提出具备浓度梯度且表面处的粒子生长方向和晶体的 c 轴方向满足特定角度的低钴 NCM + 粒子，即使使用少量的钴，也可以获得优异的输出特性，且具有高容量和结构稳定性。

LG 化学每类负极产品均具有至少 2 家供应商，以形成竞争限制成本。同时也在加大自身研发力度，从 2013 年开始加大专利布局力度。其技术路线呈硅基和碳基并行态势。

2004 年提出 WO2005011030A1，低结晶或无定形碳材料涂覆超细硅和氧化硅提高容量和寿命。2005 年提出 WO2006107157A1，阳极混合物包括作为可光聚合材料，提供了电池的优异充电/放电循环特性。2010 年提出 WO2011059251A2，硅镍钛硅基合金，与锂形成合金，提高容量，改善循环性能和体积膨胀。2013 年提出 WO2014084678A1，硅基粒子具有多面形状和球形硅基粒子，改善容量。2017 年提出 US2017309896A1，负极混合物包含负极活性材料、0.6 重量%～1.4 重量%的增稠剂和水性黏合剂，提高能量密度。2019 年提出 WO2020101276A1，热膨胀的还原氧化石墨烯可用于硫-碳复合物和锂二次电池，提高高倍率段的放电容量。

LG 化学在动力电池包上进行了全方位的布局。2018 年，固态电池成为热门研究对象之后，LG 化学迅速跟进，开发包括拥有更优秀安全性能的聚合物和硫化物的全固态电池，为未来发展积累技术。相关研究早期主要为聚合物和有机溶剂组成的凝胶电解质体系，后逐渐对聚合物体系开展研发，二者齐头并进，在硫化物电解质方面则研究较少。

2006 年提出 KR100858418B1，低聚物和单体混合添加到热聚和引发剂的电解质溶液中形成凝胶体系。2007 年提出 WO2008153309A1，电解质包括用于二次电池的电极用非水电解质，包括电解质盐、电解质溶剂、被卤素元素取代的环状碳酸酯化合物和含乙烯基的化合物。2014 年提出 KR101992349B1，涉及聚合物电解质和无机物电解质。2015 年提出 KR2017050562A，涉及全固态电池的硫化物固体电解质。2015 年提出 WO2016053065A1，凝胶聚合物电解质包括电解质溶液和浸渍到电解质溶液中的聚合物网络，提高能量密度。2020 年提出 WO2021049832A1，在干燥状态下混合正极活性材料和固体电解质，提高了全固态电池的容量和效率。

LG 化学是软包电池的行业巨头，为了提高能量密度，在轻量化以及体积方面都作出了很多改进。2003 年提出将锂单元电池产生的热排出，同时使来自可充电的锂电池之间的连接所造成的接触电阻最小化，能够提高可充电锂电池组件的能量密度（WO2004082044A1）。2008 年提出电池外壳设有电极端子的密封部分加速散热，从而使电池芯在充电和放电过程中产生的热量易于排出，使电池芯的散热效率最大化（WO2009066881A1）。2014 年提出将热熔剩余部分的端部弯曲以围绕 PMP，提高能量密度（KR20150092851A）。2019 年提出气垫与冷却垫垂直设置并沿电池组外壳的前后方向安装到内壁，前板安装在底板的前面，背板与前板相对设置并安装在底板的后部，实现了高能量密度（WO2020060054A1）。

LG化学在锂硫电池方面从2014年开始布局,提出正极选自无机硫或元素硫(S_8)、其中$1 \leq n \leq 8$的Li_2S_n、有机硫化合物以及碳-硫复合物($C_{2x}S_y$,其中$0 \leq x \leq 2$和$1 \leq y \leq 40$)或它们中的至少两种的混合物(CN104380520A)。2017年提出应用于锂硫电池用正极活性材料且具有大比表面积的金属硫化物纳米粒子,在锂硫电池的充电和放电中充当氧化还原介质,从而抑制可能溶出的多硫化物的产生,并吸附多硫化物并防止其扩散,从而减少穿梭反应,提高锂硫电池的容量和寿命特性(CN109565073A)。2020年提出锂硫电池正极包含引入了催化位点的硫,实现高能量密度(WO2021010626A1)。

7.1.5 发明人分析

7.1.5.1 发明人排名

对LG化学的第一发明人进行分析,如图7-1-10所示,排名第一的发明人KWON, Yo-Han截至目前共申请了共69项专利,排名第十的发明人OH, Sang Seung截至目前共申请14项专利,排名前十的发明人的专利申请量整体呈相对平缓的递减趋势。

第一发明人	申请量/项
KWON, Yo-Han	69
OH, Song Taek	51
YU, Sung-Hoon	48
CHANG, Sung Kyun	48
LEE, Joo Sung	34
JO, Chi Ho	30
LEE, Jung-Pil	19
JUN, In Kook	15
PARK, Eunkyung	15
OH, Sang Seung	14

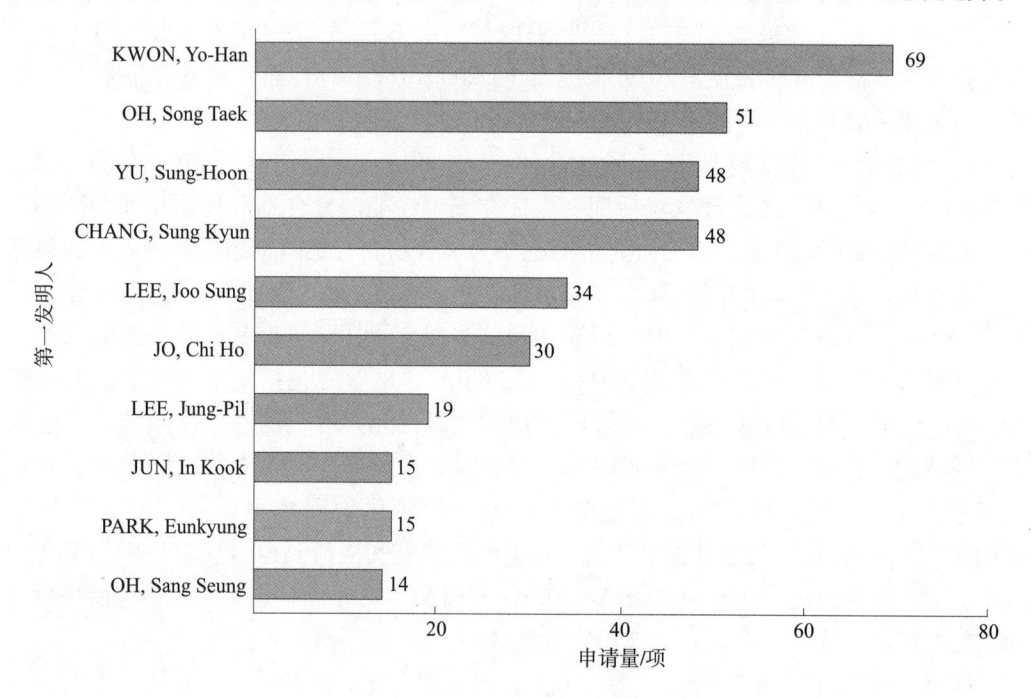

图7-1-10 LG化学第一发明人排名

7.1.5.2 发明人技术生涯

针对LG化学排名前十的第一发明人的技术生涯进行了详细分析。从图7-1-11可以看出:排名前十的发明人在LG发展前期均没有申请专利,排名第一的KWON, Yo-Han、排名第二的OH, Song Taek以及排名第四的CHANG, Sung Kyun在2015年之后几乎无申请;排名第一的KWON, Yo-Han在2011年申请了35项专利,占其总量的一半以上;排名第三的发明人YU, Sung-Hoon则从2007年开始持续活跃至今,在2011年申请了较多专利,该年专利数量达到技术生涯专利数量的70%以上;排名第五的 LEE，Joo Sung、排名第六的 JO，Chi Ho、排名第七的 LEE，Jung-Pil 以及排名第九的 PARK，Eunkyung 是近几年较为活跃的发明人。

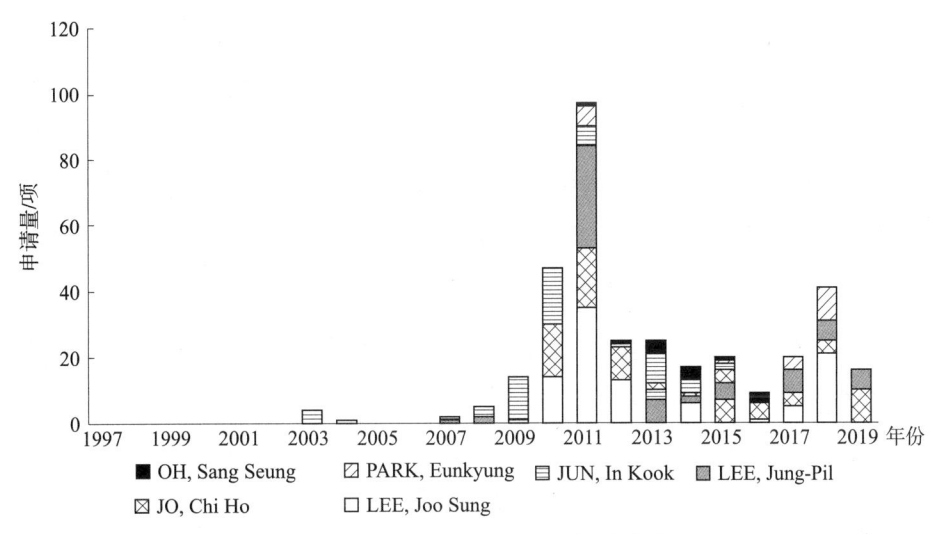

图 7-1-11 LG 化学第一发明人技术生涯

7.1.5.3 分领域发明人排名

图 7-1-12 为 LG 化学在锂离子电池领域的前十位发明人。排名第一的是 KWON，Yo-Han，其在综合第一发明人中排名也是第一。且排名前十的发明人中有 8 位与整体排名前十的发明人重合，也进一步印证了 LG 化学在锂离子电池材料方面研发力度的投入较大。

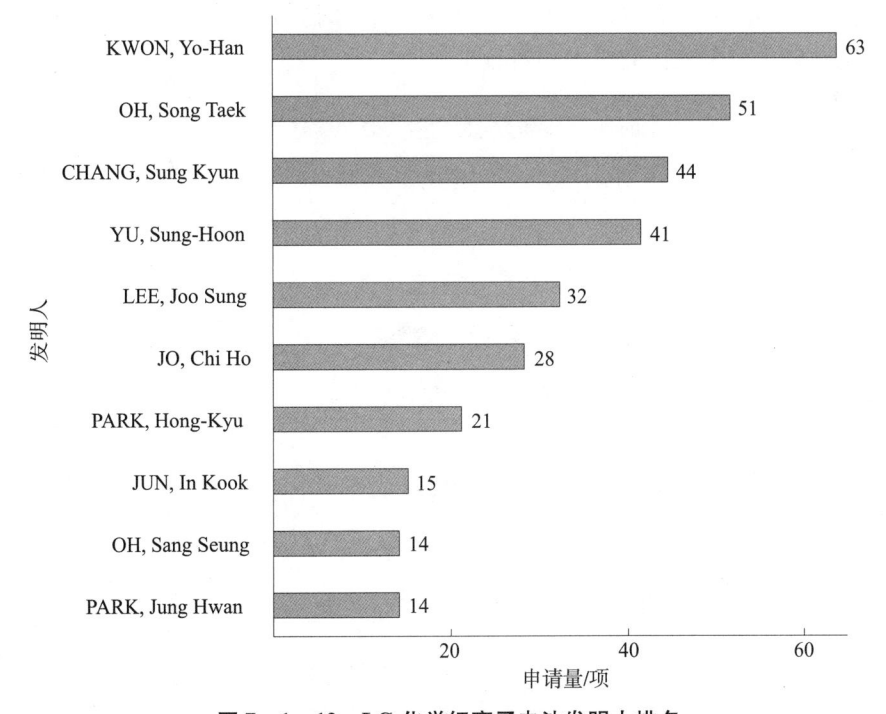

图 7-1-12 LG 化学锂离子电池发明人排名

图 7-1-13 为 LG 化学在固态电池领域的前十位第一发明人。排名第一的 LEE，Jung-Pil 在综合发明人排名中为第七，且近几年较为活跃。这也从侧面反映，LG 化学对于未来固态电池的重视程度。

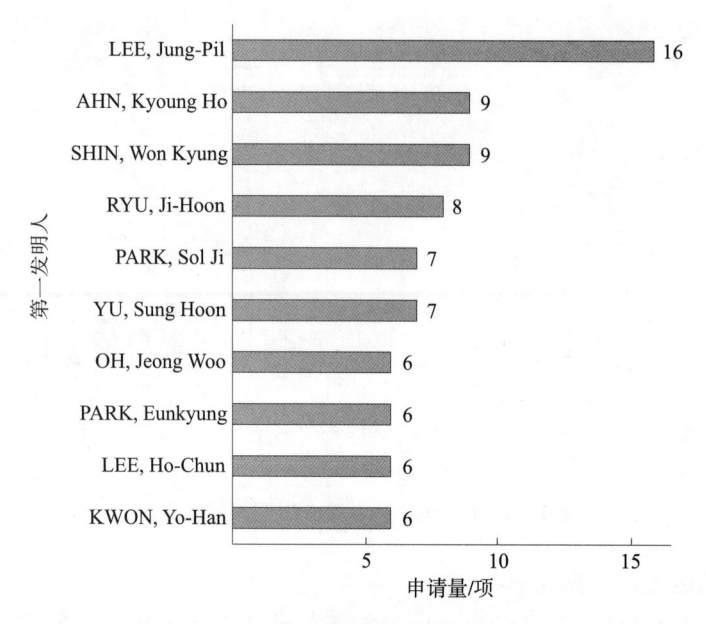

第一发明人	申请量/项
LEE, Jung-Pil	16
AHN, Kyoung Ho	9
SHIN, Won Kyung	9
RYU, Ji-Hoon	8
PARK, Sol Ji	7
YU, Sung Hoon	7
OH, Jeong Woo	6
PARK, Eunkyung	6
LEE, Ho-Chun	6
KWON, Yo-Han	6

图 7-1-13　LG 化学固态电池发明人排名

图 7-1-14 为 LG 化学电池包第一发明人排名。排名第一的是 KWON，Sung-Jin；然而，关于电池包的申请量较少，申请人没有与整体排名前十的发明人重合。这反映出 LG 在电池包部分投入研究精力相对较少。

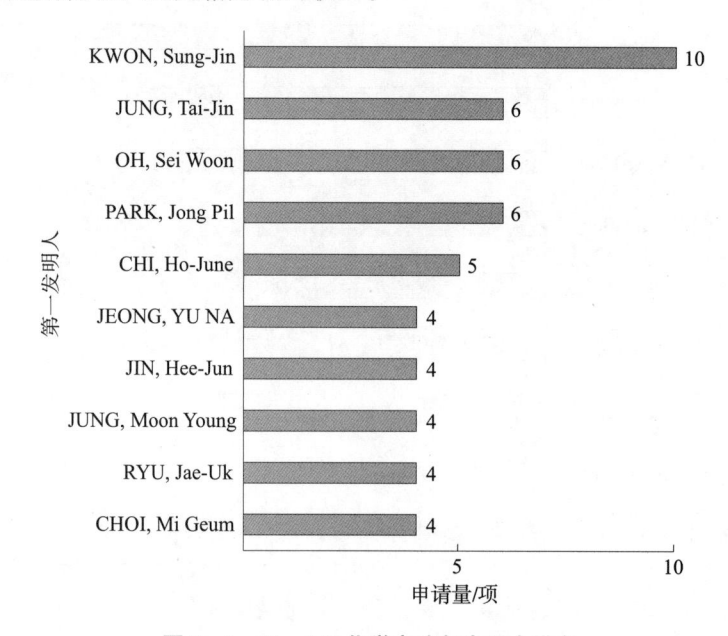

第一发明人	申请量/项
KWON, Sung-Jin	10
JUNG, Tai-Jin	6
OH, Sei Woon	6
PARK, Jong Pil	6
CHI, Ho-June	5
JEONG, YU NA	4
JIN, Hee-Jun	4
JUNG, Moon Young	4
RYU, Jae-Uk	4
CHOI, Mi Geum	4

图 7-1-14　LG 化学电池包发明人排名

图 7-1-15 为 LG 化学电池管理系统第一发明人排名。排名第一的是 LEE, Jin Kyu。其中电池管理系统排名前十的发明人在综合第一发明人中没有出现。从研发人员的占比来看，也可见 LG 化学研发力量以及未来发展方向主要还是在于锂离子电池正负极材料，而非电池管理系统。

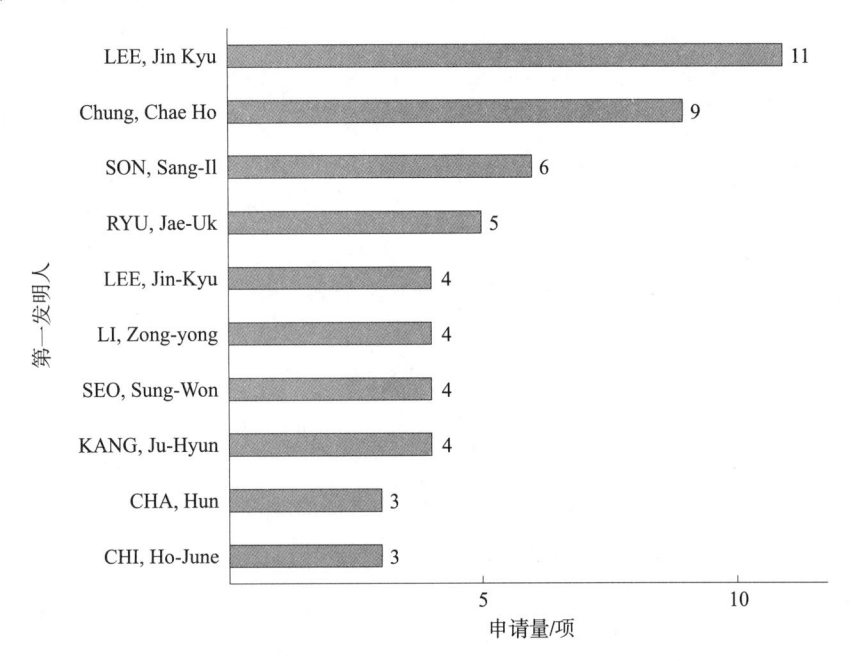

第一发明人	申请量/项
LEE, Jin Kyu	11
Chung, Chae Ho	9
SON, Sang-Il	6
RYU, Jae-Uk	5
LEE, Jin-Kyu	4
LI, Zong-yong	4
SEO, Sung-Won	4
KANG, Ju-Hyun	4
CHA, Hun	3
CHI, Ho-June	3

图 7-1-15 电池管理系统发明人排名

7.1.6 小　　结

本节对 LG 化学与电动汽车续航相关的专利进行了分析，包括专利申请态势、技术布局、技术发展路线和研发团队，得到如下结论：

（1）专利申请态势

在 2009 年自主研发的锂离子电池应用于商用电动车后，2011 年 LG 化学的申请量出现井喷式增长，说明其专利布局战略与市场布局战略两者间结合紧密并良好运行。从 LG 化学在主要国家/地区的专利申请可以看出，其以韩国本土为重点，几乎所有专利都在韩国提出。而主要海外市场为美国、中国、欧洲和日本，且申请量相差较小，可见其对在主要国家/地区的专利布局十分积极，知识产权战略高度具有前瞻性，是 LG 化学不断开拓和巩固全球市场的重要手段之一。

（2）专利布局

从技术构成分析可见，LG 化学进行了全方位的专利布局，但侧重点明确，主要申请集中在动力电池上。在动力电池方面布局丰富，主要集中在锂离子电池，申请量达 64%，其次是动力电池包与固态电池，但也仅占到 12% 与 20%，且主要原因在于，LG 化学是软包电池行业巨头并且在其新一代电池技术的固态电池方面近几年不断地进行技术积累。在固态电池方面，由于这是其拟发展的新一代电池技术，2017年后申请量逐步提升，正处于技术积累期。锂硫电池也是LG化学近几年的主要研究方向。

（3）技术发展路线

LG化学在正极材料方面自供率高且布局全面，涵盖了磷酸铁锂、多元材料、钴酸锂、锰酸锂、镍酸锂、镍锰酸锂（无钴）和富锂材料。LG化学以多元正极材料为主要研发方向，主要朝着超高镍、低钴的方向发展，且近年来对富锂锰基正极材料也加大布局。

LG化学在负极材料方面涉及硅基负极、碳基负极以及锡基负极。硅基负极材料占比最大，锡基负极占比最小，硅基负极材料在近几年申请较为集中，属于后半程发力。碳基负极占比量不是最高，但是也在持续研发中。因此LG化学在负极材料上实行硅基和碳基并行发展。

在固态电池方面，LG化学早期研发方向主要是聚合物和有机溶剂组成的凝胶电解质体系，后来则慢慢开始对于以聚合物体系为主的固态电池进行研发，而在硫化物电解质方面则研究较少。目前，LG化学对于凝胶电解质和聚合物均有研究，齐头并进。

在电池包结构上，LG化学是软包行业巨头，为了提高能量密度，在轻量化以及体积方面都作出了很多改进。

除了锂离子电池，锂硫电池也是LG化学近几年的主要研究方向，从2014年开始布局，之后针对容量以及稳定性等提出改进。

（4）研发团队

锂离子电池领域排名前十的发明人中有8位与LG化学整体排名前十的发明人重合，印证了LG化学在锂离子电池材料方面研发力度的投入较大。

7.2 宁德时代

宁德时代是中国动力电池的龙头企业，不仅出货量全球遥遥领先，同时在技术方面也是行业内的佼佼者。从生产布局来看，宁德时代立足于中国，布局全球，其动力锂电池生产基地分布于国内外，包括中国福建宁德、中国四川宜宾以及德国柏林等。从产业链上来看，宁德时代通过投资、收购等方式积极布局产业链上下游，在电池正负极材料、电解液方面均有控股企业，形成产业链协同效应。

本节对宁德时代在动力电池以及电池管理系统的专利进行分析。首先，对宁德时代在全球以及各目标国或地区的申请态势进行分析，获得宁德时代在全球各个国家/地区的专利申请情况，从而帮助企业了解宁德时代的目标市场以及专利布局情况。其次，通过对宁德时代专利技术构成进行分析，获取宁德时代在不同技术分支的发展现状以及未来的发展趋势；在此基础上，对宁德时代在锂离子电池、动力电池包、钠离子电池等重要技术构成进行技术脉络梳理，并通过这一分析，帮助企业了解宁德时代在该技术领域的发展历史、重点关注的技术和未来发展趋势。最后，对宁德时代在各个技术领域的发明人进行分析，分析各领域的重要发明人，结合发明人技术生涯，以揭示企业未来的研发方向。

7.2.1 简　　介

2011年新能源（香港）科技有限公司的汽车动力部门从公司剥离，成立宁德时代新能源科技有限公司。其核心技术覆盖动力电池领域的材料、电芯、电池系统、电池回收二次利用等技术的研发，并与国内外多家主流汽车主机厂有合作关系，成为国内率先进入国际顶尖车企供应链的锂离子动力电池制造商。纵观宁德时代的发展历程，主要有以下的里程碑事件。

2011年：宁德时代成立；

2012年：宁德时代与华晨宝马达成战略合作关系，成为其电池供应商；

2017年：宁德时代第一次登顶全球动力电池出货量榜首；

2018年：宁德时代上市，并于同年在德国图林根州投建第一家海外工厂；

2020年：宁德时代于特斯拉达成合作关系，成为其全球电池供应商；

2021年：宁德时代于宜宾市签署合作协议，建立宜宾生产基地；同年，宁德时代计划推出钠离子电池。

从上述发展历程上看，宁德时代仅用了10年的时间，就成长为全球电池行业的龙头企业，并取得市场广泛的认可。

7.2.2 申请态势分析

由图7-2-1（a）可知，宁德时代从2011年成立初始，便在动力锂电池领域投入研发，并在提升动力电池续航能力方面申请了专利。在2015年以前，宁德时代经历了短暂的技术积累发展期。这段时间里国内的电动汽车市场刚起步，销量较低。2015年之后，随着国内的电动车市场逐步升温并持续火热，宁德时代在提升动力电池续航能力方面的专利申请数量出现井喷式增长，在2018年达到巅峰272项，接近2017年相关专利申请量的2倍，这与中国国内电动汽车政策鼓励高续航动力电池发展是契合的。截至2020年，宁德时代在提升动力电池续航方面的专利申请量达到863项，其中2015年后的专利申请数量达到了800项。由此可说明，宁德时代在经历了初创始前几年的技术沉淀期之后，迅速发展起来，在续航相关领域投入了较大的研发力量并取得了一批知识产权研发成果。由于专利公开时间的原因，因此图示的2019~2020年的专利申请数量较少。

从图7-2-1（b）可以获悉，宁德时代在刚成立不久的2014年、2015年即开始在美国、日本、欧洲申请专利，由此可见，作为高技术密集型企业，宁德时代从创立起便具有重视知识产权和布局全球的战略眼光。从宁德时代在主要国家/地区的专利申请可以看出，其以中国国内市场为重点，主要布局地是中国，在中国申请的专利最多。主要海外市场包括美国、欧洲、日本、印度、韩国，其中以美国和欧洲的申请量最多，且申请量差距不相上下。2020年宁德时代与特斯拉达成合作关系，成为其全球电池供应商，说明了宁德时代十分重视对全球电动汽车的主要市场美国、欧洲市场的专利布局。宁德时代在日本和韩国的相关专利申请数量相对较少，尤以在韩国的专利申请数量最少。

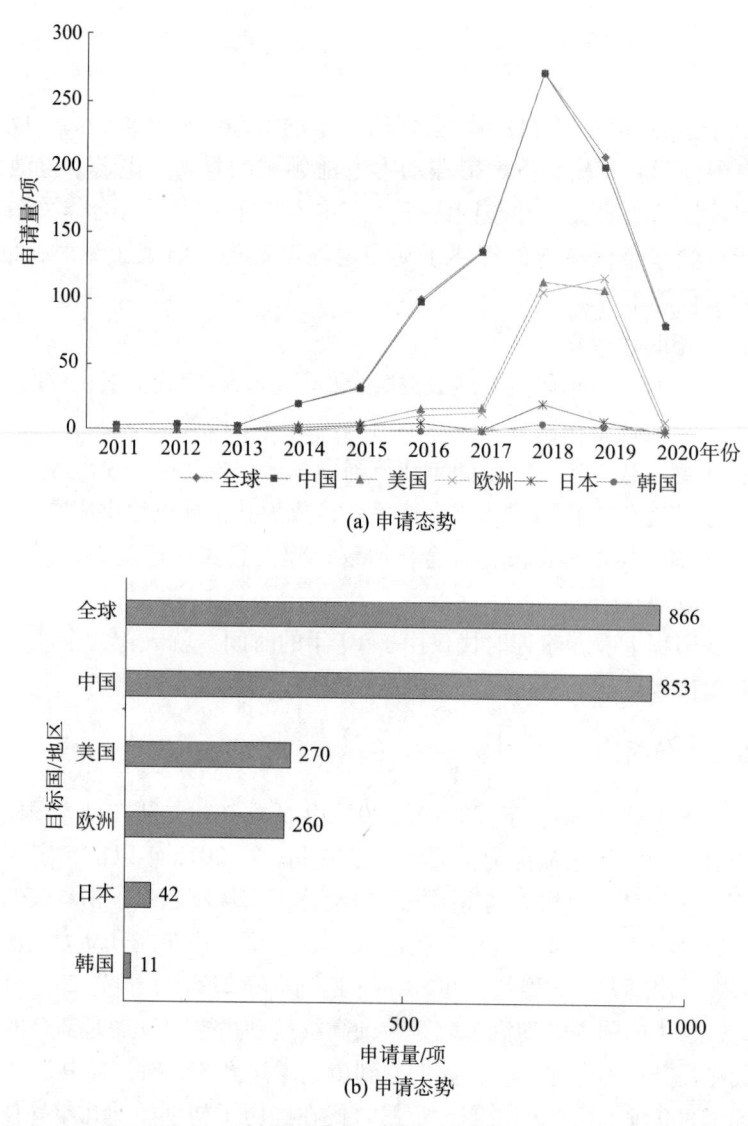

图 7-2-1 宁德时代电池续航领域主要目标国家/地区申请态势及申请量

7.2.3 技术构成分析

由图 7-2-2（a）可以看出为了提高能量密度提高续航能力，宁德时代主要研发投入在动力电池中，对于电池管理系统相关申请则较少。动力电池的申请主要涵盖动力电池包和锂离子电池，其中动力电池包申请量达 409 项，锂离子电池申请量达 331 项，可见其在动力电池包改进方面投入较大。

依托于强大的市场需求，随着电动汽车续航能力要求的不断提升，宁德时代在锂离子电池上的专利布局较大，并且处于不断积累的阶段。其中对正极材料的申请量大于负极材料的申请量，这与其他电池企业例如 LG 化学类似。在正极材料方面，宁德时代覆盖较全，而以三元材料为代表的多元材料则是其中核心。

(a) 各分支旭日图

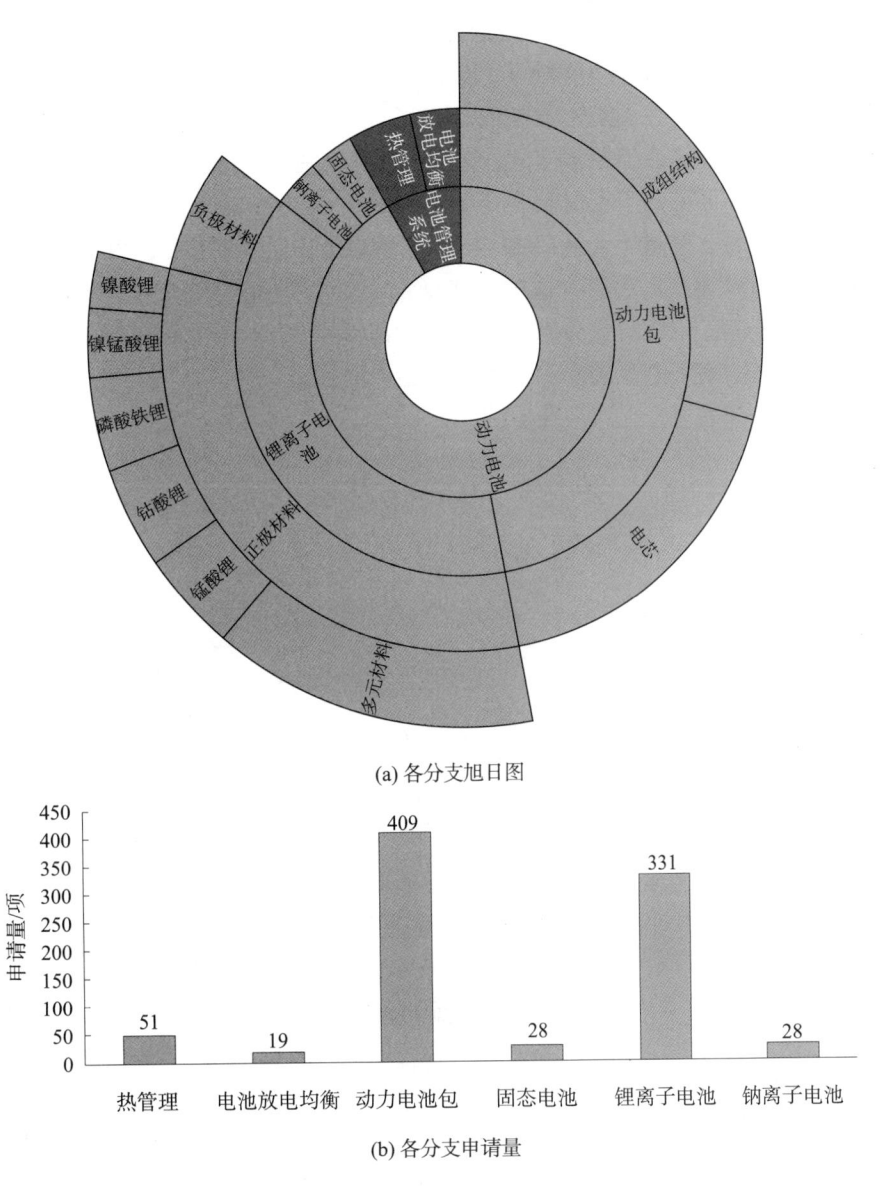

(b) 各分支申请量

图7-2-2 宁德时代提高续航能力领技术分支分布与申请量

在电池材料创新的同时，宁德时代在结构性方面也持续不断进行创新。2019年提出了CTP技术。在高工锂电2020年会上，曾毓群又提出CTC技术，将电池直接集成在汽车底盘上，宁德时代在CTC技术上正在进一步研究和积累。预计宁德时代将在2025年前后正式推出高度集成化的CTC技术，并于2028年进一步升级为第五代智能化的CTC。以上足以见得宁德时代对动力电池包结构上的研究非常重视，也是其未来竞争力的重要保障。

在动力电池方面，宁德时代在钠离子电池和固态电池上也有一定量的申请，主要目的是对未来发展钠离子电池和固态电池进行一定的技术积累。2021年7月宁德时代发布了钠离子电池，电池兼具优异的低温性能、快充性能以及安全性能。下一代钠离子电池能量密度研发目标在200Wh/kg以上。目前，宁德时代已启动产业化布局，2023年将形成基本产业链。在固态电池方面，宁德时代也深耕多年。目前其处于第一梯队，可以做出固态电池样品，但距离实现固态电池商业化还有一段路要走。

由图7-2-3可见，宁德时代在电池包结构和锂离子电池方面的申请与整体申请趋势保持为一致的上升趋势，在2018年达到250项以上。其中在锂离子电池方面，可能由于自供率的提升，其专利申请进一步增加。对于作为其未来发展方向之一的固态电池和钠离子电池，宁德时代分别在2013年和2014年开始了专利布局。随着产业链的形成，相信未来钠离子电池的专利申请也会逐步增多。

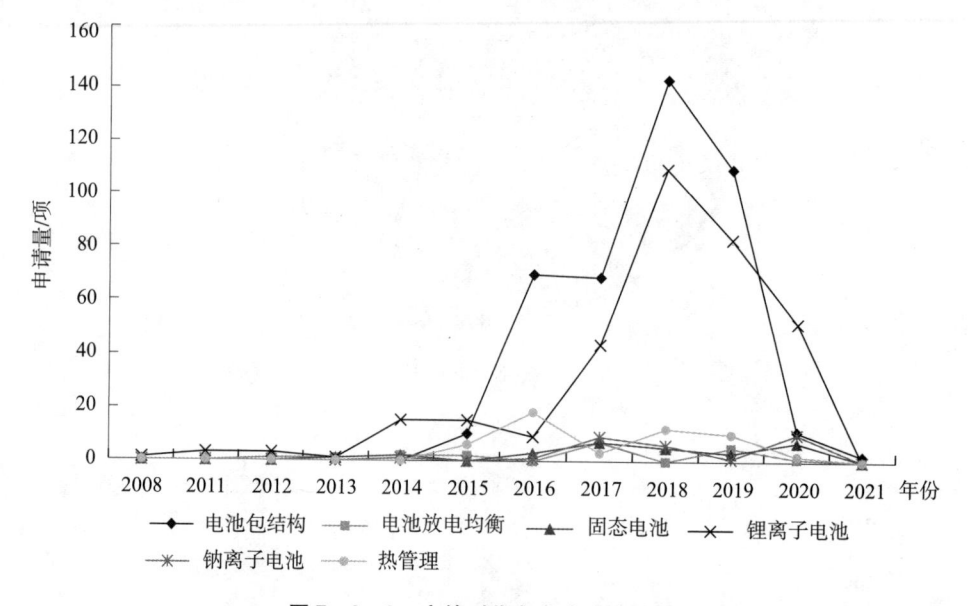

图7-2-3　宁德时代各分支申请趋势

7.2.3.1　锂离子电池

由图7-2-4可以看出，在正极材料方面，宁德时代主要研究方向在于以三元材料为代表的多元材料，专利申请量占正极材料的44%，也足以见得多元材料是其核心材料。宁德时代经过多年发展基本将国内出货量靠前的多元材料企业纳入其阵营，包括控股子公司邦普以及振华新材、巴莫科技、长远锂科等。处出于保障其原料供应稳定和掌握议价权的考量，宁德时代也利用了"多供应商"模式。在其他正极材料方面，钴酸锂和锰酸锂次之，均占到14%，而磷酸铁锂则占12%，镍锰酸锂、镍酸锂和富锂材料则相对较少，分别为9%、4%和3%。

从其申请趋势来看，多元材料申请趋势与整体申请趋势一致，也进一步反映了其在正极材料方面的核心地位。在2018年，随着宁德时代不断加强在正极材料方面的产业布局，提高自供率，多元材料达到申请量峰值。近年来宁德时代通过自建前驱体项目或战略采购，交给其正极材料企业代工生产，转变正极采购模式。而镍锰酸锂、锰酸锂、钴酸锂以及磷酸铁锂申请量则是小幅增长，占比不突出。

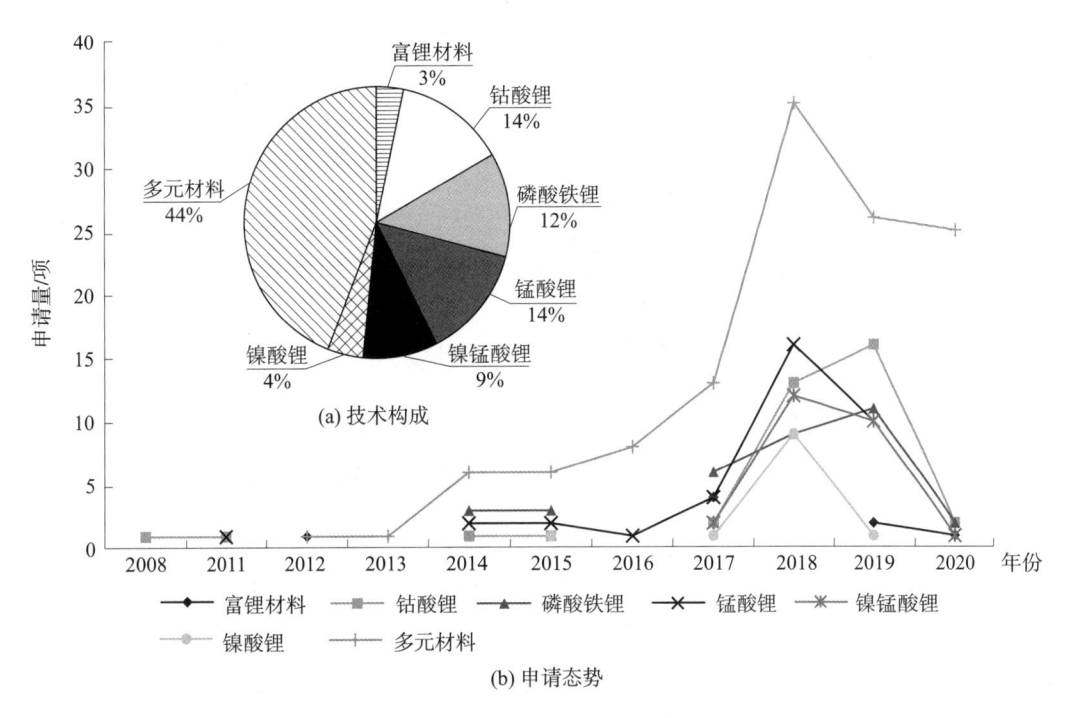

图 7-2-4 宁德时代锂离子电池正极材料技术构成及申请态势

负极材料对于能量密度提升也很关键，正负极材料相互配合才会实现最佳的效果。宁德时代有四大负极材料供应商，分别为东莞凯金、杉杉股份、星城石墨以及璞泰来。目前业内大多采用石墨作为负极材料，随着续航里程需求的升级，石墨已不能满足市场对电池能量密度的期望，硅基负极材料被看作"替代者"。由图7-2-5可以看出，宁德时代瞄准了负极材料的硬伤，其硅基负极材料申请占比达53%，而碳基负极以及锡基负极分别占到27%以及20%。2017年之后硅基负极申请处于较多的趋势，但增幅不明显，碳基负极材料在2020年申请量明显增多。总体上，宁德时代负极材料呈现以硅基负极为主，碳基和锡基并行发展的路线。近年以来，发现了硅基负极材料技术、掺硅补锂技术、无机预锂化硅负极技术等，随着1000公里续航、350Wh/kg能量密度等吸睛名词汇纷纷登场，相信未来硅基负极仍是宁德时代主要专利申请方向。

7.2.3.2 动力电池包

关于宁德时代在提高续航能力上主要研发方向的动力电池包，由图7-2-6可知，宁德时代在电芯成组结构上作出了更多了改进，申请量占62%。而在单体电芯结构上改进则只占到38%。从2015年以来，宁德时代在成组结构方面的申请快速增长，在2018、2019年均达到较大的申请量。宁德时代所提出的CTP技术，在2016年就开始布局。在2019年德国法兰克福国际车展上正式推出后，和北汽新能源共同打造的CTP电池包在北汽新能源总部发布并量产。在这之前，宁德时代进行了大量的技术积累。在单体电芯方面，申请量则较少，这也是电芯改进逐步趋于成熟以及市场驱动所致。

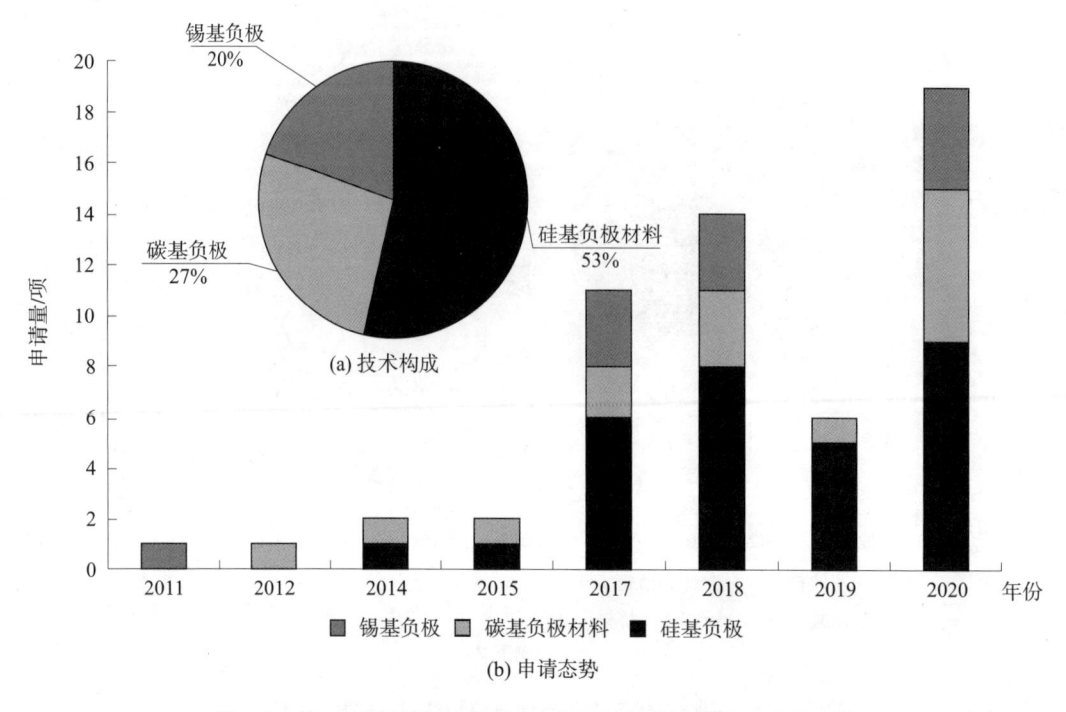

图7-2-5 宁德时代锂离子电池负极材料技术构成及申请态势

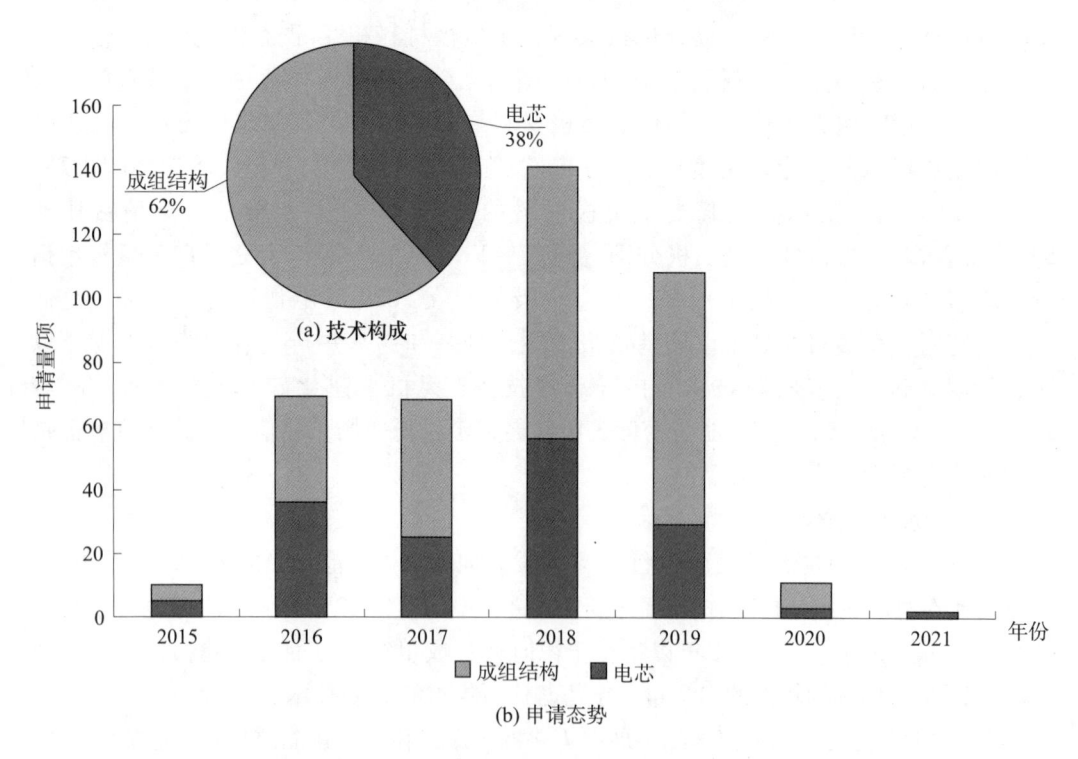

图7-2-6 宁德时代电池包技术构成及申请态势

2019年乘用车的补贴减少一大半,为了从之前的补贴机制转向市场模式驱动,关于电池系统重要的事情还是降低成本。通过弱化模组环节,直接在系统设计中间,对大量的电芯进行组合,减少零部件是降低成本的重要手段。

7.2.3.3 固态电池

固态电池在安全性能以及使用寿命上优势突出,未来发展趋势可观。在固态电池方面,宁德时代深耕多年,目前处于第一梯队。但根据之前预测,其商业化应用估计要到2025年之后。从图7-2-7的申请趋势可以看出,固态电池从2013年开始布局,但申请量一直较少,处于个位数,说明其仍处于探索阶段和技术积累期。

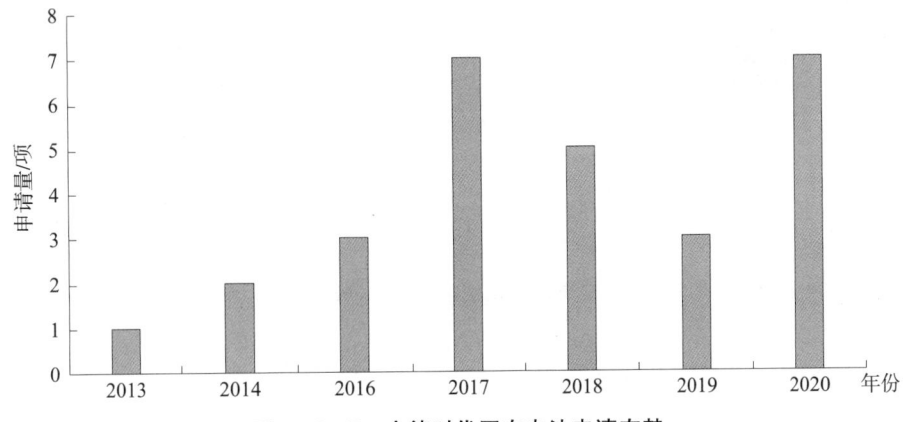

图7-2-7 宁德时代固态电池申请态势

7.2.3.4 钠离子电池

由图7-2-8可以看出,宁德时代在钠离子电池方面专利布局从2016年开始。其中正极材料涉及钠过渡金属磷酸盐。从申请量占比来看,钠过渡金属氧化物和普鲁士蓝相当,钠过渡金属磷酸盐相对较少。宁德时代于2021年7月发布钠离子电池,目前已启动产业化布局,预计2023年将形成基本产业链。随着产能扩展,钠离子电池的技术积累也会进一步增多,申请量增长是可预见的趋势。从2019年的不完整数据也可看出,钠离子电池的申请量已显出增多趋势。

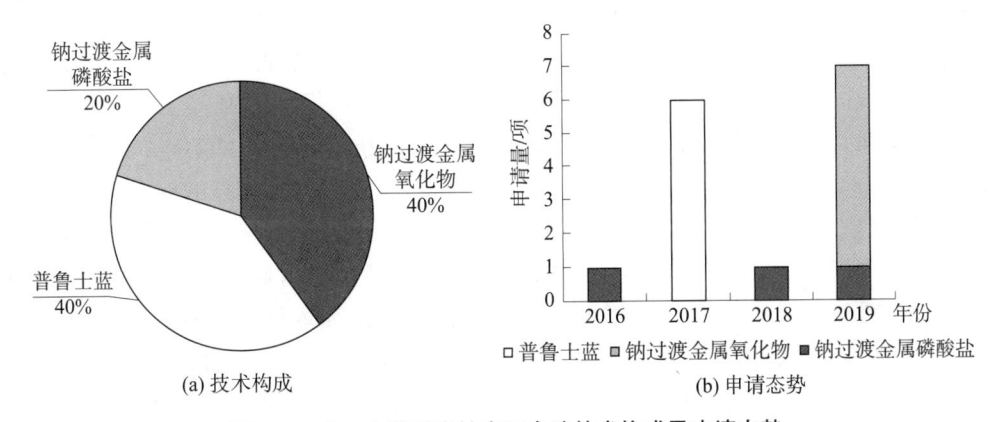

图7-2-8 宁德时代钠离子电池技术构成及申请态势

7.2.3.5 电池热管理

由图 7-2-9 可以看出，电池管理技术与整车管理高度相关。宁德时代作为专攻电池的厂商，在电池管理方面的技术研发不是其主要方向，但也有所涉猎。这方面的研究从 2015 年开始，2015~2016 年有少数申请涉及气冷方式，2016 年之后关于气冷的相关专利申请仅在 2019 年有 1 项，而在液冷方式和相变方式均有一定涉及。

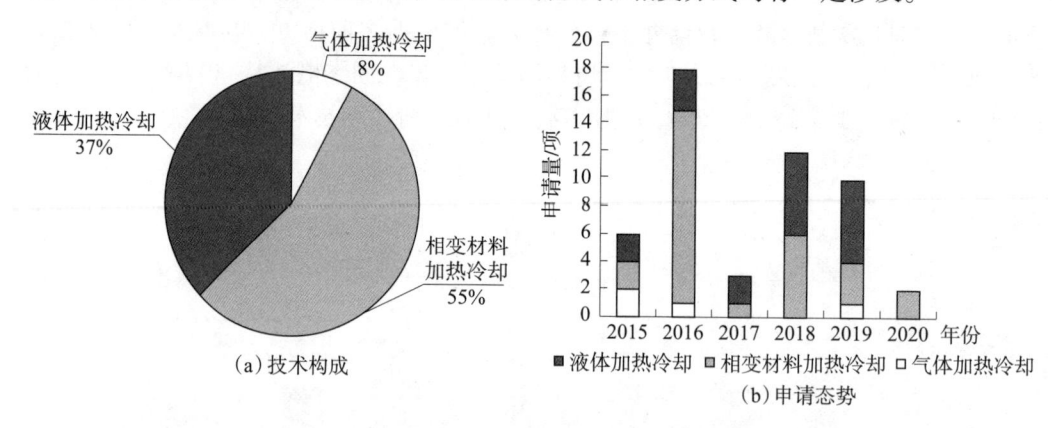

图 7-2-9 宁德时代电池热管理技术构成及申请态势

7.2.4 技术演进路线

在锂离子电池正极材料方面，以三元正极材料为核心，宁德时代在钴酸锂、锰酸锂、磷酸铁锂、镍锰酸锂以及镍酸锂和富锂材料上也有少量布局。正极材料主要以改进型专利为主，改进方向主要有制备方法和改性方法上的改进，包括掺杂和包覆等。如图 7-2-10 所示，2013 年专利申请 CN103531763A 提出采用溶胶-凝胶法和多孔氧化铝模板法相结合制备出粒径均匀、形貌结构一致、性能稳定优良的镍钴锰酸锂材料。2015 年专利申请 CN105336941A 提出高电压镍钴锰酸锂正极材料，在混料时往镍钴锰前驱体中加入纳米尺寸的金属添加剂，很好地解决了掺杂不均匀的问题。镍钴锰酸锂正极材料颗粒尺寸小且均一，提高了正极材料的结构稳定性和完整性，适用于 4.35V 以上的高电压锂离子电池，锂离子电池的循环性能和高温存储性能得到很大改善。2017 年专利申请 CN108063245A 提出：①将富镍三元材料和水置于超声波水洗容器中，在间歇搅拌或间歇鼓泡的条件下，进行超声洗涤；②将洗涤后的富镍三元材料离心脱水，然后干燥，得到成品；所述富镍三元材料的组成为 $LiNi_{0.8}Co_xMn_yO_2$，其中 $0<x<0.2$，$0<y<0.2$，且 $x+y=0.2$。保持富镍三元材料粒度与比表面积的前提下，实现了对材料表面锂杂质的去除，从而提高材料的电化学性能。2020 年专利申请 CN111082031A 提出：①采用高温烧结法制得高镍三元正极材料；②将磷酸盐溶于水中，得到包覆液；③将高镍三元正极材料和水混合，再加入锂源搅拌，得到悬浊液；④将包覆液滴入悬浊液中反应，抽滤，得到湿料；⑤将湿料干燥、过筛、烧结并保温，即得。使用水作为溶剂进行包覆，在工业上有可操作性和可靠性；该发明在水溶液中溶解后再沉淀，属于化学包覆的过程，包覆均匀，包覆剂没有自团聚或者偏聚。2020

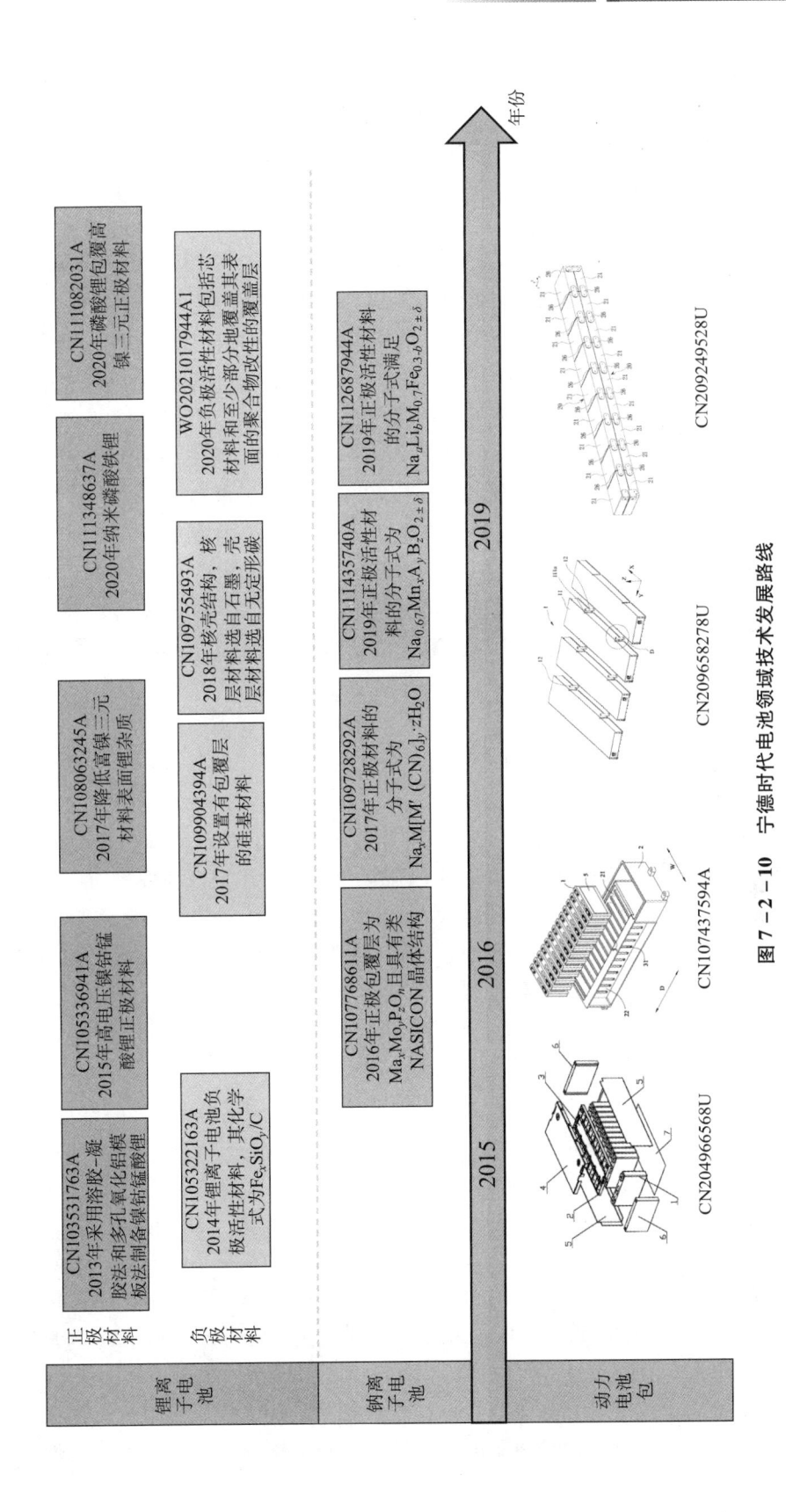

图 7-2-10 宁德时代电池领域技术发展路线

年专利申请 CN111348637A 提出制备的磷酸铁锂为纳米级别，粒径为 20~30nm，粒度均匀，无团聚现象，振实密度高，可作为电池级磷酸铁锂的前驱体，且具有制备过程简单、生产效率高、产品纯度高、分散性能好的优点。

在离子电池负极材料方面，宁德时代负极材料呈现以硅基负极为主，碳基和锡基并行发展的路线。2014 年专利申请 CN105322163A 提出锂离子电池负极活性材料，其化学式为 Fe_xSiO_y/C，其中，$2/3 \leqslant x \leqslant 2$，$3 \leqslant y \leqslant 4$。2017 年专利申请 CN109904394A 提出负极材料为表面设置有包覆层的硅基材料，第一包覆有助于硅负极形成稳定的 SEI 膜；第二包覆层在改善负极材料导电性的同时能有效抑制硅基材料的体积膨胀，两者协同作用可减少副反应的产生，改善硅基材料结构稳定性，从而提高负极材料的循环寿命。2018 年专利申请 CN109755493A 提出负极活性材料具有核壳结构，核层材料选自石墨，壳层材料选自无定形碳。所述负极活性材料中活性炭原子质量与所述负极活性材料总质量之比为 1%~15%，所述负极活性材料的比表面积为 $0.4~8m^2/g$，电池兼具动力学性能优异、安全性好、能量密度高以及大倍率快速充电下循环寿命长的特点。2020 年专利申请 WO2021017944A1 提出负极活性材料包括芯材料和至少部分地覆盖其表面的聚合物改性的覆盖层。芯材料是硅基负极材料或锡基负极材料中的一种或多种。聚合物改性覆盖层包含硫元素和碳元素。负极活性材料中硫元素的质量百分比为 0.2%~4%。负极活性材料中的碳元素的质量百分比为 0.5%~4%。聚合物改性的覆盖层具有 S–C 键。

在钠离子电池方面，宁德时代于 2016 年开始钠过渡金属磷酸盐的布局，2017 年开始普鲁士蓝的布局，2019 年开始钠过渡金属氧化物的布局。对于普鲁士蓝和钠过渡金属磷酸盐方向在制备方法和改进方法不断进行了优化和改进，针对钠过渡金属氧化物则集中在掺杂和寻找合理的元素配比。2016 年专利申请 CN107768611A 提出改性正极材料包括正极活性物质以及包覆层。所述包覆层包覆在所述正极活性物质的表面。所述包覆层的通式为 $Ma_xMo_yP_zO_n$ 且具有类 NASICON 晶体结构，其中，Ma 选自 Li 或 Na，x 为 1~3 内的整数，y、z、n 为大于 0 的整数。改性正极材料应用到二次电池后，能够提高高倍率充放电过程中二次电池的结构稳定性和动力学性能。2017 年专利申请 CN109728292A 中钠离子电池用普鲁士蓝类正极材料的分子式为 $Na_xM[M'(CN)_6]_y \cdot zH_2O$，其中，M 为过渡金属，M′为过渡金属，$0 < x \leqslant 2$，$0.8 \leqslant y < 1$，$0 < z \leqslant 20$。所述钠离子电池用普鲁士蓝类正极材料的 X 射线衍射图谱中，在 2θ 为 $34° \pm 2°$ 处的衍射峰为单峰，具有较好的循环性能。2019 年专利申请 CN111435740A 中正极活性材料的分子式为 $Na_{0.67}Mn_xA_yB_zO_{2\pm\delta}$，所述分子式中，A 为 Co、Ni 及 Cr 中的一种或多种，B 为 Mg、Al、Ca、Ti、Cu、Zn 及 Ba 中的一种或多种，$0.6 < x < 1$，$0 < y < 0.1$，$0.6 < x+y < 0.8$，$z > 0$，$x+y+z = 1$，$0 \leqslant \delta \leqslant 0.1$，且本申请提供的正极活性材料，能够同时兼顾较高的容量性能、平均电压及循环性能。2019 年专利申请 CN112687944A 提出正极活性材料的分子式满足 $Na_aLi_bM_{0.7}Fe_{0.3}O_{2\pm\delta}$，M 为过渡金属离子，$0.67 < a < 1.1$，$0 < b < 0.3$，$0 \leqslant \delta \leqslant 0.1$，所述正极活性材料的 R_{ct} 与 R_f 的比值 R_{ct}/R_f 值满足 $1.0 < R_{ct}/R_f < 20.0$；其中，R_{ct}、R_f 分别为所述正极活性材料在扣式电池中按交流阻抗法测试得到的电荷转移阻抗、扩散阻抗。该钠离子电池能够解决目前钠离子电池用正极活性材料循

环稳定性的问题，以达到提高钠离子电池循环性能的目的。

在电池包结构方面，在2016年之前对于电池包结构的改进主要思路在于减少部件、减轻重量，从而提高能量密度，但并未针对单一部件。随着2016年CTP专利技术的出现，改进则集中在了模组和电池包的结构优化，包括Z向堆叠和套筒式连接等。经过近几年的发展，CTP技术已成为其优势技术，增强了竞争力。2015年专利申请CN204966568U中提出通过将动力电池模组的动力电池管理单元设置于对应的动力电池模组的壳体内部，使得动力电池模组的内部结构更加紧凑，减少了动力电池管理单元在动力电池包中占有的空间，可以保证一个动力电池包中可以容纳更多的动力电池模组。2016年专利申请CN107437594A标志着CTP技术的提出，该专利中提出多个单体电池直接布置在箱体内，而无须先将多个单体电池组装成电池模组，简化了电池包的组装工艺，降低生产的成本。同年还提出多件类似的专利申请，在电芯设置方式上略有区别，但整体思路相同。2019年专利申请CN209658278U提出容置于所述框架内的多个电池单体；相邻的框架之间固定设置有套筒；所述套筒具有用于穿设固定件的通道；所述固定件用于将所述电池包固定于整车。该申请提供的电池包，包括两个以上的电池模组，两个以上的电池模组均包括框架和容置于框架内的多个电池单体。相邻的框架之间固定设置有套筒，套筒具有用于穿设固定件的通道，固定件用于将电池包固定于整车，在实现电池包轻量化的同时，也提高了电池包在整车的连接强度。同年，较多专利申请集中在了Z向堆叠技术，2019年专利申请CN209249528U提出所述电池模块包括至少两个所述电池单体排列结构，至少两个所述电池单体排列结构沿所述竖直方向堆叠。针对该项技术，宁德时代布局最多的专利申请达50余项，是其主要的研究热点。

7.2.5 发明人分析

7.2.5.1 发明人排名

由图7-2-11可知，排名前十的发明人的专利申请量整体呈阶梯式递减，且由于宁德时代成立时间较晚，因此发明人的专利申请并不是很大。

对宁德时代的第一发明人进行分析，排名第一的发明人曾毓群截至目前共有32项专利申请，相较排名第二的康蒙多了近10项，远远大于其他发明人；曾毓群作为宁德时代的董事长，本科毕业于上海交通大学船舶工程专业，并具有华南理工电子与信息工程系硕士学位、中科院物理研究所博士学位，在电池领域工作多年，因此专利量较大。排名第三的发明人金海族，现为福建省宁德时代新能源科技股份有限公司电芯平台产品部部长、高级工程师，开发了第一代高能量密度三元电芯，填补了国内乘用车用三元电芯的技术空白，具有里程碑的意义。其作为单独发明人的专利"锂离子电池用石墨负极极片及其制备方法"获2016年福建省专利导航产业化专利奖（闽知办〔2016〕19号）。排名第四的发明人梁成都，2005年毕业于美国田纳西大学无机化学和分析化学专业，是一位在工程学科、电化学储能、化学和材料科学领域不可多得的交叉学科科研人才，在能源、电池、材料等领域具有重要的国际影响力。其他发明人主要是宁德时代的中层管理人员或核心骨干员工。

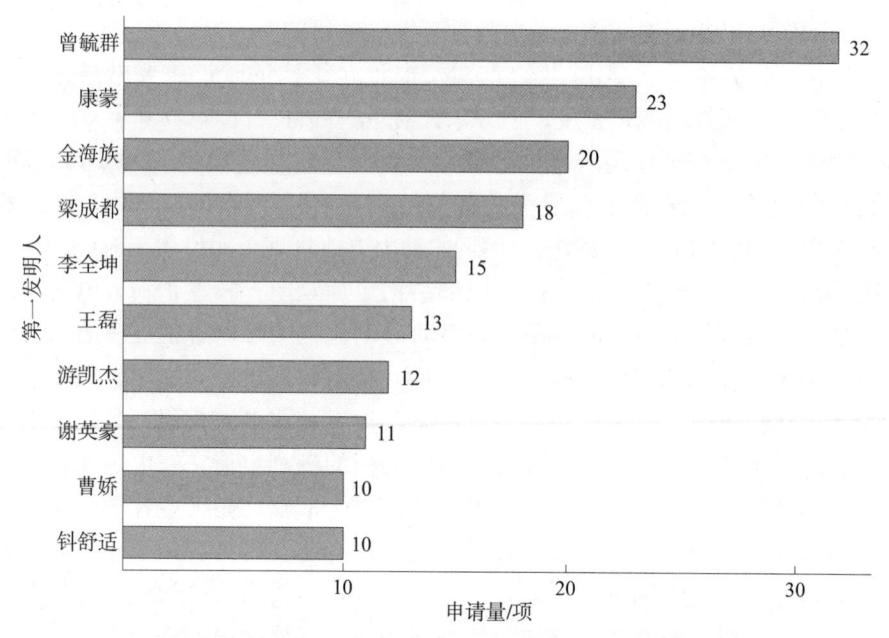

图 7-2-11　宁德时代电池领域第一发明人排名

7.2.5.2　发明人技术生涯

由于宁德时代成立于 2011 年，时间较晚，因此其发明人的专利集中在近十年。排名前十的第一发明人在其成立的前三年都未申请专利，李长东作为第一发明人最早申请专利的发明人，长项是电池回收，目前主要负责宁德时代旗下的生产正极材料的邦普集团。

针对宁德时代排名前十的第一发明人的技术生涯进行了详细分析，从图 7-2-12 可以看出，排名前十的发明人在宁德时代发展前期专利较少，仅邦普集团的谢英豪在 2014 年有两项专利；自 2018 年开始有较多专利，2019 年至今较 2018 年少的主要原因可能是存在部分专利申请未公开。

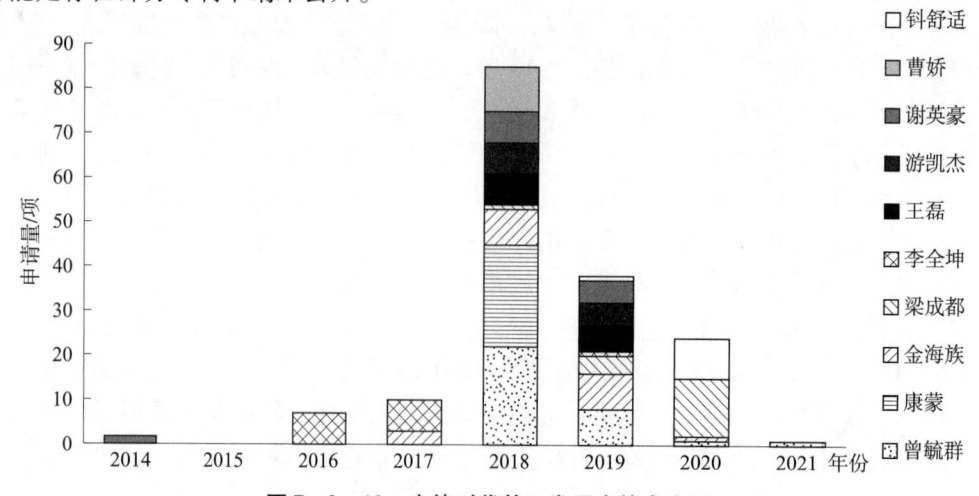

图 7-2-12　宁德时代第一发明人技术生涯

7.2.5.3 分领域发明人排名

图 7-2-13 为宁德时代在锂离子电池领域的前十位发明人。排名第一的是康蒙，其在综合第一发明人中排名是第二；且其专利总量为 23 项，其中有 21 项属于锂离子电池领域，可见其在锂离子电池领域有较深的研究。且排名前十的发明人中有 7 位与整体排名前十的发明人重合，也进一步印证了宁德时代在锂离子电池材料方面研发力度的投入较大。

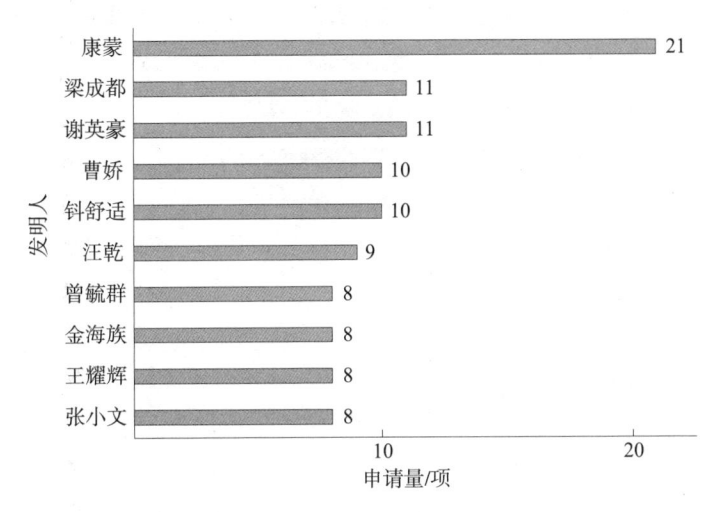

发明人	申请量/项
康蒙	21
梁成都	11
谢英豪	11
曹娇	10
钭舒适	10
汪乾	9
曾毓群	8
金海族	8
王耀辉	8
张小文	8

图 7-2-13 宁德时代锂离子电池发明人排名

图 7-2-14 为宁德时代电池包第一发明人排名，且排名前十的发明人中有 5 位与整体排名前十的发明人重合。排名第一的是曾毓群，其专利申请的 75% 属于电池包领域；李全坤全部 15 项专利申请均属于电池包领域，可见其专注于电池包领域；金海族的 50% 专利属于电池包领域。从其发明人的重复情况以及发明人的研究领域可以看出，宁德时代对于电池包的研发投入较大。

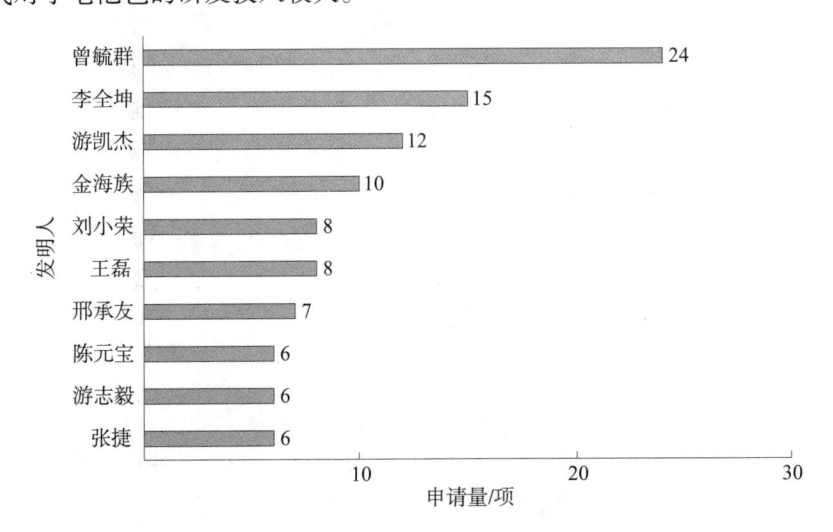

发明人	申请量/项
曾毓群	24
李全坤	15
游凯杰	12
金海族	10
刘小荣	8
王磊	8
邢承友	7
陈元宝	6
游志毅	6
张捷	6

图 7-2-14 宁德时代电池包发明人排名

图7-2-15为宁德时代电池管理系统第一发明人排名。仅一名与整体排名前十的发明人重合，即王磊，其在电池管理系统领域发明的专利数量为5项，且均属于热管理领域，其他8项分布均属于电池包领域。从其研发人员的占比来看，宁德时代主要专注在锂离子电池和电池包结构的研发，电池管理系统不是其近几年的研究热点。

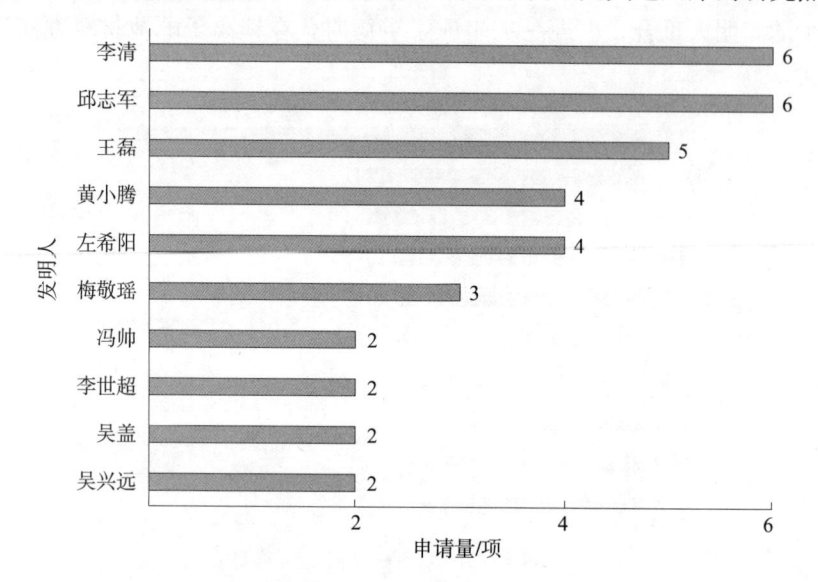

发明人	申请量/项
李清	6
邱志军	6
王磊	5
黄小腾	4
左希阳	4
梅敬瑶	3
冯帅	2
李世超	2
吴盖	2
吴兴远	2

图7-2-15 宁德时代电池管理系统发明人排名

7.2.6 小　结

本小节对宁德时代与电动汽车续航相关的专利进行了分析，包括专利申请态势、技术布局、技术发展路线和研发团队，得到如下结论：

（1）专利申请态势

宁德时代从2011年成立初始，便在动力锂电池领域投入研发，并在提升动力电池续航能力方面申请了专利。2015年之后，随着国内的电动车市场的持续火热，宁德时代在提升动力电池续航能力方面的专利申请数量出现井喷式增长，说明其发展与市场政策紧密结合。通过对全球以及主要目标国/地区的专利申请进行分析，发现宁德时代专利布局以中国本国为重点，其次在美国和欧洲布局较多，主要与其市场分布关系较大，但相较于在本国申请而言，则较少，这说明宁德时代还应加强对外布局，提高知识产权战略高度和前瞻性。

（2）技术布局

从技术构成来看，宁德时代布局较为全面，与LG化学类似，主要布局集中在动力电池方向。但动力电池中，宁德时代在动力电池包和锂离子电池方面研究投入旗鼓相当，甚至于动力电池包布局数量相较于锂离子电池更胜一筹，分别为409项和331项，与锂离子电池布局数量占据绝对优势地位的LG化学有着明显区别。宁德时代除了化学材料创新，在结构性方面的创新也持续不断，近几年的CTP技术就是最好的成果展示，另外，其又进一步提出 CTC 技术。宁德时代在钠离子电池和固态电池上也有一定量的申请，且近年来申请量提升，主要是为了未来发展钠离子电池和固态电池进行一定的技术积累。固态电池技术处于第一梯队，但距离实现钠离子电池和固态电池商业化还有一段路要走。

在正极材料方面，宁德时代主要研究方向在于多元材料。宁德时代经过多年发展基本将国内出货量靠前的多元材料企业纳入其阵营，出于保障其原料供应稳定和掌握议价权的考量，也利用了"多供应商"模式。近年来，宁德时代通过自建前驱体项目或战略采购，交给其正极材料企业代工生产，转变正极采购模式。2018 年后，多元材料申请量达到峰值，与其不断加强在正极材料方面的产业布局，提高自供率也是息息相关的。宁德时代负极材料呈现以硅基负极为主，碳基和锡基并行发展的路线。负极材料对于能量密度提升也很关键，正负极材料黄金搭档才会实现最佳的效果。在中短期内，硅基负极仍是宁德时代主要专利申请方向。

（3）技术发展路线

在锂离子电池正极材料方面，以三元正极材料为核心，在钴酸锂、锰酸锂、磷酸铁锂、镍锰酸锂以及镍酸锂和富锂材料上也有少量布局。正极材料主要以改进型专利为主，改进方向主要有制备方法和改性方法上的改进，包括掺杂和包覆等。宁德时代在正极材料制备工艺方面专利布局较少，因此，较难通过技术壁垒限制供应商的报价。宁德时代除了在正极材料及其改性方法方面进行研究之外，还申请了较多正极极片和电池相关专利，即通过极片设计、正负极活性材料和电解液的合理搭配，来提高电池的安全和循环性能。在离子电池负极材料方面，宁德时代负极材料呈现以硅基负极为主，碳基和锡基并行发展的路线。

在钠离子电池方面，2016 年开始钠过渡金属磷酸盐的布局，2017 年开始普鲁士蓝的布局，2019 年开始钠过渡金属氧化物的布局。对于普鲁士蓝和钠过渡金属磷酸盐方向在制备方法和改进方法不断进行了优化和改进，针对钠过渡金属氧化物则集中在掺杂和寻找合理的元素配比。

在电池包结构方面，随着 2016 年 CTP 专利技术的出现，改进则集中在了模组和电池包的结构优化，包括 Z 向堆叠和套筒式连接等。经过近几年的发展，CTP 技术已成为其优势技术，增强了竞争力。宁德时代更是预计在 2025 年前后正式推出高度集成化的 CTC 电势技术，并于 2028 年进一步升级为第五代智能化的 CTC。足以见得宁德时代在结构化上的研究非常重视，也是其未来具有竞争力的一部分。

（4）研发团队

排名靠前发明人的申请领域为电池包结构的占比很高，侧面反映宁德时代对于电池包结构研发投入之大以及对于电池包结构优化改进的重视。锂离子电池排名前十的发明人中有 7 位与整体排名前十的发明人重合，印证了宁德时代在锂离子电池材料方面研发力度的投入较大。

第 8 章　行业合作与竞争

随着行业的发展，如何利用知识产权来保护自身的权益以及如何利用专利的布局在商战中争取有利的地位成为企业不得不面对的重大问题。不论是专利侵权诉讼，还是专利的许可与转让，都是企业在商场博弈中重要的手段。本章从专利的许可、转让以及诉讼三个角度来介绍下电动汽车续航领域的行业合作与竞争。

8.1　专利合作

在行业的竞争与合作中，科技成果转化是反映行业合作情况的重要体现。科技成果转化，是指为提高生产力水平而对科技成果进行的后续试验、开发、应用、推广直至形成新技术、新工艺、新材料、新产品、发展新产业等活动。科技成果的转化模式一般包括：①自行投资实施转化；②向他人转让该科技成果；③许可他人使用该科技成果；④以科技成果为合作条件，与他人共同实施转化；⑤以科技成果作价投资，折算股份或者出资比例。专利转让、专利许可是科技成果转化的重要分支，本节通过专利转让和专利许可来体现电动汽车续航技术的合作情况。

8.1.1　专利转让分析

现针对全球的电动汽车续航技术专利转让进行分析。转让，是指将专利权（专利申请权）转让给他人的一种法律行为。转让专利权或专利申请权，当事人应当订立书面合同，并向相关部门（例如国务院专利行政部门）登记与公告，且专利权（专利申请权）的转让自登记之日其生效。❶

8.1.1.1　专利转让态势分析

随着时间的推进，电动汽车续航技术中专利转让的数据量也随着增长，从图 8-1-1 中可看出，电动汽车的续航技术的专利转让态势分为两个时期：一是 2000~2009 年的专利转让萌芽期，此时专利转让的数量相对仍较少；另一个是 2009 年之后的发展期，专利转让的增长速度明显增高，可见，企业通过专利转让来实现科技成果的转化也越来越占据了举足轻重的地位。2019 年，专利转让的数量达到峰值，2020 年电动汽车续航技术的专利转让有所下降。2020 年专利转让的数量有些许下降的原因可能包括：①2020 年的专利数据有部分还未完全公开；②2020 年作为新冠疫情的严重受灾

---

❶ 温旭. 知识产权业务律师基础实务 [M]. 北京：中国人民大学出版社, 2014.

年，经济发展必然受到不少影响，这可能也是通过专利转让进行科技成果转化而减弱的原因。

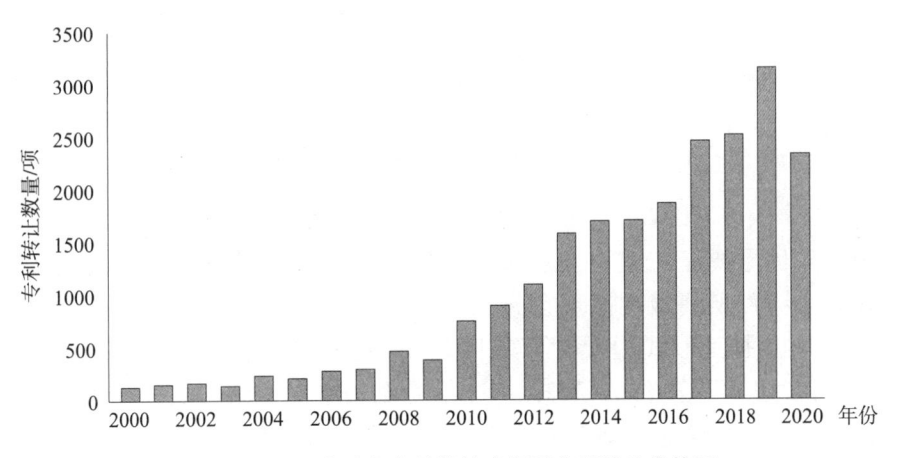

图 8-1-1 电动汽车续航技术领域专利转让趋势图

8.1.1.2 专利转让来源国家/地区与专利转让目标国家/地区的对比

专利转让的来源国家/地区往往与专利申请来源国家/地区一样，反映了不同国家/地区的技术实力，而目标国则表明了对不同国家/地区的市场注重度。图 8-1-2（a）示出了全球的专利转让来源国分布图，其中日本的申请人占比最高，其次是中国、韩国、美国。这与全球申请数据基本吻合，电动汽车续航技术专利的转让国也集中在这几个国家/地区。图 8-1-2（b）示出了全球的专利转让目标国别分布图，其中专利转让主要发生在美国，占比 67.91%，其次是中国、欧专局和日本，分别占比 21.41%、5.21%、4.93%。可见，美国市场是电动汽车续航技术专利转让的最大市场，其次是中国和欧专局。

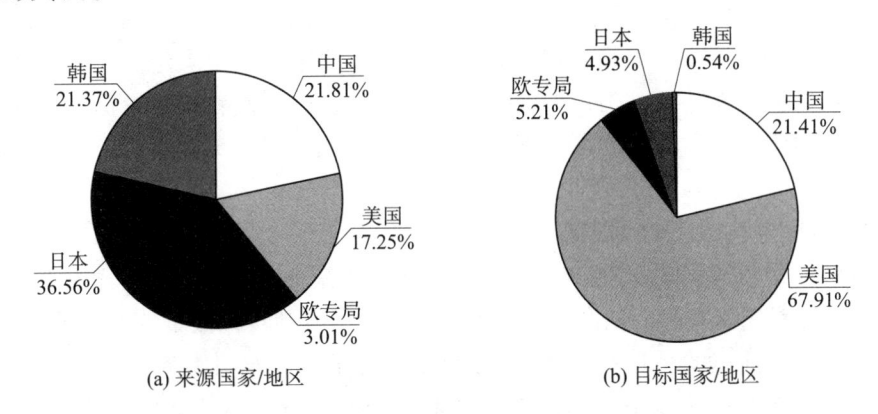

(a) 来源国家/地区
- 韩国 21.37%
- 中国 21.81%
- 美国 17.25%
- 欧专局 3.01%
- 日本 36.56%

(b) 目标国家/地区
- 日本 4.93%
- 韩国 0.54%
- 欧专局 5.21%
- 中国 21.41%
- 美国 67.91%

图 8-1-2 电动汽车续航技术领域专利转让来源与目标国家/地区

8.1.1.3 国外专利转让分析

针对国外电动汽车续航技术转让数据情况，统计如表 8-1-1 所示。

表 8-1-1 国外电动汽车续航技术转出数据

类型	专利转让数量/项
公司-转出	2707
高校-转出	198
个人-转出	13554

通过表 8-1-1 可以看出，在国外的众多转让中，转让人大部分是个人，出现这种情况的原因主要是在美国专利法中，执行本单位的任务或者主要是利用本单位的物质技术条件所完成的发明创造为非职务发明，属于发明人，且专利申请必须通过发明人以书面形式提交，即美国的发明人是最初的专利权人。而在中国《专利法》中，执行本单位的任务或者主要是利用本单位的物质技术条件所完成的发明创造为职务发明创造，职务发明创造申请专利的权利属于该单位；申请被批准后，该单位为专利权人。[1] 即我国《专利法》明确规定了职务发明的专利权归属于单位。由于国外的专利转让情况存在明显的内部转让（企业员工与企业之间的专利转让），不属于目标分析情况，因此下面针对中国的转让数据进行分析，以展示国内的专利转让情况。

8.1.1.4 中国专利转让态势分析

图 8-1-3 示出了电动汽车续航领域中国专利趋势的分布，其主要集中在三个时期：一是电动汽车续航技术的转让萌芽期（2005 年之前），中国对于通过专利转让进行科技成果转化的方式基本较少，表明企业或是高校通过专利转让的合作模式相对较弱；二是 2006~2014 年的低速发展期，此时中国企业已经逐渐形成通过专利转让的形式进行行业合作；三是 2015 年之后的高速发展期，此时专利转让数量比上一个阶段上了一个新台阶，这可能与 2015 年 8 月 29 日，第十二届全国人民代表大会第十六次会议通过的《关于修改〈中华人民共和国促进科技成果转化法〉的决定》相关。这明确了鼓励国家设立的研究开发机构、高等院校采取转让、许可或者作价投资等方式，向企业或者其他组织输送专利科技成果。[2] 而这很有可能就是 2015 年之后专利转让数量明显增高的原因。

8.1.1.5 中国专利转让来源国家/地区

专利转让来源国家/地区的专利数量往往也反映着该来源国在该领域的研发实力以及对中国市场的重视程度。从图 8-1-4 可知，中国专利转让数量的来源国家/地区除了中国外，排名前三的是日本、韩国、美国，其中日本的转让数量最多，这与日本企业对于电动汽车续航技术中国国内市场的重视密不可分，包括索尼、日产、三菱等。申请量排名第二的来源技术国是韩国，其中涉及相关的企业包括韩国著名的电池龙头

---

[1] 王家福，夏叔华. 中国专利法 [M]. 北京：群众出版社，1987.
[2] 余晓洁. 全国人大常委会通过关于修改《促进科技成果转化法》的决定 [J]. 军民两用技术与产品，2015 (17)：4.

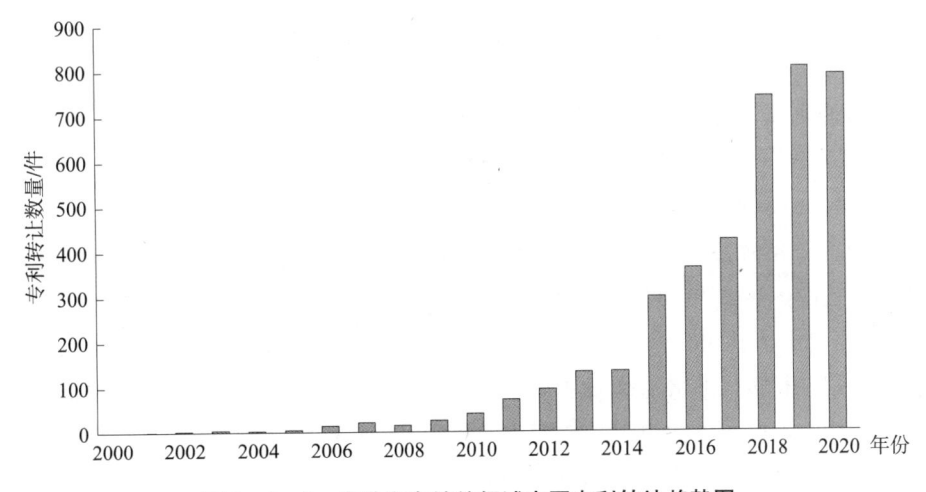

图 8-1-3 电动汽车续航领域中国专利转让趋势图

企业 LG 化学、三星及 SB 锂摩托有限公司等；紧随韩国其后的是美国，美国在电动汽车动力电池的重量级企业虽然较少，但是在汽车制造企业上拥有了众多的知名企业，因此其对中国市场的注重程度当然也不容小觑。总而言之，从整来看，在电动汽车续航技术的专利转让分布中，占据国外主要来源市场的还是日本、韩国、美国三个国家，专利转让的集中度较高，当然，这也是国外企业通过专利转让获取市场利益的关键手段。

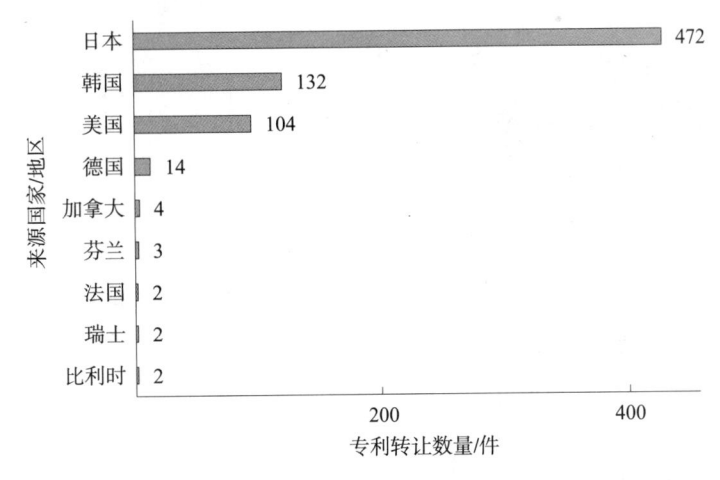

图 8-1-4 电动汽车续航领域中国专利转让来源国家/地区

8.1.1.6 中国专利转让技术构成

通过统计中国的专利转让数据，分析得出如图 8-1-5 所示的专利转让合计的技术分布图。可以看出，在电动汽车续航技术中，出现频次前三的技术领域分别为 H01M 10/0525（摇椅式电池，即其两个电极均插入或嵌入有锂的电池；锂离子电池）、H01M 10/613（冷却或保持低温的温度控制的加热或冷却）、H01M 10/625（专门应用于车辆的加热或冷却），即分别为动力电池分支和电池管理系统分支。且分类号为 H01M 10/

613与H01M 10/625的电池管理系统的专利转让数量总和与分类号为H01M 10/0525的专利数量近似。这反映出在电动汽车续航技术领域中，动力电池和电池管理系统是我国主要的研究重点，尤其是锂离子电池是我国电动汽车续航技术中相关企业的研发和竞争的热点，该结论也与全球专利申请数据吻合。

8.1.1.7 中国专利转让研发主体类型分析

如图8-1-6所示，对电动汽车续航技术领域的专利转让数量统计进行研发主体占比分析。其中企业申请共3412件，占比75.11%；个人申请共526件，占比11.58%；高校申请共380件，占比8.36%。由此可知，企业在专利转让的研发主体中占绝对主导，是专利转让的最大研发主体，这与电动汽车续航技术的研究中企业是最大研发主体直接相关，也是企业通过专利转让来获得市场收益的常用方式。随着2015年《关于修改〈中华人民共和国促进科技成果转化法〉的决定》相关修正案的规定[1]，明确鼓励国家设立的研究开发机构、高等院校采取转让、许可或者作价投资等方式，向企业或者其他组织输送专利科技成果。专利转让也逐渐成为高校和企业中进行合作的重要手段。

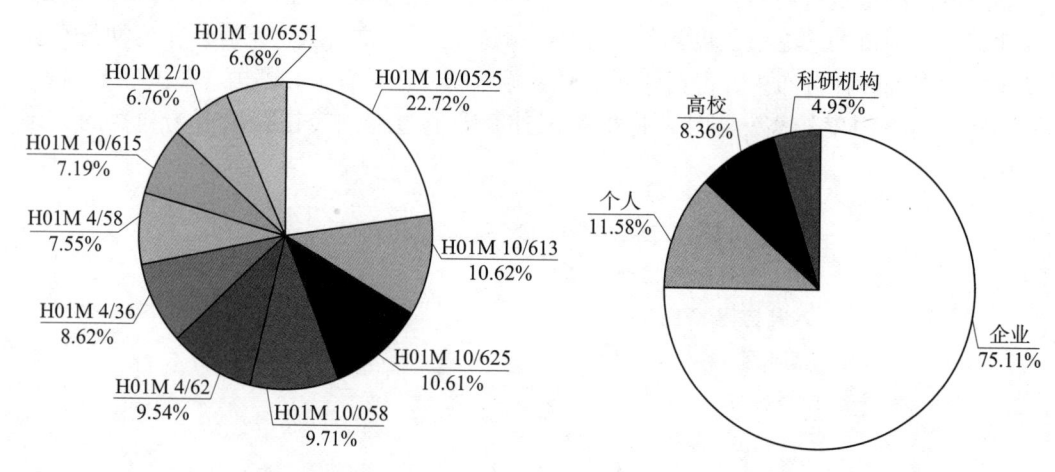

图8-1-5　电动汽车续航领域中国专利转让技术分布

图8-1-6　电动汽车续航领域中国专利转让研发主体类型分布

8.1.1.8 中国专利转让人与受让人分析

对比专利的转让人和受让人，分析电动汽车续航技术领域中的专利转让情况。如表8-1-2所示，其中，企业与企业的专利转让数量占比最高，所占比例高达79%，共3455件，另外是个人与企业、高校与企业的转让，分别为396件和268件，所占比例为9%和6%。可见，企业与企业之间的转让在中国专利转让数据中占据了绝对主导作用。另外，相对而言，企业是净流入大户，高校、个人以及研究机构是专利净流出户。

---

[1] 余晓洁. 全国人大常委会通过关于修改《促进科技成果转化法》的决定[J]. 军民两用技术与产品，2015 (17)：4.

表 8-1-2　电动汽车续航领域中国专利转让情况　　　　　　　　　单位：件

转让人－受让人	高校	个人	研究机构	企业
高校	5	8	11	268
个人	3	38	0	396
研究机构	5	5	6	98
企业	10	67	9	3455

8.1.1.9　中国专利转让人排名

图 8-1-7 示出，电动汽车续航技术领域中国专利转让人排名情况，其中，排名前三的申请人分别为湖南妙盛汽车电源有限公司、索尼、新柯力化工，分别转让的数量为 366、153、59 件，而在转让的数量排名前十中，转让的申请人排名均是企业，这也反映了企业是电动汽车续航技术领域的最大研发主体。

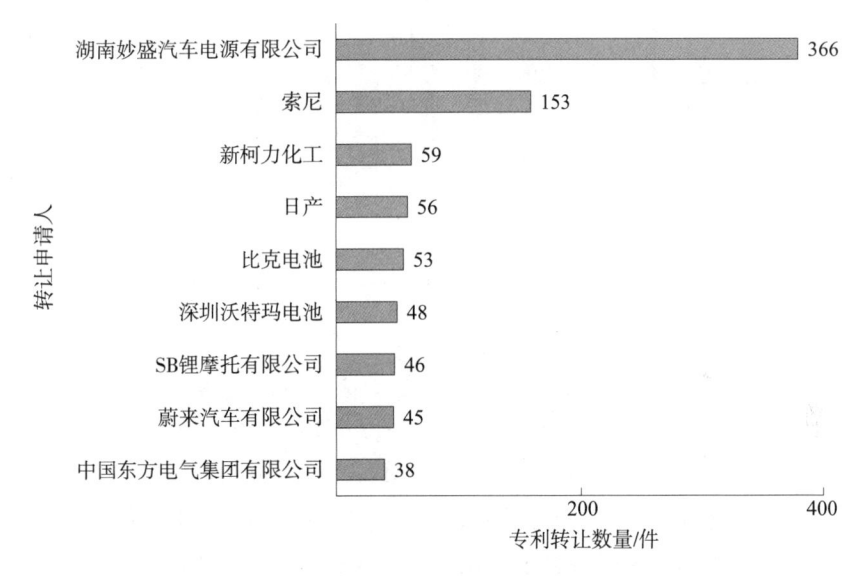

转让申请人	专利转让数量/件
湖南妙盛汽车电源有限公司	366
索尼	153
新柯力化工	59
日产	56
比克电池	53
深圳沃特玛电池	48
SB锂摩托有限公司	46
蔚来汽车有限公司	45
中国东方电气集团有限公司	38

图 8-1-7　电动汽车续航领域中国专利转让人排名

8.1.2　专利许可分析

专利许可同样是科技成果转移的重要分支。专利实施许可，是指专利权所有人在一定时间、在专利权的有效地域范围内，以一定方式许可第三方实施其拥有的专利技术。❶ 专利许可按照许可范围及实施权大小，可以分为：独占许可、排他许可、普通许可、分许可、交叉许可。现针对电动汽车续航技术的专利许可进行分析。

8.1.2.1　中国专利许可态势分析

图 8-1-8 示出了电动汽车续航技术的中国许可专利态势分布，主要分为两个

---

❶ 温旭. 知识产权业务律师基础实务［M］. 北京：中国人民大学出版社，2014.

阶段：在2007年之前，电动汽车续航技术的专利许可数量基本为0，说明通过专利许可形成科技成果转化，从而进行行业合作的方式还未形成；第二阶段为2008年之后的波动期，在该阶段内，专利许可的数量在一个合理的波动范围内，即[10，30]的区间内，此时各企业之间已逐渐通过专利许可的方式进行科技成果转化，即通过专利许可的方式实现行业合作已经逐步形成，且表现出一个较稳定的趋势。

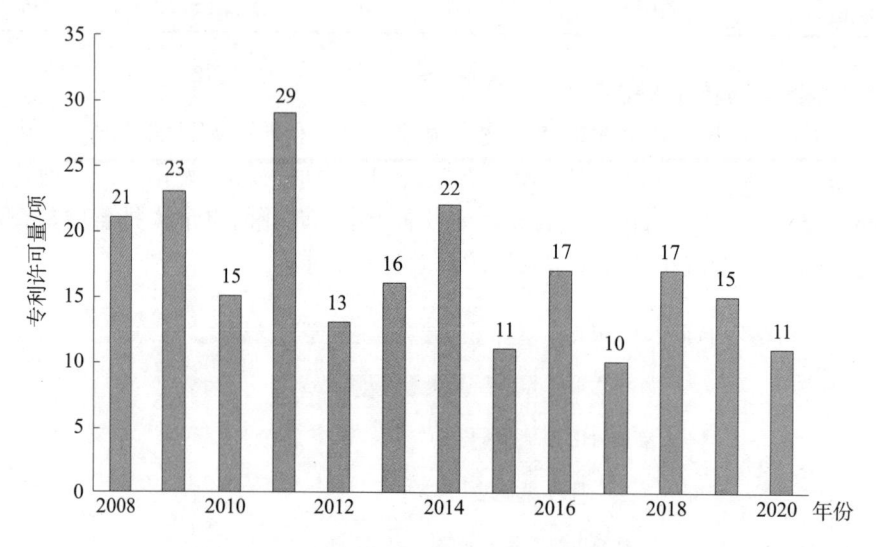

图8-1-8 电动汽车续航领域中国专利许可态势

8.1.2.2 中国专利许可研发主体类型分析

对电动汽车续航技术领域的专利许可研发主体统计后发现，如图8-1-9所示，企业专利许可共167件，占比68%；高校专利许可共41件，占比17%；个人专利许可共26件，占比11%，其他申请10件，占比4%。由此可知，企业在专利许可中同样占绝对主导，是电动汽车续航技术的最大研发主体。由于许可方可向被许可方收取专利实施许可费用，因而专利许可也是企业获取市场收益的关键手段。

8.1.2.3 中国专利许可技术构成

通过统计中国的专利许可数据，分析得出如图8-1-10所示的专利许可合计的技术分布图。图中表明，在电动汽车续航技术中，排名前三的技术领域分别为H01M 10/0525（摇椅式电池，即其两个电极均插入或嵌入有锂的电池；锂离子电池）、H01M 4/58（除氧化物或氢氧化物以外的无机化合物的作为活性物质、活性体、活性液体的材料的选择）、H01M 4/04（由活性材料组成或包括活性材料的电极的一般制作方法），即分别为锂离子电池、活性材料、活性材料组成或包括的活性材料的电极，均属于动力电池分支，其中锂离子电池占比最高。同时，参见图8-1-6可知，锂离子电池也是专利转让中的重点。可见，在电动汽车续航技术中，锂离子电池均是中国专利进行科技成果转化的重要分支，也是我国主要企业研发和竞争的热点。

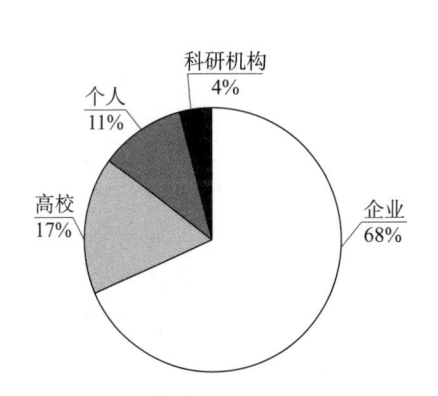

图 8-1-9　电动汽车续航领域中国
专利许可研发主体分布

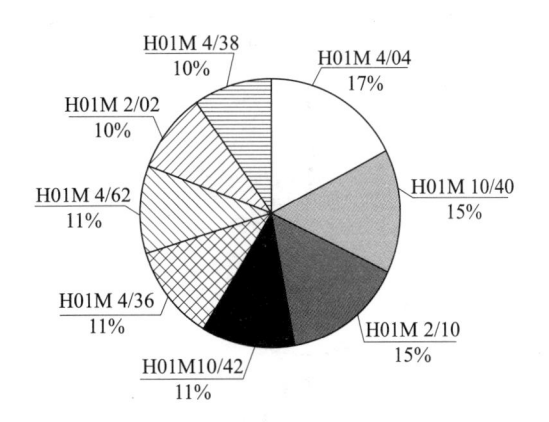

图 8-1-10　电动汽车续航领域中国
专利许可技术构成

8.1.2.4　中国专利许可人排名

如图 8-1-11 所示,在电动汽车续航技术的专利许可中,许可人排名前三的是比亚迪、广州小鹏汽车科技有限公司、重庆长安新能源汽车科技有限公司。与专利转让一致的是,排名前十的申请人均是企业。

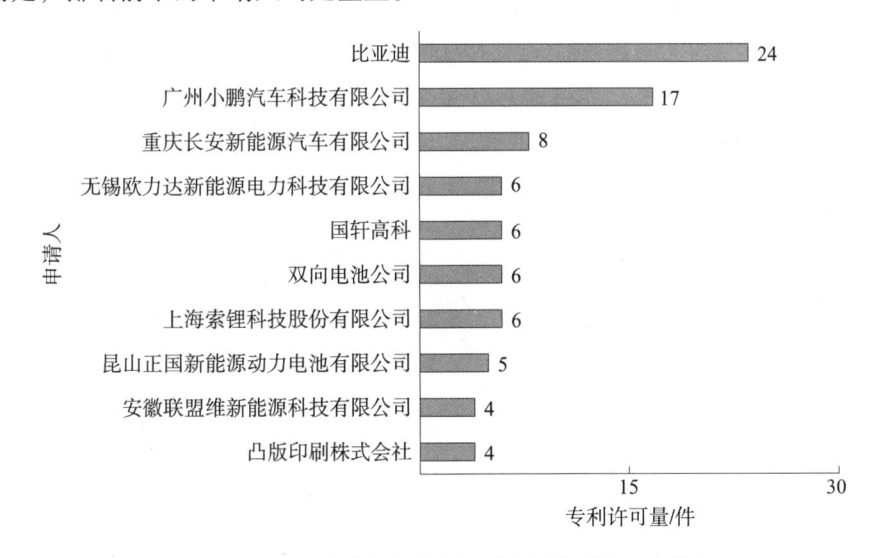

图 8-1-11　电动汽车续航领域中国专利许可人排名

8.1.2.5　中国专利许可情况

对比专利的许可人和被许可人,分析电动汽车续航技术中的专利许可情况发现企业是电动汽车续航技术专利许可的主要流入方,共计 243 件,可以说占据了接近 100% 的比例;相较而言,高校、个人是电动汽车续航技术的专利许可的流出方。如图 8-1-12 所示,其中企业与企业的专利许可数量排名第一,共 174 件,占比 71.60%;排名第二是高校与企业的专利许可,共 41 件,占比 16.87%;紧随其后的是个人与企业之间的许可,共 23 件,占比为 9.47%。

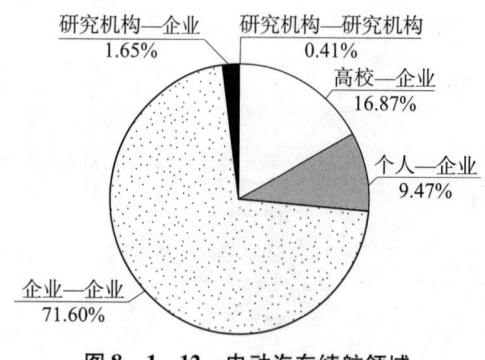

图8-1-12 电动汽车续航领域
中国专利许可情况

研究机构—企业 1.65%
研究机构—研究机构 0.41%
高校—企业 16.87%
个人—企业 9.47%
企业—企业 71.60%

另外，通过图8-1-13可知，无论是企业与企业之间的许可、个人与企业之间的许可，还是高校与企业之间的许可，专利许可大部分均采用了独占许可方式，采用排他许可方式的占比最少。独占实施许可指的是在一定时间内，在专利权的有效地域范围内，专利权人只许可一个被许可人实施其专利，而且专利权人自己不得实施该专利。排他许可，也称"独家许可"，是指在一定时间内，在专利权的有效范围内，专利权人只许可一个被许可人实施其专利，但专利权人自己有权实施该专利。❶ 可见，无论何种研发主体之间的许可，相较而言，企业都更希望将专利在一定期限内只许可给自己，其他主体（包括专利权人）也不能实施该专利。

而通过表8-1-2可知，专利转让的情况也是企业与企业之间的转让、高校与企业之间的转让，以及个人与企业之间的转让的占比最高。由此可知，在电动汽车续航技术中，无论是通过专利转让还是专利许可的方式进行行业合作的佼佼者均是通过企业与企业的转让或许可，这也与企业在该领域是最大研发主体直接相关，也反映了企业对该领域市场的注重程度及市场活跃度最高。

专利许可类型

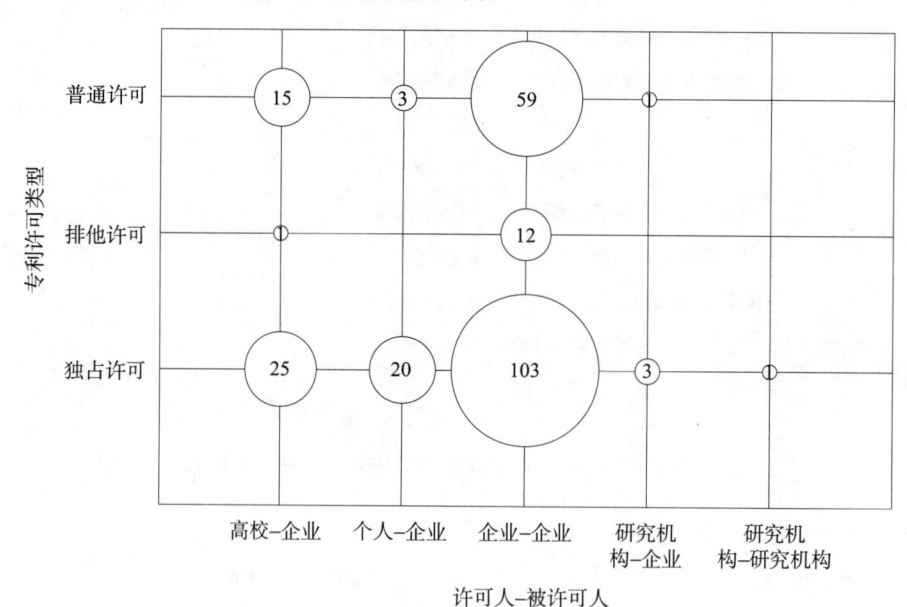

普通许可：高校-企业 15，个人-企业 3，企业-企业 59
排他许可：企业-企业 12
独占许可：高校-企业 25，个人-企业 20，企业-企业 103，研究机构-企业 3

许可人-被许可人

图8-1-13 中国专利许可类型及方向

注：图中数字表示转让量，单位为件。

---

❶ 温旭. 知识产权业务律师基础实务［M］. 北京：中国人民大学出版社，2014.

8.1.3 国外企业对中国企业的许可案例分析

正极材料是锂离子电池中最为关键的材料,对锂离子电池的能量密度、循环寿命、安全性等有着重要影响,也是各企业的重要研发热点。在三元锂电池的正极材料的"专利食物链"上,处于食物链顶端的应该属于德国的巴斯夫和比利时的优美科。而这两家企业的正极材料,可追溯于美国芝加哥大学的阿贡实验室及美国的3M。

8.1.3.1 优美科与3M

3M有着强大的基础研发实力,锂离子电池方面涉及三元正极材料、新型负极材料、电解液盐及溶剂等。在三元正极材料方面,3M最早申请的三元材料专利,其主要三元材料型号有NCM111、NCM424。[1]

美国阿贡实验室是美国政府最早建立的国家实验室,也是美国最大的科学与工程研究实验室之一,其前身是芝加哥大学的冶金实验室,现在隶属于美国能源部和芝加哥大学。该实验室对于三元材料的研究,最早是由Michael Thackeray博士涉足。

2000年6月,美国阿贡实验室的Michael Thackeray博士率先提交了镍钴锰(NCM)的第一件专利,几个月后,3M代表加拿大达尔豪西大学的Jeff Dahn博士也提交了一份关于NCM的专利。由此,两大三元材料的专利体系便产生了。

美国阿贡国家实验室三元材料核心专利以2000年06月22日为优先权,并分别于2001年6月21日及2001年11月21日申请,2004年获得授权的三元材料专利US6677082B2和US6680143B2。这两件专利描述了层状富锂高锰材料。

3M获得了优先权日为2001年4月27日,授权日为2005年11月15日的关于NCM三元材料授权的美国专利US6964828B2及其同族专利CN100403585C等,其主要限定了Ni的含量,从而显著提高了三元材料的性能,成为三元材料的基础核心专利。因此,国际锂电池界普遍认为的化学计量比的常规三元材料NCM专利由美国3M拥有,而层状富锂高锰材料专利则是由阿贡国家实验室获得。

3M在国际锂电材料产业界虽然有着强大的基础研发实力,但是在正极材料的实际生产技术方案却非常薄弱,2011年之前,三元材料一直是代工生产。而3M和优美科之间的合作关系,源于2012年两者达成的战略合作协议。据公开的新闻报道,3M和优美科根据战略合作协议已经达成优先向对方提供专利授权、开展技术方面的共识,同时3M将退出正极材料的生产,并将其客户推荐给优美科。3M和优美科之间的战略合作稳固了优美科在全球正极材料市场的霸主地位,同时也将给3M带来相当可观的专利许可费。对于3M和优美科而言,均是互利共赢的结果。

另外,2017年1月,据优美科官网发布新闻称,优美科已从3M购买NCM专利族的所有权。这场交易使得优美科获得了先前已经获得3M许可的三件专利(US6964828B2、US6660432B2、US7211237B2)的所有现有和未来的许可权。这些专利

---

[1] 扒一扒欧美三元材料企业[EB/OL].(2021-06-09)[2021-09-15]. https://www.sohu.com/a/234773895_99919252.

地域共同涵盖中国、韩国、日本、欧洲和美国，有效期为 2021~2024 年❶。此后优美科可以说基本上全权接管 3M 关于镍钴锰材料的使用权。在 3M 和优美科的合作期间，3M 和优美科将三元材料许可了许多国内外企业，现针对 3M 作为授权方所授予的主要专利进行分析如表 8-1-3 所示。

表 8-1-3 3M 作为专利授权方所授权的主要企业

公开号	被许可方	时间
US6964828B2、US7028128B2、US8241791B2、US8685565B2 CN10043585C、CN101267036B	SK（重庆）锂电	2015 年 9 月
US6660432B2、US6964828B2、US7078128B2、US8685565B2、US8241791B2	LG 化学	2015 年 8 月
US6660432B2、US6964828B2、US7028128B2、US8241791B2 CN100403585C、CN101267036B	湖南瑞翔	2013 年 7 月
US6964828 B2、US6660432B2、US7211237B2	优美科	2017 年 1 月

（1）3M 与湖南瑞翔新材料公司的专利许可

2013 年 7 月，3M 与湖南瑞翔新材料公司（以下简称"湖南瑞翔"）签订了 NCM 正极材料的专利许可协议，目的是扩大镍钴锰 NCM 在锂离子电池中的应用。该协议规定，3M 许可湖南瑞翔使用授权公告号为 US6660432B2、US6964828B2、US7028128B2 和 US8241791B2 的美国专利，同时还包括中国大陆、中国台湾、日本以及欧洲等同族专利。

（2）3M 与 SK（重庆）锂电材料有限公司的专利许可

2015 年 9 月底，SK（重庆）锂电材料有限公司与 3M 签订了镍钴锰正极材料专利许可协议。该协议规定，3M 许可 SK 重庆使用中国专利 CN10043585C、CN101267036B 和美国专利 US6964828B2、US7028128B2、US8241791B2、US8685565B2，以及全球的其他同族专利。

（3）3M 与 LG 化学的专利许可

2015 年 8 月，3M 和 LG 化学达成了专利许可协议，进一步扩大镍钴锰锂材料的使用。协议规定，3M 许可 LG 化学使用公告号为 US6660432B2、US6964828B2、US7078128B2、US8685565B2 和 US8241791B2 的美国专利，可销售到全球，包括韩国、中国大陆、中国台湾、日本和欧洲。

---

❶ 优美科购买 3M 旗下 NCM 正极材料系列专利［EB/OL］.（2018-12-31）［2021-09-30］. http://www.juda.cn/news/48886.html.

当然，在 3M 和优美科授予企业中，不止包括上述企业，还包括松下、日立、三星、韩国 L&F，以及中国的杉杉股份、北大先行科技产业有限公司（以下简称"北大先行"）等正极材料企业，总数有十几家之多。❶

关于 3M 许可给各三元材料厂家的核心专利，保护内容主要包括三元材料镍钴锰三者的含量比。而这些专利会被许可，也正是说明了其作为三元材料的核心专利，是众多三元锂电池厂家避无可避的。

8.1.3.2　巴斯夫与阿贡实验室

三元材料的另一龙头企业是德国巴斯夫，巴斯夫是一家德国化学公司，也是世界最大的化工公司之一。二次电池对于该公司而言，并不是早期研发产品，2012 年起，才正式成立电池材料全球业务部，包括巴斯夫催化剂业务部旗下的正极材料开发部门、中间体业务部旗下的电解质配方部门以及巴斯夫未来业务股份有限公司旗下的下一代锂电池部门。

美国阿贡国家实验室三元材料的核心专利以 2000 年 06 月 22 日为优先权，并于 2001 年 6 月 21 日、2001 年 11 月 21 日申请，2004 年获得授权的三元正极材料专利 US6677082B2、US6680143B2。随后于 2009 年，阿贡国家实验室将 5 项相关专利授权许可给巴斯夫。在此之后，巴斯夫也就拥有了阿贡实验室的三元核心专利的使用权。

针对各自拥有基础核心专利体系的使用权的优美科与巴斯夫，两者正式抱团合作的导火索，归因于巴斯夫、阿贡国家实验室与 Umicore 之间的专利诉讼战斗，具体可参见第 8.3.4 节。这场诉讼战斗最终优美科败诉，并禁止将优美科生产的侵犯专利权的镍钴锰三元正极材料进口到美国。

2017 年 5 月，优美科与巴斯夫和美国阿贡国家实验室的专利纠纷达成商业和解。优美科获得巴斯夫与阿贡国家实验室美国专利号分别为 US6677082B2、US6680143B2、US7135252B2 以及 US7468223B2 的专利许可，可以在美国制造、使用、销售、许诺销售、分销和进口镍钴锰三元正极材料；与此同时，巴斯夫与阿贡国家实验室也正在撤销其在美国拉华州地区对 Umicore 的诉讼，也向美国国际贸易委员会（ITC）提交撤销现行限制性排除口令的诉求。而这场诉讼战斗的结束，也开启了优美科和巴斯夫的抱团合作模式。

对于国内企业，巴斯夫作为阿贡实验室多项核心专利的被许可方，必然非常重视这几项核心专利所带来的市场收益。

2017 年 11 月 29 日，巴斯夫授予北大先行有关美国阿贡国家实验室镍钴锰（NCM）正极材料相关专利的分许可，可在美国市场制造、使用、销售、许诺销售、分销和进口镍钴锰正极材料。

2018 年 1 月 31 日，巴斯夫宣布授予湖南瑞翔有关美国阿贡国家实验室用于制造具有使用寿命长、高能量、高可靠性且高成本效益的锂电池 NCM 正极材料相关专利的分许可。授权后，湖南瑞翔可在美国市场制造、使用、销售、许诺销售、分销和进口

---

❶　锂电池专利的战争［EB/OL］.（2018-11-21）［2021-10-08］. http：//www.juda.cn/news/46219.html.

NCM 正极材料。

另外，国内外主要 NCM 三元材料生产厂商多数与巴斯夫签署了关于上述专利的许可协议。巴斯夫在官方网公示的已取得上述专利许可的企业包括：优美科、北大先行、长远锂科、湖南瑞翔、韩国 L&F、容百科技、广东邦普、POSCOES Materials、Ecopro、LG 化学、当升科技、振华新材、厦门厦钨新能源、GEM 公司等。❶ 根据上述信息，国内很多同行业企业，如容百科技、当升科技、长远锂科、振华新材、北大先行、厦门厦钨新能源等企业已经取得上述专利许可，上述专利的许可已经属于行业惯例了。

分析授权公告号为 US6677082B2、US6680143B2、US7135252B2、US7468223B2 的专利可知，阿贡国家实验室的三元材料核心专利权利要求的保护内容主要涉及层状的富锂高锰材料。而这些专利同样也成为国内外企业被"卡脖子"的核心专利。

在巴斯夫和优美科手上都握着各企业被"卡脖子"的三元材料核心专利，两家企业的合作模式从 2017 年 5 月在优美科的诉讼战斗之后便一直存在。据优美科 2021 年 5 月发布的消息❷，巴斯夫与优美科签署了一项非排他的专利交叉许可，广泛涉及了正极活性材料（CAM）及正极材料前驱体（PCAM）产品，包括镍钴锰（NCM）、镍钴铝（NCA）、镍钴锰铝（NCMA）和高容量富锰材料（HE–NCM）等，该协议涵盖了在欧洲、美国、中国、韩国和日本申请的 100 多个专利族。

对于中国企业，上述专利作为严重被两家核心企业"卡脖子"的专利，涉及的核心技术均未在中国首次出现，且已经被国外公司抢占，中国起步晚且没有先发优势。因此，通过三元材料核心企业的许可情况可知，中国企业在专利布局意识上要有明显的提升，努力在下一代正极材料实现超越。

8.2 专利诉讼概括

2021 年 9 月 22 日，中共中央、国务院印发了《知识产权强国建设纲要（2021—2035 年）》。该纲要提出"牢牢把握加强知识产权保护是完善产权保护制度最重要的内容和提高国家经济竞争力最大的激励""法治保障，严格保护。落实全面依法治国基本方略，严格依法保护知识产权，切实维护社会公平正义和权利人合法权益"。相信在政策的指引下，我国的知识产权法律体系也必定会越加完善。

当然，目前就专利侵权领域的知识产权保护而言，依然有许多工作需要进一步完善。通过统计电动汽车续航领域的历年专利（参见图 8–2–1），发现近十年专利诉讼立案量略有起伏（2021 年数据截至 2021 年 10 月 01 日），2016 年后呈递减的趋势，全国范围平均每年立案数量为 15.6 件。

---

❶ 容百科技挑战优美科电池专利失败，巴斯夫和优美科专利"结盟"，或剑指中国［EB/OL］.（2018–11–21）［2021–10–20］. https：//www.sohu.com/a/482904648_121181007.

❷ 巴斯夫与优美科签订专利交叉许可协议［EB/OL］.（2021–05–11）［2021–09–30］. https：//www.sohu.com/a/465811956_208805.

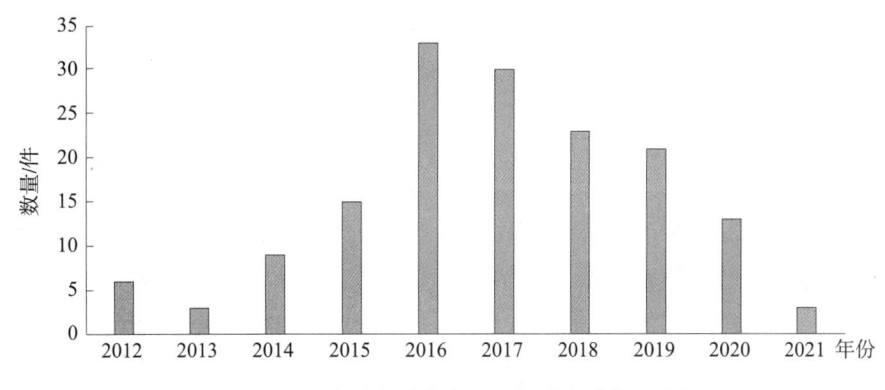

图 8-2-1 中国电动汽车续航领域案件年立案数

对比（图 8-2-2 所示）海外的电动汽车续航领域诉讼案件数量变化，可以看出海外的诉讼案件数量整体略高于我国，并且自 2016 年开始诉讼案件量递增。

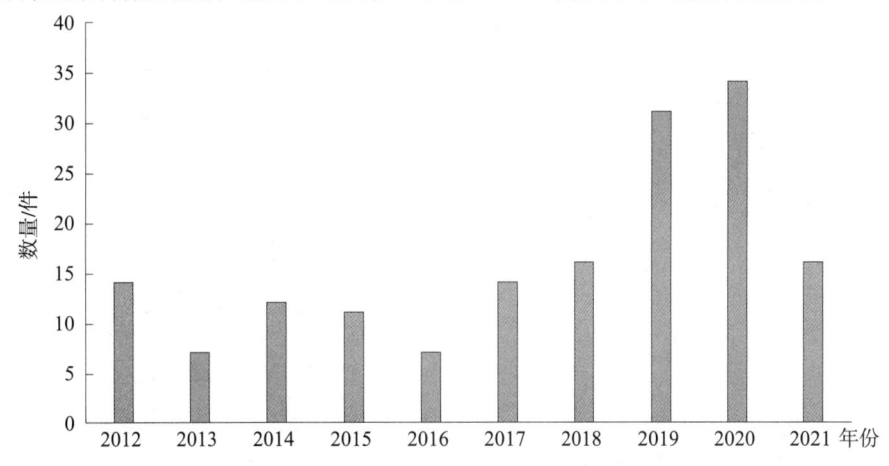

图 8-2-2 海外电动汽车续航领域案件年立案数

在专利侵权诉讼案件涉案金额方面，2019 年以前中国裁判文书网公开的裁判文书中，未有涉案金额超过 200 万的专利侵权诉讼案件。2016~2018 年公开的该领域专利侵权诉讼裁判文书，涉案金额均介于 15 万~200 万元。

2019 年，深圳市富满电子集团股份有限公司诉深圳英集芯科技有限公司案中 [参见裁判文书（2019）粤 03 民初 245 号]，涉案金额达到 1000 万元；2020 年，宁德时代诉塔菲尔 [参见裁判文书（2020）闽民初 1 号]，单件实用新型专利涉案金额达到了 2000 万元；根据 2021 年 10 月 9 日宁波容百新能源科技股份有限公司公布的《宁波容百新能源科技股份有限公司关于专利侵权诉讼一审判决结果的公告》，2020 年 9 月，优美科公司针对容百科技提起的"镍钴锰酸锂 S6503"产品专利侵权诉讼涉案金额达到 62 033 467.5 元。

因此，虽然自 2016 年以来，我国专利诉讼案件数量并没有增加，但是从 2019 年之后立案的若干专利侵权诉讼案件的涉案金额可以看出，业内对于专利保护以及将专利侵权诉讼作为商战武器越发重视。相比之下，海外的专利侵权案件涉案金额往往会比较巨大，例如2021年4月落下帷幕的LG化学与SK创新在美国的官司，SK创新需要支付LG化学2万亿韩元的赔偿金（相当于120亿元人民币左右）。考虑到我国新能源电动汽车的市场体量巨大，可以预见，在未来的专利诉讼案件中涉案金额可能会进一步地增加，这也会进一步刺激企业采用法律武器来进行专利权的保护。

就审理法院地域方面，广东、北京、江苏和浙江受理的专利诉讼案件数量在全国各省区市中名列前茅（参见图8-2-3）。可以看出，广东专利诉讼量遥遥领先。这一方面是因为广东工业较为发达，聚集了较多的动力电池企业，例如比亚迪、塔菲尔等；另一方面，当地政府对新兴产业发展以及知识产权保护较为重视，例如2007年颁布的《广东省知识产权战略纲要（2007—2020年）》，有力地推动了广东企业对知识产权的运用和保护。[1]

就专利类型而言，实用新型专利的涉诉案件数量要略大于发明专利，如图8-2-4所示。

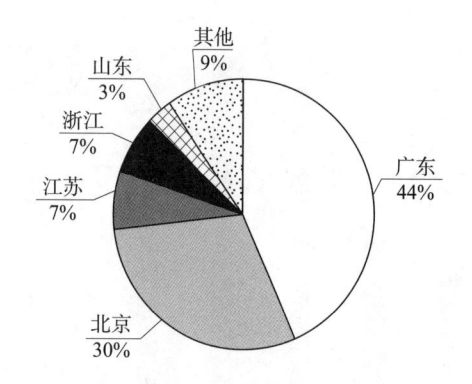

图8-2-3 中国电动汽车续航领域涉诉专利审理地域分布

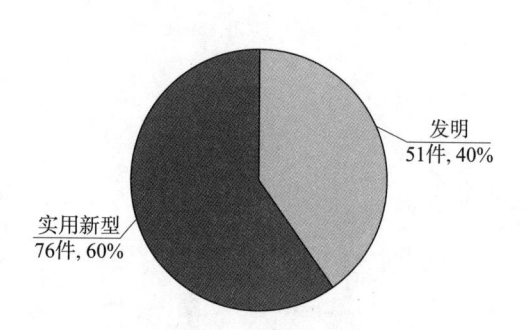

图8-2-4 中国电动汽车续航领域涉诉发明和实用新型占比

其实就专利诉讼中对于专利类型的选择，发明和实用新型是各有优劣的。虽然发明专利经历了实质审查，理论上来说稳定性会优于实用新型。但是由于发明专利对创造性的要求比实用新型专利更高（《专利法》对于发明专利的创造性要求是具有突出的实质性特点和显著的进步；对实用新型而言，是要求具有实质性特点和进步），因此，在无效宣告程序中，尤其是采用多篇对比文件评述创造性的时候，实用新型往往会更具优势，因为如果结合的对比文件数量太多的话，往往无效实用新型专利的难度要比无效发明专利的难度要更大。

图8-2-5示出了近十年电动汽车续航领域专利无效宣告请求的年度总体态势（2021年数据截止日期为2021年10月01日）。整体来说，也是略有起伏，2021年和2016年的无效宣告请求数量明显较高。

就专利涉及的权利要求类型而言，涉及方法权利要求的案件明显较少，这主要是

---

[1] 杨铁军. 产业专利分析报告（第23册）：电池［M］. 北京：知识产权出版社，2014.

由于在实际的司法实践中，涉及方法权利要求取证难度更大。

在产品权利要求中，结构产品权利要求要比材料类产品权利要求涉案量更大。如图 8-2-6 和图 8-2-7 所示，比对国内和海外电动汽车续航领域涉诉专利，发现涉及材料类权利要求的专利占比都在 5%。但是这并不意味着材料类专利不重要，相反，材料类的专利在电动汽车续航领域会涉及核心技术，一旦侵权，影响面会非常巨大。例如魁北克水电曾就自己的专利向世界多个国家/地区发起了侵权诉讼，其专利涉及磷酸铁锂等多种正极材料及其制备方法，以及利用此材料得到的化学电池，影响面非常之广，当时中国多数磷酸铁锂电池生产企业均涉嫌侵权。巴斯夫和优美科也针对三元材料专利进行过侵权诉讼，最终双方和解。据报道，优美科针对容百科技提起的"镍钴锰酸锂 S6503"产品专利侵权诉讼涉案金额达到 62 033 467.5 元。因为材料类核心专利目前主要掌握在巴斯夫和优美科这些外国企业手中，是我国企业的薄弱项，因此，需要引起高度的重视。

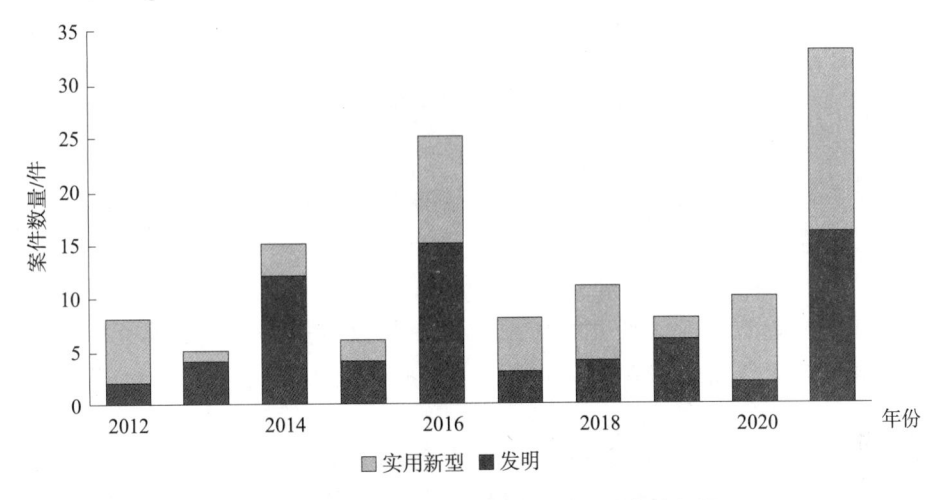

图 8-2-5 电动车续航领域专利无效案件数量

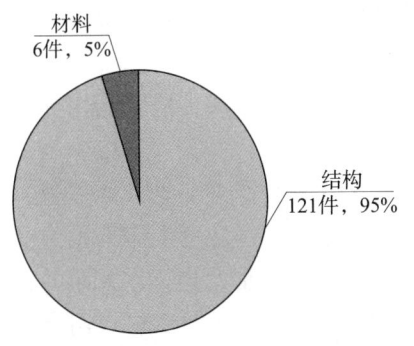

图 8-2-6 中国电动汽车续航领域涉诉专利权利要求类型

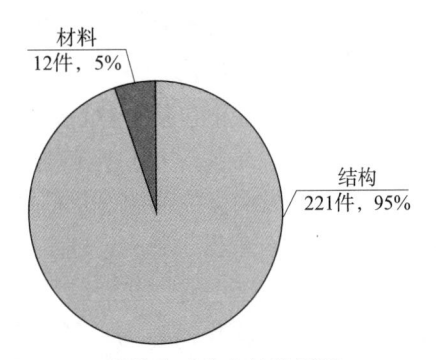

图 8-2-7 海外电动汽车续航领域涉诉专利权利要求类型

8.3 重点案例分析

由于知识产权维权涉及的经济利益是极其巨大的，越来越多的公司把法庭作为行业间较量的第二战场，专利则是商战中一张强有力的底牌。一般来说，企业发起专利诉讼的主要目的之一是抢占市场。这里重点介绍电动汽车电池领域内产生巨大影响力的几起典型诉讼案例。

8.3.1 魁北克水电 VS. 中国电池工业协会

目前锂电池正极材料中有两种最重要的材料：一个是磷酸铁锂，另一个是镍钴锰三元材料。1995 年，美国得州大学的古迪纳夫教授发现了磷酸铁锂。1996 年，得州大学代表古迪纳夫的实验室申请了磷酸铁锂电池的第一项核心专利。随后，在加拿大蒙特利尔大学担任化学系教授的米歇尔·阿尔芒（Michel Armand）提出了用 1% 的碳对磷酸铁锂进行包覆，使得磷酸铁锂电池具有较好的导电性能。随后，阿尔芒和古迪纳夫共同申请了磷酸铁锂包碳技术的专利，磷酸铁锂正式走向市场。这两项专利正是磷酸电池技术绕不开的核心专利。

磷酸铁锂电池因其低成本和高安全性的优势逐渐商业化，各大企业也陆续发生了侵权现象。此时被侵权而又不擅长打官司的德州大学，为了解决被侵权问题，便于 2011 年 1 月 27 日将专利转让给了实力雄厚的德国魁北克水电公司，此后魁北克水电公司就围绕磷酸铁锂电池便开始进行大量专利权维权诉讼。魁北克水电公司主要涉及的诉讼企业包括日本 NTT 公司、美国 Valence 公司、A123 sysrem 以及中国的多家企业。

在上述侵权诉讼中，对中国新能源发展的影响至关重要的便是魁北克水电公司、CNRS 公司、蒙特利尔联合公司就发明名称为"控制尺寸的涂覆碳的氧化还原材料的合成方法"的案件。该案件是 2003 年 3 月 26 日进入中国市场的 PCT 申请，于 2008 年 9 月获得授权，公开号为 CN100421289C，专利号为 0816319.X。下面针对该项专利在中国的专利无效宣传进行简单介绍。

该项专利覆盖了包括磷酸铁锂等多种正极材料及其制备方法，以及利用此材料得到的化学电池，共包括 125 项权利要求。

按照上述专利保护范围，目前中国多数磷酸铁锂电池生产企业均涉嫌侵权。针对涉嫌侵权的中国企业，加拿大魁北克水电公司、巴黎 CNRS 公司、蒙特利尔联合公司三家企业向中国多家产磷酸铁锂的厂家，包括河南环宇集团、北大先行、天津力神电池股份有限公司等发起律师函，要求它们一次性支付 1000 万美元的专利入门费，以及 2500 美元/吨的高额许可使用费。

应环宇集团、北大先行等企业的强烈要求，中国电池工业协会受上述企业的委托于 2010 年 8 月向中国专利复审委员会提出了加拿大魁北克水电公司等专利权人所持有的磷酸铁锂专利无效宣告的申请。

在针对这种事关新能源电池发展的侵权诉讼中,中国电池工业协会于 2010 年 10 月 29 日提出的无效宣告理由为:授权文本的权利要求 1~125 不符合《专利法》第 26 条第 3 款的规定。2010 年 11 月 29 日,提交补充意见和相关证据,认为其授权文本的权利要求 1~125 不符合《专利法》第 33 条的规定,说明书不符合《专利法》第 26 条第 3 款的规定,权利要求 1~125 不符合《专利法实施细则》第 20 条第 1 款的规定,权利要求 1~125 不符合《专利法》第 26 条第 4 款的规定。

专利权人于 2011 年 2 月 1 日针对 2010 年 12 月 17 日专利复审委员会的转送文件通知书提交了复审无效宣告程序意见陈述书,将授权文本的权利要求书 1~125 修改成权利要求 1~111,且于 2011 年 3 月 25 日提交了修改的权利要求 62~70。

最终,专利复审委员会以专利权人于 2011 年 2 月 1 日提交的权利要求 1~61、71~111 以及 2011 年 3 月 25 日提交的权利要求 62~70 作为审查基础,并于 2011 年 5 月 28 日作出最终无效宣告请求审查决定,指出权利要求 1~82、86~111 的修改超出了原权利要求书和说明书记载的范围,不符合《专利法》第 33 条的规定,另外,权利要求 1~111 同样得不到说明书的支持,不符合《专利法》第 26 条第 4 款的规定;最终以授权文本的修改超出了原始申请文件的记载和授权文本的权利要求得不到说明书的支持为理由,无效了该专利申请的所有权利要求,宣告加拿大魁北克水电公司所持有的磷酸铁锂专利无效。

面对中国这巨大的市场,加拿大魁北克水电不会轻易放弃,随即于 2012 年 4 月向北京市第一中级人民法院提起诉讼,请求判定中国专利复审委员会关于其所持有的磷酸铁锂专利无效的裁定无效,同时中国电池工业协会也被列为共同被告。

2012 年 12 月 5 日,中国专利复审委员会和中国电池行业协会以切实有力的证据据理力争,最终北京市第一中级人民法院认定加拿大魁北克水电公司等专利权人要求的专利保护范围过大,并且多次修改专利均扩大了原始申请的保护范围,不符合《专利法》第 33 条的规定,仍判定该专利无效。但加拿大魁北克水电公司等权利人还是不服判决继续上诉到了北京市高级人民法院,2014 年北京市高级人民法院最终给出了维持原判的裁决,坚持了该专利的无效决定。

在中国电池工业协会提出的众多无效宣告理由中,专利复审委员会最终仅以两条理由便无效了该专利的所有权利要求,意味着专利复审委员会对该项专利的无效决定有着充足的把握。在面对魁北克水电等权利人公司针对磷酸铁锂电池索要的巨额专利入门费和专利许可使用费,中国企业抱团取暖,团结一致,最终以切实有力的证据将魁北克水电等公司的专利权无效。这也就告诉我们,中国企业的专利保护虽然起步较晚,但在面对专利侵权纠纷时,尤其是跨国企业的专利诉讼时,可以避免"单打独斗"方式,团结一致,组建防御型的专利企业联盟,或是与工业协会共同联盟,一致对外,共同应诉。

另外,正是这场专利胜诉在中国磷酸铁锂电池的发展进程中成为历史上一个惊人的转折点,为我国的新能源汽车的发展扫除了重大发展障碍。虽然此次专利的胜诉使中国企业避免了向专利权持有人支付高额的专利许可使用费,但在美国等国际出口磷酸铁锂产品时仍需要注意专利侵权问题，需要缴纳专利使用费，否则也会面临诉讼问题。

8.3.2 宁德时代 VS. 塔菲尔

"2019年11月27日，宁德时代公司的工作人员在福州万国公司经营的汽车专卖店内购买到长城汽车股份有限公司的欧拉牌纯电动轿车，车辆销售信息显示车载储能装置为三元锂离子动力电池，生产企业为江苏塔菲尔公司（单体）、蜂巢能源科技有限公司（总成）。"——这是《宁德时代新能源科技股份有限公司与江苏塔菲尔新能源科技股份有限公司、东莞塔菲尔新能源科技有限公司等侵害实用新型专利权纠纷一审民事判决书》（案号（2020）闽初1号）中记载的宁德时代取证的时间，说明宁德时代开始调查的时间肯定更早。而宁德时代选择这时候对塔菲尔提起专利侵权诉讼，和塔菲尔的快速成长有着莫大的关系。

据天眼查资料公开，塔菲尔于2015年成立了东莞塔菲尔新能源科技有限公司和深圳塔菲尔新能源科技有限公司，于2017年7月成立江苏塔菲尔新能源科技股份有限公司，2018年成立了湖北塔菲尔新能源科技有限公司。表8-3-1列出了自2017年以来两家公司在动力电池装机量（中国市场）的数据对比。

表8-3-1 宁德时代、塔菲尔动力电池装机量与排名

动力电池装机量	2017年	2018年	2019年	2020年
宁德时代排名	1	1	1	1
塔菲尔排名	62	23	18	11
宁德时代装机量/MWh	10507.66	23433.3	31714.44	30435.9
塔菲尔装机量/MWh	—	—	380.94	616.67

可以看出，虽然塔菲尔的动力电池装机量和宁德时代还有不少差距，但是就其排名的发展势头而言，是不容小觑的。另外，注意到2020年，由于疫情等因素的影响，动力电池市场整体表现比起2019年要差很多，不少大公司例如比亚迪、国轩高科、亿纬锂业等都出现了不同程度的装机量下滑，宁德时代2020年的动力电池装机量比起2019年也出现了落滑；而塔菲尔的装机量却发展迅猛，从2019年的380.94MWh增长到2020年的616.67MWh。

2020年3月，宁德时代以1件发明和4件实用新型（专利号见表8-3-2）在对江苏塔菲尔新能源科技股份有限公司（以下简称"江苏塔菲尔公司"）、东莞塔菲尔新能源科技有限公司（以下简称"东莞塔菲尔公司"）、万国（福州）汽车贸易有限公司（以下简称"福州万国公司"）提起诉讼。

2020年4~7月，塔菲尔对上述5件诉讼专利提起无效，结果如表8-3-2所示。

表 8-3-2 塔菲尔针对宁德时代提起无效请求的专利清单

专利号	无效宣告审查决定
ZL201521112402.7	部分无效
ZL201620207009.4	部分无效
ZL201520401861.0	部分无效
ZL201720358583.4	有效
ZL201810695585.1	有效

其中对于 ZL201521112402.7，塔菲尔在 2020 年 4 月 1 日、4 月 13 日以及 6 月 15 日向国家知识产权局提出三次无效宣告请求。2020 年 6 月 28 日，宁德时代提交了意见陈述书，同时修改了权利要求书。

复审和无效审理部的无效宣告审查决定是宣告 ZL201521112402.7 实用新型专利权部分无效，即在宁德时代于 2020 年 6 月 28 日提交的修改后的权利要求 1~8 的基础上继续维持该专利有效。上述修改后的权利要求与福建省高级人民法院判决所依据的权利要求内容一致。

而针对实用新型专利 ZL201620207009.4、ZL201520401861.0、ZL201720358583.4 和发明专利 ZL201810695585.1，截至 2021 年 10 月，法院方面还没有更进一步官方消息公布。

2020 年 7 月，宁德时代向福州市中级人民法院提请财产保全，冻结被申请人江苏塔菲尔公司、东莞塔菲尔公司银行存款或查封、扣押其相应价值的财产，4 件专利共 8000 万元。

2020 年 8~10 月，塔菲尔提起管辖权异议，但被最高人民法院驳回，理由是：被告人之一的福州万国公司的销售地在福州，《最高人民法院关于审理专利纠纷案件适用法律问题的若干规定》（2015 年修正）第 6 条第 1 款规定，以制造者与销售者为共同被告起诉的，销售地人民法院有管辖权。

2021 年 8 月 24 日在中国裁判文书网发布的《宁德时代新能源科技股份有限公司与江苏塔菲尔新能源科技股份有限公司、东莞塔菲尔新能源科技有限公司等侵害实用新型专利权纠纷一审民事判决书》（案号（2020）闽初 1 号）一文件中，福建省高级人民法院认定江苏塔菲尔公司的型号为 100Ah 和 120/135Ah 电池产品侵犯了宁德时代 ZL201521112402.7 专利，判决塔菲尔连带赔偿宁德时代经济损失 22 979 287 元及合理费用 326 769 元。

从上述宁德时代诉塔菲尔案可以看出，专利是商战竞争中的重要武器。在塔菲尔快速发展时（在国内企业中，其动力装机量排名从 2017 年的第 62 名上升为 2020 年的第 11 名），宁德时代对其发起多起诉讼，想必主要还是希望通过专利诉讼以遏制其高速发展的势头。

8.3.3 LG 化学 VS. SK 创新

LG 化学从 1998 年进入电池领域，现在已经是全球最顶尖的动力电池厂商。根据 SNE Research 2021 年 1 月 13 日公布的数据，LG 化学以 31GWh 的 2020 年动力电池装机量位列全球第二位，仅次于宁德时代。LG 化学的动力电池解决方案涵盖单体电池、电池包、电池模组和电池管理系统等，尤其软包动力电池是 LG 化学的核心产品。核心客户包括现代起亚、通用、奔驰等，遍布中国、韩国、欧洲、美国。

同样作为韩系企业的 SK 创新，在 2005 年就开始混动电动车电池开发。2009 年开始开发纯电动车电池。在 2013 年就和北汽集团以及北京电子控股有限责任公司共同组建了北京电控爱思科技有限公司，主要生产动力电池。由于该企业未能进入中国电池企业目录，缺少政府补贴，最终管理层不得不停止在中国建造动力电池工厂的计划。在 2017 年之前，SK 创新只有一家全资动力电池工厂，位于韩国瑞山市。2017 年底，SK 创新在匈牙利新建动力电池工厂。2018 年，在江苏常州投资建立动力电池工厂。2018 年底，SK 创新决定在美国佐治亚州杰克逊县新建动力电池工厂。

从图 8-3-1 可以看出，虽然 SK 创新的动力电池装机量相比宁德时代、LG 化学和松下还有很大的差距，但是就增长率方面，SK 创新的出货量同比增长率超过 200%，远高于其他企业的增长率。另外，不得不提及的是，SK 创新的主要产品，也是软包电池。

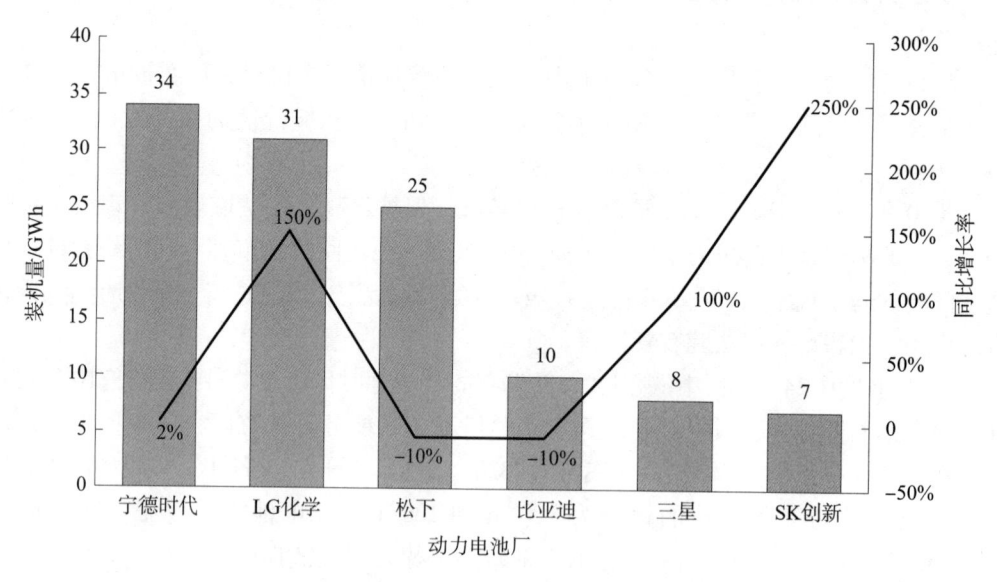

图 8-3-1 2019 年及 2020 年各大动力电池厂商表现

从表 8-3-3 可以看出，SK 创新不论是技术路线还是主要客户方面，尤其是在北美的主要客户（现代起亚、戴姆勒奔驰、大众、福特）和 LG 化学有着很大的重叠。因此，2018 年底 SK 创新决定在美国建厂，无疑是动了 LG 化学的蛋糕。

表 8 – 3 – 3　LG 化学和 SK 创新情况对比

企业	主要产品	主要工厂	主要客户
LG 化学	软包电池	韩国吴仓、中国南京、美国密歇根、波兰	现代起亚、戴姆勒奔驰、大众、福特、通用、吉利、雷诺等
SK 创新	软包电池	韩国瑞山、中国常州、美国佐治亚州、匈牙利	现代起亚、戴姆勒奔驰、大众、福特、北汽等

2019 年 4 月 29 日，ITC 收到了 LG 化学针对 SK 创新的诉状（案卷号为 337 – 1159），主要指责其通过雇佣其员工来窃取锂二次电池相关核心技术，涉及盗用商业机密。

2019 年 9 月 3 日，SK 创新也向 ITC 起诉 LG 化学（案卷号为 337 – 1179），指责 LG 化学侵犯了 SK 的专利（US10121994B2），该专利主要涉及二次电池以及其制备方法。

同月 26 日，LG 化学又向 ITC 起诉 SK 创新侵犯其 4 件专利（案卷号为 337 – 1181）：US7638241B2、US7662517B2、US7709152B2、US7771877B2。这 4 件专利主要涉及复合隔膜以及电极活性材料。于是这场持续了两年多专利大战进入白热化。

2021 年 2 月 10 日，ITC 发出了禁令，认定 SK 创新确实侵犯了 LG 化学的商业秘密，判决禁止 SK 创新 10 年内向美国销售电池单体、模块和电池包。但是，可以暂缓 4 年和 2 年执行 SK 电池进口禁令，这主要是为了方便福特和大众可以借暂缓期寻找替代供应商。SK 的败诉直接导致其要么赔偿 LG 化学，要么撤出美国市场。

针对案卷号为 337 – 1181 的诉讼，ITC 于 2021 年 3 月 31 日认定 SK 创新未侵犯 LG 化学的电池专利。

2021 年 4 月 11 日，LG 化学与 SK 创新联合发表关于结束电池纠纷的协议。[1] 根据协议，SK 创新将支付 LG 化学 2 万亿韩元的赔偿金，包括 1 万亿韩元现金和 1 万亿韩元专利费。两家公司还决定撤回国内外的所有诉讼，并承诺今后 10 年不再就有关事宜提起诉讼。由此，ITC 针对 SK 创新的电池进口禁令解除，SK 创新可以在美国正常开展业务。长达两年的纠纷终于画上了句号。

SK 创新的高速发展，特别是在北美市场的扩张，无疑动了 LG 化学的市场蛋糕。面对 SK 创新迅猛的发展，LG 化学主动出击，这一点和宁德时代诉塔菲尔的策略有着共通之处，一方面也是为阻碍竞争对手的发展。另外，双方企业最终达成和解，说明了专利侵权诉讼的目的，不一定是为了毁灭对手，而是可以在保护自身利益的同时，增强自身的行业地位，或者在商业谈判中增加更多的筹码。所以，在商场上，并没有绝对的敌人或朋友，而通过专利诉讼这一手段来赢取行业地位也是非常重要的。

---

[1] LG 和 SK 达成电池纠纷和解协议 [EB/OL]. (2021 – 04 – 12) [2021 – 09 – 30]. https：//m – cn.yna.co.kr/view/MYH20210412005100881.

8.3.4 巴斯夫 VS. 优美科

巴斯夫是一家德国化学企业,也是世界最大的化工企业之一。二次电池对于该公司而言,并不是早期研发产品,早期研发分属领域包括化学品、特性产品、功能性材料与解决方案、农业解决方案、石油与天然气。2012年起,才正式成立电池材料全球业务部。

同样是欧洲材料界的巨头,优美科2001年开辟汽车催化剂领域,2011年获得3M授权生产三元正极材料。

巴斯夫的背后是美国阿贡国家实验室。美国阿贡国家实验室在2001年申请三元材料专利US6680143B2和US6677082B2并于2004年获得授权。2009年,阿贡国家实验室将5项相关授权许可给巴斯夫。

而优美科的核心专利,则是来自美国3M。同样是2001年,3M的前首席科学家达恩教授(J. R. Dahn)和鲁中华作为共同发明人为3M申请了US6964828的专利。该专利也是三元材料的基础核心专利。2012年,优美科和3M达成了战略合作协议,3M优先向优美科提供专利授权,而3M退出正极材料的生产并将客户推荐到优美科。

因此,巴斯夫和优美科的专利诉讼案实际上是牵扯到了两条技术路线的商业之争。巴斯夫及阿贡国家实验室与优美科的专利诉讼流程如图8-3-2所示。

2009年	2015年2月	2015年11月	2016年12月	2017年5月
阿贡实验室将5项专利许可给巴斯夫	阿贡国家实验室及巴斯夫向ITC指控优美科侵权	优美科请求专利无效,但最终专利权维持有效	ITC最终裁决优美科侵权	双方和解

图8-3-2 巴斯夫及阿贡国家实验室与优美科的专利诉讼流程

2015年2月,巴斯夫与阿贡国家实验室向美国ITC提起诉讼(案卷号为337-TA-951),起诉优美科侵犯了美国阿贡国家实验室的相关专利,日本的牧田株式会社(Makita公司)作为共同被告人也被起诉,因为牧田株式会社的电动工具产品中使用了优美科的多元材料。

阿贡国家实验室的US6680143B2专利涉及具有两相的微观结构的富锂三元材料。巴斯夫与阿贡国家实验室提交的证据表明,牧田株式会社的电动工具产品中使用了优美科的多元材料[材料型号为Cellcore® TX9(NMC532)],并声称这种多元材料中包含了$Li_2M'O_3$和$LiMO_2$两种晶体结构(其中,M和M′为过渡金属Mn、Ni、Co、Ni-Mn等),即材料为具有两相的微观结构的富锂三元材料,因此侵犯了阿贡国家实验室的专利。

对于巴斯夫的起诉,优美科声称自己的材料并非两相微观结构,而是单向结构,但最终ITC没有接受优美科的说法。

优美科为应对这场专利诉讼,2015年11月向美国专利商标局专利审查提出申请,要求对专利US6677082B2和专利US6680143B2进行再审，但最终未能证明授权的权利要求不具备被授予专利权的理由，维持专利有效。

2016年12月，ITC最终裁决优美科将镍钴锰三元正极材料进口到美国，侵犯了巴斯夫和阿贡国家实验室的专利权，禁止将优美科生产的侵犯专利权的镍钴锰三元正极材料进口到美国。禁止进口令指出：ITC将禁止由优美科制造生产的或代表其制造生产的，进口的或代表其进口的侵权锂金属氧化物正极材料未经许可入境美国。

为此，优美科有针对ITC的判决提起上述。

最终，经过双方企业的私下沟通，2017年5月双方达成和解，优美科获得阿贡国家实验室4项专利许可（US6677082B2、US6680143B2、US7135252B2以及US7468223B2），可以在美国制造、使用、销售、许诺销售、分销和进口镍钴锰三元正极材料，与此同时巴斯夫与阿贡国家实验室也正在撤销其在美国拉华州地区对优美科的诉讼，也正在向ITC提交撤销现行限制性排除口令的诉求。

在专利世界中，没有永远的敌人，以前是敌人，以后很可能就是合作伙伴。经过这些专利侵权诉讼，虽然优美科被判侵权的诉讼已结束，被ITC裁决禁止将镍钴锰正极材料进口到美国，但这个事件并没有就此了结，后续优美科最终与巴斯夫和解，实现了4项专利在美国制造、使用、销售、许诺销售、分销和进口的许可，经过巴斯夫和阿贡国家实验室正在撤销其在美国拉华州地区对优美科的诉讼，ITC最终也撤销限制性排除口令。不仅如此，两家企业的合作关系也一如既往存在。

据优美科2021年5月发布的消息，❶巴斯夫与优美科签署了一项非排他的专利交叉许可，其广泛涉及了正极活性材料（CAM）及正极材料前驱体（PCAM）产品，包括镍钴锰（NCM）、镍钴铝（NCA）、镍钴锰铝（NCMA）和高容量富锰材料（HE-NCM）等。该协议涵盖了在欧洲、美国、中国、韩国和日本申请的100多个专利族。多年来，巴斯夫和优美科的合作关系一直存在，该项专利交叉许可协议增强了双方定制材料的能力，通过这项协议双方可以进一步提高产品开发速度，更好地应对电动汽车行业所面临的诸如能量密度、安全性和成本等挑战。

8.4 小　　结

本章对行业的合作与竞争展开分析。在行业合作中，主要以专利转让与专利许可为例展开分析中国专利的科技成果转化情况。在行业竞争中，主要分析专利诉讼整体情况及几起典型诉讼案例，为企业如何更有效地运用法律武器维护自身权益提供参考借鉴。

1. 行业合作

（1）专利转让方面

在研发主体上，企业是专利转让的重要主体，且企业与企业之间的专利转让占比

---

❶ 巴斯夫与优美科签订专利交叉许可协议［EB/OL］.（2021-05-11）［2021-09-30］. https://www.sohu.com/a/465811956_208805.

最高，高达79%，相较而言，企业是净流入大户，高校、个人以及研究机构是专利净流出户。

在技术构成上，出现频次前三的技术领域分别为 H01M 10/0525、H01M 10/613、H01M 10/625，隶属于动力电池（主要是锂离子电池）和电池管理系统分支。可见，动力电池是专利转让的最大分支，尤其是锂离子电池，是我国电动汽车续航技术中相关企业研发和竞争的热点。

（2）专利许可方面

在研发主体上，企业是专利许可的重要主体，且企业与企业之间的专利许可所占份额，高达72%。同时，无论是企业与企业之间的许可、个人与企业之间的许可，还是高校与企业之间的许可，专利许可大部分采用了独占许可方式，采用排他许可方式的占比最少。这说明了在专利的实施许可上，各研发主体更希望作为被许可方能够在许可期间独自使用该专利权。

在技术构成上，排名前三的技术领域分别为 H01M 10/0525、H01M 4/58、H01M 4/04，分别为锂离子电池、活性材料、活性材料组成或包括的活性材料的电极，均属于动力电池分支，其中锂离子电池占比最高。可见，与专利转让情况一致的是，锂电子电池在专利许可中占比最高，凸显了锂离子电池在电动汽车续航技术领域的重要性。其中，值得注意的是，在多元材料领域专利许可的统计数据分析中发现，三元正极材料包括两大核心专利体系：一是3M申请的包括NCM含量比的核心专利体系，二是由美国阿贡国家实验室申请的包括层状富锂高锰材料的核心专利体系，二者作为许可或授权方分别又将上述核心专利体系授予了优美科和巴斯夫，这也促使了这两大企业最终对国内企业形成的广泛许可。如巴斯夫所许可的企业，包括湖南瑞翔、北大先行、容百科技、长远锂科、广东邦普、当升科技、振华新材、厦门厦钨新能源等，并且3M和优美科所许可的企业，包括湖南瑞翔、湖南杉杉股份、北大先行等。可见，三元正极材料存在被上述两大专利体系"卡脖子"的严重现象，我国企业应当引起足够重视，积极开展新的研发以突破封锁。

2. 行业竞争

（1）专利诉讼整体情况

中国近十年在电动汽车续航领域的专利侵权诉讼量略有起伏，平均立案数量为15.6件，而海外该领域平均立案数量也仅仅为16.1件。但是，近年来行业几起典型诉讼案件引发行业广泛关注。例如，魁北克水电公司在全球范围内的专利侵权诉讼；巴斯夫与优美科、LG化学与SK创新、宁德时代与塔菲尔之间的诉讼案件等。

在审理法院地域方面，广东、北京、江苏和浙江受理的专利诉讼案件数量在全国各省市中名列前茅。这一方面是由于沿海省市相关的企业比较集中，另一方面也得益于沿海省市对于知识产权的保护更加重视。

（2）典型诉讼案例分析结论

通过对电动汽车续航领域的重点诉讼案例分析，发现行业诉讼不仅限于材料方面，出现了电池结构类的诉讼，企业维权意识增强。另外，这些案例还为中国企业诉讼提

供如下参考:

① 如何应对专利诉讼。毋庸置疑,诉讼是为了保护自己创新成果,并使利益最大化的重要工具。在面对专利诉讼时,如何应诉是各企业的重中之重。在面对诉讼时,无效专利是各企业最优先考虑的应对方式,这直接关系着各企业利益是否会受到严重损失的问题,如上述几起诉讼案例中,各企业的优先应对方式均是提出了专利无效请求。另外,中国的专利保护起步相对较晚,因而在面临诉讼时,尤其是跨国公司的专利侵权诉讼,可以避免"单打独斗",团结一致,抱团取暖,组建参与防御型的专利企业联盟,或与行业协会进行联盟,共同应诉。如魁北克水电公司要求中国厂家支付巨额的专利入门费及许可使用费,中国多家中小企业选择与中国工业协会共同联盟,对魁北克水电公司的专利权进行无效。同时,根据企业之间的竞争关系,反诉讼也成为一个重要手段,如在LG化学与SK创新商业机密的诉讼中,便存在SK创新对LG化学专利侵权的反诉讼,这也是SK创新为从另一方面来降低损失所采取的措施。

② 专利是商战利器。通过专利诉讼可以有效地影响到竞争对手。不论是国外的诉讼,如LG化学与SK创新的案件,还是国内的案件,如宁德时代诉塔菲尔案,均可以借此在商业竞争中抢占市场,赢取更多的话语权。而目前在电动汽车续航技术领域,我国相关诉讼并不多,企业对专利诉讼这一商战利器的工具利用还不足。企业应当重视专利诉讼在保护自身权益以及提升自身行业地位中的重要性。

③ 合作共赢,增强实力。不论是LG化学与SK创新的案件,还是巴斯夫和优美科的案件,最终都是以和解为最终结果。可见,专利侵权诉讼的目的,并不一定是毁灭对手,而是可以在保护自身利益的同时,增强自身的行业地位,或者在商业谈判中增加更多的筹码。而随着经济全球化的进程,企业很难"一家独大",合作共赢是增强实力的有效途径。

在电动汽车续航技术的专利市场竞争中,中国企业在诉讼上起步较晚,需要更多总结历史经验,提高自身诉讼能力。一是需要提高自身的专利实力,加强企业的硬实力;二是需要增强自身的技术保护力度,做好专利布局,提高专利诉讼能力。

第9章 正极材料核心外围专利池分析

当前国内广泛应用的三元正极材料受制于国外企业。针对这个行业痛点，本章梳理了三元正极材料的核心专利，以及该核心专利对应的外围专利，在其中部分核心专利到期失效可以无偿使用的同时，为国内创新主体避免落入核心专利对应的外围专利的保护范围提供风险预警。此外，针对还未广泛商用的钠离子正极材料，其中钠过渡金属氧化物正极材料的核心专利为国内企业拥有，课题组也对其核心专利及对应的外围专利也进行了梳理，以为国内创新主体提供参考。

9.1 三元正极材料核心外围专利池分析

核心专利是制造某个技术领域的某种产品必须使用的技术所对应的专利，而不能通过一些规避设计手段绕开，生产交易活动中侵犯这类专利的专利权的风险最大且诉讼风险最高。由于国内三元材料起步较晚，与国外的技术水平仍有不小的差距，三元材料的核心专利技术仍掌握在国外申请人手中，主要包括 Michael M. Thackeray 团队（有些以芝加哥大学名义申请）申请的以 US6680143B2、US6677082B2、US7135252B2、US7468223B2 为代表的第一核心专利族和 3M 申请的 US6964828B2、US8241791B2 及 Ilion 科技公司申请的后转让给 3M 的 US6660432B2[1]（虽然该专利还进行了再次转让，但为了方便分析，在此将其归类到3M专利族），此3件专利下称第二核心专利族。

第一核心专利族的独立权利要求保护范围的对比如图 9-1-1 所示。US6680143B2 独立权利要求范围最大，其独立权利要求包括技术特征：通式为 $x\text{LiMO}_2 \cdot (1-x) \text{Li}_2\text{M}'\text{O}_3$、用于非水锂电池的锂金属氧化物正极，$0 < x < 1$，M 是平均氧化态为 3 的一种或多种离子，M′是一种或多种四价离子，LiMO_2 及 $\text{Li}_2\text{M}'\text{O}_3$ 均为层状结构，Li 与 M 和 M′的比率大于 1 且小于 2，且 M 中至少一种离子是 Mn，也就是含 $x\text{LiMnO}_2 \cdot (1-x) \text{Li}_2\text{M}'\text{O}_3$ 的富锂层状金属氧化物均落入该范围；US6677082B2 在 US6680143B2 基础上进一步限定了还至少一种离子是 Ni，也就是含 $x\text{LiNiO}_2 \cdot (1-x) \text{Li}_2\text{MnO}_3$ 的富锂层状金属氧化物均落入该专利的保护范围，且 US6677082B2 的从属权利要求 5 中有明确 M 离子是 Ni 和 Co，并且 M′是 Mn；US7135252B2 除了对 M、M′可选的元素进行进一步限定外，还进一步限定了 Ni 和 Mn 两者以 1∶1 的比率存在；US7468223B2 再进一步限定了

---

[1] 余志敏，周述虹，阎澄，等. 锂离子电池三元材料专利技术分析 [J]. 储能科学与技术，2017, 6 (3)：596–604.

Mn∶Ni∶Co 的比率为 1∶1∶1，该专利精确涵盖了富锂 NCM111 的元素比例。第一核心专利族在专利权保护范围方面进行了多层次的布局，但第一核心专利族的 4 件专利均只在美国提交了申请并获得授权。

US6680143B2（2021年11月21日到期）
xLiMO$_2$·(1-x)Li2M'O$_3$，层状结构，0<x<1，M 是平均氧化态为3的一种或多种离子，M'是一种或多种平均氧化态为4的离子，Li 与 M 和 M 的比率大于1且小于2，至少一种离子是 Mn

US6677082B2（2021年06月21日已到期）
至少包含 Ni、Mn

US7135252B2
（2021年11月21日到期）
Ni∶Mn=1∶1

US7468223B2
2025年11月10日到期
Mn∶Ni∶Co=1∶1∶1

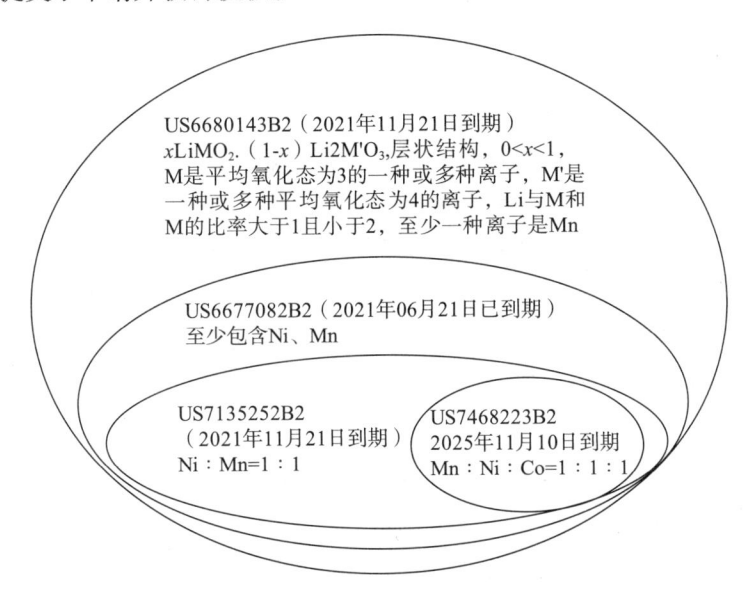

图 9-1-1　第一核心专利族的独立权利要求保护范围

对于第二核心专利族，US6660432B2 保护一种用于电化学电池的单相阴极材料，由下式表示：Li[Li$_x$Co$_y$A$_{1-x-y}$]O$_2$，A =[Mn$_z$Ni$_{1-z}$]，x = 0～0.16，y = 0.1～0.3，z = 0.4～0.65，该专利保护范围涵盖了大多数低镍三元材料，如 NCM523、NCM424、NCM111。US8241791B2 保护一种用于锂离子电池的阴极组合物，选自其中所述阴极组合物具有式 Li[M4$_y$M5$_{(1-2y)}$Mn$_y$]O$_2$ 的阴极组合物，其中 0.083≤y≤0.5，条件是 M4 和 M5 不包括 Cr，并且其中 M4 是 Co 并且 M5 包括 Li 和 Ni 的组合，该专利限定了 Co 和 Mn 的含量相同，主要涉及富锂材料及 NCM111 型号产品。US6964828B2 主要限定了阴极组合物包含 Ni、Co、Mn，从而显著提高了三元材料的性能，该专利长期制约着中国锂电行业内三元材料的发展，于 2001 年 4 月 27 日首次在美国提交申请，之后授权，然后于 2002 年 3 月 11 日分别在日本、韩国、中国、欧洲、澳大利亚、奥地利等申请，同族申请共有 26 件，并在中国、日本、美国、欧洲等地获得专利权。

不过这些核心专利有些已经到期失效，如 US6677082B2、US6680143B2、US7135252B2 分别于 2021 年 06 月 21 日、2021 年 11 月 21 日、2021 年 11 月 21 日已经到期失效。失效专利失去了专利法保护，可以进行无偿使用，可以结合领域技术发展方向在其基础上进行改进和创新，但在使用过程中依然要避免侵犯这些专利依然处于有效期的同族专利，同时还要避免侵犯基于核心专利的外围专利的专利权。外围专利简单意义上说就是，研究改进是基于核心专利的。为了降低生产交易活动中侵权风险，确定核心专利已有的外围专利是极其重要的，相关搜索，一方面，可以通过追踪核心专利申请人及发明人的技术发展脉络确定；另一方面，还可以通过核心专利的引证文献进行。分析专利之间的引用情况不但可以找到一段时期内本行业的关键技术点,还可以从不同层次的引用关系中梳理出该行业关于该技术点的发展脉络,通过核心专利的引证文献可以快速获取核心专利的外围专利。

9.1.1 第一核心专利族外围专利池分析

9.1.1.1 基于核心专利申请人及发明人

专利 US6677082B2、US6680143B2、US7135252B2、US7468223B2 的申请人和发明人参见表 9-1-1。这 4 件核心专利的发明人均是 Michael M. Thackeray 及其团队人员,申请人有以发明人为名义申请,还有以芝加哥大学申请的。Michael M. Thackeray 是锂电泰斗诺贝尔奖获得者 John Goodenough 的老合作者,就职于由芝加哥大学为美国政府运营的阿贡国家实验室,另外三位发明人也就职或曾就职于阿贡国家实验室。阿贡国家实验室是美国最大的科学与工程研究实验室之一。

表 9-1-1 第一核心专利族申请人发明人列表

专利	申请人	发明人
US6677082B2	芝加哥大学	Michael M. Thackeray、Christopher S. Johnson、Khalil Amine、Jaekook Kim
US6680143B2		
US7135252B2	同发明人	
US7468223B2	Michael M Thackeray、Christopher S Johnson、Khalil Amine	

基于对申请人和发明人的分析,以发明人为主要检索入口,以申请人、发明人所在的阿贡国家实验室为次要检索入口,追踪其关于核心专利的主要外围专利,如图 9-1-2 所示。

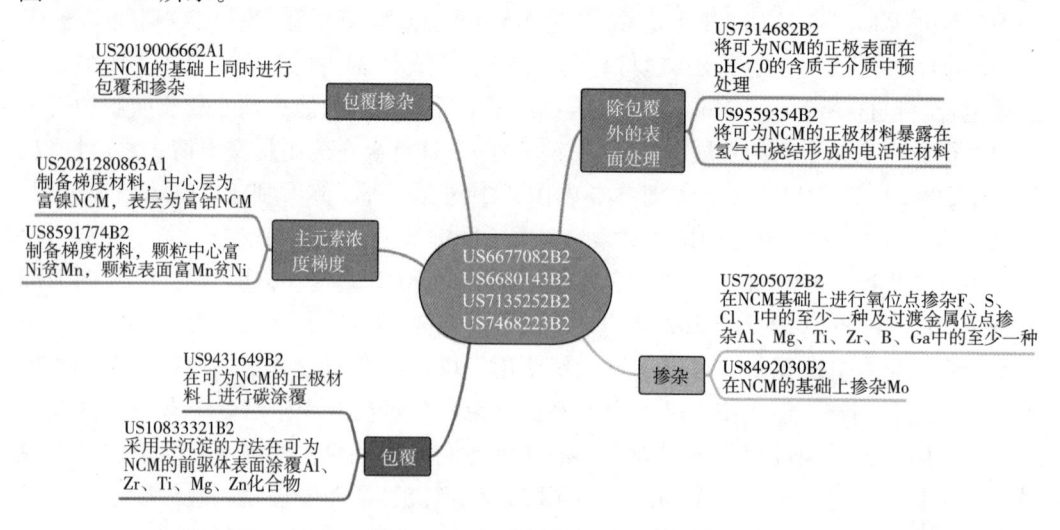

图 9-1-2 发明人对第一核心专利族布局主要外围专利

发明人/申请人对第一核心专利族的主要改进在于：掺杂改性、主元素浓度梯度分布、包覆处理、包覆掺杂复合改性及除包覆外的其他表面处理。从申请地区来看，这些外围专利大多也仅在美国进行了申请，下面对发明人/申请人基于第一核心专利族的主要外围专利进行简单分析。

对于包覆处理，专利 US9431649B2 用石墨烯、氧化石墨烯或碳纳米管的电子导电涂层涂覆正极材料的颗粒的表面，从而改善循环性能。

对于掺杂改性，专利 US7205072B2 通过在氧位点掺杂有氟以降低阻抗并改善高温以及室温下的循环稳定性，在过渡金属位点掺杂有各种金属离子以稳定层状结构、抑制阳离子混合并因此改善电化学性能，同时，氧位掺杂的元素可以是 F、S、Cl、I 中的一种或者多种，过渡金属位点掺杂的元素可以是镁、锌、铝、镓、硼、锆和钛中的一种或者多种，针对该专利，芝加哥大学相关人员还进一步进行了形貌的选取，于 2004 年 7 月 30 日申请了授权公告号为 US7435402B2 的专利，相对于在先申请 US7205072B2，进一步限定了正极材料为球形形貌；US8492030B2 保护一种生产锂钼复合过渡金属氧化物的方法，在锂化时加入钼化合物，可制造具有高振实密度阴极材料的锂二次电池，并提供优异的容量保持特性和循环寿命特性。

除了单纯的包覆掺杂处理，芝加哥阿贡国家实验室也布局了包覆掺杂复合改性，在 2017 年 6 月 30 日提交了公开号为 US2019006662A1 的申请。该申请通过在金属氧化物内核掺杂掺杂剂阳离子，同时在金属氧化物外层包覆金属氧化物，使材料具有更高的稳定性。

除包覆外的其他表面处理，主要包括酸洗和表面热处理。专利 US7314682B2 保护一种锂金属氧化物包含通式 $Li_{(2+2x)/(2+x)}M'_{2x/(2+x)}M_{(2-2x)/(2+x)}O_{2-\delta}$ 的用于非水锂电化学电池的未循环电极，其中 $0 \leq x \leq 1$，并且其中 M 是选自周期表中的两种或更多种第一行过渡金属或较轻金属元素、具有平均三价氧化态的非锂金属离子，并且 M′ 是选自第一行和第二行过渡金属元素和 Sn 的具有平均四价氧化态的一种或多种离子，所述电极在 pH≤7.0 的含质子介质中预处理以产生 $xLi_{2-y}H_y \cdot xM'O_2 \cdot (1-x)Li_{1-z}H_zMO_2$，其中 $0 < x < 1$、$0 < y < 1$ 且 $0 < z < 1$ 的化合物。该专利在电池组装之前采用酸对含锂氧化物进行化学预处理，从而改善锂电池和电池组在充电至高电位时的容量、循环效率和循环稳定性。专利 US9559354B2 通过将电活性材料暴露于氢气中烧结以在所述电活性材料上形成表面处理层。该专利通过表面处理使电活性材料具有部分还原的表面层，从而具有良好的电子导电性，进而提高长循环寿命和功率能力，良好的电子导电性是过渡金属的部分还原而导致电活性材料中 M–O 键共价的增加。

对于主元素浓度梯度分布改性，专利 US8591774B2 保护包含由芯和两个或更多个层限定颗粒半径的过渡金属氧化物颗粒或锂过渡金属氧化物颗粒，所述颗粒包含沿着所述半径至少一部分的组成梯度，其中所述芯集中在第一过渡金属中，并且随着距所述芯的距离增加，每个连续层具有较低浓度的所述第一过渡金属，该专利通过在内部设置高 Ni 含量以获得高容量，并且在外层设置高浓度 Mn 以获得改善的安全性和稳定性；US2021280863A1 公开了在核心层设置富镍的 NCM，在表层设置富钴 NCM，Ni 浓度是恒定的或沿着矢量半径部分连续地减小，Mn 浓度在更靠近颗粒表面处是恒定的或部分/连续地减小或增加，并且 Co 浓度沿着矢量半径连续地增加，从而改善 NCM 的结构稳定性，进而在保证能量密度的前提下改善循环性能。

9.1.1.2 基于核心专利引文的外围专利

为了梳理核心专利的外围专利，在数据库中分别检索了第一核心专利族中各专利的引证文件，以期对核心专利的外围专利进行梳理和分析。引证专利的申请人多为电池材料相关企业，申请人国别主要以美国、日本、韩国为主。由于引文数量较多且引用关系错综复杂，为了更好梳理各文件之间的关系和看清技术发展脉络，在此筛选与核心专利相关度较高的专利并绘制基于核心专利引文的主要外围专利。

第一核心专利族基于核心专利引文的主要外围专利如图 9-1-3（见文前彩色插图第 6 页）所示。主要外围专利的主要改进点包括包覆处理、掺杂改性、包覆掺杂复合改性、前驱体制备工艺及锂化工艺优化、晶体结构控制、两种正极混合、正极材料形貌控制，专利布局密度最高的还是包覆处理、掺杂改性。

对于包覆改性，US6878490B2 通过包覆电子可传导但锂离子不可传导的锂金属氧化物以提供功率能力，即在短时间内递送或重新获取能量的能力，这是大功率应用如电动工具、电动自行车和混合动力电动车辆所需的，该专利在中国、美国、日本、韩国、欧洲均进行了布局；US8389160B2 通过在 NCM 表面设置包含金属/准金属氟化物的稳定化涂层以改善材料的性能，第一次充电和放电时可以表现出不可逆容量损失的非常显著的降低，且改善循环性能，该专利在中国、美国、日本、韩国、欧洲均进行了布局；US8663849B2 通过包覆金属氯化物、金属溴化物、金属碘化物或其组合，从而提高倍率循环和容量，该专利在中国、美国、日本、韩国、欧洲均进行了布局；US10079384B2 通过包覆包含金属氧化物的结晶涂层，显著改善比电导率，具有改进的初始效率、寿命特性和高速率下的放电容量，该专利在中国、美国、日本、韩国进行了布局；US10305095B2 通过包覆稀土氟化物使循环特性得到改善，该专利还在日本进行了布局。

对于掺杂改性，覆盖了碱金属、过渡金属、稀土金属、阴离子掺杂等。如US7205072B2 通过掺杂 Al、Mg、Ti、Zr、B、F、S、Cl、Ga，改善循环、容量阻抗、直流阻抗（DCR）；US7435402B2 在球形 NCM 基础上掺杂 Mg、Zn、Al、Ga、B、Zr、Ti 中的至少一种；US8916294B2 引入 F、Mg、Zn、Al、Ga、B、Zr、Ti、Ca、Ce、Y、Nb 中的至少一种掺杂，该专利在中国、美国、日本、韩国均进行了布局。

除了单纯的包覆掺杂，US8741484B2 通过表面包覆金属氟化物，且掺杂 Mg、Ca、Sr、Ba、Zn、Cd 或其组合，EP3279144B1 通过包覆 Ti 或 Zr 化合物，掺杂 Mn、V、Mg、Ga、Si、W、Mo、Fe、Cr、Cu、Zn、Ti、Al、B 或其组合，从而显示出更优异的电化学性能，该专利在中国、美国、日本、韩国、欧洲均进行了布局。

对于前驱体制备及锂化烧结优化，US7211237B2 限定前驱体湿磨混合工序，湿磨的研磨时间比干磨显著更短，并且促进单相锂-过渡金属氧化物化合物的形成，该专利在中国、美国、日本、韩国、欧洲等地均进行了布局；JP4432910B2 通过限定主元素 Ni、Co、Mn 的比例关系，能够实现成本降低、耐高压性增强、安全性提高和电池性能改善之间的平衡；JP4613943B2 通过烧结时添加抑制晶粒长大的添加剂，使颗粒粒径得以控制。

对于晶体结构控制，US9059465B2 通过控制 XRD 中（018）面和（113）面的半峰宽，从而得到结晶性高、高容量和高安全性的正极活性物质，并通过使用该材料，得到更能够确保锂离子电池特性、安全性的锂离子电池用正极活性物质，该专利在中国、美国、日本、韩国、欧洲均进行了布局。

9.1.2 第二核心专利族外围专利池分析

9.1.2.1 基于核心专利申请人

第二核心专利族的申请人包括 3M、太平洋锂新西兰有限公司、Ilion 科技公司。在此，以这些申请人为入口检索相关专利以探索其技术脉络，申请人关于第二核心专利族的主要外围专利参见图 9-1-4，申请人对第二核心专利族的主要改进在于：包覆处理、掺混改性、锂化工艺优化及核壳结构，下面对申请人基于第二核心专利族的主要外围专利进行简单分析。

对于包覆处理，申请人于 2014 年 8 月 6 日申请了授权公告号为 CN105474436B 的专利，该专利在 Li[Li$_x$(Ni$_a$Mn$_b$Co$_c$)$_{1-x}$]O$_2$ 表面设置包含 Li$_f$Co$_g$[PO$_4$]$_{1-f-g}$（0≤f<1, 0≤g<1）的涂层，从而获得改善循环性能，该专利在中国、美国、日本、韩国、欧洲均进行了布局。

对于掺混改性，申请人于 2003 年 12 月 15 日申请了授权公告号为 CN100433439C 的专利，该专利通过在阴极活性材料掺和 1 重量%～10 重量%电化学非活性的金属氧化物的纳米粒，电化学非活性的金属氧化物是疏水或亲水的金属氧化物，它选自 Al$_2$O$_3$、SiO$_2$、MgO、TiO$_2$、SnO$_2$、B$_2$O$_3$、Fe$_2$O$_3$、ZrO$_2$ 以及它们的混合物，通过掺混无非活性金属氧化物可以改善容量和循环寿命，该专利也在中国、美国、日本、韩国、欧洲均进行了布局；除此之外，CN101808939B 进行了两种层状 O$_3$ 晶体结构的不同 NiCoMn 配比的正极材料混合，混合的正极材料表现出优异的循环性能和更高的自加热起始温度，该专利除了在中国、美国、日本、韩国、欧洲布局外，还包括 CA/AU/DE/AT 同族。

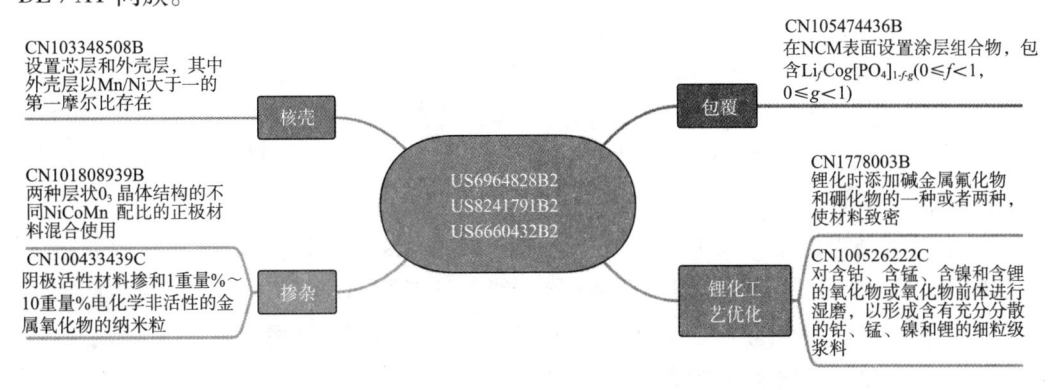

图 9-1-4 申请人对第二核心专利族布局的主要外围专利

对锂化工艺的优化，CN1778003B 限定锂化时添加碱金属氟化物和硼化物的一种或者两种，使材料致密；CN100526222C 限定对含钴、含锰、含镍和含锂的氧化物或氧化物前体进行湿磨，以形成含有充分分散的钴、锰、镍和锂的细粒级浆料，从而提高生产效率，能促进锂过渡金属氧化物单相化合物的形成。这两件专利均在中国、美国、日本、韩国、欧洲进行了布局。

同时，申请人还在正极核壳结构方面进行了布局，CN103348508B 限定正极设置芯层和外壳层，其中外壳层以 Mn/Ni 大于一的第一摩尔比存在，即外壳层为富 Mn 层，从而改善循环性能。该专利在中国、美国、日本、韩国、欧洲均进行了布局。

9.1.2.2 基于核心专利引文的外围专利

第二核心专利族基于核心专利引文的主要外围专利如图 9-1-5 所示。主要外围专利除了围绕包覆处理、掺杂改性、两种正极混合、前驱体制备工艺及锂化工艺优化、晶体结构控制、主元素浓度梯度控制外，还包括粒径控制。

对于包覆处理，安维亚系统公司于 2008 年 10 月 7 日申请了授权公告号为 US8389160B2 的专利，该专利通过在 NCM 表面设置包含金属/类金属氟化物的稳定化涂层以改善材料的性能，第一次充电和放电时可以表现出不可逆容量损失的非常显著的降低，且改善循环性能；该公司于 2010 年 8 月 27 日还申请了授权公开号为 US8535832B2 的专利，该专利通过在 NCM 表面设置包含金属/类金属氧化物的稳定化涂层以改善材料的性能，改善容量和倍率性能。安维亚系统公司的这两件专利均在中国、美国、日本、韩国、欧洲进行了系列申请。

对于掺杂改性，US7445871B2 通过引入选自由 Mg、Al、K、Na、Ca、Si、Fe、Cu、Zn、Ti、Sn、V、Ge、Ga 组成的组中的至少一种，B、P、Se、Bi、As、Zr、Cr、Sr、Sc、Y、稀土元素及其组合的掺杂元素，提高放电容量和循环稳定性，该专利还包括 CN/JP/KR 同族；US8916294B2 通过引入 F、Mg、Zn、Al、Ga、B、Zr、Ti、Ca、Ce、Y、Nb 中的至少一种掺杂元素，提高放电容量和循环稳定性，该专利还包括 CN/JP/KR/EP 同族。

CN1315212C 通过将 LMO 和 NCM 混合使用，获得的正极活性物质能得到具有高能量密度和优良高速放电性能的电池，并且该电池即使在高温充电时电池性能也不会下降，该专利还包括 US/EP/AU/JP 同族。

对于前驱体制备工艺及锂化工艺优化，US7799301B2 通过添加微量成分 P，提高 Li-A-O 类复合氧化物粒子的烧结性，由此得到的锂二次电池用正极材料具有可进一步改善电池特性这样优良的效果，该专利还包括 CN/EP/JP/KR 同族；JP4613943B2 通过烧结时添加抑制晶粒长大的添加剂，使颗粒粒径得以控制。

对于晶体结构控制，US9136533B2、JP4591717B2 分别通过控制正极材料拉曼峰及 XRD 中 (110) 晶面半峰宽以获得优异性能，该专利还包括 CN/EP/JP/KR 同族。

对于颗粒粒径控制方面，CN100379061C、EP2399869B1 分别通过大小颗粒搭配、控制多峰粒度分布实现能量密度的提升，该专利还包括 US/EP/KR 同族。

对于主元素浓度梯度控制，CN100593253C 通过使钴以及锰-镍的过渡金属组成从内体向外体有显著的变化，用于说明内体、外体和表面不同的性能要求，该专利还包括美国、欧专局、澳大利亚、日本、新西兰。

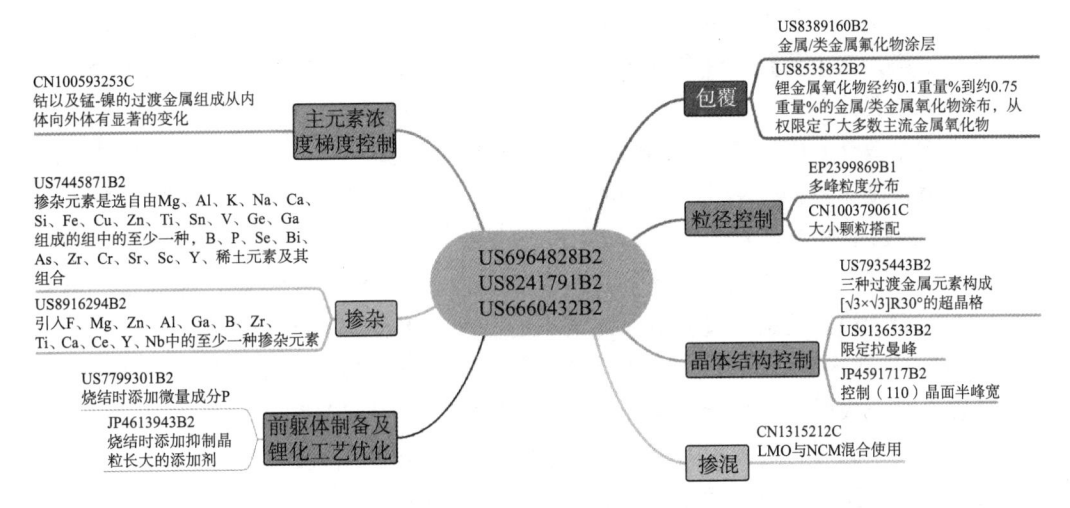

图9-1-5　第二核心专利族基于核心专利的引文的主要外围专利

9.2　钠离子正极材料核心外围专利池分析

虽然目前钠离子电池还未实现真正意义上的量产，但提前开展专利风险分析工作对提高市场竞争力有重大意义。钠离子电池过渡金属氧化物类正极材料种类繁多，电化学性能优异，特别是铜铁锰基钠离子正极材料，业界对其抱有较大的信心，在此主要对铜铁锰基钠离子正极材料的相关专利进行分析。

铜铁锰基钠离子正极材料的核心专利为胡勇胜团队于2014年申请的授权公告号为CN104795552B的专利，其保护一种层状氧化物材料，其特征在于，所述层状氧化物材料的化学通式为：$Na_xCu_iFe_jMn_kM_yO_{2+\beta}$；其中，M为对过渡金属位进行掺杂取代的元素，具体为Li^+、Ni^{2+}、Mg^{2+}、Mn^{2+}、Zn^{2+}、Co^{2+}、Ca^{2+}、Ba^{2+}、Sr^{2+}、Mn^{3+}、Al^{3+}、B^{3+}、Cr^{3+}、Co^{3+}、V^{3+}、Zr^{4+}、Ti^{4+}、Sn^{4+}、V^{4+}、Mo^{4+}、Mo^{5+}、Ru^{4+}、Nb^{5+}、Si^{4+}、Sb^{5+}、Nb^{5+}、Mo^{6+}、Te^{6+}中的一种或多种；所述x、y、i、j、k、β分别为对应元素所占的摩尔百分比；其中x、y、i、j、k、β之间的关系满足$y+i+j+k=1$，且$x+my+2i+3j+4k=2(2+\beta)$；其中$0.8\leqslant x\leqslant 1$；$0<i\leqslant 0.3$；$0<j\leqslant 0.5$；$0<k\leqslant 0.5$；$-0.02\leqslant\beta\leqslant 0.02$；$m$为所述M的化合价位；所述层状氧化物材料的空间群为R3m，该专利于2015年6月18日分别在美国、日本、韩国、欧洲进行了专利申请，并已在美国、日本、欧洲获得授权。该专利涵盖了指定含量区间的铜铁锰基钠离子正极材料本身、铜铁锰基钠离子正极材料的制备方法、包含铜铁锰基钠离子正极材料的钠离子二次电池的正极极片及钠离子二次电池。

（1）基于核心专利申请人

专利CN104795552B申请人为中科院物理研究所，发明人为胡勇胜、穆林沁、陈立泉，该专利后转移给发明人胡勇胜创立的中科海钠，其中第一发明人胡勇胜在中国钠离子电池研究方面具有举足轻重的地位，陈立泉院士为中国锂电泰斗。在对申请人进行分析时，以中科院物理研究所、中科海钠为主要检索入口，追踪其关于核心专利的技术发展脉络，其主要相关专利如图9-2-1所示。申请人对该专利的主要改进包括掺杂改性、前驱体制备工艺控制、组分控制、包覆处理、核壳结构。

对于掺杂改性，CN111564615B提供非金属掺杂正极、二次掺杂正极及制备方法，所述非金属掺杂正极的化学式为 $Na_xLi_yTM_{1-y}N_zO_2$，其中，$0.5<x\leq1$，$0<y\leq0.5$，$0<z\leq0.2$，N为掺杂进入非金属掺杂正极的过渡金属层的非金属元素，包括ⅢA族、Ⅳ主族、VA族或ⅥA族的非金属元素中的一种或多种；TM为过渡金属层中的金属元素，包括第四周期和第五周期的过渡金属元素中的一种或多种。所述N选自B、Si、P、As或Se中的一种或多种。该发明提供所述的非金属掺杂正极、二次掺杂正极及制备方法，能够提高正极的倍率性能、比容量和循环稳定性。CN113140727A专利申请提出了锂掺杂于过渡金属层有效地提升了材料中铜和铁的电化学活性，进而提升材料的比容量。在半电池测试中发现，使用该方法改进后的铜铁锰基氧化物材料的比容量较改进前可提升30%左右，且循环寿命较好，具有很大实用价值。

在前驱体制备工艺控制方面，CN108963233B保护一种钠离子电池用Cu-Fe-Mn层状氧化物前驱体及其制备方法，Cu-Fe-Mn层状氧化物前驱体的制备方法包括：（1）将铜源、铁源、锰源和可选地金属M源按照预设比例制备成混合液；（2）在保护性气氛中，将混合液、氢氧化钠溶液和氨水同时混合进行反应，得到反应产物；（3）将步骤（2）所得反应产物后处理，得到Cu-Fe-Mn层状氧化物前驱体。该制备方法简单，产物形貌可调，可用于制备钠离子正极材料，且电化学性能优异。

在组分控制方面，CN104617288B保护一种铜基富钠层状氧化物材料，所述铜基富钠层状氧化物材料的化学通式为：$Na_{0.76+a}Cu_bFe_cMn_dMeO_{2+\delta}$，其中，Cu、Fe、Mn为过渡金属元素，M为对过渡金属位进行掺杂取代的元素；Cu、Fe、Mn和M分别与最近邻的六个氧原子形成八面体结构，多个所述八面体结构共边排布构成过渡金属层；碱金属离子 Na^+ 位于每两层所述过渡金属层之间，构成空间群为P63/mmc的层状氧化物；所述M具体为 Li^+、Ni^{2+}、Mg^{2+}、Mn^{2+}、Zn^{2+}、Co^{2+}、Ca^{2+}、Ba^{2+}、Sr^{2+}、Al^{3+}、B^{3+}、Cr^{3+}、Co^{3+}、V^{3+}、Zr^{4+}、Ti^{4+}、Sn^{4+}、V^{4+}、Mo^{4+}、Mo^{5+}、Ru^{4+}、Nb^{5+}、Si^{4+}、Sb^{5+}、Nb^{5+}、Mo^{6+}、Te^{6+} 中的一种或多种；所述M的化合价态为m，所述m具体为一价、二价、三价、四价、五价或六价；Mn的化合价态为x，具体为+4价或者+4价与+3价的混合价态；所述a、b、c、d、e、δ分别为对应元素所占的摩尔百分比；所述a、b、c、d、e、δ、x和m之间的关系满足电荷平衡：$(0.76+a)+2b+3c+xd+me=2(2+\delta)$，并且满足 $b+c+d+e=1$；其中，$-0.1<a\leq0.14$；$0<b\leq0.25$；$0<c\leq0.33$；$0<d\leq0.7$；$0\leq e\leq0.1$；$-0.02<\delta<0.02$；$3<x\leq4$。该专利提供的铜基富钠层状氧化物材料制备简单，原料资源丰富，成本低廉，是无污染的绿色材料，可以作为钠离子二次电池的正极活性材料应用于钠离子二次电池中。这样制备获得的钠离子二次电池，具有较高的工作电压和首周库仑效率，空气中稳定、循环稳定、安全性能好，可以应

用于太阳能发电、风力发电、智能电网调峰、分布电站、后备电源或通信基站的大规模储能设备。

对于包覆处理，CN109638273A 公开了一种钠离子正极材料的包覆方法，包括如下步骤：①在搅拌罐中依次加入溶剂、正极材料和包覆前驱体，并且将溶剂和包覆前驱体经过搅拌混合均匀；②将上述混合物通过喷雾干燥设备进行喷雾干燥，获得被包覆前驱体包裹的正极材料；③将包裹有包覆前驱体的正极材料进行二次烧结形成氧化物外壳，从而获得氧化物包覆的正极材料。该申请基于喷雾干燥实现了对材料的均匀包覆以及迅速干燥，使得包覆工艺更简单，包覆效果更好、更均匀，而且包覆后优化了正极材料的界面，提升钠离子电池的循环稳定性。

在核壳结构设计方面，CN110277540B 在 O3 相的 $Na_xM1_aM2_bO_2$ 构成的内核外面包覆 P2 相 $Na_yM3_cM4_dO_2$ 氧化物或隧道结构 $Na_zM5_eM6_fO$，核壳结构钠离子正极材料，拥有高容量的材料作为内核，外加电解液和空气中稳定的材料为包覆层外壳。该专利保护的层状氧化物正极材料容量倍率循环等的综合性能优异，具有更高的实用价值，可以用于太阳能发电、风力发电、智能电网调峰、分布电站、后备电源或通信基站等大规模储能设备。

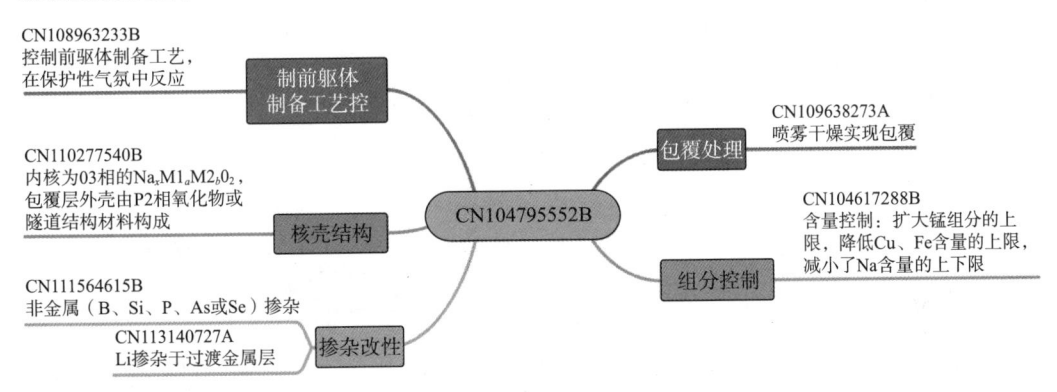

图 9-2-1 申请人对 CN104795552B 族布局的主要外围专利

（2）基于引文分析

从 CN104795552B 引文出发的主要外围专利如图 9-2-2 所示，基于该专利的引文的主要外围专利的主要改进点包括原料选择、主元素调整、掺杂改性。

关于原料选择，CN109786715B 保护一种基于黄铜矿制备铜基富钠层状氧化物材料的方法。该方法是将黄铜矿精矿置于空气气氛中进行煅烧处理，煅烧产物与锰氧化物及钠盐通过球磨混合后，置于空气气氛中进行热处理，即得。该方法使用自然界中储量丰富的黄铜矿（主要成分为 $CuFeS_2$）作为铜源和铁源，原料来源广泛、成本低廉，制备流程短，有利于工业化生产，制备的铜基富钠层状氧化物材料晶体结构稳定，纯度高，作为钠离子电池正极活性物质使用，获得的钠离子二次电池表现出较高的工作电压、优异的倍率和循环性能。

在主元素调整方面，CN111435742A 公开了一种正极活性材料，其特征在于，所述正极活性材料的分子式为 $Na_{2+x}Cu_hMn_kM_lO_{7-y}$，所述分子式中，M 为过渡金属位掺杂元素，且 M 为 Li、B、Mg、Al、K、Ca、Ti、V、Cr、Fe、Co、Ni、Zn、Ga、Sr、Y、Nb、Mo、Sn、Ba 及 W 中的一种或多种，$0 \leq x \leq 0.5$，$0.1 < h \leq 2$，$1 \leq k \leq 3$，$0 \leq l \leq 0.5$，$0 \leq y \leq 1$；其中，$2 \leq h + k + l \leq 3.5$，$0.57 \leq (2+x)/(h+k+l) \leq 0.9$。该申请中，基体除了 Cu、Mn、Fe，还可以是 Cu、Mn 和其他过渡金属的组合，能够同时兼顾较高的初始容量、倍率性能及循环性能。

对于掺杂改性，CN111554919A 公开了一种正极活性材料、其制备方法及钠离子电池，所述正极活性材料的分子式为 $L_xNa_yM_zCu_\alpha Fe_\beta Mn_\gamma O_{2+\delta}0.5_\eta X_\eta$，其中，L 为碱金属位掺杂取代元素，M 为过渡金属位掺杂取代元素，X 为氧位掺杂取代元素，$0 \leq x < 0.35$，$0.65 \leq y \leq 1$，$0 < \alpha \leq 0.3$，$0 < \beta \leq 0.5$，$0 < \gamma \leq 0.5$，$0.03 \leq \delta \leq 0.03$，$0 \leq \eta \leq 0.1$，$z + \alpha + \beta + \gamma = 1$，且 $mx + y + nz + 2\alpha + 3\beta + 4\gamma = 2(2+\delta)$，$m$ 为所述 L 的化合价态，n 为所述 M 的化合价态；且所述正极活性材料的 pH 为 10.5~13。该申请提供的正极活性材料具有较高的容量性能及库伦效率。CN111435741A 公开了一种正极活性材料、正极极片及钠离子电池，所述正极活性材料的分子式为 $Na_{1-x}Cu_hFe_kMn_lM_mO_{2-y}$，分子式中，M 为过渡金属位掺杂元素，且 M 为 Li、Be、B、Mg、Al、K、Ca、Ti、Co、Ni、Zn、Ga、Sr、Y、Nb、Mo、In、Sn 及 Ba 中的一种或多种，$0 < x \leq 0.33$，$0 < h \leq 0.24$，$0 \leq k \leq 0.32$，$0 < l \leq 0.68$，$0 \leq m < 0.1$，$h + k + l + m = 1$，$0 \leq y < 0.2$；所述正极活性材料的水含量为 6000ppm 以下。采用该申请提供的正极活性材料，能够使钠离子电池同时兼顾较高的初始容量、安全性能及循环性能。

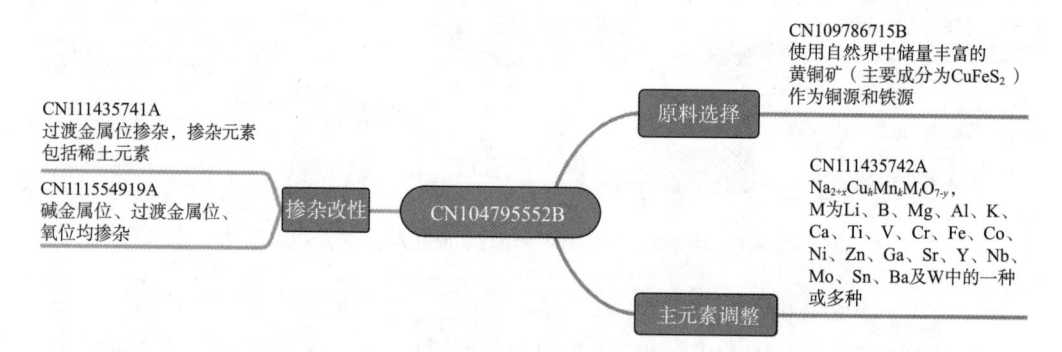

图 9-2-2 从 CN104795552B 引文出发的主要外围专利

9.3 小　　结

本章分析了三元正极材料及铜铁锰基氧化物钠离子正极材料的核心专利的基本概况，并通过核心专利申请人/发明人对核心专利的再改进及核心专利的引文梳理各核心专利的主要外围专利池。通过分析，得出如下结论。

（1）三元材料核心技术专利主要由 3M 和美国阿贡国家实验室掌控，其中，层状富锂锰材料专利是阿贡国家实验室以芝加哥大学名义申请的第一核心专利族，常规

NCM 材料的核心专利为由 3M 拥有的第二核心专利族。第一核心专利族仅在美国进行了申请，而第二核心专利族的地域布局更广，其拥有中国、美国、日本、韩国、欧洲等 26 个同族。

核心专利曾经长时间限制企业高镍产品量产，不过阿贡国家实验室申请的第一核心专利族和 3M 相关的第二核心专利族大多处于已经过期或者即将过期的节点，国内创新主体可以免费使用这些核心专利，但是在使用这些失效核心专利时，也要避免侵犯尚在有效期的外围专利。核心专利的外围专利主要包括申请人/发明人对核心专利的再改进的专利及核心专利的引文，申请人对第一核心专利族的主要改进包括掺杂改性、主元素浓度梯度分布、包覆处理、包覆掺杂及除包覆外的其他表面处理，不过第一核心专利族的申请人及发明人的相关专利申请大多仅在美国进行了申请；基于第一核心专利引文的外围专利除了包覆处理、掺杂改性、包覆掺杂复合改性，还涉及前驱体制备工艺及锂化工艺优化、晶体结构控制、两种正极混合、正极材料形貌控制，专利布局密度最高的还是包覆处理、掺杂改性。这些外围专利申请人多为电池材料相关企业，申请人国别主要以美国、日本、韩国为主，且大多数在中国、美国、日本、韩国、欧洲进行了专利布局。申请人基于第二核心专利族的外围扩展主要包括包覆处理、掺混改性、锂化工艺优化及核壳结构，且其扩展的外围专利均包含中国、美国、日本、韩国、欧洲同族，第二核心专利的地域布局更广。基于第二核心专利引文的外围专利除了围绕包覆处理、掺杂改性、两种正极混合、前驱体制备工艺及锂化工艺优化、晶体结构控制、主元素浓度梯度控制外，还包括粒径控制。在这些外围专利中，日本申请人比较倾向于采用晶体结构参数对正极材料进行限定。

（2）对于钠离子正极材料，我国有关技术研究虽然起步较晚，但是近年来也有了长足的发展和进步，尤其是我国重点科研院所纷纷把目光投入该技术领域中，对钠离子电池技术的研发投入使其专利产出迅速提升，呈"井喷式"增长趋势，抢先实施知识产权保护。虽然目前各家关注的重点不同，但业界抱有极大信心的铜铁锰基的核心专利把握在中国企业手中，且在美国、日本、韩国、欧洲进行了系列申请，并已在美国、日本、欧洲获得授权。该专利涵盖了指定含量区间的铜铁锰基钠离子正极材料本身、铜铁锰基钠离子正极材料的制备方法、包含铜铁锰基钠离子正极材料的钠离子二次电池的正极极片及钠离子二次电池。申请人对核心专利在掺杂改性、前驱体制备工艺控制、组分控制、包覆处理、核壳结构方面进行了再布局，该核心专利基于引文的外围专利的主要改进点在于原料选择、主元素调整、掺杂改性。

第 10 章　主要结论与建议

10.1　概　　述

随着全球能源危机和环境污染问题的不断严峻，为了实现可持续发展，电动汽车已经成为未来汽车领域的主流，而续航里程是制约电动汽车发展的主要因素。

针对电动汽车行业对提高续航里程的迫切需求，本课题对影响电动汽车续航里程的关键因素进行研究，从而为电动汽车行业的发展提供参考。其中，电动汽车限定为依靠动力电池供电的汽车，包括纯电动汽车、插电式混合动力汽车，不包括纯耗油汽车、燃料电池汽车等其他形式，包括轿车、卡车、公交车等。续航里程，是动力电池从满电状态到空电状态的单次过程中的行驶距离。

对电动汽车续航里程产生主要影响的关键性技术包括动力电池、电池管理系统和车辆能量管理这三大技术。本课题将此三大技术作为一级技术分支展开研究，分析了电动汽车续航技术的专利全景，其中，动力电池分支申请量最大且有效专利数量最多，是动力电池技术是行业研究的重心；电池管理系统申请量次之，且随着电池包成组结构的快速发展以及安全事故频发，占比远超电池放电均衡分支，是影响续航里程的关键技术；车辆能量管理申请量少且失效专利较多，并非目前重点研究方向。动力电池中对续航里程影响最大的分别是正极材料和电池包。在正极材料方面，多元正极材料是目前申请量最大且能量密度最高的正极材料类型，而随着锂资源的缺乏，钠离子正极材料是当前研究的热点方向。因此，选择了"多元正极材料""钠离子正极材料""动力电池包""电池热管理"这4个重点技术分支进行深入分析。LG化学和宁德时代是国内外典型的电池企业，因此选择二者进行技术和布局层面分析。同时，结合行业竞争与合作，对"卡脖子"的多元材料以及新兴的钠离子正极材料核心技术进行预警分析。

10.2　主要结论

10.2.1　专利全景分析

（1）全球技术集中度高，日本、韩国有优势；中国起步晚，发展快，输出少

全球电动汽车续航技术在2005年前处于技术萌芽和储备阶段，2006年后由于锂离子电池克服了安全性问题成为主要动力源而快速发展。早期申请量主要以日本和美国为主，而中国起步相对较晚，2010年后才进入快速发展期，而且在政策、市场以及禁

油趋势的驱动下，2015年以来年申请量呈指数增长，近几年中国申请量增速远高于全球申请增速，逐渐占领高地。

从全球申请分布来看，中国、日本、美国、韩国和欧洲这五个国家或地区占据了全球电动汽车续航技术专利申请量的76.2%，集中度高且中国的专利申请量最高；同时，全球的重点申请人主要集中在日本、中国、韩国车企中，全球申请量排名前五的申请人分别为丰田、日立、比亚迪、现代和日产，其中日本企业占据3席，中国的比亚迪排名第三；在电池企业中，全球申请量排名前五名的申请人为LG化学、松下、宁德时代、三星和中科院，其中韩国企业LG化学的专利申请量最为突出，而中国的宁德时代和中科院分别位列第三和第五。中国申请量排名前五的申请人分别是宁德时代、中科院、比亚迪、国轩高科和中南大学，涵盖了高校/研究机构、电池企业、汽车企业，说明我国在电动汽车续航技术的技术研发和产业化应用方面均有较好表现。可见我国及日本、韩国在电动汽车续航技术整体上具有一定优势。

但是，从专利申请的PCT占比以及全球技术迁移看，我国虽然是最大的技术来源国，但是专利申请中只有少量涉及PCT或者在他国/地区进行布局，向其他国家/地区输出很少，国外布局意识有待提升。

（2）动力电池技术保持行业重心地位，电池管理系统技术热度提高，车辆能量管理技术非研究热点

针对动力电池、电池管理系统和车辆能量管理这3个一级技术分支，全球和中国技术构成占比类似，动力电池分支申请量均大体占据2/3；随后是电池管理系统，占19%左右；最后是车辆能量管理。从中国专利申请的法律状态分析，动力电池的授权有效专利数量和在审专利数量明显多于其他两个一级技术分支，而车辆能量管理的在审专利数量远低于授权有效专利数量，且低于失效专利数量。以上均表明，动力电池技术是行业研究的重心，而车辆能量管理方面研究较少，并非目前电动汽车续航技术领域研究的重点发展方向。而电池管理系统分支由于2015年来电池包成组结构的快速发展以及电动汽车安全事故频发而获得重视，且电池热管理分支申请量占比远超电池放电均衡分支，作为影响电动汽车续航里程的关键技术，具有广阔的研发空间。

此外，动力电池分支中，锂离子电池申请量占比最高，是目前应用最广泛的电池类型，其次分别是动力电池包和固态电池；作为锂离子电池的可能替代产品，钠离子电池的总申请量并不多，有待进一步研发商用。而锂离子电池四级分支中多元正极材料的申请量最高。

（3）中国市场成为重点布局地，国内企业是中国申请的主力

在电动汽车续航技术的国外来华专利申请中，申请量主要集中于日本、韩国、美国三个国家，且国外来华申请人中企业约占93%，可见中国为主要国家/地区专利布局重地。

而在中国电动汽车续航技术的专利申请中，申请量排名前十的省份分别是广东、江苏、北京、浙江、上海、安徽、福建、湖南、山东和湖北，这与这些省份的重点企业、科研院所以及扶持发展政策紧密相连。排名前几位省份的代表性申请人有来自深

圳的比亚迪、江苏蜂巢能源、北京北汽、浙江容百科技、上海蔚来汽车、安徽国轩高科、福建宁德时代、湖南中南大学等。国内申请人类型结构中，企业申请人数量约占总申请人数量的64%，可见，电动汽车续航技术产业化需求十分强烈，企业是中国申请的主力。

10.2.2 多元正极材料

（1）日本、韩国占据专利布局优势，欧洲、美国拥有核心专利，中国起步晚、输出少，国内竞争激烈

多元材料自问世以来，其全球和中国的专利申请量均始终处于正向发展趋势。该领域的专利技术主要来源于中国、日本、韩国、美国四个国家，汽车工业发达的德国也掌握有少量专利技术。其中，日本、韩国在该领域的专利布局较早，NCM和NCA技术均已经到了比较成熟的阶段，中国在该领域的起步较晚，但随着研发投入的不断加大，NCM技术的差距逐渐缩小，欧洲、美国则拥有该领域的核心专利。中国是最大的技术目标国，但是中国向国外的技术输出却比较少，而日本、美国、韩国、欧洲等国家/地区均十分重视该领域的海外专利布局，其中，日本的技术输出程度最高。该领域的重要申请人包括韩国的LG化学、三星，日本的住友、丰田、松下、日立、东芝、索尼和三洋等，中国的中科院、中南大学和国轩高科、格林美、宁德时代、比亚迪和蜂巢能源，欧洲、美国的巴斯夫、3M和优美科等，整体来看，中国、日本、韩国在全球多元正极材料领域已经形成三足鼎立之势，而在国内各企业之间竞争同样较为激烈，行业集中度和垄断程度不高。

（2）高镍低钴与四元NCMA呈多元正极材料发展趋势，制备工艺和改性手段相辅相成，NCMA中Al最佳取代位点和掺杂量分别为Mn和1%

从多元材料组分来看，多元材料包括镍钴锰三元NCM、镍钴铝三元NCA、四元材料等，并呈高镍低钴的趋势发展。目前市场上应用广泛的多元材料NCM333、424、523、622、811的比容量分别在166、160、172、181、205mAh/g。随着镍的含量突破90%，NCMA的比容量可达到238mAh/g，而Al的掺杂能够极大地改善高镍多元不稳定的问题，是当前的研究重点。

高镍多元材料的制备工艺门槛大幅提升，且材料本身存在的不稳定等问题，极大地影响其应用于电池后的循环稳定性，制备工艺和改性手段在提高多元材料性能方面相辅相成，缺一不可。在制备工艺方面，高温固相法、共沉淀法、喷雾干燥法、溶胶凝胶法，以及微乳液法、熔融盐法、微波法、模板法等被广泛应用，其中，提高多元前驱体的物化性能对提高多元材料性能尤为关键。在改性方法方面，掺杂和包覆改性一直以来均是研究重点，近年来更关注单晶结构、多晶结构、核壳结构、浓度梯度结构的结构设计、控制粒径等改性手段，而将多种改性手段联合使用以全方位提升高镍多元材料的综合性能也是未来的重要发展趋势。

对NCMA四元材料重点专利技术功效分析发现，当前主要是通过改进制备方法和元素掺杂以提高其容量及循环稳定性。通过与非专利文献的结合分析发现，在NCMA

各元素中，铝取代镍有利于改善阳离子混排，降低极化，铝取代锰有利于降低极化，表现出优异倍率能力和循环稳定性，铝取代钴将导致更严重阳离子混排现象，可见，NCMA 中铝的最佳取代位点为锰，最优掺杂量在 1% 左右。

(3) 多元材料容量、稳定性和循环性能为国内外企业关注重点，各企业改进路线各有侧重

虽然多元材料相关技术已经较为成熟，但是从国内外代表性企业专利布局来看，多元材料仍然是未来几年锂离子电池正极材料的研究重点之一。对于多元材料，近年来国内外企业关注的重点在于如何进一步提高其容量以及如何在保持容量的同时提高其稳定性和循环性能，为此，国内外企业不断对材料及工艺进行改进。其中，LG 化学一方面致力于提高镍含量，另一方面采用制备工艺改进和包覆、掺杂、浓度梯度、混合、单晶化等多种改性方法并行的技术路线对高镍 NCM/NCA 多元材料进行改进；住友主要采取二次粒子技术路线，辅以颗粒形貌控制、多层和核壳结构设计、包覆、掺杂和混合等多种手段对 NCM 多元材料进行改性；优美科一方面优化 NCA 前驱体及多元材料的制备工艺，另一方面采用单晶化和核壳结构设计，结合浓度梯度的手段对 NCM 多元材料进行改性；宁德时代采取多层结构设计、混合的方法，并将颗粒形貌控制、包覆、掺杂、浓度梯度和混合等多种手段联用，对 NCM/NCA 多元材料进行改性。除高镍多元材料之外，未来较有前景的锂离子正极材料还包括无钴材料、富锂锰基材料等。除正极材料本身之外，LG 化学也有部分专利涉及正极极片设计、正极添加剂和在锂离子电池中的应用，宁德时代也对正极极片和电池应用稍有关注。

10.2.3 钠离子正极材料

(1) 全球/中国专利布局均较晚，中国技术输出少但钠过渡金属氧化物和普鲁士蓝类化合物有优势，国内高校研发实力强，产业化空间大

钠过渡金属氧化物、聚阴离子类化合物和普鲁士蓝类化合物等三种钠离子正极材料的全球和中国专利布局较晚，自 2010 年起总体呈现快速发展趋势。中国、美国和日本是钠离子正极材料领域的重要技术来源国，日本向外输出的专利数量最多，而中国的技术输出程度较低。与日本和美国的重要申请人均为企业不同的是，我国的研究主体主要集中在高校和科研院所，在未来存在很大的产业化发展空间。其中，对于聚阴离子类化合物，我国企业还没有形成足够的竞争优势；对于钠过渡金属氧化物，中国的中科海钠、英国的法拉典具有领军优势；对于普鲁士蓝类化合物，中国的宁德时代、美国的 Natron Energy 具有领军优势。

(2) 聚阴离子类化合物和普鲁士蓝类化合物研究重点在于制备方法及改性手段，过渡金属氧化物仍在探索最佳元素配比和掺杂元素，铜铁锰基正极材料有望产业化应用

聚阴离子类化合物的倍率性能较差，近年来研究的方向主要集中在聚阴离子类化合物的制备及其改性，以提高其电化学性能。传统的制备方法主要为高温固相法、水热法、溶剂热法、溶胶凝胶法，近年来推出的新方法包括微乳相法、静电纺丝法、模

板法、喷雾干燥法。常用的改性方法包括表面包覆、离子掺杂和颗粒纳米化等，近年来也逐渐发展为多种途径结合来提高材料的导电性。

在普鲁士蓝类化合物中，铁基普鲁士蓝（Fe-HCF）和锰基普鲁士蓝（Mn-HCF）最具应用前景，是国内外研发的热点。近年来，针对该类化合物存在的问题，一方面通过对共沉淀法、水热法和球磨法等制备方法及工艺进行不断改进，以合成出高结晶性、低结晶水和缺陷、高 Na^+ 含量的 MHCF；另一方面，采用复合、包覆、掺杂和混合等多种改性手段，进一步提高材料及电池的电子传输、倍率、首次充放电和安全等综合性能。

钠过渡金属氧化物的循环稳定性是目前研究的热点，其次是容量，在手段方面，处于探索最佳元素配比和掺杂元素的阶段。钠过渡金属氧化物已从最初的单元素金属氧化物逐渐向二元及更多元素发展，其中，铜铁锰基三元正极材料被认为是目前较有前景的有望产业化的正极材料。对于掺杂元素的选择，一般范围较广，传统的过渡金属，以及稀土金属和非金属均可在一定程度上提升钠离子正极材料的性能。

（3）钠离子正极材料容量已达可商用水平，钠过渡金属氧化物和普鲁士蓝类化合物最具应用前景

容量是钠离子正极材料最受关注的性能之一，经过十余年的发展，三大类钠离子正极材料所能达到的容量都在 80~290mAh/g 之间，其中，聚阴离子化合物容量相对较低，钠过渡金属氧化物展现了最高的容量，普鲁士蓝的容量基本能够比肩市面上先进的磷酸铁锂电池和几年前的三元锂电池。除容量之外，正极材料应用于电池的循环、倍率、稳定和安全性能对于钠离子电池的商业化也十分重要。聚阴离子材料具有工作电压高、结构稳定和循环寿命长等优点，其缺点是离子电导和电子电导率较低；钠过渡金属氧化物具有较高的工作电压以及大于 1000 圈的循环寿命，合成过程简单，可以满足规模化生产的要求，其主要问题为材料的循环稳定性不佳；普鲁士蓝类化合物合成过程简单、无毒且成本低，适于大规模生产，但在合成过程中容易形成结晶水及结构缺陷，严重影响其电化学性能的发挥。总体而言，钠过渡金属氧化物和普鲁士蓝类化合物是目前最具应用潜力的高性能钠离子正极材料，随着研究的不断深入，相信兼具容量高、稳定性好、循环和倍率性能好、安全、成本低等优点的钠离子电池将占据动力电池市场的一席之地。

10.2.4 动力电池包

（1）电芯和成组结构技术发展快速，日本、韩国对电芯布局早，中国对成组结构布局早，中国技术占比高，龙头企业多，具有领先优势

自 2009 年前后，在锂离子正极材料的能量密度提升遇到瓶颈后，电芯和成组结构技术的专利数量先后开始大幅增长。电芯领域是由日本和美国引领，中国布局较晚，但在 2016 年后以超高增速达到全球第一位；从 2016 年至今，成组结构领域开始快速增长，稍晚于电芯领域，中国专利布局早且年申请量占据全球申请量的一半以上。在成组结构中，全球接近 70% 的原创申请来源于中国，美国、日本和韩国仍然是排名靠前

的技术原创国家，其中中国的原创申请较多分布在江苏、广东和福建三省，中国对外较多布局于欧洲和美国，日本主要布局于中国和美国，美国则主要布局于日本和韩国，韩国在全球范围内布局均匀。电芯和成组结构分支中，全球前 11 名申请人中超过一半的比例来源于中国，中国的宁德时代在全球和中国的专利申请量均为首位，韩国的 LG 化学和中国的比亚迪在两个分支中也均处于全球前四名内，在动力电池包的结构优化方面，中国具有领先优势。

（2）模组技术路线不唯一，根源在于电芯形状，标准化模组走向无模组，"标准电芯"概念提出

模组设计与电芯形状相关，模组内的电芯排布可以基于方壳、圆柱或软包形状进行构建设计。模组设计技术路线并不唯一，出于成本考虑，龙头电池企业和汽车企业广泛推广模组标准化，其中 VDA 标准具有较广的通用程度，其电池模组标准化技术演进路线划分为 5 个阶段：355 模组—390 模组—590 模组—大模组—无模组，动力电池包内的模组数量由几十个减少到几个，最终达到取消模组这一层级的无模组形态。德国大众提出"标准电芯"的计划以进一步降低电芯生成成本，推动产业产能升级。

（3）无模组技术中，方壳走向超长电芯，长度配置仍有考量空间，软包发展进入低谷，趋向于方壳化，圆柱走向无极耳大电芯，技术难度高

大模组/无模组代表性的技术包括 CTP 技术、刀片电池技术和圆柱大模组技术。其中，CTP 技术主要集中在将方壳的极耳放置于电池侧面以实现电池沿电池包 Z 向堆叠以提高成组效率。其中，Z 向堆叠是将电极组件的两个扁平面沿竖直方向相互面对，在模组内形成沿垂直方向堆叠的上层电池单元和下层电池单元。这对生产线改动较小，利于商业化推进。刀片电池技术将电芯制成长而薄的刀片结构，类似于"刀片"插入电池包内，制成突破长度限制的方壳超长电池，核心技术特征在于电池的超长和薄两方面，带来了续航与安全双升的良好效果，散热性能好且成本更低。圆柱大模组技术，采用突破直径与高度限制的大圆柱电池，常与全极耳技术配合使用。课题组梳理对照了特斯拉的电池包、模组与对应的专利的技术方案，便于创新主体更明了市场信息与对应专利技术。

对于超长电池的无模组成组方式，技术转化难点在于单体电池的长度参数配置需要结合车型和侧边散热技术进行综合匹配优化。对于圆柱电池，直径和高度的变大需要单体电池内的热安全技术，无模组成组需要电池包内单体电池之间的热隔离技术，因此技术转化难点在于热量控制和安全管理，仅有特斯拉的生产线能达到生产标准，实现车型搭载 4680 大圆柱电池的无模组电池包。

（4）汽车底盘集成 CTC 技术处于预研阶段，仅特斯拉达到可生产水平

CTC 技术体现了更集中、更简洁的电动汽车技术前景，能够带来更高的整车能量密度，大部分企业仍在预研阶段，目前仅有少量公开专利，集中在特斯拉、比亚迪、福特、Canoo 和苏州科尼普等企业。在具体集成方式上，特斯拉、福特和 Canoo 都是将单体电池或模组作为夹层放置在车体与底盘之间，以兼顾动力电池包的安全保护；不同之处在于，特斯拉和比亚迪是合并动力电池包的上箱体，福特和 Canoo 是合并动力

电池包的下箱体。伴随着无模组、电池维修回收和散热控制的配套技术突破，CTC 具有很大研发空间。

10.2.5 电池热管理

（1）电池热管理紧跟动力电池包发展，中国具有一定竞争力但技术输出不足，相变材料在技术研发投入上占据优势

电池热管理与不同的电池包结构相适配，申请趋势与动力电池包申请趋势类似，均是 2016 年前后实现快速发展。在电池热管理技术排名前十的全球申请人中，中国申请人占据半数，具有一定的竞争力。但国内技术输出力度小，在知识产权战略布局前瞻性上不足。气冷和液冷全球申请人排名在前几位的还是外国行业巨头，而在相变材料分支中，全球申请人前五名就有 4 家国内企业，结合其申请量，国内企业的研发投入相较于国外更大，在相变材料还未广泛商用的背景下，国内创新主体的研发投入占据优势。

（2）各重点企业热管理技术与动力电池包结构相适应，发展路线相似，气冷逐步不占优势，液冷呈现主流趋势，相变材料关注度高被期待，大模组/无模组注重内部电芯的散热

各企业热管理方式与其电池包结构相适应，特点鲜明。比亚迪和宁德时代，主要是针对方形硬壳电池的热管理方式；特斯拉主要是针对圆柱形电池；而 LG 化学则是针对软包结构。各企业热管理方式与其电池包结构相适应发展路线相似：气冷由于效果不佳，逐步不占优势；液冷由于经济以及效果占优呈现主流趋势；相变材料本身产业化不成熟，在电池热管理还未商用，但近年来关注度高，在不断推进技术更新。随着相变材料进程的推进，电池热管理采用相变材料商用进程也可期待。

对于电芯数量剧增的大模组/无模组技术，由于存在局部发热，电池热管理均从模组外散热或者单纯液冷板设置进一步转到了电芯间的散热，CTP 技术和刀片电池均在电芯侧面设置散热管道，Z 向堆叠的 CTP 技术采用了侧边散热，进一步提高 Z 向空间利用率。对于圆柱形电池，为了更好适应形状，采用了"扇贝管"增大接触面积，提高散热效率。未来企业在发展大模组/无模组技术同时，应及时跟进配套热管理技术，形成本土热管理配套优势。

（3）相变材料技术空白多，研发空间大，复合方式提高导热和均温为技术热点，体积、重量、泄漏以及低温应用为技术空白点，微小型热管展现出明显优势，形状适应性上凸显优势，技术热点专利布局全面

无论是从高校和企业的角度，还是方形或是圆柱形电池的角度，技术热点和技术空白点基本一致，即技术热点集中在通过复合方式提高均温和导热系数，而其他均为技术空白点，研发空间大。

技术热点通过复合其他方式来提高导热系数和均温性能，企业和高校均很关注，其产业化程度不足，但期待较高。技术空白点主要在于应用相变材料之后电池包的体积以及重量的增加、相变材料泄漏问题以及低温环境的应用。若能在提高导热的同时

突破技术白点的困境，形成配套的热管理方式将是竞争中的一大优势。其中，通过比对非专利技术，体积小、重量轻、导热好的微型热管复合方式在专利申请中量少，且涵盖面不全，可以作为未来改进以及布局方向。

由于极佳的形状适应性，相变材料对于圆柱形电池而言，相对于液冷和气冷其优势就更为凸显，随着大模组/无模组技术的发展其应用可期待。

相变材料技术热点布局全面，复合液冷专利布局包括在电池包底板上布置液冷板、模组间布置液冷板以及电芯间布置液冷管道。复合气冷专利布局包括在电池包箱体上布置气冷管道、设置翅片以及电芯间布置管道。复合热管专利布局包括模组外布置热管以及电芯间布置热管。

10.2.6 重点企业分析

LG 化学与宁德时代分别是国外和国内申请量最大的电池厂商，且各具特点。

（1）LG 化学

1）专利布局战略与市场布局战略紧密结合，知识产权战略高度具有前瞻性

LG 化学在电动汽车续航技术领域的全球申请量为 1512 项，以韩国本土为重点，并且在全球市场都有相当大的布局，其中美国、中国、欧洲和日本都较多，且申请量相差较小，可见其对在主要国家/地区的专利布局十分积极，知识产权战略高度具有前瞻性。在 2009 年自主研发的锂离子电池应用于商用电动车后，2011 年 LG 化学的申请量出现井喷式增长，也说明专利布局战略与市场布局战略两者间实现了紧密结合并运行良好。

2）全方位专利布局，侧重点明确，正极材料自供率高，趋向超高镍低钴多元材料和富锂方向，负极材料多供应商形成制衡，固态电池和锂硫电池为未来发展方向

LG 化学专利布局丰富，但侧重点明确，对于锂离子电池材料体系的研究尤为重视。在正极材料领域拥有全球领先的研发实力，自供率高且布局全面，以多元正极材料为主要研发方向，朝着超高镍、低钴的方向发展，且近年来对富锂锰基正极材料也加大布局。在负极材料方面选择多供应商形成竞争降低成本，并行发展硅基和碳基，提高自供率。固态电池和锂硫电池为未来发展方向。

（2）宁德时代

1）与市场政策紧密结合，知识产权战略高度和前瞻性有待加强

宁德时代专利布局以中国本国为重点，其次在美国和欧洲布局较多，主要与其市场分布关系较大，但相较于本国申请而言，则较少。这说明宁德时代还应加强对外布局，提高知识产权战略高度和前瞻性。在 2015 年之后申请量快速增长，也说明专利布局战略与市场布局战略两者间实现了紧密结合并运行良好。

2）布局较为全面，动力电池包结构略胜，"多供应商"模式降低成本；正极材料改进型为主且合理搭配，负极材料硅基为主并行发展碳基和锡基，动力电池包成组结构占据竞争优势，固态电池是其发展方向，钠离子电池未来可期

宁德时代布局较为全面，动力电池包布局数量相较于锂离子电池略胜一筹，与锂

离子电池材料布局数量占据绝对优势地位的 LG 化学有着明显区别。宁德时代利用"多供应商"模式，基本将国内出货量靠前的多元材料企业纳入其阵营，保障其原料供应稳定和掌握议价权。

正极材料主要以改进型专利为主，除了在正极材料及其改性方法方面进行研究之外，还通过极片设计、正负极活性材料和电解液的合理搭配，来提高电池的安全和循环性能。在锂离子电池负极材料方面，以硅基负极为主并行发展碳基和锡基。在电池包结构方面，随着 2016 年 CTP 专利技术的出现，技术不断更新，动力电池包成组结构占据竞争优势。固态电池和钠离子电池分别于 2013 年、2016 年开始布局，是其未来重要发展方向。

10.2.7 行业合作与竞争

（1）锂离子电池是行业专利转让与许可占比最高分支，企业是中国专利科技成果转化最活跃的创新主体，产学研合作相对较少

在中国专利转让和许可数据统计中，锂离子电池既是专利转让所占份额最高的分支，又是专利许可占比最高的分支，说明其是我国在电动汽车续航领域研发及竞争最关注热点。

企业与企业之间的专利转让、专利许可所占份额最高，比例分别高达 79%、72%。企业是中国专利科技成果转化活跃度最高的创新主体，高校、个人以及研究机构活跃度相对次之，说明产学研合作趋势还略显不足，有提升空间，未来可朝此方向加强行业合作，发挥高校和研究机构的理论研发优势。

（2）国内企业在三元正极材料上存在被两大核心专利体系"卡脖子"现象

在多元材料领域专利许可的统计数据分析中发现，三元正极材料包括两大核心专利体系：一是 3M 申请的包括 NCM 含量比的核心专利体系，二是由美国阿贡国家实验室申请的包括层状富锂高锰材料的核心专利体系，二者作为许可或授权方分别又将上述核心专利体系授予了优美科和巴斯夫，这也促使了这两大企业最终对国内企业形成的广泛许可。如巴斯夫所许可的企业，包括湖南瑞翔、北大先行、容百科技、长远锂科、广东邦普、当升科技、振华新材、厦门厦钨新能源等，并且 3M 和优美科所许可的企业，包括湖南瑞翔、湖南杉杉股份、北大先行等。可见，三元正极材料存在被上述两大专利体系"卡脖子"的严重现象。

（3）行业诉讼数量不多，涉诉专利中电池结构类多于材料类，企业维权意识增强，在面临行业巨头的诉讼时，可组建防御型的企业联盟，共同应诉；合作共赢是增强实力的有效途径

中国近十年在电动汽车续航领域的专利侵权诉讼量略有起伏，平均立案数量为 15.6 件/年，而海外该领域平均立案数量也仅仅为 16.1 件/年。涉诉专利中电池结构类多于材料类，企业维权意识增强。

而在诉讼时，中国中小企业往往由于缺乏专业知识产权人才而缺乏应诉经验和有效的应对策略，因此在应诉时，尤其是面对国外企业的诉讼时，通过企业联盟的方式

来增强专利诉讼的应对能力，显得尤为重要。如中国多家企业在面临魁北克水电公司的诉讼时，选择与行业协会联盟，最后成功无效了魁北克水电公司磷酸铁锂电池专利。

在商业竞争市场，诉讼是反映企业经济活动的重要手段，但往往诉讼的最终目的并不一定是毁灭对手，而是可以在保护自身利益的同时，增强自身的行业地位，或者在商业谈判中增加更多的筹码。无论是在 LG 化学与 SK 创新的诉讼，还是巴斯夫和优美科的诉讼中，两家企业最终达成和解，甚至成为合作伙伴，加强了企业合作关系。而随着经济全球化的进程，企业很难"一家独大"，合作共赢是增强实力的有效途径。

10.2.8 正极材料核心外围专利池分析

（1）核心专利限制高镍多元量产，防范专利侵权风险需谨慎

限制国内多元正极材料企业规模量产的原因，除技术、资源、配套材料未成熟外，专利也是影响在各大正极材料企业之间的一道门槛。多元材料核心技术专利主要由 3M 和美国阿贡国家实验室掌控，层状富锂高锰材料专利（第一核心专利族）由阿贡国家实验室申请并拥有，第一核心专利族仅在美国进行了专利申请；常规 NCM 材料的专利（第二核心专利族）由 3M 拥有，第二核心专利族拥有中国、美国、日本、韩国、欧洲等 26 个同族。申请人/发明人针对第一核心专利族的主要改进在于掺杂改性、主元素浓度梯度分布、包覆处理及除包覆外的其他表面处理，这些外围专利同样大多仅在美国进行了专利申请，它们的主要改进点包括包覆处理、掺杂改性、包覆掺杂复合改性、前驱体制备工艺及锂化工艺优化、晶体结构控制、两种正极混合、正极材料形貌控制，专利布局密度最高的还是包覆处理、掺杂改性。申请人针对第二核心专利族的主要改进在于包覆处理、掺混改性、锂化工艺优化及核壳结构，且大多数拥有中国、美国、日本、韩国、欧洲同族，第二核心专利族基于核心专利的引文的主要外围专利除了围绕包覆处理、掺杂改性、两种正极混合、前驱体制备工艺及锂化工艺优化、晶体结构控制、主元素浓度梯度控制外，还包括粒径控制。

（2）铜铁锰基钠离子正极材料核心专利由中国企业拥有

但对于业界抱有极大信心的铜铁锰基钠离子正极材料的核心专利把握在中国企业手中，且在美国、日本、韩国、欧洲进行了系列申请，并已在美国、日本、欧洲获得授权。该专利涵盖了指定含量区间的铜铁锰基钠离子正极材料本身、该材料的制备方法、包含该材料的正极极片及钠离子二次电池。申请人对核心专利在掺杂改性、前驱体制备工艺控制、组分控制、包覆处理、核壳结构方面进行了再布局；该核心专利基于引文的外围专利的主要改进点在于原料选择、主元素调整、掺杂改性。

10.3 建 议

10.3.1 技术创新与专利保护建议

对于电池正极材料、动力电池包和电池热管理技术，我国的技术现状各不相同。

在电池正极材料方面，在三元正极材料本身方面我国并不具有技术优势，核心技术掌握在国外企业手中；钠离子正极材料方面，目前尚未广泛商用，中科院物理研究所申请的铜铁锰基钠离子正极材料处于国际领先地位；在动力电池包方面，我国企业在大模组/无模组研发方面具有领先优势，例如比亚迪的刀片技术、宁德时代的CTP技术等；在电池热管理方面，液冷是目前主流的散热方式，相变材料尚未广泛商用，可研发空间大。创新主体可以针对不同技术分支的技术状况，加大研发投入，并申请相应的专利保护。

（1）扩大钠离子正极材料与成组结构方面优势，探索钠离子正极材料与方壳超长电芯无模组技术结合性，全方位布局

在钠离子正极材料方面，可进一步扩大铜铁锰基钠离子正极材料技术的研发力度，进一步探索新的元素配比、掺杂方法，借鉴成熟的锂离子电池改性手段，加强与核心专利对应的外围专利的申请，采用核心专利与外围专利相结合的"城墙"方式进行布局，形成技术壁垒，进一步扩大自身优势。对于其他钠离子正极材料，可以从基体材料的再选择、含量的精细化选择、包覆改性、电池体系设计等方向深度研发并进行专利布局。

对电池包成组结构，进一步扩大方壳超长电芯、CTP技术等方面的技术优势，考虑进一步改进与该电池包成组结构相适应的热管理技术，在电池包成组结构研发改进的同时，从均温性能、导热性能等方面不断完善电池性能，梳理出所有创新点，形成配套的热管理技术，并且探索高安全性的钠离子正极材料与方壳超长电芯无模组技术的深层结合，完善电池系统的专利布局。

（2）对正极材料、电池包结构和电池热管理方面，重点研究当前热点技术存在的问题及技术空白点

①在正极材料方面，对超高镍NCMA四元材料，研究Al精准替代Mn的方法；对铁基和锰基普鲁士蓝类化合物，通过制备工艺和改性方法解决其循环稳定性问题，实现规模化制备。

对于超高镍NCMA四元材料，Al最佳取代位点和掺杂量分别为Mn和1%。可以研究使Al替代Mn的精准替代方法，使NCMA达到最优性能。对于普鲁士蓝类化合物，铁基和锰基普鲁士蓝类化合物是研发重点，尤其是具有较高工作电压的锰基普鲁士蓝类化合物，但其循环稳定性较差的问题有待解决；在制备工艺方面，要实现其规模化制备仍需探索如何进一步降低晶体中结晶水及结构缺陷，以及如何提高生产效率；在改性方法方面，多元素掺杂和梯度取代、多种材料混合等手段目前应用较少，可以重点关注。由于钠离子电池和锂离子电池具有相似的工作原理，一些用于提升锂离子电池性能的改性手段，在钠离子材料的改性中也是可以借鉴的。但是由于钠离子电池和锂离子电池的反应机理存在差异，在选择改性手段时也需要进行具体的分析，防止直接套用。

② 电池包结构方面，方壳超长电芯可在600~2500mm范围内，研究不同长度在具体电动汽车车型的适配性能上的优化；大圆柱电池方面可加大极耳技术和热隔离技术

的研发和改进，积极引入相变材料复合散热技术，达成技术合作和追赶。

成组结构技术和热管理技术与高活性、高能量密度的正极材料之间存在制约关系，即能量密度越高的电芯需要更多的成组结构和热管理结构进行配套保障。现有对于动力电池包的技术改进核心就在于材料和结构之间的均衡，一种方式是通过无模组、CTC等集成技术和散热技术来匹配较低活性电芯，降低技术实现难度，从整车能量密度上实现超越；另一种方式是通过更优质的成组和散热技术来匹配高活性电芯，达到更高的均衡点，实现更大跨度的整车能量密度提升。

对于第一种方式，代表性的是由方壳超长电芯搭配无模组技术与分布式散热技术的方案，由比亚迪率先提出。磷酸铁锂正极＋刀片结构＋侧极耳式无模组的动力电池包系统搭配，提高了成组效率和电池包能量密度，降低了对电池包散热和安全结构配件的要求，给方壳电芯指引了一条发展方向。其技术的限制在于正极材料和电芯长度，从业者可在正极材料方面尝试更高活性的正极材料，基于应用场景和生产技术进行不同的平衡设计；在电芯长度方面，比亚迪将范围限定为600～2500mm，涵盖了超出590标准模组长度直至整车长度的完整范围，但该范围内的不同长度在具体电动汽车车型的适配性上仍有优化空间，从业者可基于汽车平台结构进行综合考量和挖掘选择。

对于第二种方式，代表性的是由大圆柱电池搭配无模组技术与侧边散热技术的方案，由特斯拉独家提出。多元锂正极＋大圆柱结构＋无极耳式无模组＋灌胶一体封装的动力电池包系统搭配，同时提高了电芯能量密度和整车能量密度，解决了圆柱电池的大电芯内部局部过热和电芯间热隔离的难题。但其成组技术的生产难度大，在推广力上存在短板，从业者可基于其开放专利的政策，加大圆柱电池的极耳技术和热隔离技术研发和改进，积极引入相变材料复合散热技术，达成技术合作和追赶。

③在电池热管理方面，可对相变材料复合其他方式的体积、重量方面加强研发；寻求相变材料技术应用的突破，例如采用微胶囊提高其封装性能及在极端低温环境中的应用。

相变材料目前还未广泛商用，国内外企业可谓是站在相同的起跑线上。针对相对成熟的复合方式的技术路线，可以充分利用现有的技术，站在巨人的肩膀上寻求更高的发展。例如复合方式带来的体积以及重量问题，目前复合气冷、液冷或是热管更多是对于管道布置方式的改进，但若在电池包内设置管道均会占据一定空间，在未来高续航、高散热的要求下，占据体积、增大总量的简单复合已不能满足，因此，可以寻求体积小、重量轻且散热好的突破方式。目前比较新兴的微小型热管，体积小、重量轻，在非专利中研究较多，但专利申请较少，可以加强校企合作，加大研发，积极布局，若有突破，相信相变材料的商用路程会更加顺利。

并且，可以深度挖掘相变材料防泄漏及低温应用技术空白点。首先，提高相变材料封装性能。目前相变材料广泛使用的是固－液中的石蜡，变为液态之后涉及泄漏问题，因此各大企业都在寻求改善防泄漏。但普通封装方式也会存在占据体积提高重量的问题。因此，该方向目前还需进一步研究，现有通过微胶囊形式进行封装解决泄漏问题，但技术还未成熟，可进一步加大研发，扩大专利布局。其次，极端环境寻求突破。目前大部分相变材料热管理研究均为对电池进行冷却,但实际应用中,特别是严寒天气下,电池的加热也同样重要,需加大研究。相变材料潜热大,蓄热蓄冷能力强,能将周围局部环境温度保持在其相变温度附近。观其技术功效以及专利申请,该领域目前还属于非技术热点区,但实际问题却客观存在。若能发挥相变材料的特点,将其很好地应用于低温下的热管理,使得电动汽车的低温环境下续航等性能维持稳定,相应一定会成为企业的竞争优势。

(3) 紧跟领军企业的发展方向,多路线并行,优化专利布局

例如,LG化学趋向超高镍低钴多元材料和富锂方向,负极材料方面并行发展硅基和碳基,固态电池和锂硫电池为未来发展方向。宁德时代侧重动力电池包结构和动力电池材料;正极材料以改进型为主,负极材料从硅基为主并行发展碳基和锡基,注重极片研究以及正负极材料与电解液的体系搭配,动力电池包成组结构侧重CTP技术和无模组研究。创新主体可以关注它们的重点研究方向,例如包括富锂锰基材料、锂硫、固态电池、正极材料是否适用于电极片制造,以及正极、负极和电解质之间的搭配等,优化专利布局,助力续航能力提升。

10.3.2 产业发展建议

在产业方面,强化钠离子正极材料和相变材料领域产学研深度联合,深化电动汽车产业链全面合作,提高应诉能力,加强欧洲布局,防范侵权风险。

(1) 加强钠离子正极材料和相变材料热管理产学研联合,提升创新能力,促进新技术产业化

从专利技术成果转化分析发现,企业之间进行科技成果转化所占比例最高,高校与企业之间的科技成果转换的占比相对较低。而国内科研院所、高校在电动汽车续航技术方面具有较大的科研投入和较高的研发能力,从申请人类型来看,国内申请人中科研院校占申请人总数的30%,企业可以根据自身发展方向以及弱势方向需要积极、精准地与科研院所及高校合作,各取所长,加大企业研发力量,促进科研成果转化,提升专利技术水平,从根本上不断提升创新主体的竞争力。

在钠离子正极材料领域,国内高校研发较早,专利申请较多,例如中科院、中南大学等申请量均较高,企业可进一步加大产学研联合力度,促进产学研一体化布局,从而提高核心竞争力。

在电池热管理方面,目前高校对相变材料研发力度大,而且从非专利文献与专利文献的分析对比发现,高校对于微型热管的研究更多。企业可联合高校对微型热管技术等热管理技术进一步研发和攻关,将高校的研究成果进行产业化的应用,促进相变材料的商用。

(2) 加强电池材料、电池厂商及车企之间的联合,深化行业合作

针对电池材料,我国多元材料起步晚,核心专利掌握在国外企业手中,在具有短期内无法获得核心技术的劣势下,可以走合作发展道路,加强企业发展,实现自身企业壮大,例如可以通过技术合作、专利转让或许可的方式引进核心专利,切入该领域,

并在此基础上继续研究，对核心专利进行改进，发展外围专利，从而形成自己的专利布局。

另外，国内的动力电池企业发展迅速，传统车企和新兴电动汽车也有研发热情，可以加强产业链内电池材料制造企业、电池生产企业及新能源汽车企业之间的联合，集中优势资源，推广产品标准。在国际市场合作方面，欧洲车企产能目标高、合作关系多变，可重点关注市场变动，加强技术输出。

(3) 完善人才储备，建立应诉联盟

电动汽车行业竞争日趋激烈，通过专利战来抢占市场、打压对手已经成为商战利器。为了在行业竞争中处于不败之地，除了加强自身研发投入，拥有核心专利之外，还应当加强知识产权人才的培养，例如培养熟悉各地法律的诉讼人才，避免对诉讼流程中技巧不熟悉而导致诉讼失败。另外，国内中小企业应诉能力有限，在应诉（尤其是面对国外企业的诉讼）中可以通过组建防御型联盟，或与行业协会进行联盟，共同应诉。例如魁北克水电公司诉讼案中，魁北克水电公司认为中国多家磷酸铁锂企业侵犯其专利权，要求支付高额费用，为了解决该问题，这些企业委托中国电池工业协会向专利复审委员会请求无效该专利，最终无效成功，解决了这些企业的难题。

(4) 电动汽车续航技术中国整体技术输出不足，需立足本国，结合市场加强海外布局

从专利申请量来看，中国已经成为目前全球最重要的专利来源国；从 PCT 占专利申请的比重和技术迁移分析来看，中国申请人的 PCT 申请量占比相对较低，国内申请人主要在国内布局，对外布局较少，而美国、日本、韩国都很注重全球主要国家/地区的布局。国内创新主体应该加强海外布局，才能更好使得专利布局战略与市场布局战略两者间实现紧密结合并运行良好。

(5) 关注三元正极材料核心专利和外围专利，防范专利侵权风险，另辟蹊径或者创造更高价值专利，实现下一代超越

虽然当前最广泛应用的三元正极材料在核心专利技术上存在着被国外企业严重"卡脖子"的现象，但是目前这些核心专利在中国已经部分到期失效或者将要失效，对于这些到期专利可以无偿使用，也要关注这些核心专利的外围专利，避免在使用到期核心专利的同时却侵犯了其外围专利的专利权。

另外，可以从以下几个方面防范电池正极材料的专利侵权风险：第一，另辟蹊径，突破专利包围，寻求新的正极材料体系（例如其他最优配比的钠过渡金属氧化物、普鲁士蓝类化合物材料）等，提高自身研发实力及研发力度，加强技术创新，追求技术突破，争取实现下一代的超越。第二，在核心专利的基础上进行外围专利的研发，对核心专利形成包围，提高专利价值，通过高价值专利提高交易的筹码，寻求交叉许可。因此，创造更多高价值的发明也是防范专利侵权风险的有效措施。

附录 申请人名称约定表

约定名称	申请人名称
3M	3M INNOVATIVE PROPERTIES CO
	3M 创新
	3M 创新有限公司
LG 化学	LG CHEM CO LTD
	LG CHEM LTD
	LG CORP
	LG ELECTRONICS INC
	LG 电子株式会社
	LG 化学公司
	LG 化学株式会社
	乐金集团
	株式会社 LG
	株式会社 LG 化学
SK 创新	SK INNOVATION CO LTD
	SK Innovation
	SKI
	SK 创新
	SK 集团
	SK（重庆）锂电
	SK（重庆）锂电材料有限公司
巴斯夫	BASF
	BASF Corporation
	巴斯夫公司
	巴斯夫户田电池材料有限公司
	巴斯夫户田电池材料有限责任公司
	巴斯夫欧洲公司

续表

约定名称	申请人名称
北京理工大学	BEIJING INST TECHNOLOGY
	北京理工大学
	北京理工大学重庆创新中心
北京汽车	北京汽车股份有限公司
	BEIJING AUTOMOBILE RES GEN INST CO LTD
北京新能源汽车	北京新能源汽车股份有限公司
	BEIJING NEW ENERGY AUTOMOBILE CO LTD
	北京新能源汽车技术创新中心有限公司
北汽福田	北汽福田汽车股份有限公司
	BEIQI FOTON MOTOR CO LTD
本田	本田科研工业株式会社
	本田技研工业株式会社
	本田技研科技（中国）有限公司
	HONDA MOTOR CO LTD（HONDA GIKEN KOGYO KK）
比克电池	BIKE BATTERY CO LTD
	BIKE BATTERY CO LTD SHENZHEN CITY
	SHENZHEN BIKE CELL CO LTD
	深圳市比克电池有限公司
	深圳市比克动力电池有限公司
	郑州比克电池有限公司
比亚迪	BIYADI
	BYD CO LTD
	BYD CORP
	HUIZHOU BYD BATTERY CO LTD
	SHENZHEN BYD LITHIUM BATTERY CO LTD
	比亚迪股份有限公司
	比亚迪司
	杭州比亚迪汽车有限公司
	惠州比亚迪电池有限公司
	惠州比亚迪实业有限公司
	汕尾比亚迪汽车有限公司
	深圳市比亚迪锂电池有限公司

续表

约定名称	申请人名称
博世	BOSCH（ROBERT）GMBH
	罗伯特博世有限公司
昶洧新能源汽车	赣州昶洧新能源汽车有限公司
	ELECTRIC POWER TECHNOLOGY LTD（FORMERLY THUNDER POWER）
成都光明光电	成都光明光电股份有限公司
	CDGM GLASS CO LTD
当升科技	EASPRING
	北京当升材料科技股份有限公司
	当升科技（常州）新材料有限公司
东风汽车	DONGFENG MOTOR CORP
	DONGFENGHAIBO NEW ENERGY TECHNOLOGY CO
	东风汽车有限公司
东莞新能源	DONGGUAN AMPEREX TECHNOLOGY CO LTD
	DONGGUAN NEW ENERGY TECHNOLOGY CO LTD
	东莞新能源电子科技有限公司
	东莞新能源科技有限公司
东芝	Kabushiki Kaisha Toshiba
	TOKYO SHIBAURA ELECTRIC CO
	TOSHIBA CORP
	TOSHIBA KK
	东芝基础设施系统株式会社
	株式会社东芝
法拉典	法拉典
	FARADION
丰田	TOYODA IND CORP
	TOYOTA CHUO KENKYUSHO KK
	TOYOTA INDUSTRIES CORPORATION
	TOYOTA JIDOSHA KK
	TOYOTA MOTOR CORP
	TOYOTA MOTOR ENG
	丰田公司

续表

约定名称	申请人名称
丰田	丰田自动车欧洲公司
	丰田自动车株式会社
	株式会社丰田自动织机
蜂巢能源	FENGCHAO ENERGY TECHNOLOGY CO LTD
	SVOLT ENERGY TECHNOLOGY CO LTD
	蜂巢能源科技（马鞍山）有限公司
	蜂巢能源科技（无锡）有限公司
	蜂巢能源科技（无锡）有限公司
	蜂巢能源科技有限公司
格林美	GELIMMEI WUXI ENERGY TECHNOLOGY CO LTD
	GELINMEI
	GEM CO LTD
	JINGMEN GEM NEW MATERIAL CO LTD
	格林美（江苏）钴业股份有限公司
	格林美（无锡）能源材料有限公司
	格林美股份有限公司
	荆门市格林美新材料有限公司
广东工业大学	广东工业大学
	GUANGDONG UNIVERSITY OF TECHNOLOGY
国轩高科	HEFEI GUOXUAN HIGH TECH POWER SOURCE CO
	国轩高科美国研究院
	合肥国轩高科动力能源股份公司
	合肥国轩高科动力能源有限公司
哈尔滨工业大学	哈尔滨工业大学
	哈尔滨工业大学（深圳）
	哈尔滨工业大学（威海）
	哈尔滨工业大学深圳研究生院
	HARBIN INST TECHNOLOGY
韩国翰昂	翰昂汽车零部件有限公司
	HANON SYSTEMS CORP

续表

约定名称	申请人名称
杭州海康威视	杭州海康威视数字技术股份有限公司
	HANGZHOU HIKVISION DIGITAL TECHNOLOGY CO LTD
杉杉股份	SHANSHAN
	东莞市杉杉电池材料有限公司
	湖南杉杉户田新材料有限公司
	湖南杉杉能源科技股份有限公司
	湖南杉杉新材料有限公司
	湖南杉杉新能源有限公司
	杉杉能源（宁夏）有限公司
	宁波杉杉股份有限公司
华南理工大学	华南理工大学
	SOUTH CHINA UNIVERSITY OF TECHNOLOGY
华霆	华霆（合肥）动力技术有限公司
	HUATING HEFEI POWER TECHNOLOGY CO LTD
吉利汽车	吉利汽车集团
	ZHEJIANG GEELY HOLDING GROUP CO LTD
吉林大学	吉林大学
	UNIV JILIN
江淮汽车	ANHUI JIANGHUAI SONGZHI AIR CONDITIONER
	ANHUI JIANGHUI AUTOMOBILE CO LTD
江苏大学	江苏大学
	UNIV JIANGSU
科捷锂电	JIANGSU KEJIE LITHIUM BATTERY CO LTD
	江苏科捷锂电池有限公司
	宁夏科捷锂电池股份有限公司
	镇江科捷锂电池有限公司
昆山宝创新能源	昆山宝创新能源科技有限公司
	KUNSHAN BAOCHUANG NEW ENERGY TECHNOLOGY CO., LTD.
铃木汽车	铃木株式会社
	SUZUKI MOTOR CORP.
美国盛智律师事务所	SHEPPARD MULLIN RICHTER & HAMPTON LLP

续表

约定名称	申请人名称
宁德时代	CONTEMPORARY AMPEREX TECHNOLOGY LTD
	NINGDE CONTEMPORARY AMPEREX TECHNOLOGY
	NINGDE ERA NEW ENERGY TECHNOLOGY CO LTD
	宁德时代
	宁德时代新能源科技股份有限公司
	宁德时代新能源科技有限公司
宁德新能源	NINGDE AMPEREX TECHNOLOGY CO LTD
	NINGDE NEW ENERGY CO LTD
	宁德新能源科技有限公司
奇瑞	奇瑞汽车股份有限公司
	CHERY AUTOMOBILE CO LTD
起亚	起亚自动车
	KIA MOTORS CORP
日本电装	日本电装柱式会社
	DENSO CORP
日产	NISSAN CHEM CORP
	NISSAN MOTOR CO LTD
	日产自动车股份有限公司
	日产自动车株式会社
日立	HITACHI MAXELL ENERGY LTD
	HITACHI MAXELL KK
	日立化成株式会社
	日立建机株式会社
	日立金属株式会社
	日立麦克赛尔能源株式会社
	日立麦克赛尔株式会社
	日立汽车系统株式会社
	株式会社日立高新技术
	株式会社日立制作所
容百科技	RONBAY
	RONGBAI

续表

约定名称	申请人名称
容百科技	湖北容百锂电材料有限公司
	宁波容百锂电材料有限公司
	宁波容百新能源科技股份有限公司
三菱	MITSUBISHI CHEM CO LTD
	MITSUBISHI CHEM CORP
	三菱化学株式会社
	三菱树脂株式会社
	三菱瓦斯化学株式会社
	三菱综合材料株式会社
三星	SAMSUNG ELECTRO MECHANICS CO LTD
	SAMSUNG ELECTRONICS CO LTD
	SAMSUNG FINE CHEMICALS CO LTD
	SAMSUNG SDI CO LTD
	三星（天津）电池有限公司
	三星 SDI 株式会社
	三星电子株式会社
	三星集团
	三星精密化学株式会社
	三星康宁精密素材株式会社
桑顿新能源	SOUND GROUP CO LTD
	SOUNDON NEW ENERGY TECHNOLOGY CO LTD
	湖南桑顿新能源有限公司
	桑顿新能源科技（长沙）有限公司
	桑顿新能源科技有限公司
深圳沃特玛电池	深圳市沃特玛电池有限公司
	SHENZHEN OPTIMUMNANO ENERGY CO LTD
松下	Panasonic Corporation
	PANASONIC EV ENERGY CO LTD
	Panasonic Intellectual Property Management Co Ltd
	松下电器产业株式会社
	松下集团 – C
	松下知识产权经营株式会社

续表

约定名称	申请人名称
三洋	SANYO DENKI KK
	SANYO ELECTRIC CO LTD
	SANYO Electric Co Ltd
	三洋电机株式会社
苏州安靠电源	SUZHOU ANKAO POWER SUPPLY CO LTD
	苏州安靠电源有限公司
索尼	SONY COPRORATION
	SONY CORP
	索尼公司
	索尼株式会社
塔菲尔	东莞塔菲尔新能源科技有限公司
	江苏塔菲尔动力系统有限公司
	江苏塔菲尔新能源科技股份有限公司
	深圳塔菲尔新能源科技有限公司
	DONGGUAN TAFEL NEW ENERGY TECHNOLOGY CO
	JIANGSU TAFEL NEW ENERGY TECHNOLOGY CO
	SHENZHEN TAFEL NEW ENERGY TECHNOLOGY CO
汤浅	GS YUASA
	YUASA
	株式会社杰士汤浅
	株式会社杰士汤浅国际
特斯拉	SOLARCITY CORP
	TESLA MOTORS INC
通用汽车	通用汽车公司
	GENERAL MOTORS CORP
威马智慧出行	威马汽车技术有限公司
	重庆威马新能源动力设备有限公司
	威马汽车科技集团有限公司
	威马智慧出行科技（上海）有限公司
	WEIMA WISDOM TRAVEL TECHNOLOGY SHANGHAI

289

续表

约定名称	申请人名称
西华大学	西华大学
	UNIV XIHUA
现代	现代汽车集团
	HYUNDAI MOTOR CO
新柯力化工	CHENGDU NEW KELI CHEM SCI CO LTD
	成都新柯力化工科技有限公司
亿纬	湖北亿纬动力有限公司
	惠州亿纬锂能股份有限公司
	EVE POWER CO LTD
优美科	Umicore N V
	Umicore USA Inc
	尤米科公司
	优米科尔公司
	优美科
	尤密考公司
	比利时商乌明克公司
	韩国尤米科尔有限责任公司
长城华冠汽车	北京长城华冠汽车科技股份有限公司
	CH – AUTO TECHNOLOGY CO LTD
中科院	CHINESE ACAD
	CHINESE ACADEMY OF SCIENCE
	中国科学院过程工程研究所
	中国科学院化学研究所
	中国科学院宁波材料技术与工程研究所
	中科院过程工程研究所南京绿色制造产业创新研究院
	中科院所
	中国科学院金属研究所
	中国科学院物理研究所
	中国科学院大连化学物理研究所
	中国科学院上海硅酸盐研究所
	中国科学院长春应用化学研究所

续表

约定名称	申请人名称
中科院	中国科学院青岛生物能源与过程研究所
	中国科学院成都有机化学有限公司
	中国科学院上海微系统与信息技术研究所
	中国科学院苏州纳米技术与纳米仿生研究所
	中国科学院青海盐湖研究所
	中国科学院广州能源研究所
	中国科学院高能物理研究所
	中国科学院大学
	中国科学院新疆理化技术研究所
	中国科学院理化技术研究所
中南大学	UNIV CENT SOUTH
	中南大学
住友	SUMITOMO CHEM CO LTD
	SUMITOMO CHEMICAL CO LTD
	SUMITOMO CHEMICAL CO LTD
	SUMITOMO ELECTRIC INDUSTRIES LTD
	SUMITOMO ELECTRIC INDUSTRIES LTD
	SUMITOMO METAL MINING CO
	SUMITOMO METAL MINING CO LTD
	SUMITOMO OSAKA CEMENT CO LTD
	住友大阪水泥股份有限公司
	住友电气工业株式会社
	住友化学株式会社
	住友金属矿山株式会社
	住友橡胶工业株式会社

图 索 引

图 1-1-1　新能源汽车中国年度销量（6）
图 1-1-2　2021年第一季度动力电池销量中国占比（7）
图 2-1-1　电动汽车续航技术全球专利申请趋势（15）
图 2-1-2　电动汽车续航技术全球主要国家/地区分布（17）
图 2-1-3　电动汽车续航技术五大国家/地区专利申请趋势（18）
图 2-1-4　2016~2020年主要申请国家/地区专利活跃度分析（19）
图 2-1-5　电动汽车续航技术全部技术分支全球专利申请量分布（19）
图 2-1-6　电动汽车续航技术一级技术分支全球专利申请趋势（20）
图 2-1-7　电动汽车续航技术全球主要申请人技术分布情况（21~22）
图 2-1-8　电动汽车续航技术全球迁移情况（23）
图 2-1-9　电动汽车续航技术的汽车类和电池类主要申请人情况（24）
图 2-1-10　电动汽车续航技术全球专利申请中主要申请人的PCT和非PCT申请量分布（24）
图 2-2-1　电动汽车续航技术中国专利申请量趋势（25）
图 2-2-2　电动汽车续航技术国外来华申请的主要来源国家/地区分布（26）
图 2-2-3　电动汽车续航技术中国专利申请主要来源省市分布（27）
图 2-2-4　电动汽车续航技术中国技术构成（28）
图 2-2-5　电动汽车续航技术中国动力电池技术构成（28）
图 2-2-6　电动汽车续航技术中国锂离子电池技术构成（29）
图 2-2-7　电动汽车续航技术中国电池管理系统技术构成（29）
图 2-2-8　电动汽车续航技术中国车辆能量管理技术构成（29）
图 2-2-9　电动汽车续航技术中国各技术分支申请量年度对比（30）
图 2-2-10　电动汽车续航技术中国动力电池各技术分支申请量年度对比（30）
图 2-2-11　电动汽车续航技术中国锂离子电池正极材料各技术分支申请量年度对比（31）
图 2-2-12　电动汽车续航技术国内申请人类型（31）
图 2-2-13　电动汽车续航技术国外来华申请人类型（32）
图 2-2-14　电动汽车续航技术中国重点申请人申请量分布（32）
图 2-2-15　电动汽车续航技术中国专利有效性分布（33）
图 2-2-16　电动汽车续航技术中国各技术分支的专利有效性分布（33）
图 3-2-1　多元正极材料领域全球/中国专利申请态势（39）
图 3-2-2　多元正极材料领域全球专利申请来源国家/地区（40）
图 3-2-3　多元正极材料领域申请量排名前五位的国家/地区全球专利申请量趋势（40）
图 3-2-4　多元正极材料领域全球专利申请目标国家/地区（40）
图 3-2-5　多元正极材料领域重点国家/地区技术流向（41）

| 图索引 |

图 3-2-6 多元正极材料领域专利申请五局流向图 (42)
图 3-2-7 多元正极材料领域全球主要申请人排名 (43)
图 3-2-8 多元正极材料领域申请量排名前五的全球和中国申请人全球专利申请量趋势 (43)
图 3-2-9 多元正极材料领域国内和国外申请人在华专利申请趋势 (44)
图 3-2-10 多元正极材料领域中国专利申请在华输入情况 (45)
图 3-2-11 多元正极材料领域来华主要申请人申请量排名 (45)
图 3-2-12 多元正极材料领域国内主要申请人申请量排名 (46)
图 3-2-13 多元正极材料领域国内专利申请地域分布 (46)
图 3-3-1 不同配比的多元材料的发展历程 (48)
图 3-3-2 多元材料制备方法技术发展路线 (49)
图 3-3-3 多元材料改性方法技术发展路线 (53)
图 3-3-4 JP06799551B2中二次粒子结构示意图 (55)
图 3-3-5 四元正极材料NCMA全球专利申请技术功效 (57)
图 3-3-6 四元正极材料NCMA各元素功能图 (彩图1)
图 3-4-1 正极材料国内外代表性企业技术分支专利布局 (61)
图 3-4-2 国内外代表性企业近五年重点专利多元材料种类分布 (63)
图 3-4-3 国内外代表性企业近五年重点专利多元材料相关主题分布 (63)
图 3-4-4 国内外代表性企业近五年重点专利多元正极材料技术手段分布 (65)
图 3-4-5 国内外代表性企业近五年重点专利多元材料技术功效分布 (65)
图 3-4-6 LG化学高镍NCM+/NCA+多元正极技术发展路线 (67)

图 3-4-7 住友NCM+多元正极技术发展路线 (69)
图 3-4-8 优美科NCM+/NCA+多元正极技术发展路线 (71)
图 3-4-9 宁德时代NCM+/NCA+多元技术发展路线 (72)
图 4-2-1 钠离子正极材料全球专利申请态势 (78)
图 4-2-2 钠离子正极材料中国专利申请态势 (78)
图 4-2-3 聚阴离子类化合物技术迁移情况 (79)
图 4-2-4 钠过渡金属氧化物技术迁移情况 (79)
图 4-2-5 普鲁士蓝类化合物技术迁移情况 (80)
图 4-2-6 钠离子正极材料全球申请人排名 (81)
图 4-2-7 聚阴离子类化合物全球申请人排名 (81)
图 4-2-8 聚阴离子类化合物中国申请人排名 (82)
图 4-2-9 钠过渡金属氧化物全球申请人排名 (83)
图 4-2-10 钠过渡金属氧化物中国申请人排名 (83)
图 4-2-11 普鲁士蓝类化合物全球申请人排名 (84)
图 4-2-12 普鲁士蓝类化合物中国申请人排名 (84)
图 4-2-13 钠离子正极材料全球技术构成分布 (85)
图 4-2-14 钠离子正极材料中国技术构成分布 (85)
图 4-2-15 钠离子正极材料全球技术原创地域分布 (86)
图 4-2-16 聚阴离子类化合物全球技术发展生命周期 (86)
图 4-2-17 钠过渡金属氧化物全球技术发展生命周期 (87)
图 4-2-18 普鲁士蓝类化合物全球技术发展

293

生命周期 （87）
图 4-3-1 钠离子电池聚阴离子类化合物正极材料技术功效 （90）
图 4-3-2 钠离子电池聚阴离子型化合物正极材料技术路线图 （93）
图 4-4-1 层状过渡金属氧化物国内外重点专利主要改进方向 （95）
图 4-4-2 钠离子层状过渡金属氧化物的技术功效 （96）
图 4-4-3 钠离子电池层状正极材料基体发展路线图 （98）
图 4-5-1 普鲁士蓝类化合物的结构 （100）
图 4-5-2 中国和美国普鲁士蓝类化合物过渡金属 M2 构成分布 （101）
图 4-5-3 普鲁士蓝类化合物专利技术功效 （102）
图 4-5-4 US2014038044A1附图 （107）
图 4-5-5 CN112174167A附图 （107）
图 4-5-6 US2013266861A1附图 （108）
图 4-5-7 CN108946765A附图 （109）
图 4-5-8 普鲁士蓝类化合物制备和改性方法技术发展路线 （彩图 2）
图 4-6-1 三种钠离子正极材料的容量 （彩图 3）
图 5-1-1 纯电动汽车动力电池包结构 （114）
图 5-2-1 全球/中国电芯技术领域专利申请趋势 （116）
图 5-2-2 电芯技术涉及提高续航里程领域全球专利申请人排名 （117）
图 5-2-3 电芯技术涉及提高续航里程领域中国专利申请人排名 （117）
图 5-2-4 电芯技术涉及提高续航里程领域原创国/地区申请分布 （118）
图 5-2-5 电芯技术涉及提高续航里程领域中国专利区域分布 （118）
图 5-2-6 电芯技术涉及提高续航里程领域国外来华专利区域分布 （119）
图 5-2-7 电芯技术涉及提高续航里程领域高校/科研机构专利申请分布 （119）
图 5-2-8 成组结构领域全球/中国专利申请趋势 （120）

图 5-2-9 成组结构技术与电芯技术领域的专利申请趋势 （121）
图 5-2-10 成组结构涉及提高续航里程领域全球专利申请人排名 （121）
图 5-2-11 成组结构涉及提高续航里程领域中国专利申请人排名 （122）
图 5-2-12 成组结构技术原创国家/地区申请分布 （123）
图 5-2-13 成组结构技术来源/目标国家/地区的专利申请数量分布 （123）
图 5-2-14 成组结构技术领域国外来华重点申请人专利区域分布 （124）
图 5-2-15 成组结构领域中国专利区域分布 （124）
图 5-2-16 成组结构领域高校/科研机构分布 （125）
图 5-3-1 成组结构涉及提高续航里程领域技术功效图 （125）
图 5-3-2 电池包的轻量化技术发展路线 （127）
图 5-3-3 电池模组标准化技术演进路线 （130）
图 5-3-4 KR101117686B1附图 （131）
图 5-3-5 390模组的实物图与分解图 （132）
图 5-3-6 LG化学的 590 模组 （132）
图 5-3-7 SK创新的 590 模组 （133）
图 5-3-8 宁德时代 CATL 的 590 模组 （133）
图 5-3-9 大众的双排模组技术 （133）
图 5-4-1 电池沿竖向堆叠技术重点专利族 （135）
图 5-4-2 大模组竖向堆叠技术的专利布局 （136）
图 5-4-3 CN107437594B无模组电池包附图 （137）
图 5-4-4 LG化学减少模组连接构件专利附图 （138）
图 5-4-5 KR102009443B1附图 （138）
图 5-4-6 CN211828880U附图 （138）
图 5-4-7 刀片电池包技术的专利布局 （139）
图 5-4-8 刀片电池包技术专利地域布局 （140）

图 5-4-9　CN211629170U附图　(141)
图 5-4-10　US2012160583A1附图　(142)
图 5-4-11　US2013270863A1附图　(143)
图 5-4-12　US2021159567A1附图　(143)
图 5-4-13　US2021159567A1 电池包结构　(144)
图 5-4-14　US2012160583A1 电池模组结构　(144)
图 5-4-15　全极耳技术专利附图　(146)
图 5-5-1　都市模块化车型结构　(148)
图 5-5-2　US2019351750A1附图　(148)
图 5-5-3　CN112224003A附图　(149)
图 5-5-4　US2021159567A1附图　(150)
图 5-5-5　WO2020236913A1附图　(151)
图 6-1-1　电池热管理技术领域气冷示意图　(155)
图 6-2-1　热管理技术全球专利申请态势　(156)
图 6-2-2　热管理技术中国专利申请态势　(157)
图 6-2-3　全球相变材料冷却技术迁移情况　(157)
图 6-2-4　全球气冷技术迁移情况　(158)
图 6-2-5　全球液冷技术迁移情况　(158)
图 6-2-6　电池热管理技术全球主要申请人排名　(159)
图 6-2-7　相变材料冷却技术全球主要申请人排名　(160)
图 6-2-8　相变材料冷却技术中国主要申请人排名　(161)
图 6-2-9　气冷领域全球主要申请人排名　(161)
图 6-2-10　气冷领域中国主要申请人排名　(162)
图 6-2-11　液冷领域全球主要申请人排名　(162)
图 6-2-12　液冷领域中国主要申请人排名　(163)
图 6-2-13　全球热管理技术构成分布　(164)
图 6-2-14　中国热管理技术构成分布　(164)
图 6-3-1　比亚迪电池热管理技术发展路线　(165)
图 6-3-2　CN109962190A附图　(167)
图 6-3-3　CN110271402A附图　(168)
图 6-3-4　宁德时代热管理技术发展路线　(170)
图 6-3-5　CN107437594A附图　(172)
图 6-3-6　CN209249567U附图　(172)
图 6-3-7　特斯拉电池热管理技术发展路线　(175)
图 6-3-8　大模组热管理技术附图　(176)
图 6-3-9　LG化学热管理技术发展路线　(彩图4)
图 6-4-1　不同相变状态专利申请占比　(179)
图 6-4-2　相变材料非专利与专利研究对比　(180)
图 6-4-3　相变材料专利申请占比　(180)
图 6-4-4　相变材料复合方式非专利文献占比　(182)
图 6-4-5　相变材料复合方式专利申请占比　(182)
图 6-4-6　相变材料冷却复合其他方式专利申请情况　(183)
图 6-4-7　有无复合翅片专利申请占比　(184)
图 6-4-8　非专利与专利微型热管研究情况　(186)
图 6-4-9　适用不同电池形状非专利与专利占比　(187)
图 6-4-10　适用不同电池形状非专利研究进展与专利申请　(187)
图 6-4-11　相变材料改进手段全球专利申请占比　(189)
图 6-4-12　相变材料领域高校与企业技术功效图　(彩图5)
图 6-4-13　相变材料方形与圆柱形技术功效图　(190)
图 6-4-14　复合液冷专利申请布局　(191)
图 6-4-15　模组内布置液冷管道专利申请附图　(192)
图 6-4-16　布置液冷板专利申请附图　(192)

295

图6-4-17	复合气冷专利申请布局 (193)
图6-4-18	CN107579306A附图 (193)
图6-4-19	US2003054230A1附图 (194)
图6-4-20	CN106876617A附图 (194)
图6-4-21	复合热管专利布局 (195)
图6-4-22	模组内布置热管专利申请附图 (196)
图6-4-23	CN209592241U附图 (196)
图6-4-24	CN102376997A附图 (197)
图6-4-25	CN210652703U附图 (197)
图7-1-1	LG化学电池领域主要目标国家/地区申请量和态势 (201)
图7-1-2	LG化学提高电动汽车续航能力领域技术构成 (203)
图7-1-3	LG化学动力电池申请趋势 (204)
图7-1-4	LG化学锂离子电池正极材料技术构成及申请态势 (204)
图7-1-5	LG化学锂离子电池负极材料技术构成及申请态势 (205)
图7-1-6	LG化学固态电池申请态势 (206)
图7-1-7	LG化学电池包技术构成及申请态势 (206)
图7-1-8	LG化学电池管理技术构成及申请态势 (207)
图7-1-9	LG化学电池领域技术演进路线 (208)
图7-1-10	LG化学第一发明人排名 (210)
图7-1-11	LG化学第一发明人技术生涯 (211)
图7-1-12	LG化学锂离子电池发明人排名 (211)
图7-1-13	LG化学固态电池发明人排名 (212)
图7-1-14	LG化学电池包发明人排名 (212)
图7-1-15	电池管理系统发明人排名 (213)
图7-2-1	宁德时代电池续航领域主要目标国家/地区申请态势及申请量 (216)
图7-2-2	宁德时代提高续航能力领技术分支分布与申请量 (217)
图7-2-3	宁德时代各分支申请趋势 (218)
图7-2-4	宁德时代锂离子电池正极材料技术构成及申请态势 (219)
图7-2-5	宁德时代锂离子电池负极材料技术构成及申请态势 (220)
图7-2-6	宁德时代电池包技术构成及申请态势 (220)
图7-2-7	宁德时代固态电池申请态势 (221)
图7-2-8	宁德时代钠离子电池技术构成及申请态势 (221)
图7-2-9	宁德时代电池热管理技术构成及申请态势 (222)
图7-2-10	宁德时代电池领域技术发展路线 (223)
图7-2-11	宁德时代电池领域第一发明人排名 (226)
图7-2-12	宁德时代第一发明人技术生涯 (226)
图7-2-13	宁德时代锂离子电池发明人排名 (227)
图7-2-14	宁德时代电池包发明人排名 (227)
图7-2-15	宁德时代电池管理系统发明人排名 (228)
图8-1-1	电动汽车续航技术领域专利转让趋势图 (231)
图8-1-2	电动汽车续航技术领域专利转让来源与目标国家/地区 (231)
图8-1-3	电动汽车续航领域中国专利转让趋势图 (233)
图8-1-4	电动汽车续航领域中国专利转让来源国家/地区 (233)
图8-1-5	电动汽车续航领域中国专利转让技术分布 (234)
图8-1-6	电动汽车续航领域中国专利转让研发主体类型分布 (234)
图8-1-7	电动汽车续航领域中国专利转让人排名 (235)
图8-1-8	电动汽车续航领域中国专利许可态势 (236)
图8-1-9	电动汽车续航领域中国专利许可研发主体分布 (237)
图8-1-10	电动汽车续航领域中国专利许可

图索引

图8-1-11 电动汽车续航领域中国专利许可人排名 (237)
图8-1-12 电动汽车续航领域中国专利许可情况 (238)
图8-1-13 中国专利许可类型及方向 (238)
图8-2-1 中国电动汽车续航领域案件年立案数 (243)
图8-2-2 海外电动汽车续航领域案件年立案数 (243)
图8-2-3 中国电动汽车续航领域涉诉专利审理地域分布 (244)
图8-2-4 中国电动汽车续航领域涉诉发明和实用新型占比 (244)
图8-2-5 电动车续航领域专利无效案件数量 (245)
图8-2-6 中国电动汽车续航领域涉诉专利权利要求类型 (245)
图8-2-7 海外电动汽车续航领域涉诉专利权利要求类型 (245)
图8-3-1 2019年及2020年各大动力电池厂商表现 (250)
图8-3-2 巴斯夫及阿贡国家实验室与优美科的专利诉讼流程 (252)
图9-1-1 第一核心专利族的独立权利要求保护范围 (257)
图9-1-2 发明人对第一核心专利族布局主要外围专利 (258)
图9-1-3 第一核心专利族基于核心专利引文的主要外围专利 (彩图6)
图9-1-4 申请人对第二核心专利族布局的主要外围专利 (261)
图9-1-5 第二核心专利族基于核心专利的引文的主要外围专利 (263)
图9-2-1 申请人对CN104795552B族布局的主要外围专利 (265)
图9-2-2 从CN104795552B引文出发的主要外围专利 (266)

表 索 引

表1-3-1 电动汽车续航技术分解表（10）
表1-3-2 电动汽车续航技术检索结果（12）
表1-3-3 电动汽车续航技术专利查全查准率验证结果（12）
表4-3-1 常见聚阴离子类化合物正极材料（89）
表6-3-1 特斯拉电池热管理相关专利（173）
表8-1-1 国外电动汽车续航技术转出数据（232）
表8-1-2 电动汽车续航领域中国专利转让情况（235）
表8-1-3 3M作为专利授权方所授权的主要企业（240）
表8-3-1 宁德时代、塔菲尔动力电池装机量与排名（248）
表8-3-2 塔菲尔针对宁德时代提起无效请求的专利清单（249）
表8-3-3 LG化学和SK创新情况对比（251）
表9-1-1 第一核心专利族申请人发明人列表（258）

书 号	书 名	产业领域	定价	条 码
9787513006910	产业专利分析报告（第1册）	薄膜太阳能电池 等离子体刻蚀机 生物芯片	50	
9787513007306	产业专利分析报告（第2册）	基因工程多肽药物 环保农业	36	
9787513010795	产业专利分析报告（第3册）	切削加工刀具 煤矿机械 燃煤锅炉燃烧设备	88	
9787513010788	产业专利分析报告（第4册）	有机发光二极管 光通信网络 通信用光器件	82	
9787513010771	产业专利分析报告（第5册）	智能手机 立体影像	42	
9787513010764	产业专利分析报告（第6册）	乳制品生物医用 天然多糖	42	
9787513017855	产业专利分析报告（第7册）	农业机械	66	
9787513017862	产业专利分析报告（第8册）	液体灌装机械	46	
9787513017879	产业专利分析报告（第9册）	汽车碰撞安全	46	
9787513017886	产业专利分析报告（第10册）	功率半导体器件	46	
9787513017893	产业专利分析报告（第11册）	短距离无线通信	54	
9787513017909	产业专利分析报告（第12册）	液晶显示	64	
9787513017916	产业专利分析报告（第13册）	智能电视	56	
9787513017923	产业专利分析报告（第14册）	高性能纤维	60	
9787513017930	产业专利分析报告（第15册）	高性能橡胶	46	
9787513017947	产业专利分析报告（第16册）	食用油脂	54	
9787513026314	产业专利分析报告（第17册）	燃气轮机	80	
9787513026321	产业专利分析报告（第18册）	增材制造	54	
9787513026338	产业专利分析报告（第19册）	工业机器人	98	
9787513026345	产业专利分析报告（第20册）	卫星导航终端	110	
9787513026352	产业专利分析报告（第21册）	LED照明	88	

书号	书名	产业领域	定价	条码
9787513026369	产业专利分析报告（第22册）	浏览器	64	
9787513026376	产业专利分析报告（第23册）	电池	60	
9787513026383	产业专利分析报告（第24册）	物联网	70	
9787513026390	产业专利分析报告（第25册）	特种光学与电学玻璃	64	
9787513026406	产业专利分析报告（第26册）	氟化工	84	
9787513026413	产业专利分析报告（第27册）	通用名化学药	70	
9787513026420	产业专利分析报告（第28册）	抗体药物	66	
9787513033411	产业专利分析报告（第29册）	绿色建筑材料	120	
9787513033428	产业专利分析报告（第30册）	清洁油品	110	
9787513033435	产业专利分析报告（第31册）	移动互联网	176	
9787513033442	产业专利分析报告（第32册）	新型显示	140	
9787513033459	产业专利分析报告（第33册）	智能识别	186	
9787513033466	产业专利分析报告（第34册）	高端存储	110	
9787513033473	产业专利分析报告（第35册）	关键基础零部件	168	
9787513033480	产业专利分析报告（第36册）	抗肿瘤药物	170	
9787513033497	产业专利分析报告（第37册）	高性能膜材料	98	
9787513033503	产业专利分析报告（第38册）	新能源汽车	158	
9787513043083	产业专利分析报告（第39册）	风力发电机组	70	
9787513043069	产业专利分析报告（第40册）	高端通用芯片	68	
9787513042383	产业专利分析报告（第41册）	糖尿病药物	70	
9787513042871	产业专利分析报告（第42册）	高性能子午线轮胎	66	
9787513043038	产业专利分析报告（第43册）	碳纤维复合材料	60	
9787513042390	产业专利分析报告（第44册）	石墨烯电池	58	

书号	书名	产业领域	定价	条码
9787513042277	产业专利分析报告（第45册）	高性能汽车涂料	70	
9787513042949	产业专利分析报告（第46册）	新型传感器	78	
9787513043045	产业专利分析报告（第47册）	基因测序技术	60	
9787513042864	产业专利分析报告（第48册）	高速动车组和高铁安全监控技术	68	
9787513049382	产业专利分析报告（第49册）	无人机	58	
9787513049535	产业专利分析报告（第50册）	芯片先进制造工艺	68	
9787513049108	产业专利分析报告（第51册）	虚拟现实与增强现实	68	
9787513049023	产业专利分析报告（第52册）	肿瘤免疫疗法	48	
9787513049443	产业专利分析报告（第53册）	现代煤化工	58	
9787513049405	产业专利分析报告（第54册）	海水淡化	56	
9787513049429	产业专利分析报告（第55册）	智能可穿戴设备	62	
9787513049153	产业专利分析报告（第56册）	高端医疗影像设备	60	
9787513049436	产业专利分析报告（第57册）	特种工程塑料	56	
9787513049467	产业专利分析报告（第58册）	自动驾驶	52	
9787513054775	产业专利分析报告（第59册）	食品安全检测	40	
9787513056977	产业专利分析报告（第60册）	关节机器人	60	
9787513054768	产业专利分析报告（第61册）	先进储能材料	60	
9787513056632	产业专利分析报告（第62册）	全息技术	75	
9787513056694	产业专利分析报告（第63册）	智能制造	60	
9787513058261	产业专利分析报告（第64册）	波浪发电	80	
9787513063463	产业专利分析报告（第65册）	新一代人工智能	110	
9787513063272	产业专利分析报告（第66册）	区块链	80	
9787513063302	产业专利分析报告（第67册）	第三代半导体	60	

书号	书名	产业领域	定价	条码
9787513063470	产业专利分析报告（第68册）	人工智能关键技术	110	9787513063470
9787513063425	产业专利分析报告（第69册）	高技术船舶	110	9787513063425
9787513062381	产业专利分析报告（第70册）	空间机器人	80	9787513062381
9787513069816	产业专利分析报告（第71册）	混合增强智能	138	9787513069816
9787513069427	产业专利分析报告（第72册）	自主式水下滑翔机技术	88	9787513069427
9787513069182	产业专利分析报告（第73册）	新型抗丙肝药物	98	9787513069182
9787513069335	产业专利分析报告（第74册）	中药制药装备	60	9787513069335
9787513069748	产业专利分析报告（第75册）	高性能碳化物先进陶瓷材料	88	9787513069748
9787513069502	产业专利分析报告（第76册）	体外诊断技术	68	9787513069502
9787513069229	产业专利分析报告（第77册）	智能网联汽车关键技术	78	9787513069229
9787513069298	产业专利分析报告（第78册）	低轨卫星通信技术	70	9787513069298
9787513076210	产业专利分析报告（第79册）	群体智能技术	99	9787513076210
9787513076074	产业专利分析报告（第80册）	生活垃圾、医疗垃圾处理与利用	80	9787513076074
9787513075992	产业专利分析报告（第81册）	应用于即时检测关键技术	80	9787513075992
9787513075961	产业专利分析报告（第82册）	基因治疗药物	70	9787513075961
9787513075817	产业专利分析报告（第83册）	高性能吸附分离树脂及应用	90	9787513075817
9787513081955	产业专利分析报告（第84册）	高端光刻机	70	9787513081955
9787513082198	产业专利分析报告（第85册）	动力电池检测技术	120	9787513082198
9787513082433	产业专利分析报告（第86册）	热交换介质	128	9787513082433
9787513081962	产业专利分析报告（第87册）	商业航天装备制造	110	9787513081962
9787513081924	产业专利分析报告（第88册）	电动汽车续航技术	120	9787513081924

书 号	书 名	定价	条 码
9787513041539	专利分析可视化	68	
9787513016384	企业专利工作实务手册	68	
9787513057240	化学领域专利分析方法与应用	50	
9787513057493	专利分析数据处理实务手册	60	
9787513048712	专利申请人分析实务手册	68	
9787513072670	专利分析实务手册（第2版）	90	